从入门到实战·微课视频

Web前端设计从入门到实战

——HTML5、CSS3、JavaScript项目案例开发

（第2版）

张树明 编著

清華大学出版社
北京

内 容 简 介

本书基于Web标准和响应式Web设计思想深入浅出地介绍了Web前端设计技术的基础知识，对Web体系结构、HTML5、CSS3、JavaScript和网站制作流程进行了详细的讲解，内容翔实，结构合理，语言精练，表达简明，实用性强，易于自学。

全书共分23章。第1章介绍了Web技术的基本概念、Web体系结构、超文本与标记语言、Web标准的组成和常用浏览器；第2～7章重点介绍了Web标准的结构推荐标准HTML5的常用元素的标签语句及应用；第8～13章介绍了Web标准的表现推荐标准CSS3的常用属性及应用；第14章介绍了网站制作流程与发布过程；第15～22章介绍了Web标准的行为标准ECMA-262的ECMAScript基础和JavaScript脚本语言；第23章介绍了JavaScript框架jQuery的入门知识。扫描每章提供的二维码可观看知识点的视频讲解及下载程序源码。

本书可作为高等院校计算机专业及相关专业的教材，也可作为相关培训机构的培训教材以及对Web前端设计技术感兴趣的人员的自学用书。

图书在版编目（CIP）数据

Web前端设计从入门到实战：HTML5、CSS3、JavaScript项目案例开发 / 张树明编著. —2版. —北京：清华大学出版社，2019（2024.7重印）

（从入门到实战·微课视频）

ISBN 978-7-302-51628-6

Ⅰ. ①W… Ⅱ. ①张… Ⅲ. ①网页制作工具 Ⅳ. ①TP393.092.2

中国版本图书馆CIP数据核字（2018）第252456号

策划编辑：魏江江
责任编辑：王冰飞
封面设计：刘 键
责任校对：李建庄
责任印制：杨 艳

出版发行：清华大学出版社
网 址：https://www.tup.com.cn, https://www.wqxuetang.com
地 址：北京清华大学学研大厦A座 邮 编：100084
社 总 机：010-83470000 邮 购：010- 62786544
投稿与读者服务：010-62776969，c-service@tup.tsinghua.edu.cn
质 量 反 馈：010-62772015，zhiliang@tup.tsinghua.edu.cn
印 装 者：三河市君旺印务有限公司
经 销：全国新华书店
开 本：185mm×260mm **印 张：**30.75 **字 数：**748千字
版 次：2017年3月第1版 2019年4月第2版 **印 次：**2024年7月第12次印刷
印 数：34501~36000
定 价：79.50元

产品编号：081640-01

前言

在 Internet 蓬勃发展的今天，Web 应用如日中天，越来越多的信息在 Web 站点上呈现，特别是随着“互联网+”模式的不断推广与普及，Web 已经成为一种服务和开发的平台，从最初简单的信息发布逐渐变成了系统，其中 Web 前端设计技术已经成为从事互联网行业的每个人都必须掌握的最基础的入门技术。

本书基于 Web 标准和响应式 Web 设计思想，结合编者长期从事 Web 开发和教学的实际经验，深入浅出地介绍了 Web 前端设计技术的基础知识，对 Web 体系结构、HTML5、CSS3、JavaScript 和网站制作流程进行了详细的讲解。

本书强调理论与实践相结合，以实用为前提，包含大量应用实例，注重实际操作技能，力图使读者通过本书的学习掌握 Web 前端设计开发的相关基础知识。本书的主要特色如下：

（1）基于 Web 标准，重点讲述了 HTML5、CSS3、ECMAScript 基础和 JavaScript 脚本语言，所有示例都通过了 W3C 标准检验。

（2）整本书通过模拟一个完整的实例网站进行讲解，相关知识点分解到实例网站的具体环节中，针对性强。同时，本书提供了许多示例，具有可操作性。

（3）语言通俗易懂，简单明了，可以使读者很容易地掌握有关知识。

（4）知识结构安排合理，循序渐进，适合自学。

本书的第 1 版于 2017 年 3 月出版，承蒙读者的厚爱，出版后受到读者的普遍欢迎。随着 Web 前端设计技术知识的不断更新并经过两轮的教学实践，本书的第 2 版在第 1 版的基础上在以下几方面做了改进：

（1）基于响应式 Web 设计思想，在 HTML5 中增加了适应移动设备的相关知识点，增加了新的元素，删除了过时的元素。

（2）在 CSS3 中增加了许多新的样式属性和单位，布局方式重点介绍了伸缩盒，并且基于响应式 Web 设计思想全部重新编写了案例。

（3）在 JavaScript 中增加了 Ajax 与 JSON，例子适当增加难度，用现代 JavaScript 思想规范编写脚本代码。

（4）对第 1 版中的有关知识点采用了最新提法并补充完善。

本书的第 1～7 章由贝岩编写，第 8～23 章由张树明编写，全书由张树明统稿。

为满足教学和读者的需要，本书配有电子课件、书上实例的源代码、案例源代码和习题参考答案等资源，需要者请扫描下方的二维码：

源码下载

在编写本书的过程中，编者参阅了大量与 Web 前端设计技术相关的书籍和网络资料，在此对这些书籍和资料的作者表示感谢。由于编者水平有限，书中难免存在不足之处，恳请读者批评指正，读者也可以直接与清华大学出版社联系。

编　者

2019 年 1 月

目录

Web 技术概述

Web 的本意是蜘蛛网，现常指 Internet 的 Web 技术。Web 技术提供了方便的信息发布和交流方式，是一种典型的分布式应用结构，Web 应用中的每一次信息交换都要涉及客户端和服务器，客户端技术是 Web 技术的基础。本章首先介绍 Internet 基础知识和基本概念，接下来了解 Web 技术体系结构，然后介绍超文本与标记语言的相关知识，接着介绍 Web 标准，了解什么是标准浏览器。

本章要点：

- Internet 基础。
- Web 体系结构。
- 超文本与标记语言。
- Web 标准。
- 浏览器。

1.1 Internet 概述

Internet 的中文正式译名为因特网，它是一个全球性的、开放的计算机互联网络。Internet 连入的计算机几乎覆盖了全球绝大多数的国家和地区，存储了丰富的信息资源，因此是世界上最大的计算机网络。可以认为 Internet 是由许多小的网络（子网）互联而成的逻辑网，每个子网中连接着若干台计算机（主机）。Internet 以共享资源为目的，并遵守相同的通信协议。

1.1.1 TCP/IP

Internet 由复杂的物理网络将分布在世界各地的主机连接在一起，在 Internet 中要维持通信双方的计算机系统连接，做到信息完好流通，必须有一项各个网络都能共同遵守的信息沟通技术，即网络通信协议。

Internet 上多个网络共同遵守的网络协议是 TCP/IP，TCP/IP 是一组协议。TCP/IP 是 Transmission Control Protocol/Internet Protocol 的简写，中文译名为“传输控制协议”和“因特网互联协议”或“网际协议”，它是 Internet 最基本的协议，是 Internet 的基础。

TCP/IP 定义了主机如何连入因特网，以及数据如何在主机之间传输的标准。TCP/IP 是一个 4 层的分层体系结构，其核心是传输层（Transport Layer）的传输控制协议，它负责组成信息或把文件拆成更小的包，以及网际层（Internet Layer）的网际协议，它处理每个包的地址部分，使这些包正确地到达目的地，如图 1.1 所示。

TCP/IP 的基本传输单位是数据包，数据在传输时分成若干段，每个数据段称为一个数据包。在发送端，TCP 负责把数据分成一定大小的若干数据包，并给每个数据包标上序号及一些说明信息，保证接收端收到数据后，在还原数据时按数据包序号把数据还原成原来的格式。IP 负责给每个数据包填写发送主机和接收主机的地址，这样数据包就可以在物理网上传送了，如图 1.2 所示。

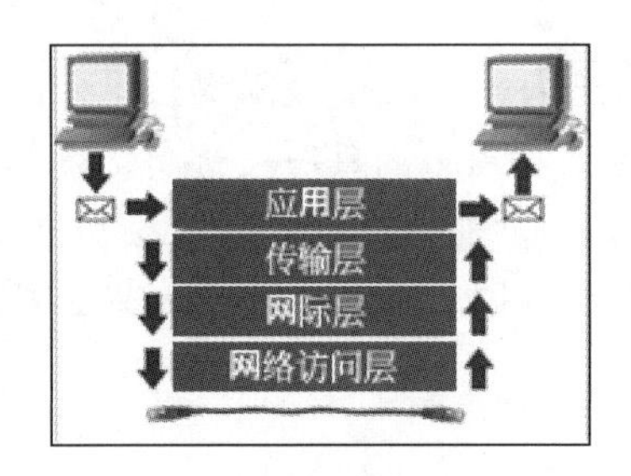

图 1.1 TCP/IP 分层体系结构

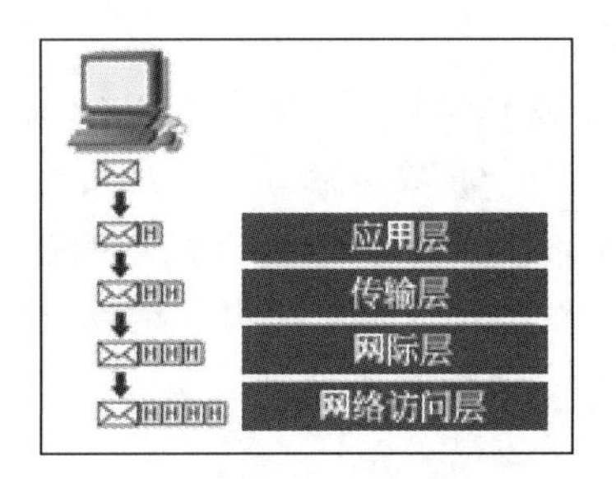

图 1.2 TCP/IP 数据包

TCP 负责数据传输的可靠性，IP 负责把数据传输到正确的目的地。

为了区分同一台主机不同 Internet 应用程序间的通信，TCP 在数据包中增加了一个称为端口号的数值（0～65 535），例如端口号 80 表示 HTTP 的通信。

1.1.2 主机和 IP 地址

在 Internet 上连接的所有计算机，从大型机到微型计算机都是以独立的身份出现，称为主机。为了实现各主机间的通信，每台主机必须有一个唯一的网络地址，就像每个人都有唯一的身份证号一样，这样才不至于在传输数据时出现混乱，这个地址叫作 IP（Internet Protocol）地址，即 TCP/IP 表示的地址。

目前使用的 IP 地址是用 32 位二进制数表示的，为了便于记忆，将它们分为 4 组，每组 8 位，由小数点分开，用 4 字节来表示，用下圆点分开的每个字节的十进制整数数值范围是 0～255，例如某主机的 IP 地址可表示为 10101100.00010000.11111110.00000001，也可表示为 172.16.254.1，这种书写方法叫作点数表示法，如图 1.3 所示。

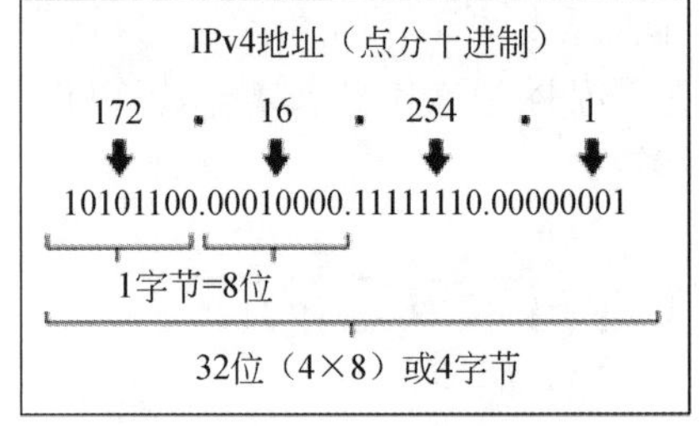

图 1.3 IPv4 地址的构成

IP 地址是层次地址，由网络号和主机号组成，网络号表示主机所连接的网络，主机号标识了网络上特定的主机。

1.1.3　域名和 DNS

域名（Domain Name）是由一串用点分隔的名字组成的 Internet 上某一台主机或一组主机的名称，用于在数据传输时标识主机的位置。那么有了 IP 地址为什么还使用域名作为主机的名称呢？主要是 IP 地址的二进制数字难于记忆，为了方便，人们用域名来替代 IP 地址。

域名系统采用分层结构。每个域名是由几个域组成的，域和域之间用“.”分开，最末的域称为顶级域，其他的域称为子域，每个域都有一个有明确意义的名字，分别叫作顶级域名和子域名。

从 www.tsinghua.edu.cn 这个域名来看，它是由几个不同的部分组成的，这几个部分彼此之间具有层次关系。其中，最后的 cn 是域名的第一层，edu 是第二层，tsinghua 是真正的域名，处在第三层，当然还可以有第四层，域名从后到前的层次结构类似于一个倒立的树形结构，第一层的 cn 叫作地理顶级域名。

目前 Internet 上的域名体系中共有 3 类顶级域名：一类是地理顶级域名，共有 243 个国家和地区的代码，例如 CN（中国）、JP（日本）和 UK（英国）等；另一类是类别顶级域名，共有 7 个，即 COM（公司）、NET（网络机构）、ORG（组织机构）、EDU（美国教育）、GOV（美国政府部门）、ARPA（美国军方）和 INT（国际组织）。由于 Internet 起源于美国，所以最初的域名体系主要由美国使用，只有 COM、NET 和 ORG 是供全球使用的顶级域名，但随着 Internet 的不断发展，新的顶级域名根据实际需要不断被扩充到现有的域名体系中，新增加的顶级域名是 BIZ（商业）、COOP（合作公司）、INFO（信息行业）、AERO（航空业）、PRO（专业人士）、MUSEUM（博物馆行业）和 NAME（个人）。

在这些顶级域名下，可以根据需要定义次一级的域名，例如在我国的顶级域名 CN 下又设立了由类别 COM、NET、ORG、GOV 和 EDU 以及我国各个行政区划分的字母代表所组成的二级域名。

实际上 Internet 主机间的通信必须采用 IP 地址进行寻址，所以在使用域名时必须把域名转换成 IP 地址。

DNS 是域名系统（Domain Name System）的缩写，它主要由域名服务器组成。域名服务器是指保存有该网络中所有主机的域名和对应的 IP 地址，并具有将域名转换为 IP 地址功能的服务器。例如要访问清华大学（www.tsinghua.edu.cn）网站，必须通过 DNS 将域名 www.tsinghua.edu.cn 的 IP 地址 121.52.160.5 得到才能进行通信。

1.2　Web 概述

现在的 Internet 已经普及到整个社会，其中的 Web 技术已经成为 Internet 上最受欢迎的应用，正是由于它的出现，Internet 普及推广的速度才大大提高。

Web 是 World Wide Web 的简称，Web 提供了全新的信息发布与浏览模式，实际上 Web 是运行在 Internet 之上的所有 Web 服务器软件和所管理对象的集合，对象主要包括网页（Web Page）和程序。

1.2.1 Web 历史

Web 技术诞生于欧洲原子能研究中心（CERN）。1989 年 3 月，CERN 的物理学家 Tim Berners-Lee 提出了一个新的因特网应用，命名为 Web，其目的是让全世界的科学家能利用因特网交换文档。同年，他编写了第一个浏览器与服务器软件。1991 年，CERN 正式发布了 Web 技术。

1993 年 3 月，网景（Netscape）公司的创始人马克•安德森与好友埃里克•比纳合作开发了支持图像的浏览器——Mosaic，并在网上迅速扩散。1994 年 4 月，安德森与 SGI 公司的创始人吉姆•克拉克共同创办了网景公司，安德森等人又重写了 Mosaic，于 1994 年 10 月推出了 Navigator 浏览器，后来改名为 Netscape 浏览器。1995 年，Netscape 公司的 Brendan Eich 在 Netscape 浏览器里使用了 JavaScript，为浏览器提供了脚本功能。1995 年，微软公司从伊利诺大学购买 Mosaic，并在此基础上开发出 IE（Internet Explorer）浏览器，从此 Web 应用步入了“快车道”。

下面这些组织机构对 Web 技术的发展影响较大。

❶ W3C

1994 年，CERN 和 MIT（Massachusetts Institute of Technology）共同建立了 Web 联盟（World Wide Web Consortium，W3C，http://www.w3.org/）。该组织致力于进一步开发 Web 技术和对协议进行标准化等工作。W3C 下辖的 HTML 工作组负责发布 HTML5 规范。

❷ IETF

IETF（Internet Engineering Task Force，Internet 工程任务组，http://www.ietf.org/）是全球 Internet 最具权威的技术标准化组织，主要任务是负责 Internet 相关技术规范的研发和制定。HTML5 定义一种新的 API（WebSocket API）依赖于 WebSocket Protocol，IETF 工作组开发这个协议。

❸ WHATWG

WHATWG（Web Hypertext Application Technology Working Group，Web 超文本应用技术工作组，http://www.whatwg.org/）是 Web 浏览器生产厂商和一些相关团体组成的一个松散的、非正式的协作组织，由 Apple、Mozilla、Opera、Google 等公司发起成立。WHATWG 开发 HTML5 和 Web 应用 API。

❹ ECMA

ECMA（European Computer Manufactures Association，欧洲计算机制造商协会，http://www.ecma-international.org/）是由主流厂商组成的，主要任务是研究信息和通信技术方面的标准并发布有关技术报告。ECMA 发布了 ECMA-262 标准化脚本程序设计语言，这种语言在 Internet 上应用广泛，被称为 JavaScript，它实际上是 ECMA-262 标准的实现和扩展。

1.2.2 Web 体系结构

Web 是基于浏览器/服务器（B/S）的一种体系结构，客户在计算机上使用浏览器向 Web 服务器发出请求，服务器响应客户请求，向客户回送所请求的网页，客户在浏览器窗口上显示网页的内容，如图 1.4 所示。

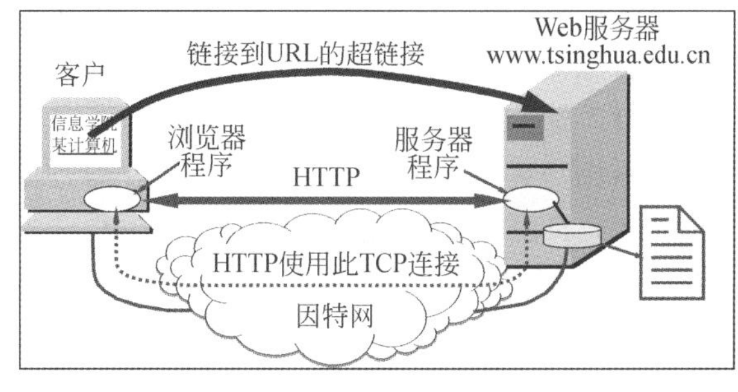

图 1.4 Web 体系结构

Web 体系结构主要由以下 3 部分组成：

❶ Web 服务器

用户要访问 Web 页面或其他资源，必须事先有一个服务器来提供 Web 页面和这些资源，这种服务器就是 Web 服务器，也称为网站。

❷ 客户端

用户一般是通过浏览器访问 Web 资源的，它是运行在客户端的一种软件。

❸ 通信协议

客户端和服务器之间采用 HTTP（Hypertext Transfer Protocol，超文本传输协议）进行通信。HTTP 是客户浏览器和 Web 服务器通信的基础。

1.2.3 基本 Web 技术

❶ URL

在 Internet 上有众多的服务器，每台服务器上又有很多信息，客户端如何能正确识别每台服务器并发送请求呢？Web 使用 URL（Uniform Resource Locator，统一资源定位符）技术来标识服务器及服务器信息。

URL 通过定义资源位置的标识来定位网络资源。URL 的格式如下：

```
<scheme>:<scheme-specific-part>
```

其中，<scheme>指所用的 URL 方案名，方案名由字符组成，包括字母（a～z）、数字（0～9）、加号（+）、句点（.）和连字符（-），字母不分大小写；<scheme-specific-part>的具体含义与所用方案有关。

对于 Internet，<scheme>指协议名，主要包括 http、ftp、gopher、mailto、new、nntp、telnet、wais 和 file 等，以后可能还会不断扩充。

HTTP URL 方案用于表示可通过 HTTP 访问 Internet 资源。HTTP URL 的格式如下：

```
http://<host>:<port>/<path>?<searchpart>
```

其中，<host>是主机域名或 IP 地址，<port>表示端口号，<host>和<port>之间用“:”隔开，如果省略<port>，默认端口为 80；<path>是要请求访问的文件的路径，<searchpart>是查询字符串，指定通过 URL 传递的参数，它们都是可选的，如果这两项不存在，<host>或<port>

后的斜杠也不应该省略。

例如“http://www.tsinghua.edu.cn/publish/th/index.html”，其中 http 是协议名，www.tsinghua.edu.cn 是域名，publish/th/index.html 是要请求访问的文件的路径，包括文件名。

❷ HTTP

HTTP（Hypertext Transfer Protocol，超文本传输协议）是 Web 技术的核心，HTTP 设计了一套相当简单的规则，用来支持客户端主机和服务器主机之间的通信。

HTTP 采用客户/服务器（C/S）结构，定义了客户端和服务器之间进行“对话”的请求响应规则。客户端的请求程序与运行在服务器端的接收程序建立连接，客户端发送请求给服务器，HTTP 规则定义了如何正确解析请求信息，服务器用响应信息回复请求，响应信息中包含了客户端希望得到的信息。HTTP 并没有定义网络如何建立连接、管理以及信息如何发送，这些由底层协议 TCP/IP 来完成，HTTP 是建立在 TCP/IP 之上的，属于应用层协议。

当客户端浏览器向 Web 服务器请求服务时可能会发生错误，此时服务器会返回一系列状态消息，表 1.1～表 1.5 列出了服务器返回的各种状态信息。

表 1.1　HTTP 1xx 状态信息

消　息	描　述
100 Continue	服务器仅接收到部分请求，但是服务器并没有拒绝该请求，客户端应该继续发送其余的请求
101 Switching Protocols	服务器将遵从客户的请求转换到另外一种协议

表 1.2　HTTP 2xx 成功信息

消　息	描　述
200 OK	请求成功
201 Created	请求被创建完成，同时新的资源被创建
202 Accepted	供处理的请求已被接受，但是处理未完成
203 Non-authoritative Information	文档已经返回，因为使用的是文档的副本，一些应答头可能不正确
204 No Content	没有新文档。浏览器应该继续显示原来的文档
205 Reset Content	没有新文档。浏览器应该重置它所显示的内容
206 Partial Content	客户发送了一个带有 Range 头的 GET 请求，服务器完成了它

表 1.3　HTTP 3xx 重定向信息

消　息	描　述
300 Multiple Choices	多重选择。用户可以选择某链接到达目的地，最多允许 5 个地址
301 Moved Permanently	所请求的页面已经转移至新的 URL
302 Found	所请求的页面已经临时转移至新的 URL
303 See Other	所请求的页面可在其他 URL 下被找到
304 Not Modified	未按预期修改文档。客户端有缓冲的文档并发出了一个条件性的请求。服务器告诉客户，原来缓冲的文档还可以继续使用
305 Use Proxy	客户请求的文档应该通过 Location 所指明的代理服务器提取
306 Unused	此代码被用于前一版本，目前已不再使用，但是代码依然被保留
307 Temporary Redirect	临时重定向，由服务器根据情况动态指定重定向地址

表 1.4　HTTP 4xx 客户端错误信息

消　息	描　述
400 Bad Request	服务器未能理解请求
401 Unauthorized	被请求的页面需要用户名和密码
402 Payment Required	此代码尚无法使用
403 Forbidden	对被请求页面的访问被禁止
404 Not Found	服务器无法找到被请求的页面
405 Method Not Allowed	请求中指定的方法不被允许
406 Not Acceptable	服务器生成的响应无法被客户端所接受
407 Proxy Authentication Required	用户必须首先使用代理服务器进行验证，这样请求才会被处理
408 Request Timeout	请求超出了服务器的等待时间
409 Conflict	由于冲突，请求无法被完成
410 Gone	被请求的页面不可用
411 Length Required	"Content-Length"未被定义。如果无此内容，服务器不会接受请求
412 Precondition Failed	请求中的前提条件被服务器评估为失败
413 Request Entity Too Large	由于所请求的实体太大，服务器不会接受请求
414 Request-url Too Long	由于 URL 太长，服务器不会接受请求
415 Unsupported Media Type	由于媒介类型不被支持，服务器不会接受请求

表 1.5　HTTP 5xx 服务器错误信息

消　息	描　述
500 Internal Server Error	请求未完成。服务器遇到不可预知的情况
501 Not Implemented	请求未完成。服务器不支持所请求的功能
502 Bad Gateway	请求未完成。服务器从上游服务器收到一个无效的响应
503 Service Unavailable	请求未完成。服务器临时过载或宕机
504 Gateway Timeout	网关超时
505 HTTP Version Not Supported	服务器不支持请求中指明的 HTTP 协议版本

❸ MIME

MIME（Multipurpose Internet Mail Extension，多用途 Internet 邮件扩展）是一个开放的多语言、多媒体电子邮件标准，为了满足用户在不同的软件平台和硬件平台的信息交换而制订，它规定了不同数据类型的名字。

Web 文档需要的信息不仅仅局限于文本，还有图像、视频和声音等数据类型，所有类型文档的存储和传送都是以二进制数据形式进行的。在 Web 服务器程序看来，所有类型文档没有什么区别，但是客户端浏览器却能够将 Web 文档正确地识别和显示，实际上，浏览器事先对文档的内容一无所知。

如果要做到这一点，必须让 Web 服务器根据文件的扩展名给出文档类型的宏观描述。Web 借用了 MIME 标准，即服务器根据数据文件的扩展名生成相应的 MIME 类型返回给浏览器，浏览器根据 MIME 类型处理不同类型的数据。Web 仅用到 MIME 的一个子集。

MIME 的头格式为 type/subtype，其中 type 表示数据类型，主要有 text、image、audio、video、application、multipart 和 message，subtype 则指定所用格式的特定信息。表 1.6 列出了常用的 MIME 类型。

表 1.6　常用的 MIME 类型

类型/子类型	扩　展　名
application/hta	hta
application/internet-property-stream	acx
application/msword	doc、dot
application/vnd.openxmlformats-officedocument.wordprocessingml.document	docx
application/octet-stream	*、bin、class、dms、exe、lha、lzh
application/pdf	pdf
application/rtf	rtf
application/vnd.ms-excel	xla、xlc、xlm、xls、xlt、xlw
application/vnd.ms-outlook	msg
application/vnd.ms-powerpoint	pot、pps、ppt
application/vnd.openxmlformats-officedocument.presentationml.presentation	pptx
application/vnd.ms-project	mpp
application/vnd.ms-works	wcm、wdb、wks、wps
application/winhlp	hlp
application/x-director	dcr、dir、dxr
application/x-iphone	iii
application/x-javascript	js
application/x-msaccess	mdb
application/x-msmetafile	wmf
application/x-shockwave-flash	swf
application/x-tar	tar
application/x-tex	tex
application/zip	zip
audio/basic	au、snd
audio/mid	mid、rmi
audio/mpeg	mp3
audio/x-aiff	aif、aifc、aiff
audio/x-pn-realaudio	ra、ram
audio/x-wav	wav
image/bmp	bmp
image/gif	gif
image/jpeg	jpe、jpeg、jpg
image/tiff	tif、tiff
text/css	css
text/html	htm、html、stm
text/plain	bas、c、h、txt
video/mpeg	mp2、mpa、mpe、mpeg、mpg、mpv2
video/quicktime	mov、qt
video/x-ms-asf	asf、asx、asr
video/x-msvideo	avi
video/x-sgi-movie	movie

1.2.4　Web 服务器

Web 服务器（Web Server）也称为 WWW 服务器，主要功能是提供网上信息浏览服务。Web 服务器的应用层使用 HTTP 协议，信息内容采用 HTML 文档格式，信息定位使用 URL。

当 Web 服务器接收到一个 HTTP 请求（Request）时会返回一个 HTTP 响应（Response）。Web 服务器处理客户端请求有两种方式：一是静态请求，客户端所需请求的页面不需要进行任何处理，直接作为 HTTP 响应返回；二是动态请求，客户端所需请求的页面需要在服务器端委托给一些服务器端程序进行处理，例如 CGI、JSP、ASP 等，然后将处理结果形成的页面作为 HTTP 响应返回。静态请求的页面称为静态网页，动态请求的页面称为动态网页。

搭建一个 Web 服务器需要有一台安装网络操作系统的计算机，在系统上安装 Web 服务器软件，并将网站的内容存储在服务器上。

❶ Web 服务器选择原则

首先是响应能力，即 Web 服务器对多个用户浏览信息的响应速度，响应速度越快，单位时间内可以支持越多的访问量；其次是与后端服务器的集成，Web 服务器除直接向用户提供 Web 信息外，还肩负服务器集成的任务；第三是管理的难易程度，一是管理 Web 服务器是否简单易行，二是是否利用 Web 界面进行管理；第四是系统的稳定可靠性，Web 服务器的性能和运行都需要非常稳定；最后是安全性，既要防止 Web 服务器的机密信息泄密，又要防止黑客的攻击。

❷ 常用 Web 服务器

1）Microsoft IIS

Microsoft 的 Web 服务器软件 Internet Information Server（IIS）可以建立在公共 Intranet 或 Internet 上发布信息的 Web 服务器，IIS 是流行的 Web 服务器产品之一，很多著名的网站都是建立在 IIS 的平台上。

2）Apache

Apache 是世界上使用最多的 Web 服务器，它的成功之处主要在于它的源代码开放、支持跨平台应用（可以运行在几乎所有的 UNIX、Windows、Linux 系统平台上）以及可移植性等方面。

3）Tomcat

Tomcat 是基于 Java 的 Web 服务器应用软件，是在 Apache 许可证下开发的自由软件。

1.3　超文本与标记语言

超文本（Hypertext）又叫超媒体（Hypermedia），是一种将各种信息节点连接在一起的网状逻辑结构。标记语言（Markup Language，ML）也称置标语言，是一套标识文档内容、结构和格式的语法规则。

1.3.1 超文本与超媒体

传统的资料（图书、文章和文件等）所采用的都是（层次型）线性的顺序结构（例如水浒书籍），而真实世界中的实际信息则是非线性网状结构（例如水浒的故事情节和人物关系）。

人类的思维方式是联想型的，是一种互联的交叉网络，具有典型的非线性网状结构。例如夏天→游泳→河→鱼→吃饭→餐具→银器→耳环→婚纱→雪→冬天→冷→太阳→太空→飞船→卫星→电视转播→足球赛→……

万事万物皆互相关联，人的大脑也为网状结构，具有网状逻辑结构的超文本非常符合人类的联想型思维方式。那么什么是超文本呢？

超文本（Hypertext）是由信息节点和表示节点之间相互关系的链所组成的具有一定逻辑结构的语义网络。超文本有节点、链和网络3种组成要素，其中关键的是连接各个节点的链。图1.5所示的是一个具有6个节点和9条链的超文本结构。

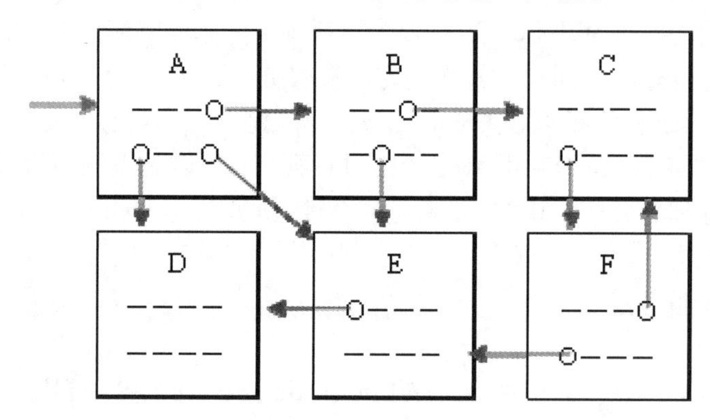

图1.5 超文本网状结构

节点（Node）是指基本信息块（例如段、帧、卷、文件等），它们在不同系统中有不同的名称，例如卡（Card）、页（Page）、帧（Frame）和片（Pad）等。

链（Link）是指节点之间的关联（指针）。链是固定节点间的信息联系，用来以某种形式连接相应的节点，链是超文本的。链在形式上是从一个节点指向另一节点的指针，但在本质上则表示不同节点之间的信息联系。链定义了超文本的结构，提供浏览和探索节点的能力。

网络（Network）是由链连接在一起的节点所组成的网状结构。

如果超文本中的节点内容不仅包含文本，而且还包含各种媒体对象（例如图形、图像、声音、动画和视频等），则称其为超媒体（Hypermedia），即超媒体=超文本+多媒体。

1.3.2 标记语言

与自然语言和编程语言不同，标记语言是一种基于文本的描述性语言。

标记（Markup）是为了传达有关文档的信息而添加到文档数据中的文本，原本是在图书和报刊等排版时对手稿和清样中的字体和格式等的标注，后来用于描述文档格式和结构化数据的文本标记。标记可以分为说明性标记（这里是什么）和过程性标记（在这里做什么）。

说明性标记是以一种非特定的方式来描述文档的结构和其他属性的标记，它独立于可能对文档进行的任何处理。例如，为了表示重要或强调，可以在显示界面上使用粗体或下画线进行图示，但是在计算机内部，则需要使用特殊的符号体系来表示，参见表 1.7。

表 1.7 图示和标记

图示（人看）	标记（机器识别）
粗体	<b>粗体</b>
下画线	<u>下画线</u>

标记语言（Markup Language，ML）是一种用文本标记描述结构化数据，并具有严格语法规则的形式语言。

标记语言可用于描述数据，如定义文本格式与处理、数据库字段的含义与关系和多媒体数据源等。例如在 HTML 中表示上标用 x²，其中就是标记语言。

现代标记语言的始祖是 1986 年 ISO 推出的 SGML（标准通用化标记语言），它是一种功能完备且定义性较强的元语言，受到政府、公司和出版界的欢迎，但是因为其过于复杂且系统难实现，使得对其的推广和使用受到了很大的限制。

Tim Berners-Lee 将 SGML 加以应用和简化，创建了用来描述网页文档的 HTML（超文本标记语言），获得了巨大的成功。现在使用的主要标记语言如图 1.6 所示。

SGML
HTML
XML
XHTML

图 1.6 主要标记语言

❶ SGML

SGML（Standard Generalized Markup Language，标准通用化标记语言）是现代标记语言的始祖，现在流行的标记语言都是它的应用或其派生语言（的应用）。SGML 的文件组成如图 1.7 所示。

图 1.7 标记语言的文件组成

SGML 声明说明了 DTD 和文件实例所使用的语法（字符集、定界符、命名规则、名字字符和数量特征等）。DTD（Document Type Definition，文档类型定义）定义了文件中的元素类型及其关系结构。文件实例由数据内容和描述其结构的标记所组成。

❷ HTML

HTML（Hypertext Markup Language，超文本标记语言）是 Web 上的通用标记语言，是书写 Web 文档的一套语法规范，用 HTML 语言写成的文件称为网页或页面。HTML 的主要版本如下：

HTML2.0 是于 1996 年由 IETF 的 HTML 工作组开发的。

HTML3.2 作为 W3C 标准发布于 1997 年 1 月 14 日。

HTML4.0 作为 W3C 推荐标准发布于 1997 年 12 月 18 日。HTML4.0 最重要的特性是引入了样式表（CSS）。

HTML4.01 发布于 1999 年 12 月 24 日。

HTML5 作为 W3C 标准发布于 2014 年 10 月 28 日，HTML5 是 W3C 与 WHATWG 合作的结果，HTML5 是构建开放 Web 平台的核心。在这一版本中增加了支持 Web 应用开发者的许多新特性，以及更符合开发者使用习惯的新元素，并重点关注定义清晰的、一致的准则，以确保 Web 应用和内容在不同浏览器中的互操作性。

HTML5.1 作为 W3C 推荐标准于 2016 年 11 月 1 日发布。

HTML5.2 作为 W3C 推荐标准于 2017 年 12 月 14 日发布。

❸ XML

XML（eXtensible Markup Language，可扩展标记语言）是 W3C 于 1998 年发布的一种用于数据描述的元标记语言的国际标准。由于 HTML 内容与表现不分的先天性不足和后期发展造成的不兼容，使得网页文档的设计与维护变得很困难，所以 W3C 推出 XML 想代替 HTML，但由于 HTML5 的发布和广泛支持，XML 发展到今天并没有代替 HTML。

XML 现在主要用来描述数据，虽然与传统二进制格式相比会牺牲一些处理效率和存储空间，但是换来的却是数据的通用性、可交换性和可维护性，这对跨平台的分布式网络环境中的计算机应用至关重要，所以 XML 被设计用来描述、存储、传送及交换数据。

❹ XHTML

W3C 想用 XML 来代替 HTML，但这一过程漫长且不可确定，于是推出过渡的 XHTML（eXtensible Hypertext Markup Language，可扩展超文本标记语言）。XHTML 是一项可从 HTML4.01 平稳迁移的 XML 应用，也就是说按照 XML 语法规范重写了 HTML，XHTML 是符合 XML 的 HTML。

1.4 Web 标准

Web 标准（Web Standards）是由 W3C 等标准化组织共同制定的一些规范集合，Web 标准不是一个标准，而是一系列标准。网页由结构（Structure，网页的内容）、表现（Presentation，网页的外观）和行为（Behavior，网页的交互）3 部分组成，对应的标准分为结构标准、表现标准和行为标准。结构标准主要包括 HTML 和 XML，用来结构化网页和内容；表现标准主要包括 CSS，CSS 是一种样式规则语言，将样式应用于网页内容；行为标准主要包括 ECMAScript 和对象模型（DOM），以及基于此的 JavaScript，JavaScript 是一种脚本编程语言，允许用户控制和操作网页的内容。

W3C 对标准有一套完整的审批流程，从工作草案（Working Draft，WD）到候选推荐标准（Candidate Recommendation，CR），再到提议推荐标准（Proposed Recommendation，PR），几年之后才能成为 W3C 推荐标准（REC）。

1.4.1　Web 标准体系

❶ 结构标准

HTML 推荐 2014 年 10 月 28 日 W3C 发布的 HTML5。XML 目前推荐遵循的是 W3C 于 2002 年 10 月 15 日发布的 XML1.1。

❷ 表现标准

CSS（Cascading Style Sheets，层叠样式表）是用来呈现网页外观样式的一组规范，W3C 目前的建议是 CSS2.1 和 CSS3。

CSS3 是在 CSS2.1 的基础上按模块构建的，每个模块都会增加功能或者替换 CSS2.1 已有的部分。目前，CSS3 规范仍在开发，正不断推出各个模块的草案版，但由于 HTML5 的推出和主要浏览器越来越支持 CSS3，建议大家使用 CSS3。

❸ 行为标准

1）ECMAScript

ECMAScript 是 ECMA 制定的标准脚本语言。

ECMAScript 3.0 于 1999 年 12 月发布。

ECMAScript 5.0 于 2009 年 12 月发布。

ECMAScript 6.0（ECMAScript 2015）于 2015 年 6 月发布。

ECMAScript 8.0（ECMAScript 2017）于 2017 年 6 月发布。

ECMAScript 3.0 在业界得到广泛支持，成为通行标准，奠定了 JavaScript 语言的基本语法，以后的版本完全继承，建议初学者使用。

2）DOM

DOM（Document Object Model，文档对象模型）是 W3C 组织推荐的处理可扩展标记语言的标准编程接口，作为一项 W3C 推荐标准，DOM Level 2 Core 规范发布于 2000 年 11 月 13 日，DOM Level 3 Core 规范发布于 2004 年 4 月 7 日，DOM 是浏览器、平台和语言的接口。

Web 推荐标准如图 1.8 所示。

图 1.8　Web 推荐标准

基于 Web 标准的网页设计要将网页的结构、表现、行为这三个组成部分严格分离，这 3 个组成部分按照标准分层次建立在彼此之上。

视频讲解

例 1.1　Web standards example.html，说明网页的结构、表现、行为这 3 个部分的作用和关系。

首先建立 Web standards example.html 网页文件，用 HTML 标记语言标记网页的内容，网页内容只有一个普通按钮，显示效果如图 1.9 所示。源代码如下：

```
<!DOCTYPE html>
<html lang="zh-CN">
<head>
    <meta charset="UTF-8">
    <title>Web 标准结构</title>
    <link href="css/style.css" rel="stylesheet" type="text/css">
    <script src="js/javascript.js"></script>
</head>
<body>
<button>用鼠标单击</button>
</body>
</html>
```

接着在 css 目录下建立 style.css 样式文件，加上一点 CSS 样式使按钮看起来更美观。源代码如下：

```
button {
    font-family: "微软雅黑", "sans-serif";
    color: rgba(0, 0, 200, 0.6);
    font-size: 1.2rem;
    width: 200px;
    border: 1px solid rgba(0, 0, 200, 0.6);
    border-radius: 5px;
    box-shadow: 2px 2px rgba(0, 0, 200, 0.4);
}
```

在 Web standards example.html 文件中通过<link>标记建立和 style.css 文件的关联，样式效果如图 1.9 所示。

```
<link href="css/style.css" rel="stylesheet" type="text/css">
```

最后在 js 目录下建立 javascript.js 脚本文件，实现动态行为操作，当单击按钮时在按钮的下面增加一个新的段落，段落的内容文本是“Hello World!”。源代码如下：

```
window.onload=function(){
    /*获取页面上的按钮*/
    var button=document.querySelector('button');
    /*为按钮添加一个单击事件监听器，当按下按钮时将运行 createParagraph()函数*/
    button.addEventListener('click',createParagraph);
    /*createParagraph()函数创建一个新段落并将其附加到 body 的底部*/
    function createParagraph(){
        var oSs=document.styleSheets[0];
        var para=document.querySelector('p');
        if(para==null){
            para=document.createElement('p');
```

```
            para.textContent="Hello World!";
            document.body.appendChild(para);
            oSs.addRule('p','color:rgba(0, 0, 200, 0.6);font-size:1.2rem');
        }
    }
```

在 Web standards example.html 文件中通过<script>标记使用脚本文件，执行效果如图 1.9 所示。

```
    <script src="js/javascript.js"></script>
```

图 1.9 Web standards example.html 效果图

1.4.2 采用 Web 标准的优势

基于 Web 标准建立网站对网站和访问者都具有优势。

对于访问者来说，主要有可确保每个人都有权利访问相同的信息；文件下载与页面显示速度更快；内容能被更多的用户所访问（包括失明、视弱和色盲等残障人士）；内容能被更广泛的设备所访问（包括屏幕阅读机、手持设备、搜索机器人、打印机和电冰箱等）；用户能够通过样式选择定制自己的表现界面；所有页面都能提供适于打印的版本。

对于网站所有者来说，主要有使站点开发更快捷，更令人愉快；更少的代码和组件，容易维护；带宽要求降低（代码更简洁），成本降低；更容易被搜寻引擎搜索到；改版方便，不需要变动页面内容；提供打印版本且不需要复制内容；提高网站易用性。

1.5 浏览器

浏览器是 Web 服务的客户端程序，可向 Web 服务器发送各种请求，并对从服务器发来的网页和各种多媒体数据格式进行解释、显示和播放。浏览器的主要功能是解析网页文件内容并正确显示，网页一般是 HTML 格式，浏览器是经常使用的客户端程序。

1.5.1 浏览器的发展史

1990 年 Tim Berners-Lee 设计了世界上第一个浏览器 World Wide Web，1991 年 3 月在 CERN 使用，改名为 Nexus。

1993 年 3 月美国国家超级计算机应用中心（NCSA，位于伊利诺大学厄巴纳-香槟分校）

发布 Mosaic，这是互联网历史上第一个获得普遍使用和能够显示图形的浏览器。

1994 年 Marc Andreessen 带领开发 Mosaic 的主要人员成立了 Netscape（网景）公司，发布了第一款商业浏览器 Netscape Navigator。

1995 年 8 月微软公司发布了 IE。

1996 年挪威最大的通信公司 Telenor 推出了 Opera。Opera 有自己的内核，完全独立于 Mosaic、IE、Netscape。

2003 年 1 月苹果公司在 Macworld 大会上发布了 Safari。

2004 年 11 月 Mozilla 发布 Firefox，Firefox 最开始的名字是 Phoenix（火鸟），后来因版权问题更名为 Firefox（火狐），2005 年 Mozilla 宣布将 Firefox 开源。

2008 年 9 月谷歌公司发布 Chrome 浏览器，它目前是市场占有率第一的浏览器。

2015 年 4 月微软公司发布 Edge 浏览器。

1.5.2 浏览器的内核

内核是浏览器底层使用的技术，它决定浏览器的功能和性能，目前市场上的浏览器主要采用下列内核。

- Trident（三叉戟）：IE 使用，在 IE7 中微软对 Trident 的排版引擎做了重大的变动，增加了对 Web 标准的支持。
- Gecko（壁虎）：Gecko 是用 C++编写并开放源代码，由网景公司开发，现由 Mozilla 基金会维护，目前被 Mozilla 家族浏览器以及 Netscape 6 以后版本的浏览器和 Firefox 所使用。
- WebKit：苹果 Safari 浏览器使用的内核，WebKit 包含 WebCore 排版及 JavaScriptCore 解析，均是从 KDE（运行于 Linux、UNIX 等操作系统上的图形桌面环境）的 KHTML（由 KDE 开发的浏览器内核）衍生而来。Chrome 最开始也使用 WebKit 作为内核。
- Blink：由 Google 和 Opera 开发的浏览器内核，源自 WebKit 中 WebCore 的一个分支，在 Chrome（28 及以后的版本）、Opera（15 及以后的版本）浏览器中使用。
- Presto：Opera12.17 及更早版本曾经采用的内核，现已停止开发并废弃，该内核在 2003 年的 Opera7 中被首次使用。

1.5.3 常用浏览器

❶ Internet Explorer

微软的 Internet Explorer（IE）是最流行的浏览器，发布于 1995 年，IE 使用 Trident 内核。2015 年 4 月，微软发布内置于 Windows 10 中的新浏览器 Edge。

❷ Firefox

Firefox（FF）是由 Mozilla（Mozilla 基金会简称 Mozilla，是为支持和领导开源的 Mozilla 项目而设立的一个非营利组织）发展而来的浏览器，发布于 2004 年，已成为流行的浏览器。Firefox 使用 Gecko 内核。

❸ Opera

Opera 是挪威人发明的浏览器，快速小巧，符合工业标准，适用于多种操作系统。Opera

使用 Blink 内核。

❹ Chrome

Chrome 是免费的开源 Web 浏览器，由 Google 开发，该浏览器于 2008 年 9 月发布。最开始 Chrome 使用 WebKit 内核，现在 Google 开始转向 Blink 内核。

❺ Safari

Safari 是由苹果公司开发的浏览器，适用于 Mac 和 Windows 系统，该浏览器于 2003 年 6 月发布。Safari 使用 WebKit 内核。

这些常用浏览器的图标如图 1.10 所示。

图 1.10　IE、Edge、Firefox、Opera、Chrome 和 Safari 图标

浏览器的市场占有率可参考“http://gs.statcounter.com”的全球浏览器使用情况统计，如图 1.11 所示。

图 1.11　全球浏览器市场份额示意图

1.5.4　标准浏览器

❶ 标准浏览器概述

标准浏览器泛指对 Web 标准规范提供支持并能完美呈现的浏览器，更严格的是指对 Web 标准完全支持的浏览器，目前也指对 HTML5 和 CSS3 提供更好支持的浏览器。最新版本的 Safari、Chrome、Firefox 以及 Opera 支持大部分 HTML5 特性。IE 自 IE9 开始支持某些 HTML5 特性。

❷ 测试判断

Acid3 由网页标准计划小组（Web Standards Project，WSP）设计，对浏览器与 Web 标准的相容性进行测试，是目前 Web 标准基准测试中最严格的一个，Acid3 提供全面严格的 100 项规范测试，测试集中在 ECMAScript、DOM Level 3、Media Queries、CSS 和 SVG 等。用浏览器加载 Acid3 测试页（http://acid3.acidtests.org/），运行 100 项测试，页面会不断加载功能，直接给予分数，满分为 100 分，如图 1.12 所示。

用户可以用“http://html5test.com/”测试衡量浏览器对 HTML5 标准的支持情况，分数

越高越好，如图 1.13 所示。

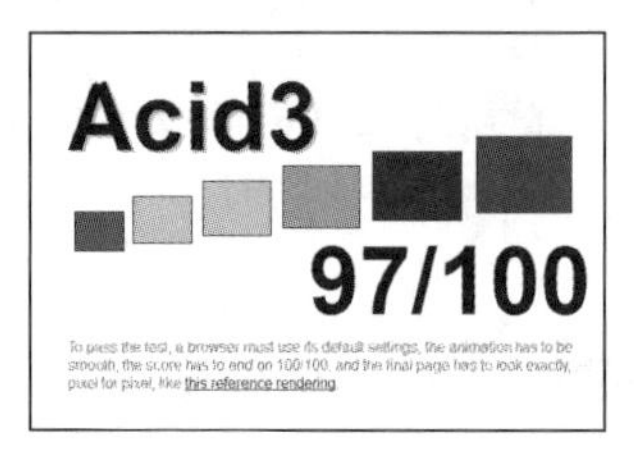

图 1.12　Acid3 测试参考图

图 1.13　html5test 测试参考图

通过“http://caniuse.com”网站，输入 HTML5 标签或 CSS3 属性就可以知道主要浏览器对特定 HTML5 和 CSS3 的支持程度，如图 1.14 所示。

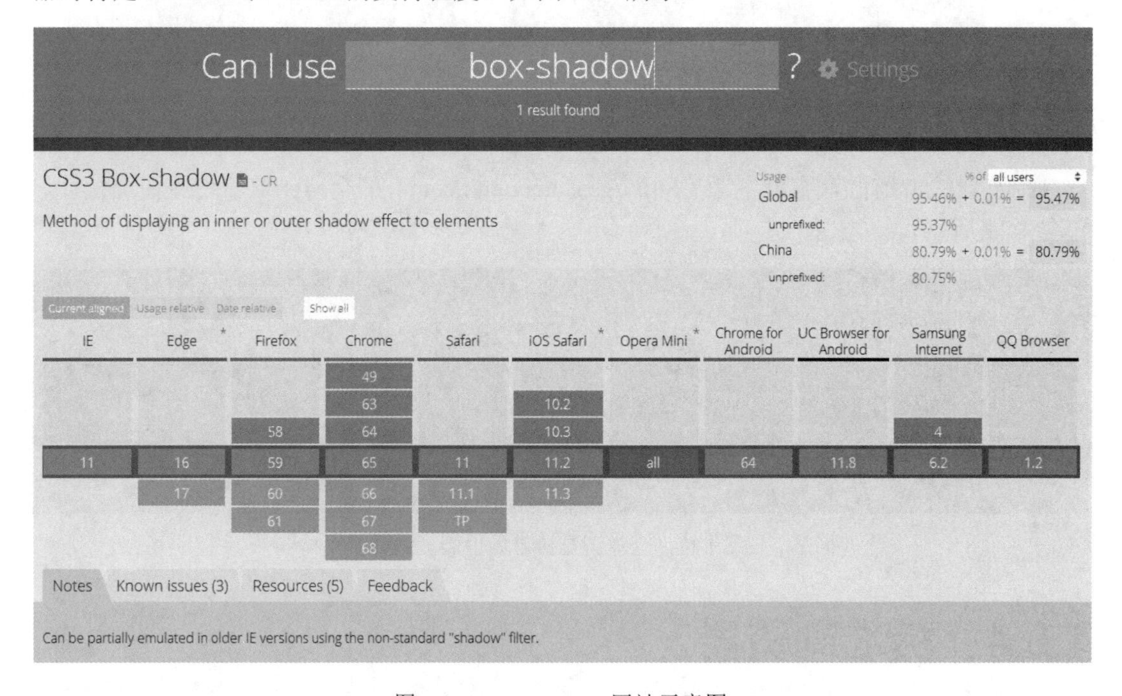

图 1.14　caniuse.com 网站示意图

Mozilla 开发了一款权威的专注于实际问题解决的 JavaScript 测试软件 JetStream（https://webkit.org/perf/sunspider/sunspider.html），可以进行 JavaScript 基准测试，分数越高越好。

1.6　Web 开发工具

一个好的工具可以让开发效率提高和让开发难度降低，Web 开发不意味着一定要手写代码，但最好能从手写代码开始，通过手写代码可以接触到更多有用的实际内容。其实，在工具的帮助下手写代码也不是件难事，难的只是很多人不愿意尝试它。

1.6.1　JetBrains WebStorm

WebStorm 是 JetBrains 公司旗下的一款 Web 开发工具，被广大开发者誉为“Web 前端开发神器”“最强大的 HTML5 编辑器”“最智能的 JavaScript IDE”，与 IntelliJ IDEA 同源，继承了 IntelliJ IDEA 强大的 JS 部分的功能。其主要特点有对业界最新技术的支持、可自定义代码格式化规则、智能的代码补全、html 提示、联想查询、代码重构、代码检查和快速修复、代码调试、代码结构浏览、代码折叠、包裹或者去掉外围代码等。

1.6.2　测试和调试环境

网站的测试及调试建议用 Chrome 浏览器提供的开发者工具进行，可以从“http://www.google.cn/chrome/browser/desktop/”下载并进行安装。

打开浏览器后直接在页面上单击鼠标右键，然后在快捷菜单中选择【检查】命令，或者直接按 F12 键，或者按快捷方式键 Ctrl+Shift+I，进入开发者工具界面，如图 1.15 所示。

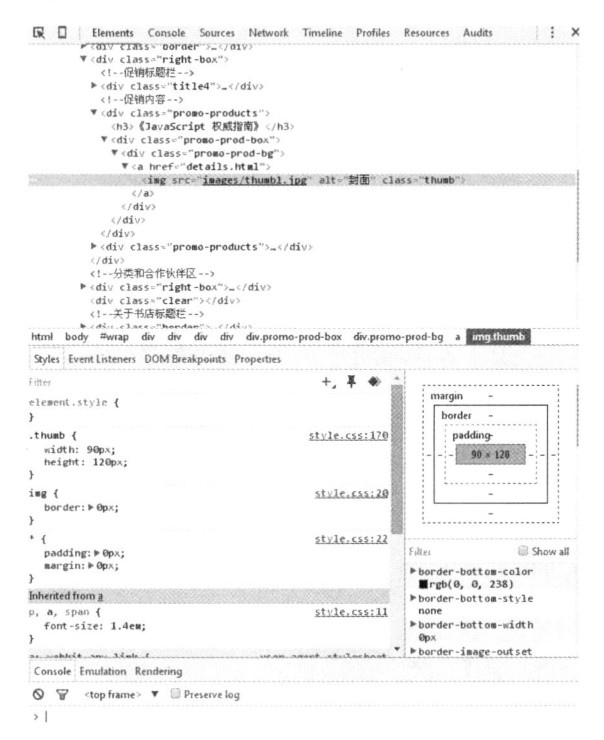

图 1.15　Chrome 开发者工具界面

Chrome 开发者工具分为八大模块，下面介绍每个模块的主要功能。

- Elements：用于查看和编辑当前页面中的 HTML 和 CSS 元素。
- Network：用于查看 HTTP 请求的详细信息，例如请求头、响应头及返回内容等。
- Sources：用于查看和调试当前页面所加载的脚本源文件。

- Timeline：用于查看脚本的执行时间、页面元素渲染时间等信息。
- Profiles：用于查看 CPU 执行时间与内存占用等信息。
- Resources：用于查看当前页面所请求的资源文件，例如 HTML、CSS 样式文件等。
- Audits：用于优化前端页面、加速网页加载速度等。
- Console：用于显示脚本中所输出的调试信息，或运行测试脚本等。

1.7 小结

本章简要介绍了 Internet 基础知识，从应用的角度介绍了 Web 体系结构和相关概念，并介绍了超文本与标记语言的相关知识，了解了 Web 标准的组成和常用浏览器。

1.8 习题

❶ 选择题

（1）Web 使用（　　）在服务器和客户端之间传输数据。

A．FTP　　B．Telnet　　C．E-mail　　D．HTTP

（2）HTTP 服务默认的端口号是（　　）。

A．20　　B．21　　C．25　　D．80

（3）HTML 是一种标记语言，由（　　）解释执行。

A．Web 服务器　　B．操作系统　　C．Web 浏览器　　D．不需要解释

（4）目前的 Web 标准不包括（　　）。

A．结构标准　　B．表现标准　　C．行为标准　　D．动态网页

（5）下面正确的 URL 地址是（　　）。

A．Get://www.solt.com/about.html

B．ftp:/ftp.tsinghua.edu.cn

C．http://www.tsinghua.edu.cn

D．http:www.bhu.edu.cn

❷ 简答题

（1）解释 IP 地址、URL、域名的含义。

（2）基本的 Web 技术有哪些？Web 的工作原理是什么？

（3）什么是超文本？常用的超文本标记语言有哪些？

（4）一个网页由哪几个部分构成？对应的 Web 标准是什么？网页设计为什么采用 Web 标准？

（5）什么是标准浏览器？

第 2 章

初识 HTML5

本章首先介绍 HTML5 页面的文档结构，然后介绍 HTML5 的语法，接下来讨论如何使用 WebStorm 工具软件建立 HTML5 页面，最后详细介绍 HTML5 头部元素常用的标签。

本章要点：

- HTML5 文档结构。
- HTML5 语法规则。
- 头部元素常用的标签。

2.1　HTML5 基础

HTML5 文件是由一些标签语句组成的文本文件，标签标识了内容和类型，Web 浏览器通过解析这些标签进行显示。HTML5 文件可以使用任意文本编辑器创建，但文件的扩展名必须使用“.htm”或“.html”，建议使用“.html”，以适应跨平台的需要。

2.1.1　HTML5 文档结构

一个 HTML5 文档的基本结构如表 2.1 所示。

表 2.1　HTML5 文档结构表

文档类型声明	<!DOCTYPE html>		
HTML5 元素	<html>		
	头元素	<head>	
		标题元素	<title>页面标题</title>
		其他头内元素	<meta charset="utf-8"> …
		</head>	

续表

文档类型声明	<!DOCTYPE html>	
HTML5 元素	体元素	<body>
		…
		</body>
	</html>	

相应的源代码如下：

```
<!DOCTYPE html>
<html lang="zh-CN">
<head>
<meta charset="utf-8">
<title>页面标题</title>
</head>
<body>
…
</body>
</html>
```

在 HTML5 文档中，文档类型声明<!DOCTYPE>是强制使用的，总是位于首行，这样浏览器才能获知文档类型。<!DOCTYPE>声明不是 HTML 标签，它是指示 Web 浏览器关于页面使用哪个 HTML 版本进行编写的指令。

2.1.2 元素与标签

元素是标记语言的基本单元，元素是通过使用 HTML5 标签进行定义的，元素可以用来描述文档的各种成分和格式。

元素（element）指文档的各种成分（例如头、标题、段落、表格和列表等）。元素的类型、属性和范围用标签来标识、设置和界定。

元素之间可以嵌套（文档形成树状结构），但不能交叉。嵌套的诸元素构成父子关系，外层称为父元素，内层称为子元素，多级嵌套则形成多重辈分的层次等级关系。

标签（tag，标志/标记/标识/标注）是用来描述文档内容的类型、组成与格式化信息的文本字符串，用一对尖括号“<”和“>”括起，位于起始标签和终止标签之间的文本是元素的内容。标签可用于标识元素的类型，设置元素的属性，并界定元素内容的始末。

例如下面是一个 HTML5 元素：

```
<b>此文本是粗体的。</b>
```

这个 HTML5 元素由起始标签“<b>”开始，元素的内容是“此文本是粗体的。”，元素由终止标签“</b>”结尾。<b>标签的作用是定义一个显示为粗体的 HTML5 元素。

元素可按有无元素内容分为非空元素和空元素两类，对应的标签为非空标签和空标签。

❶ 非空元素与标签

非空元素指含有内容的元素，非空标签指标识非空元素的标签，有开始和结束两个标签。非空元素标签语句的语法如下：

```
<元素名 [属性名="属性值"] …>元素内容</元素名>
```

其中，“<元素名 [属性名="属性值"] …>”标识元素的开始，方括号内为可选内容；“</元素名>”标识元素的结束。例如标题和超链接元素。

```
<title>测试页</title>
<a href="http://www.tsinghua.edu.cn/">清华大学</a>
```

❷ 空元素与标签

空元素指不含内容的元素，空标签指标识空元素的标签。一个空元素只有一个标签。空元素标签语句的语法如下：

```
<元素名 [属性名="属性值"] … />
```

例如图像、换行和水平线元素。

```
<img src="lena.gif" />
<br />
<hr />
```

❸ HTML5 参考手册

表 2.2 列出了 HTML5 按字母顺序排列的除了不赞成使用元素以外的其他元素。HTML5.2 版本手册可参阅“https://www.w3.org/TR/html5/”，最新的 HTML5.3 版本手册可以参阅 W3C 在 GitHub（一个开源项目托管平台）上的文档内容，链接地址为“http://w3c.github.io/html/”。

表 2.2　HTML5 元素表

标　签	描　述
<!--……-->	定义注释
<!DOCTYPE>	定义文档类型
<a>	定义锚
<abbr>	定义缩写
<acronym>	定义只取首字母的缩写（HTML5 不支持）
<address>	定义文档作者或拥有者的联系信息
<area>	定义图像映射内部的区域，空元素
<article>	定义文章（HTML5 新标签）
<aside>	定义页面内容之外的内容（HTML5 新标签）
<audio>	定义声音内容（HTML5 新标签）
<b>	定义粗体字
<base>	定义页面中所有链接的默认地址或默认目标，空元素
<bdi>	定义文本的方向，使其脱离它周围文本的方向设置（HTML5 新标签）
<bdo>	定义文字方向
<big>	定义大号文本
<blockquote>	定义长的引用

续表

标　签	描　述
<body>	定义文档的主体
 	定义简单的折行，空元素
<button>	定义按钮
<canvas>	定义图形（HTML5 新标签）
<caption>	定义表格标题
<cite>	定义引用
<code>	定义计算机代码文本
<col>	定义表格中一个或多个列的属性值，空元素
<colgroup>	定义表格中供格式化的列组
<command>	定义命令按钮（HTML5 新标签）
<datalist>	定义下拉列表（HTML5 新标签）
<dd>	定义列表中项目的描述
<del>	定义被删除文本
<details>	定义元素的细节（HTML5 新标签）
<div>	定义文档中的节
<dfn>	定义项目
<dialog>	定义对话框或窗口（HTML5 新标签）
<dl>	定义列表
<dt>	定义列表中的项目
<em>	定义强调文本
<embed>	定义外部交互内容或插件（HTML5 新标签）
<fieldset>	定义围绕表单中元素的边框
<figcaption>	定义 figure 元素的标题（HTML5 新标签）
<figure>	定义媒介内容的分组以及它们的标题（HTML5 新标签）
<footer>	定义 section 或 page 的页脚（HTML5 新标签）
<form>	定义供用户输入的 HTML 表单
<frame>	定义框架集的窗口或框架，空元素
<frameset>	定义框架集
<h1>～<h6>	定义 HTML 标题
<head>	定义关于文档的信息
<header>	定义 section 或 page 的页眉（HTML5 新标签）
<hr>	定义水平线，空元素
<html>	定义 HTML 文档
<i>	定义斜体字
<iframe>	定义内联框架
<img>	定义图像，空元素
<input>	定义输入控件，空元素
<ins>	定义被插入文本
<kbd>	定义键盘文本
<keygen>	定义生成密钥（HTML5 新标签），元素已经过时
<label>	定义 input 元素的标注
<legend>	定义 fieldset 元素的标题
<li>	定义列表的项目

续表

标　签	描　述
<link>	定义文档与外部资源的关系，空元素
<main>	定义文档的主要内容（HTML5.2 新标签）
<map>	定义图像映射
<mark>	定义有记号的文本（HTML5 新标签）
<menu>	定义命令的列表或菜单
<menuitem>	定义用户可以从弹出菜单调用的命令/菜单项目
<meta>	定义关于 HTML 文档的元信息，空元素
<meter>	定义预定义范围内的度量（HTML5 新标签）
<nav>	定义导航链接（HTML5 新标签）
<noframes>	定义针对不支持框架的用户的替代内容
<noscript>	定义针对不支持客户端脚本的用户的替代内容
<object>	定义内嵌对象
<ol>	定义有序列表
<optgroup>	定义选择列表中相关选项的组合
<option>	定义选择列表中的选项
<output>	定义输出的一些类型（HTML5 新标签）
<p>	定义段落
<param>	定义对象的参数，空元素
<pre>	定义预格式文本
<progress>	定义任何类型的任务的进度（HTML5 新标签）
<q>	定义短的引用
<rp>	定义浏览器不支持 ruby 元素显示的内容（HTML5 新标签）
<rt>	定义 ruby 注释的解释（HTML5 新标签）
<ruby>	定义 ruby 注释（HTML5 新标签）
<samp>	定义计算机代码样本
<script>	定义客户端脚本
<section>	定义 section（HTML5 新标签）
<select>	定义下拉列表
<small>	定义小号文本
<source>	定义媒介源（HTML5 新标签）
<span>	定义文档中的节
<strong>	定义强调文本
<style>	定义文档的样式信息
<sub>	定义下标文本
<summary>	为<details>元素定义可见的标题（HTML5 新标签）
<sup>	定义上标文本
<table>	定义表格
<tbody>	定义表格中的主体内容
<td>	定义表格中的单元
<textarea>	定义多行的文本输入控件
<tfoot>	定义表格中的表注内容
<th>	定义表格中的表头单元格
<thead>	定义表格中的表头内容

续表

标　　签	描　　述
<time>	定义日期/时间（HTML5 新标签）
<title>	定义文档的标题
<tr>	定义表格中的行
<track>	定义用在媒体播放器中的文本轨道（HTML5 新标签）
<tt>	定义打字机文本
<ul>	定义无序列表
<var>	定义文本的变量部分
<video>	定义视频（HTML5 新标签）
<wbr>	定义在文本何处适合添加换行符（HTML5 新标签）

2.1.3　属性

HTML5 标签拥有属性，属性为 HTML5 元素提供附加信息。属性总是以“名称/值”对的形式出现，比如“name="value"”，属性总是在 HTML5 元素的开始标签中规定。

当开始标签使用多个属性时用空格分隔，出现的顺序无关紧要。属性值要用单引号或双引号括起来，单引号括起来的属性值中可以包含双引号，双引号括起来的属性值中也可以包含单引号。

例如可以在<body>标签中通过属性设置页面的背景颜色。

```
<body bgcolor="yellow">
```

HTML5 中有些属性是通用于每个标签的，是 HTML5 全局属性，同时各个标签都有自己的特殊属性。常用的全局属性是标签使用最多的属性，也是最重要的属性，见表 2.3。

表 2.3　HTML5 元素常用的全局属性

属　　性	值	描　　述
class	classname	定义元素的一个或多个类名，如需为一个元素规定多个类，用空格分隔类名
id	id	定义元素的唯一 id
style	style_definition	定义元素的行内 CSS 样式
title	text	定义提示工具中显示的文本
dir	ltr|rtl	定义元素中内容的文本方向
lang	language_code	定义元素内容的语言。language_code 是 ISO 语言代码，中文的语言代码为“zh”，英语的语言代码为“en”
contenteditable	true|false	规定元素内容是否可编辑
draggable	true|false|auto	规定元素是否可拖动。auto 是使用浏览器的默认行为，链接和图像默认是可拖动的

在 HTML5 文件中有很多元素重复出现，为了区分，可以用 id 属性给每个元素定义唯一的标识。在 HTML5 之前，以数值开头的 id 和类是无效的，HTML5 放开了这个限制，id 不能包含空格，每个元素的 id 属性值在 HTML5 文档中必须是唯一的。

如果有些元素无论内容还是样式都基本相同，可以把这些元素合并为一类，用 class 属性进行标识，这样多个元素在表现时可以共用相同的样式声明。

2.1.4　语法规则

HTML5 语法规则的要求比较松散，例如某些标签语句可以省略，省略并不意味着标签不存在，它是隐含的；HTML5 不区分大小写；可以省略关闭空元素的斜杠；属性值中只要不包含“>”“、”“=”或者空格等受限的字符，就可以不用加引号，没有属性值也可以。为了保证代码规范，建议用户遵循以下几点：

❶ 元素必须正确嵌套

在 HTML5 中，所有的元素必须彼此正确地嵌套。例如：

```
<b><i>粗体和斜体</i></b> <!--正确-->
<b><i>粗体和斜体</b></i> <!--错误-->
```

提示：<!-- -->是 HTML5 注释语句。

❷ 非空元素要有结束标签

浏览器虽然能够对大多数没有结束标签的语句进行容错处理，但有一些还是处理不了，为了避免这种情况，非空元素最好使用结束标签。例如：

```
<p>这是段落</p>  <!--正确-->
<p>这是段落      <!--不建议-->
```

❸ 元素标签名和属性名最好小写

标签名和属性名最好小写。例如：

```
<body>
<p>这是段落</p>
</body>
```

❹ 属性值最好加引号

属性值最好用引号括起来，特别是属性值含有空格的时候。例如：

```
<table width="100%">
```

❺ 属性最好有值

使用的属性最好有值，不能简写。例如：

```
<input checked="checked" />     <!--正确-->
<input checked>                 <!--不建议-->
```

无论 HTML5 对语法的要求多宽松，都有必要检验标记是否有效，有效的标记更容易理解，可以通过 W3C 验证器进行检验，链接地址为“https://validator.w3.org/”。

2.2　WebStorm 基础

欲先善其事，必先利其器，WebStorm 是 JetBrains 专门为 Web 开发人员设计的 IDE

（Integrated Development Environment，集成开发环境），特别适合 Web 前端开发使用，具有支持重构、支持代码格式化细节的自定义、良好的编辑体验（如快速定位最近的编辑、快速查看代码结构及定义）等优秀 IDE 具有的特点，轻量、快速、便于调试。本书使用 JetBrains WebStorm 11.0.3 版本。

2.2.1　WebStorm 的基本操作

视频讲解

❶ 使用 WebStorm 建立“叮叮书店”项目

启动 WebStorm，选择【文件】|【新项目】命令，打开 Select Project Type 对话框，在 Location 文本框中输入“E:\book_store”，如图 2.1 所示，或者单击文本框右侧的选择文件夹图标，在打开的 Select Base Directory 对话框中选择，然后单击【确定】按钮，最后单击 Create 按钮创建“叮叮书店”项目。

❷ 设置 WebStorm 使用环境

选择【文件】|【设置】命令，打开【设置】对话框。

WebStorm 编辑器默认字体方案——Default 的字比较小，可以自定义方案显示大一些。单击【设置】对话框左边的【编辑器】|【颜色和字体】|Font，如图 2.2 所示。然后单击【另存为】按钮，在【配色方案另存为】对话框的【名称】文本框中输入“book_store”，单击【确定】按钮，接着在【主要的字体】下拉列表框中选择“微软雅黑”字体，在【大小】文本框中输入“16”，最后单击【确定】按钮。

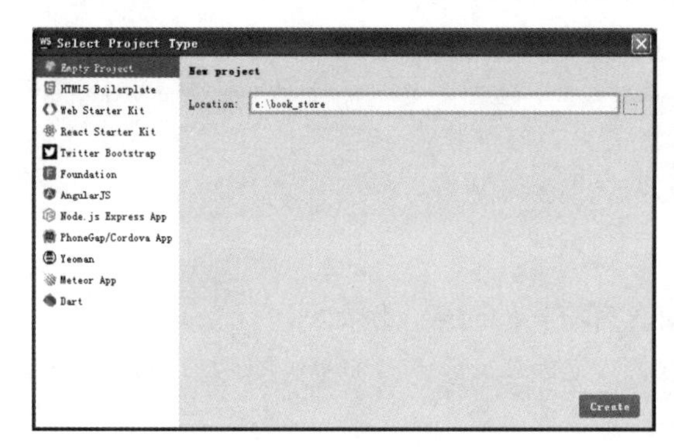

图 2.1　Select Project Type 对话框

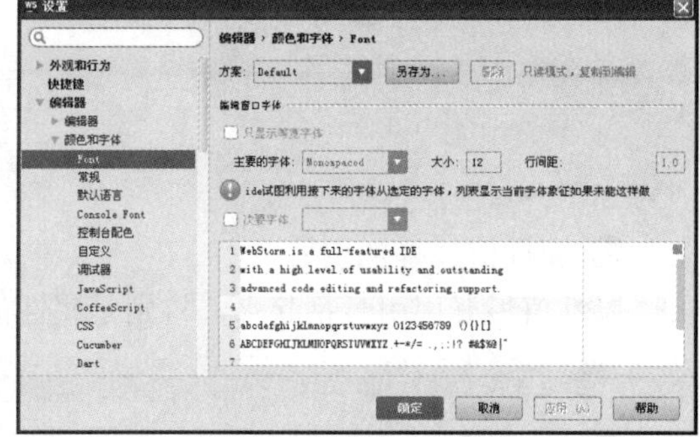

图 2.2　【设置】对话框

在使用 WebStorm 建立 HTML5 文档时会根据 HTML 模板将整个页面语言定义为“en”，对于中文 Web 开发者而言，需要将模板页面默认语言从“en”改为“zh-CN”或去掉。选择【设置】对话框左边的【编辑器】|【文件和代码模板】，选中【模板】列表框中的 HTML File 项，将右边区域文本框内的代码行“<html lang="en">”改为“<html>”或“<html lang="zh-CN">”，然后单击【确定】按钮。

❸ 建立“叮叮书店”空白首页

选择【文件】|【新建】命令，打开【新建】列表框，选中【HTML 文件】，出现【HTML 文件】对话框，在 Name 文本框中输入“index”或“default”，然后单击【确定】按钮，如图 2.3 所示。这里将<title>元素内容“Title”改为“叮叮书店”，在随后的章节中会逐步完

善叮叮书店首页的内容。

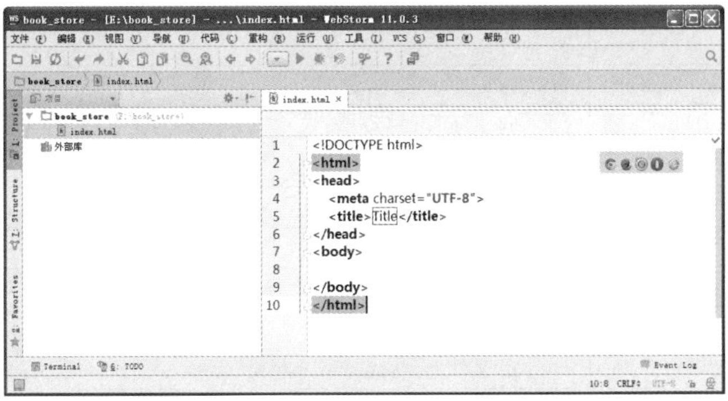

图 2.3　WebStorm 主界面

提示：如果一个 URL 没有指定文件名，例如“http://www.tup.com.cn/”，服务器会返回首页或默认页，通常首页或默认页文件名为 index.html 或 default.html。

index.html 页面的源代码如下：

```
<!DOCTYPE html>
<html lang="zh-CN">
<head>
   <meta charset="UTF-8">
   <title>叮叮书店</title>
</head>
<body>
</body>
</html>
```

可以看到，页面结构符合 W3C 建议的 HTML5 标准。

❹ 在浏览器中预览

将鼠标指针移到主编辑区，会弹出 5 种主流浏览器图标工具栏，单击任一工具栏按钮，将在指定的浏览器中显示页面文件。

WebStorm 自动保存编辑的文件，而且 WebStorm 关闭后也保存编辑的历史记录，用户可以选择 VCS|【本地历史】|【显示历史】命令查看。

2.2.2　WebStorm 的快捷键

表 2.4 列出了 WebStorm 常用的快捷键。

表 2.4　WebStorm 常用的快捷键

快　捷　键	功　　能
Ctrl+/或 Ctrl+Shift+/	注释（// 或者/*…*/）
Shift+F6	重构、重命名
Ctrl+X	删除行

续表

快 捷 键	功 能
Ctrl+D	复制行
Ctrl+G	查找行
Ctrl+Shift+Up/Down	代码向上/向下移动
F2 或 Shift+F2	高亮错误或警告快速定位
写代码，按 Tab	生成代码
选中文本，按 Ctrl+Shift+F7	高亮显示所有该文本，按 Esc 键高亮消失
Ctrl+B 或 Ctrl+鼠标左键单击	快速打开光标处的类或方法
Ctrl+Alt+B	跳转方法实现处
Ctrl+Shift+I	打开定义快速查找
Alt+Up/Down	跳转到上一个/下一个方法
Ctrl+E	最近打开的文件
Alt+F1	查找代码所在位置
Ctrl+Alt+L	格式化代码
Ctrl+R	替换文本
Ctrl+F	查找文本
Ctrl+Shift+R	在路径中替换文本。多个文件替换
Ctrl+Shift+F	在路径中查找文本。多个文件查找
Ctrl+P	方法参数提示
F3	查找下一个
Shift+F3	查找上一个
Alt+Shift+F	将当前文件加入收藏夹
Ctrl+Alt+S	打开配置窗口
Ctrl+Shift+N	通过文件名快速查找工程内的文件（必记）
Ctrl+Shift+Alt+N	通过一个字符快速查找位置（必记）
Shift+Enter	重新开始一行（无论光标在哪个位置）
Ctrl+Alt+T	with…（if、else、try、catch、for 等）用*来围绕选中的代码行，*包括 if、while、try 等
Ctrl+Shift+U	光标所在位置大小写转换
Ctrl+Delete	删除文字结束
Ctrl+Backspace	删除文字开始
Ctrl+E	弹出最近打开的文件
F11	切换标记，也称书签
Ctrl+Shift+F12	切换最大化编辑器
Alt+Shift+F	添至收藏夹

2.3 文档结构元素

HTML5 文档结构元素用来描述 HTML5 文档的顶层结构，包括文档根元素 html、头元素 head 和体元素 body。

2.3.1　<html>标签

<html>与</html>标签定义了文档的开始和结束，告知浏览器其自身是一个 HTML 文档。文档由头部和主体组成，文档的头部由<head>标签定义，主体由<body>标签定义。

2.3.2　<head>标签

<head>标签用于定义文档头部，<head>元素中的内容可以是脚本、样式表和提供的元信息等。文档的头部描述了文档的各种属性和信息，绝大多数文档头部包含的信息不会作为内容显示。

<base>、<link>、<meta>、<script>、<style>和<title>这些标签可用在<head>里，<title>定义文档的标题，是<head>唯一必需的元素。

<head>标签放在文档的开始处，紧跟在<html>的后面。

2.3.3　<body>标签

body 元素定义文档的主体，body 元素包含文档的所有内容（例如文本、超链接、图像、表格和列表等）。

2.4　头部元素

表 2.5 列出了在头部元素里可以使用的标签，这些标签必须用在<head>里。

表 2.5　头部元素标签

标　　签	描　　述
<title>	文档标题
<base>	页面中所有链接的基准 URL
<link>	资源引用
<meta>	元信息

2.4.1　<title>标签

<title>定义文档的标题，标题显示在浏览器窗口的标题栏上，当把文档加入用户的链接列表或者收藏夹时，标题将成为该文档链接的默认名称。<title>标签是<head>标签中唯一要求包含的。例如：

```
<head>
  <title>叮叮书店</title>
</head>
```

要选择一个正确的标题，这对于文档来说十分重要，像“第一章”或“第二部分”这样的标题，对用户理解文档内容毫无用处。标题描述要有针对性，例如“第一章：HTML5标签”，或者“第二部分：如何使用标题”，这样的标题不仅表达了它在一个大型文档集中的位置，还说明了文档的具体内容。总之，应该设计一个能够传达一定内容和目地的标题。

2.4.2 <meta>标签

meta 元素可提供有关页面的元信息（meta-information），例如针对搜索引擎提供的关键词。<meta>标签位于文档的头部，是空元素，<meta>标签通过属性定义与文档相关联的“名称/值”对来提供页面的元信息，见表 2.6。其中，http-equiv 和 name 属性是定义名称的，content 属性是定义值的。

表 2.6 meta 元素的属性

属　性	值	描　述
http-equiv	expires refresh X-UA-Compatible	定义 HTTP 协议的头部元信息名称。其中，expires 设置网页在缓存区的到期时间；refresh 设置自动刷新页面的时间，跳转的（重定向）页面
name	author description keywords generator revised robots viewport	定义元信息名称。其中，keywords 为搜索引擎提供的网页关键字；description 为搜索引擎提供的网页内容描述；author 为搜索引擎提供的网页作者；generator 为搜索引擎提供的网页使用的编辑器；revised 为搜索引擎提供的网页修订信息；robots 为搜索引擎提供的搜索机器人向导参数
content	some_text	定义与 http-equiv 或 name 属性相关的元信息的值。content 属性提供了“名称/值”对中的值，该值可以是任何有效的字符串

❶ http-equiv 属性

http-equiv 属性定义了 HTTP 协议头部使用的元信息名称，当服务器向浏览器发送文档时可以发送许多由“名称/值”对组成的元信息。

http-equiv 属性主要有以下几个值。

1）expires

为了提高访问速度，很多浏览器采用累积式加速的方法，将曾经访问的网页存放在本地计算机里，存储的位置称为浏览器缓存区，以后每次访问网站时浏览器会首先搜索缓存区目录，如果有访问过的内容，浏览器就不必从网上下载，直接从缓存区中调出来，这样就提高了访问网站的速度。expires 用于设定网页在缓存区的到期时间，如果过期，用户必须到服务器上重新下载。另外，expires 必须使用 GMT 的时间格式。例如：

```
<meta http-equiv="expires" content="Fri, 5 Mar 2012 18:18:18 GMT">
```

格林尼治标准时间是指位于伦敦郊区的皇家格林尼治天文台的标准时间，GMT 是中央时区，北京在东 8 区，相差 8 个小时，所以北京时间=GMT 时间+八小时。

2）refresh

refresh 用于刷新与跳转（重定向）页面。

例 2.1　HTML5(meta_http-equiv_Refresh).html，说明了 refresh 的用法，其中 content 值为 5 是指停留 5 秒钟后自动重定向到 URL 指定的网址。如果没有指定 URL，则 5 秒钟后页面自动刷新。

视频讲解

源代码如下：

```
<!DOCTYPE html>
<html lang="zh-CN">
<head>
    <meta charset="UTF-8">
    <title>页面自动刷新或重定向</title>
    <meta http-equiv="refresh" content="5; url=http://www.tsinghua.edu.cn/">
</head>
<body>
<p>在 5 秒后被重定向到下面的地址。</p>
<a href="http://www.tsinghua.edu.cn/">清华大学</a>
</body>
</html>
```

3）X-UA-Compatible

X-UA-Compatible 是针对 IE8 的一个特殊的 HTTP 协议头部元信息，用来指定 IE 浏览器进行解析时可以模拟某个特定版本 IE 浏览器的渲染方式，从而解决 IE 浏览器的兼容性问题。通过在 meta 中设置 X-UA-Compatible 的值可以指定 IE 浏览器渲染网页的兼容性模式，例如：

```
<meta http-equiv="X-UA-Compatible" content="IE=edge">
```

"IE=edge"的意思是让 IE 使用最新的内核渲染网页。

Google 为了解决 IE 浏览器对 Web 标准支持较差的问题，推出了 Google Chrome Frame 浏览器辅助插件，让 IE6/7/8/9 直接使用 Chrome 浏览器内核渲染网页。也就是说，用户在使用 IE 浏览网页时实际上使用的是 Chrome 浏览器。例如：

```
<meta http-equiv="X-UA-Compatible" content="IE=edge,chrome=1">
```

"IE=edge,chrome=1"的意思是如果用户安装了 Google Chrome Frame，则使用 Google Chrome Frame 来渲染网页，如果未安装 Google Chrome Frame，则使用最新版本的 IE 内核渲染网页。建议用户在每个页面都添加这个标签，用最方便的方式来解决 IE 浏览器兼容问题。

Google 已经在 2014 年 1 月停止更新 Chrome Frame 和技术支持，因为当前浏览器基本上都能很好地支持 Web 标准。

❷ name 属性

1）和搜索有关的元信息

name 属性定义的 meta 名称主要用于描述网页内容和网页的相关信息，便于搜索机器人查找和分类，包括 keywords、description、author、generator、revised 和 robots。

robots 参数有 all、none、index、noindex、follow、nofollow，默认是 all。

- all：允许搜索机器人检索网页，页面上的链接可以被查询。
- none：不允许搜索机器人检索网页，且页面上的链接不可以被查询。
- index：允许搜索机器人检索网页，可以让 robot/spider 登录。
- noindex：不允许搜索机器人检索网页，页面上的链接可以被查询，不让 robot/spider 登录。
- follow：页面上的链接可以被查询。
- nofollow：不允许搜索机器人检索网页，页面上的链接可以被查询，不让 robot/spider 顺着此页的链接往下探查。

在搜索引擎使用搜索机器人访问一个网站时，首先会检查该网站的根目录下是否有 robots.txt 文件，这个文件用于指定搜索机器人在网站上的抓取范围。网络管理员可以通过 robots.txt 来定义哪些目录不能访问，或者哪些目录对于某些特定的 spider 程序不能访问。例如有些网站的可执行文件目录和临时文件目录不希望被搜索引擎搜索到，那么网络管理员就可以把这些目录定义为拒绝访问目录。

当网站包含不希望被搜索引擎收录的内容时才需要使用 robots.txt 文件，如果希望搜索引擎能收录网站上的所有内容，不要建立 robots.txt 文件。

几乎所有的搜索引擎都是通过搜索机器人自动在 Internet 搜索，当发现新的网站时会检索页面中的 keywords 和 description，将其收录到检索数据库，然后根据关键词的密度将网站排序。

也就是说，如果页面没有使用<meta>标签定义 keywords 和 description，那么搜索机器人无法将你的站点收录到检索数据库，浏览者也就不可能通过搜索引擎来访问你的站点。

如果关键词选得不好，密度不高，检索出来后可能被排在几十甚至几百万个站点的后面，被浏览者访问的可能性也非常小，所以寻找合适的 keywords 和 description 非常重要，相关知识可参考 SEO（Search Engine Optimization，搜索引擎优化），搜索引擎优化是一种利用搜索引擎的搜索规则来提高网站在相关搜索引擎中自然排名的方式。

例 **2.2** HTML5(meta_name).html，该页面中使用了 meta 元素的 name 属性，建议用户在每个页面中都定义这些属性，以方便搜索引擎收录，更好地推广自己的网站。

源代码如下：

```
<!DOCTYPE html>
<html lang="zh-CN">
<head>
    <meta charset="UTF-8">
    <title>辅助搜索引擎</title>
    <meta name="robots" content="index,follow">
    <meta name="description" content="HTML meta 示例">
    <meta name="keywords" content="HTML,meta">
    <meta name="author" content="张树明">
    <meta name="generator" content="JetBrains WebStorm 11.0.3">
</head>
<body>
<p>本文档的 meta 属性标识了 robots 策略。</p>
<p>本文档的 meta 属性描述了该文档和关键词。</p>
<p>本文档的 meta 属性标识了创作者和编辑软件。</p>
```

```
</body>
</html>
```

2）viewport

viewport（视口）是指浏览器窗口内的内容区域，不包括菜单栏、工具栏、状态栏和边框等区域，也就是网页实际显示的区域。

viewport 是 2007 年苹果公司发布 iPhone 的时候引入的，目前基于 Android 和 iOS 的移动设备浏览器基本上都支持 viewport。在没有引入 viewport 之前，在移动设备上浏览网页时一般会默认按 980px、1024px 或其他值（由移动设备决定）宽度来渲染网页，然后把页面缩小呈现在视口当中，再让用户去放大或缩小进行浏览，很不方便，而且浏览器经常会出现横向滚动条。如果希望移动设备的屏幕视口能够以网页原大小来显示页面，在大多数情况下可以如下使用<meta>标签：

```
<meta name="viewport" content="width=device-width, initial-scale=1.0">
```

width=device-width 的意思是当前 viewport 的宽度等于移动设备屏幕的宽度；initial-scale=1.0 的意思是初始缩放为 1.0，页面按实际尺寸显示，无任何缩放。

但这样会带来一个问题，由于移动设备屏幕比桌面显示器的尺寸小，只能显示整个网页的一部分。那么如何让移动设备屏幕显示网页的全部内容？目前最好的解决方案是采用响应式 Web 设计。所谓响应式 Web 设计，就是网页内容会随着访问它的视口及设备的不同而呈现不同的样式。响应式 Web 设计是针对任意设备对网页内容进行完美布局的一种显示机制，最佳实践是先设计移动设备屏幕的内容、样式，然后再向大屏幕扩展。

viewport 是为了解决网页在移动设备上显示出现的问题采用的非标准（但事实上却是标准的）方式。

视频讲解

2.5　为叮叮书店首页添加元信息

启动 WebStorm，打开叮叮书店项目首页 index.html（在第 2 章的 2.2 节建立），进入代码编辑区，添加元信息，操作步骤如下：

将光标定位到“<title>叮叮书店</title>”的后面，按回车键，输入下面的代码。

```
<meta http-equiv="X-UA-Compatible" content="IE=edge,chrome=1">
<meta name="viewport" content="width=device-width, initial-scale=1.0">
<meta name="keywords" content="书店,叮叮书店,图书">
<meta name="description" content="叮叮书店是一个销售书籍的网上书店。">
<meta name="robots" content="index,follow">
```

限于篇幅，本书在后面章节中所列出的源代码均省略掉文档类型声明和 html 根标签语句，所用的文档类型声明均是 HTML5，元素内容所用的语言是 zh-CN。

```
<!DOCTYPE html>
<html lang="zh-CN">
</html>
```

省略掉 head 里用于解决 IE 浏览器兼容问题的 meta 标签和网页适应移动设备显示的 meta 标签以及定义页面使用字符集的 meta 标签。

```
<meta http-equiv="X-UA-Compatible" content="IE=edge,chrome=1">
<meta name="viewport" content="width=device-width, initial-scale=1.0">
<meta charset="UTF-8">
```

本书中的所有实例和案例均已通过 W3C HTML5 校验和 W3C CSS3 校验，校验地址分别为“https://validator.w3.org/”和“http://jigsaw.w3.org/css-validator/”。

2.6 小结

本章简要介绍了 HTML5 文件结构和文档结构元素，详细介绍了 HTML5 基本语法和头部主要元素，最后简单介绍了使用 WebStorm 工具软件建立 HTML5 页面的过程和基本操作。

2.7 习题

❶ 选择题

（1）关于 HTML5 的基本语法，下列说法错误的是（　　）。

A．在文档开始要定义文档的类型　　B．元素允许交叉嵌套

C．空标签最好加“/”来关闭　　D．属性值建议用""括起来

（2）<!DOCTYPE>的作用是（　　）。

A．用来定义文档类型　　B．用来声明命名空间

C．用来向搜索引擎声明网站关键字　　D．用来向搜索引擎声明网站作者

（3）（　　）标签是文件头的开始。

A．<html>　　B．<head>　　C．<font>　　D．<frameset>

（4）以下代码片段完全符合 HTML5 语法标准的是（　　）。

A．<input type=text>

B．<input TYPE="text">

C．<input type="text" disabled>

D．<input type="text" disabled="disabled">

（5）以下代码片段完全符合 HTML5 语法标准的是（　　）。

A．
　　B．<p>这是一个段落　　C．<div></div>　　D．<hr>

❷ 简答题

（1）什么是元素？元素的类型、属性和范围用什么来标识、设置和界定？

（2）元素可以分为哪两类？它们的差别在哪里？

（3）HTML5 中的元素名与属性名区分字母的大小写吗？有什么使用惯例？

（4）文档头部中有哪个元素是必需的？该元素的功能是什么？

（5）写出 HTML5 文档的基本结构。

第3章

HTML5 内容结构与文本

内容结构简称结构，是为网页内容建立一个框架，就像写文章先写一个提纲。结构使页面内容看起来不会杂乱无章，每一部分都紧密联系，形成一个整体。采用 HTML5 结构标签可以将页面划分成不同的区域或块形成结构，然后在不同的区域或块中填充内容，如报刊/杂志版面设计一样。本章首先详细介绍 HTML5 结构标签和基础标签，接下来简单了解格式化标签，然后重点介绍 HTML5 列表，最后详细介绍建立叮叮书店首页内容结构的过程。

本章要点：

- HTML5 结构标签。
- HTML5 基础标签。
- HTML5 格式化标签。
- HTML5 列表。

3.1 HTML5 结构标签

HTML5 结构标签用于搭建页面主体内容结构，形成不同的区块，完成整个页面的排版布局。表 3.1 列出了 HTML5 结构标签。

表 3.1 HTML5 结构标签

标　签	描　述
<article>	定义文章（HTML5 新标签）
<aside>	定义页面内容之外的内容（HTML5 新标签）
<details>	定义元素的细节（HTML5 新标签）
<footer>	定义 section 或 page 的页脚（HTML5 新标签）
<header>	定义 section 或 page 的页眉（HTML5 新标签）
<main>	定义文档的主要内容（HTML5.2 新标签）

续表

标　签	描　述
<nav>	定义导航链接（HTML5 新标签）
<section>	定义 section（HTML5 新标签）
<summary>	为 details 元素定义可见的标题（HTML5 新标签）
<div>	定义文档中的节
<span>	定义文档中的行内元素

3.1.1　<header>标签

<header>标签定义文档的页眉，通常用来放置整个页面或页面内的一个内容区块的标题，但也可以包含其他内容，比如在 header 里面放置 logo 图片、搜索表单等。

提示：在一个页面内并没有限制 header 的出现次数，也就是说可以在同一页面内不同的内容区块上分别加上一个 header 元素。

在 HTML5 中，一个 header 元素至少可以包含一个 heading 元素（h1～h6）。

3.1.2　<main>标签

<main>标签定义文档的主要内容。<main>标签中的内容对于文档来说应当是唯一的，不包含在文档中重复出现的内容，例如边栏、导航栏、版权信息、站点标志等。

提示：在一个文档中不能出现一个以上的<main>标签。main 元素不能是 article、aside、footer、header 或 nav 的子元素。

3.1.3　<nav>标签

<nav>标签定义导航链接的部分，主要用于构建导航菜单、侧边栏导航、内页导航和翻页操作等区域。

3.1.4　<article>标签

<article>标签表示页面中的一块与上下文不相关的独立内容，比如一篇文章。这篇文章应有其自身的意义，应该有可能独立于站点的其他部分，例如论坛帖子、报纸文章、博客条目和用户评论等。

3.1.5　<section>标签

<section>标签定义文档中的节（区段），例如章节、页眉、页脚或文档中的其他部分。

3.1.6　<aside>标签

<aside>标签定义其所处内容之外的内容，这个内容应该与附近的内容相关，例如可用作文章的侧栏或边栏。

3.1.7　<footer>标签

<footer>标签定义文档或节的页脚，footer 元素应当含有其包含元素的信息。页脚通常包含文档的建立日期、作者、版权信息、使用条款链接和联系信息等。用户可以在一个文档中使用多个<footer>标签。

3.1.8　<details>标签和<summary>标签

<details>标签用于描述文档或文档中某个部分的细节。details 元素实际上是一种用于标识其内部的子元素可以被展开、收缩显示的元素。details 元素具有一个布尔类型值的 open 属性，当 open 属性值为 true 时元素内部的子元素被展开显示，当 open 属性值为 false 时其内部的子元素被收缩起来不显示。open 属性的默认值为 false，当页面打开时其内部的子元素处于收缩状态。

<summary>标签可以为 details 元素定义标题，标题是可见的，用户单击标题时会展开显示 details 元素的内容，再次单击标题时 details 元素会收缩起来不显示。summary 元素从属于 details 元素。

如果 details 元素内没有定义 summary 元素，浏览器会提供默认的文字显示，例如“详细信息”。

提示：IE 和 Edge 不支持<details>标签。

3.1.9　<div>标签

HTML5 中几乎所有的标签都是有具体语义的，例如<title>标签用于定义文档的标题。但<div>和<span>标签并没有具体标识这个元素到底是什么，需要用户在实际使用中根据元素的内容确定。

<div>标签用来定义文档中的分区或节。<div>标签可以把文档分割为独立的、不同的部分，是一个容器标签，<div>的内容可以是任何 HTML5 元素。如果有多个<div>标签把文档分成多个部分，可以使用 id 或 class 属性来区分不同的<div>。

div 元素在显示时默认是一个块元素，块元素的宽度为 100%，而且后面隐藏附带有换行符，块元素在页面显示时始终占据一行，这样块元素周围的元素不能与块元素显示在同一行上。例如下面的代码：

```
<div>
```

```
  <h3>这是一个标题</h3>
  <p>这是一个段落</p>
</div>
<span>一些文本</span>
<span>一些其他文本</span>
```

其显示效果如图 3.1 所示。由于“<span>一些文本</span>”在<div>标签的后面，div 是块元素，所以显示在下一行。

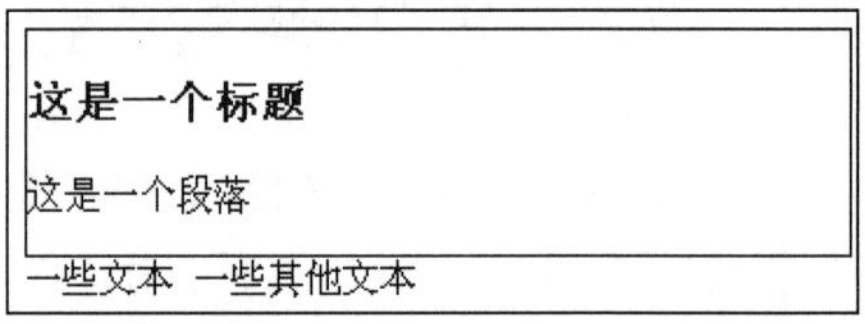

这是一个标题

这是一个段落

一些文本 一些其他文本

图 3.1 <div>和<span>标签显示示意图

3.1.10 <span>标签

<span>标签用来定义文档中一行的一部分，在显示时默认是一个行内元素，行内元素没有固定的宽度，根据 span 元素的内容决定。span 元素的内容主要是文本。

在图 3.1 所示的示例中，第 2 个<span>标签前面也是一个<span>标签，所以第 2 个<span>标签的内容紧接着前一个<span>标签的内容显示。

3.2 HTML5 基础标签

基础标签是 HTML5 使用最多的标签，见表 3.2。

表 3.2 HTML5 基础标签

标　　签	描　　述
<h1>～<h6>	标题 1～标题 6
<p>	定义段落
 	换行
<hr>	水平线
<!-->	注释

3.2.1 标题

标题使用<h1>～<h6>标签进行定义。<h1>定义最大的标题，<h6>定义最小的标题，HTML5 会自动在标题前后添加一个额外的换行。下面的代码使用了<h1>～<h6>，显示效果如图 3.2 所示。

```
<h1>这是一个标题</h1>
<h2>这是一个标题</h2>
<h3>这是一个标题</h3>
<h4>这是一个标题</h4>
<h5>这是一个标题</h5>
```

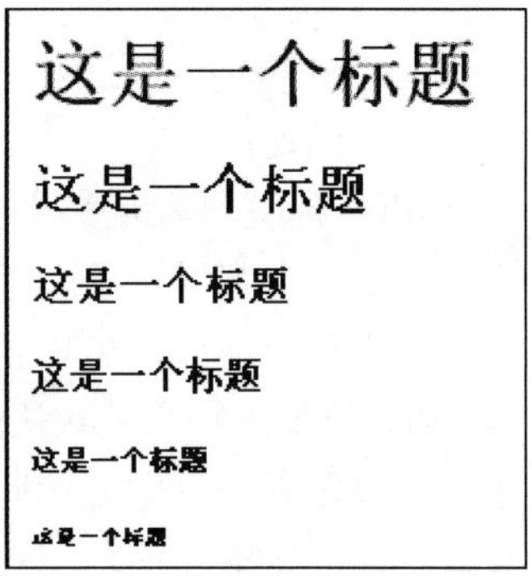

这是一个标题

这是一个标题

这是一个标题

这是一个标题

这是一个标题

这是一个标题

图 3.2 标题示意图

```
<h6>这是一个标题</h6>
```

3.2.2　段落

正文段落使用<p>标签进行定义，例如：

```
<p>这是一个段落</p>
<p>这是另一个段落</p>
```

3.2.3　换行符

在一个段落内，如果当前行没有结束，需换行显示，可以使用
标签。

```
<p>这是<br />一个段落<br />被换行</p>
```

3.2.4　注释

注释标签用于在 HTML5 源代码中插入注释，注释会被浏览器忽略。

```
<!--这是一个注释-->
```

在左括号后需要写一个惊叹号，右括号前就不需要了。

3.3　HTML5 格式化标签

HTML5 定义了很多供文本格式化输出的元素，有确定的语义，通过呈现特殊的样式加以区分，比如粗体和斜体字。

<tt>呈现类似打字机或者等宽的文本效果、<i>显示斜体文本效果、<b>呈现粗体文本效果、<big>呈现大号字体效果、<small>呈现小号字体效果，这些元素都是字体样式元素，建议用户使用样式表设定来取得更加丰富的效果。

另外，<em>把文本定义为强调的内容、<strong>把文本定义为语气更强的强调的内容、<dfn>定义一个定义项目、<code>定义计算机代码文本、<samp>定义样本文本、<kbd>定义键盘文本、<var>定义变量、<cite>定义引用，这些都是短语元素，这些标签拥有确切的语义，如果只是为了达到某种视觉效果而使用，建议用户使用样式表。

3.3.1　文本格式化标签

表 3.3 列出了 HTML5 定义的文本格式化标签。

表 3.3　文本格式化标签

标　签	描　述
<sub>	下标文本

续表

标　签	描　述
<sup>	上标文本
<ins>	插入文本
<del>	删除文本
<wbr>	定义在文本的何处适合添加换行符（HTML5 新标签）
<pre>	预格式文本

<wbr>标签规定在文本的何处适合添加换行符，作用是建议浏览器在这个标签处换行，注意只是建议而不是必须在此处换行，还需要根据整行文字的长度而定，也可以称“软换行”。<wbr>当浏览器窗口或者父级元素的宽度足够宽时不进行换行，而当宽度不够时主动在此处进行换行。例如下面的代码：

```
<p>
To learn AJAX, you must be familiar with the XM<wbr>LHttpRequest Object.
</p>
```

在正常情况下，当宽度过小不足以在行末书写完一个完整单词时会将行末的整个单词放到下一行，实现换行，如果在单词的中间位置加入<wbr>标签，就会拆分一个单词换行。

提示：<wbr>对中文没有作用。

<pre>用来定义预格式化文本，在<pre>标签内容中的文本通常会保留空格和换行符，显示为等宽字体。

例 3.1　HTML5(format).html，说明了在 HTML5 文件中如何对文本进行格式化，页面显示如图 3.3 所示。

视频讲解

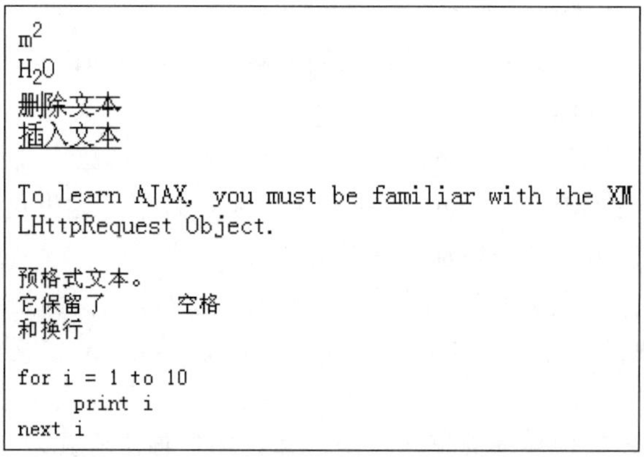

m^2
H_2O
~~删除文本~~
插入文本

To learn AJAX, you must be familiar with the XM
LHttpRequest Object.

```
预格式文本。
它保留了      空格
和换行

for i = 1 to 10
     print i
next i
```

图 3.3　HTML5(format).html 示意图

源代码如下：

```
<head>
    <title>文本格式化标签</title>
</head>
<body>
```

```
m<sup>2</sup><br>
H<sub>2</sub>O<br>
<del>删除文本</del><br>
<ins>插入文本</ins>
<p>To learn AJAX, you must be familiar with the XM<wbr>LHttpRequest
Object.</p>
<pre>
预格式文本。
它保留了      空格
和换行
</pre>
<pre>
for i=1 to 10
    print i
next i
</pre>
</body>
```

3.3.2　引用和术语定义标签

表 3.4 列出了 HTML5 引用和术语定义标签。

表 3.4　引用和术语定义标签

标　签	描　述
<abbr>	缩写
<address>	地址
<bdo>	文字方向
<blockquote>	长的引用语
<q>	短的引用语

<abbr>标签表示简称或缩写，比如“IP”，通过对缩写进行标记，能够为浏览器、拼写检查和搜索引擎提供有用的信息。建议用户在<abbr>标签中使用 title 属性，这样当鼠标指针移动到 abbr 元素上时会显示简称的完整信息。

<address>标签定义文档或文章的作者的联系信息。在一般情况下，如果 address 元素位于 body 元素内，表示文档所有者的联系信息；如果 address 元素位于 article 元素内，表示作者文章的联系信息。address 元素中的文本通常显示为斜体。

提示：address 元素通常在 footer 元素中使用。

<bdo>标签表示文字的输出方向，不是每种文字都是从左向右的顺序，比如阿拉伯文是从右向左的。<bdo>标签必须和 dir 属性一起使用，不论是什么文字，都以单个字符为单位，若颠倒顺序，从右往左显示，可以称为“反排效果”。

<blockquote>和<q>标签定义引用，最好使用 cite 属性，cite 属性规定引用的来源，属性值是 URL。

<blockquote>标签在浏览器中显示时会在左、右两边进行缩进（增加外边距）。<q>标签用于简短的行内引用，在浏览器中显示时会添加引号。

例 3.2 HTML5(address).html，说明了如何在 HTML5 文件中写地址，如何实现缩写或首字母缩写，如何改变文字的方向，页面显示如图 3.4 所示。

定义地址：
通讯地址：清华大学学研大厦A座
读者服务部（购书）：（010）62781733
网管信箱：netadmin@tup.tsinghua.edu.cn
定义缩写：IP Internet Protocol
如果浏览器支持bdo：器览浏
这是长的引用：
HTML5是万维网的核心语言、标准通用标记语言下的一个应用超文本标记语言（HTML）的第五次重大修改。
这是短的引用："百度一下"

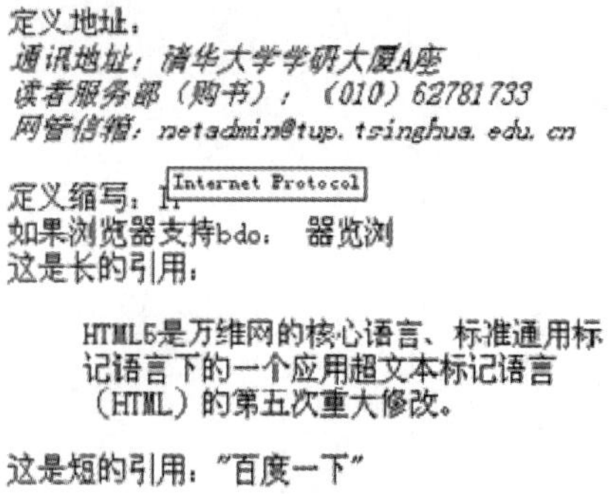

图 3.4 HTML5(address).html 示意图

源代码如下：

```
<head>
    <title>引用和术语定义标签</title>
</head>
<body>
定义地址：<address>通讯地址：清华大学学研大厦 A 座<br>
    读者服务部（购书）：(010) 62781733<br>
    网管信箱：netadmin@tup.tsinghua.edu.cn</address><br>
定义缩写：<abbr title="Internet Protocol">IP</abbr><br>
如果浏览器支持 bdo：
<bdo dir="rtl">浏览器</bdo><br>
这是长的引用：
<blockquote  cite="http://baike.baidu.com/link?url=Klkjb3BWg5GnjHyOMD8xM39bFlgQbwiXwiCqIcsCtH98Hp9sd_oWNPs2w-9rCSo_OKZpP-8lz4LG91ZGjUH0HK">HTML5 是万维网的核心语言、标准通用标记语言下的一个应用超文本标记语言（HTML）的第五次重大修改。</blockquote>
这是短的引用：<q cite="https://www.baidu.com/">百度一下</q>
</body>
```

3.3.3 HTML5 新增格式标签

表 3.5 列出了 HTML5 新增格式标签。

表 3.5 HTML5 新增格式标签

标　　签	描　　述
<mark>	定义有记号的文本（HTML5 新标签）
<meter>	定义预定义范围内的度量（HTML5 新标签）
<progress>	定义任何类型的任务的进度（HTML5 新标签）
<rp>	定义若浏览器不支持 ruby 元素显示的内容（HTML5 新标签）
<rt>	定义 ruby 注释的解释（HTML5 新标签）
<ruby>	定义 ruby 注释（HTML5 新标签）
<time>	定义日期/时间（HTML5 新标签）

❶ <mark>标签

<mark>标签定义带有记号的文本，表示在页面中需要突出显示或高亮显示，通常在引用原文时使用，以引起用户的注意。mark 元素是对原文内容起补充作用的一个元素，一般

用于把内容重点表示出来。<mark>标签最主要的目的是引起当前用户的注意，例如在搜索引擎列出的搜索条目中高亮显示条目中的关键字。

❷ <meter>标签

<meter>标签表示规定范围内的数量值，称为 gauge（尺度），例如磁盘用量、查询结果的相关性等。

提示：<meter>标签不能用于指示进度（在进度条中）。

meter 元素有 6 个属性，见表 3.6。

表 3.6　meter 元素的属性

属　　性	值	描　　述
value	number	必需，规定度量的当前值。在元素中表示实际值，该属性值默认为 0
min	number	规定范围的最小值。指定规定范围时允许使用的最小值，默认为 0，值不能小于 0
max	number	规定范围的最大值。指定规定范围时允许使用的最大值，如果属性值小于 min，那么把 min 属性值视为最大值。默认为 1
low	number	规定被视作低的值的范围。规定范围的下限值，必须小于或者等于 high 的值
high	number	规定被视作高的值的范围。规定范围的上限值，如果属性值小于 low，那么把 low 属性值视为 high 属性值；如果属性值大于 max，那么把 max 属性值视为 high 属性值
optimum	number	规定范围的最优值。属性值必须在 min 属性值与 max 属性值之间，可以大于 high 属性值

low 和 high 可以视为在规定范围内（最小值和最大值之间）的理想值，超出这个范围显示时用特定样式区分。

❸ <progress>标签

<progress>标签代表一个任务的完成进度，进度可以是不确定的，表示进度正在进行，但不清楚还有多少工作量没有完成，也可以用 0 到某个最大数字之间的数字来表示准确的进度情况。

progress 元素有两个属性，见表 3.7。

表 3.7　progress 元素的属性

属　　性	值	描　　述
value	number	规定已经完成多少任务。value 属性值必须大于 0，且小于或等于 max 属性值
max	number	规定任务一共需要多少工作。max 属性值必须大于 0

例 3.3　HTML5(progress).html，说明了如何在 HTML5 文件中使用<progress>、<meter>和<mark>标签，页面显示如图 3.5 所示。

HTML5

超文本标记语言（HTML）的第五次重大修改。

硬盘存储占用　GB

硬盘存储占用　GB

当前任务完成进度：

图 3.5　HTML5(progress).html 示意图

视频讲解

源代码如下：

```
<head>
    <title>progress、meter 和 mark
标签</title>
```

```
</head>
<body>
<h2>HTML5</h2>
<p>超文本标记语言（<mark>HTML</mark>）的第五次重大修改。</p>
<p>硬盘存储占用<meter value="80" max="100" min="0"></meter>GB</p>
<p>硬盘存储占用<meter value="80" max="100" min="0" low="20" high="70"
optimum="60"></meter>GB</p>
<p>当前任务完成进度：<progress max="100" value="50"></progress></p>
</body>
```

❹ <ruby>标签

<ruby>标签定义 Ruby 注释（中文注音或字符）。在日本，将音标标记在文字上边的印刷方式叫作“Ruby”，<ruby>标签采用了日本印刷业的这个术语。

ruby 元素由一个或多个字符（需要解释注音）和一个提供注音的 rt 元素组成，还包括可选的 rp 元素，定义当浏览器不支持 ruby 元素时显示的内容。

<ruby>内容是需要注释或注音标的文字。

<rt>内容是音标或注释，需要跟在注释文本的后边。

<rp>内容是浏览器不支持 ruby 元素时显示的，主要用来放置括弧，<rp>默认是不可见的。

❺ <time>标签

<time>标签表示公历的日期或时间，时间和时区偏移是可选的。time 元素能够以计算机可读的方式对日期和时间进行编码，这样搜索引擎能够根据<time>标签得到更精确的搜索结果。

time 元素主要有一个属性，见表 3.8。

表 3.8　time 元素的属性

属　　性	值	描　　述
datetime	YYYY-MM-DDThh:mm:ssTZ YYYY：年 MM：月（例如 01 表示 January） DD：天 T：分隔符，若规定时间 hh：时 mm：分 ss：秒 Z：时区标识符，表示使用 UTC 标准时间	规定日期和时间，否则由元素的内容给定

例 3.4　HTML5(ruby).html，说明了如何在 HTML5 文件中使用<ruby>和<time>标签，页面显示如图 3.6 所示。

daxue
清华 大学

关于学院 4月13日 讲座的通知

发布日期：2018年4月10日

大家好.......。

图 3.6　HTML5(ruby).html 示意图

源代码如下：

```
<head>
    <title>ruby 元素</title>
</head>
<body>
<p>清华<ruby>大<rp>（</rp><rt>da</rt><rp>）</rp>学<rp>（</rp><rt>xue
</rt><rp>）</rp></ruby></p>
<article>
    <header>
        <h1>关于学院<time datetime="2018-04-13">04 月 13 日</time>讲座的通知</h1>
        <p>发布日期:<time datetime="2018-04-10">2018 年 04 月 10 日</time></p>
    </header>
    <p>大家好.......。</p>
</article>
</body>
```

3.4　HTML5 列表

表 3.9 列出了 HTML5 列表标签，HTML5 支持有序、无序和定义列表。

表 3.9　列表标签

标　　签	描　　述
<ol>	有序列表
<ul>	无序列表
<li>	列表项
<dl>	定义列表
<dt>	定义列表项目
<dd>	定义列表项目描述

3.4.1　无序列表

无序列表是一个项目的列表，每个项目默认使用粗体圆点进行标记。无序列表用<ul>标签定义，每个列表项用<li>标签定义，列表项内容可以使用段落、换行符、图片、链接以及其他列表等。

无序列表有一个可选属性 type，用来规定列表里项目符号的类型，但不赞成使用，建议用样式取代它。

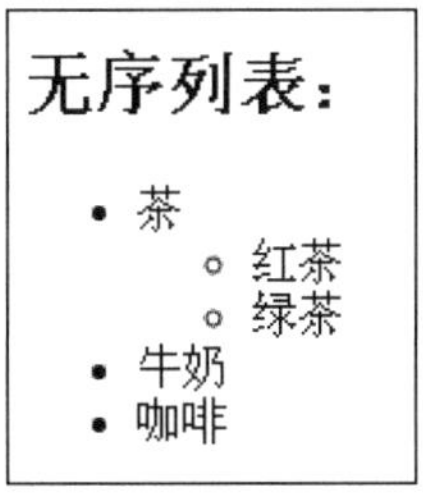

无序列表：

- 茶
    - 红茶
    - 绿茶
- 牛奶
- 咖啡

图 3.7　HTML5(ul).html 示意图

视频讲解

例 3.5　HTML5(ul).html，使用了无序列表，页面显示如图 3.7 所示。

源代码如下：

```
<head>
    <title>无序列表</title>
</head>
<body>
<h2>无序列表：</h2>
<ul>
    <li>茶
        <ul>
            <li>红茶</li>
            <li>绿茶</li>
        </ul>
    </li>
    <li>牛奶</li>
    <li>咖啡</li>
</ul>
</body>
```

3.4.2 有序列表

有序列表也是项目，列表项目使用数字进行标记。有序列表用<ol>标签定义，每个列表项用<li>标签定义，列表项内容可以使用段落、换行符、图片、链接以及其他列表等。

有序列表常用两个可选属性，type 用来规定列表里项目编号的类型，start 用来规定起始的序号，见表 3.10。

表 3.10 有序列表的可选属性

属　性	值	描　述
start	number	规定列表中的起始点
reversed	reversed	规定列表顺序为降序

例 3.6 HTML5(ol).html，使用了不同类型的有序列表，页面显示如图 3.8 所示。

源代码如下：

```
<head>
    <title>有序列表</title>
</head>
<body>
<ol>
    <li>茶</li>
    <li>牛奶</li>
    <li>咖啡</li>
</ol>
<ol start="5" reversed>
    <li>茶</li>
    <li>牛奶</li>
    <li>咖啡</li>
```

1. 茶
2. 牛奶
3. 咖啡

5. 茶
4. 牛奶
3. 咖啡

图 3.8 HTML5(ol).html 示意图

```
</ol>
</body>
```

3.4.3　定义列表

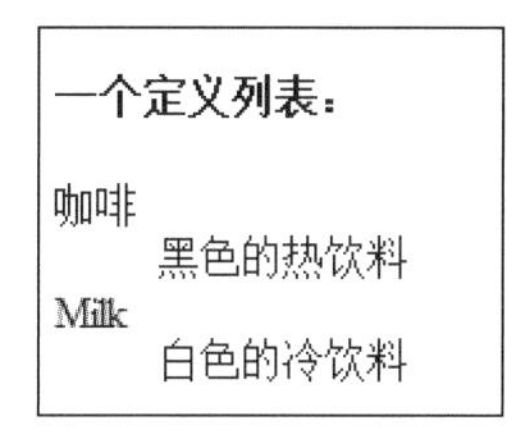

图 3.9　HTML5(dl).html 示意图

定义列表是项目及其注释的组合，定义列表以<dl>标签开始，每个定义列表项以<dt>标签开始，每个定义列表项的描述以<dd>标签开始，在定义列表的列表项内部可以使用段落、换行符、图片、链接以及其他列表等。

例 3.7　HTML5(dl).html，使用了定义列表，页面显示如图 3.9 所示。

源代码如下：

```
<head>
    <title>定义列表</title>
</head>
<body>
<h4>一个定义列表：</h4>
<dl>
    <dt>咖啡</dt>
    <dd>黑色的热饮料</dd>
    <dt>Milk</dt>
    <dd>白色的冷饮料</dd>
</dl>
</body>
```

3.5　叮叮书店首页内容结构的建立

视频讲解

在制作一个网页时，首先要确定整个页面的内容结构，采用先整体后局部、自上而下的方法将页面划分成不同的区域，然后确定每一个区域的内容，最后完成一个页面文档内容的结构化框架。常见的页面内容结构如图 3.10 所示，下面以制作叮叮书店首页为例说明整个过程。

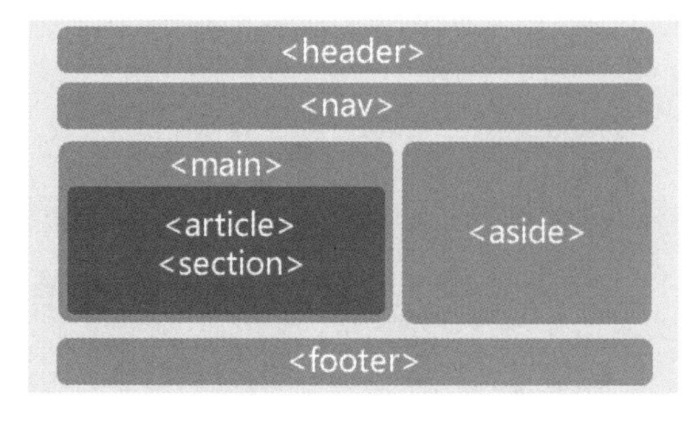

图 3.10　常见的页面内容结构示意图

3.5.1 分析设计页面内容结构

整个页面内容是一个大的容器，可以看成是 Word 文档的一页，一般由页眉、内容和页脚 3 个区域组成。叮叮书店是一个典型的由页眉、内容（分为左边内容区、右边边栏区）和页脚组成的结构。

页眉由网站 logo、导航菜单、站内搜索和购物车组成，如图 3.11 所示。

叮叮书店
站内搜索
搜索
首页
书籍分类
特刊降价
联系我们
关于我们
购物车

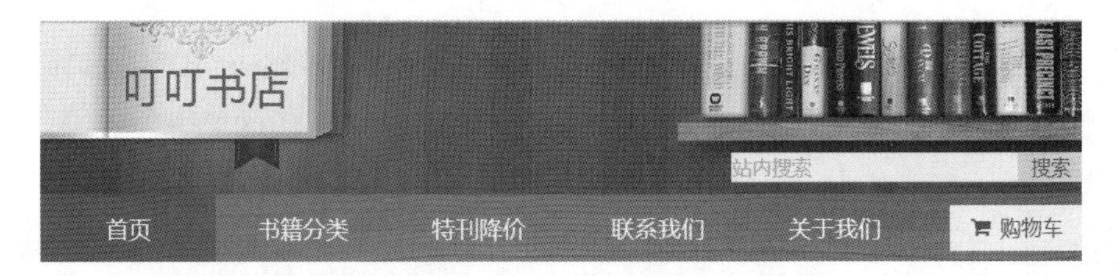

图 3.11 叮叮书店首页的页眉结构示意图

页脚由页脚导航和版权信息组成，如图 3.12 所示。

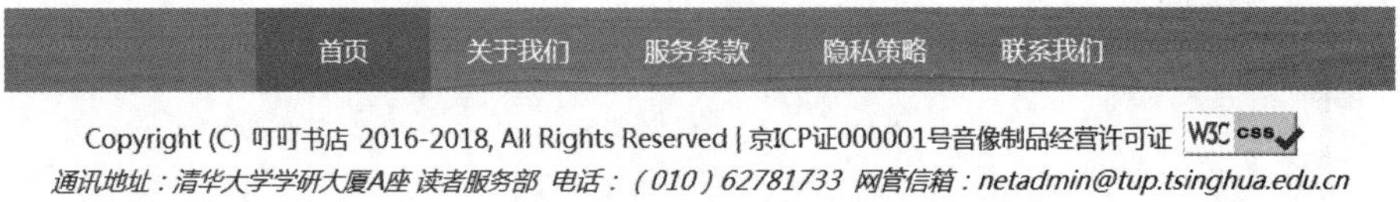

首页
关于我们
服务条款
隐私策略
联系我们
Copyright (C) 叮叮书店 2016-2018, All Rights Reserved | 京ICP证000001号音像制品经营许可证
W3C css
通讯地址：清华大学学研大厦A座 读者服务部 电话：（010）62781733 网管信箱：netadmin@tup.tsinghua.edu.cn

图 3.12 叮叮书店首页的页脚结构示意图

页面主要内容由左边内容区和右边边栏区组成，其中左边内容区由横幅广告、本周推荐、最近新书和最近促销组成，右边边栏区由边栏广告、畅销图书、图书分类、合作伙伴和关于书店组成，如图 3.13 所示。

3.5.2 用 HTML5 结构标签确定页面内容结构

❶ 顶层结构

首先建立文档内容顶层结构。启动 WebStorm，打开叮叮书店项目首页 index.html（在第 2 章的 2.5 节建立），进入编辑区。操作步骤如下：

将光标定位到<body>的后面，按回车键，输入下面的代码：

```
<!--页眉-->
<header class="container"></header>
<!--导航菜单-->
<div id="nav"></div>
<!--内容-->
<div id="content-wrapper" class="container"></div>
<!--页脚-->
<div id="footer-wrapper"></div>
<!--版权信息-->
<div id="copyright" class="container"></div>
```

图 3.13　叮叮书店首页的内容结构示意图

提示：id 和 class 属性不仅仅是区分元素的标识，更是为以后的样式和脚本准备的，id 表示唯一，体现个性，class 是一类，体现共性。id 和 class 属性值最好能见名知意。

❷ 分层结构

然后自上而下建立分层结构。操作步骤如下：

1）页眉

将光标定位到<header class="container">的后面，按回车键，输入下面的代码：

```
<!--网站 logo-->
<div id="logo"></div>
<!--站内搜索-->
<div id="search"></div>
```

2）导航菜单

将光标定位到<div id="nav">的后面，按回车键，输入下面的代码：

```
<nav class="container">
    <!--购物车-->
    <div id="cart"></div>
</nav>
```

3）内容

将光标定位到<div id="content-wrapper" class="container">的后面，按回车键，输入下面的代码：

```
<!--左边内容区-->
<main>
    <!--横幅广告-->
    <div id="adv"></div>
    <!--本周推荐-->
    <section id="recommend">
        <section class="recommend-book"></section>
        <section class="recommend-book"></section>
    </section>
    <!--最近新书-->
    <section id="new">
        <div class="content">
            <section class="book"></section>
            <section class="book"></section>
        </div>
    </section>
    <!--最近促销-->
    <section id="sales">
        <div class="content">
            <section class="book"></section>
            <section class="book"></section>
        </div>
    </section>
</main>
<!--右边边栏区-->
```

```
<aside>
    <!--边栏广告-->
    <div id="advert"></div>
    <!--畅销图书-->
    <section id="best-selling"></section>
    <div id="classify-partner">
        <!--图书分类-->
        <section id="classify"></section>
        <!--合作伙伴-->
        <section id="partner"></section>
    </div>
    <!--关于书店-->
    <section id="about"></section>
</aside>
```

4）页脚

将光标定位到<div id="footer-wrapper">的后面，按回车键，输入下面的代码：

```
<!--页脚导航-->
<footer class="container"></footer>
```

3.5.3　添加文本内容

❶ 页眉文本

1）网站 logo

将光标定位到<div id="logo">的后面，按回车键，输入下面的代码：

```
<h1>叮叮书店</h1>
```

2）导航菜单

将光标定位到<nav class="container">的后面，按回车键，输入下面的代码：

```
<ul>
    <li>首页</li>
    <li>书籍分类</li>
    <li>特刊降价</li>
    <li>联系我们</li>
    <li>关于我们</li>
</ul>
```

提示：在组织菜单或链接等并列文本时一般采用无序列表。

❷ 内容文本

1）本周推荐

将光标定位到<section id="recommend">的后面，按回车键，输入下面的代码：

```
<h2>本周推荐</h2>
```

将光标定位到第 1 个<section class="recommend-book">的后面，按回车键，输入下面的代码：

```
<h3>《HTML5 权威指南》</h3>
<div class="content">
    <div class="cover"></div>
    <div class="description">
        <p>作为下一代 Web 标准，<mark>HTML5</mark>致力于为互联网开发者搭建更加便捷、开放的沟通平台。业界普遍认为，在未来几年内，<mark>HTML5</mark>无疑将成为移动互联网领域的主宰者。本书是系统学习网页设计和移动设计的参考图书。</p>
        <p>Adam Freeman，曾在多家名企担任高级职务，现为畅销技术图书作家，著有多部 C#、.NET 和 Java 方面的大部头作品。其中《ASP.NET4 高级程序设计（第 4 版）》、《精通 ASP.NET MVC 3 框架（第 3 版）》销量均在同品种中名列前茅，备受读者推崇。Freeman 专门为网页开发新手和网页设计师打造的经典参考书，这本书秉承作者的一贯风格，幽默风趣、简约凝练、逻辑性强，是广大 Web 开发人员的必读经典。</p>
    </div>
</div>
<div class="cart-more">加入购物车详细内容</div>
```

将光标定位到第 2 个<section class="recommend-book">的后面，按回车键，输入下面的代码：

```
<h3>《JavaScript 权威指南》</h3>
<div class="content">
    <div class="cover"></div>
    <div class="description">
        <p>经典的 JavaScript 工具书，从 1996 年以来，本书已经成为 JavaScript 程序员心中的《圣经》。</p>
        <p>David Flanagan，是一名程序员，也是一名作家。他在 O'Reilly 出版的其他畅销书还包括 JavaScript Pocket Reference、The Ruby Programming Language 以及 Java in a Nutshell。David 毕业于麻省理工学院，获得计算机科学与工程学位。他和妻子、孩子一起生活在西雅图和温哥华之间的美国太平洋西北海岸。</p>
    </div>
</div>
<div class="cart-more">加入购物车详细内容</div>
```

2）最近新书

将光标定位到<section id="new">的后面，按回车键，输入下面的代码：

```
<h2>最近新书</h2>
```

将光标定位到第 1 个<section class="book">的后面，按回车键，输入下面的代码：

```
<h3>《HTML5+CSS3 从入门到精通》</h3>
<div class="effect-1">
    <div class="image-box"></div>
        <div class="text-desc">
            <h3>《HTML5+CSS3 从入门到精通》</h3>
```

```
            <p>《<mark>HTML5</mark>+CSS3 从入门到精通》通过基础知识+中小实例+综合
            案例的方式，讲述了用<mark>HTML5</mark>+CSS3 设计构建网站的必备知识，相
            对于权威指南、高级程序设计、开发指南同类图书，本书是一本适合快速入手的自学
            教程。</p>
        <div class="cart-more">加入购物车详细内容</div>
    </div>
</div>
```

将光标定位到第 2 个<section class="book">的后面，按回车键，输入下面的代码：

```
<h3>《响应式 Web 设计》</h3>
<div class="effect-1">
    <div class="image-box"></div>
    <div class="text-desc">
        <h3>《响应式 Web 设计》</h3>
        <p>《响应式 Web 设计：<mark>HTML5</mark>和 CSS3 实战》将当前 Web 设计中热门
        的响应式设计技术与<mark>HTML5</mark>和 CSS3 结合起来，为读者全面深入地讲解
        了针对各种屏幕大小设计和开发现代网站的各种技术。《响应式 Web 设计：<mark>HTML5
        </mark>和 CSS3 实战》适合各个层次的 Web 开发和设计人员阅读。</p>
        <div class="cart-more">加入购物车详细内容</div>
    </div>
</div>
```

3）最近促销

将光标定位到<section id="sales">的后面，按回车键，输入下面的代码：

```
<h2>最近促销</h2>
```

将光标定位到第 1 个<section class="book">的后面，按回车键，输入下面的代码：

```
<h3>《HTML5 和 CSS3 实例教程》</h3>
<div class="effect-1">
    <div class="image-box"></div>
    <div class="text-desc"></div>
    <div class="cart-more">加入购物车详细内容</div>
</div>
```

将光标定位到第 2 个<section class="book">的后面，按回车键，输入下面的代码：

```
<h3>《JavaScript 权威指南》</h3>
<div class="effect-1">
    <div class="image-box"></div>
    <div class="text-desc"></div>
    <div class="cart-more">加入购物车详细内容</div>
</div>
```

4）畅销图书

将光标定位到<section id="best-selling">的后面，按回车键，输入下面的代码：

```
<h2>畅销图书</h2>
```

```
<ul>
    <li>深度学习 [deep learning]
        <div class="curr">
            <div class="p-img"></div>
            <div class="p-name">深度学习 [deep learning]<strong>¥43.50
            </strong><del>¥52.00</del></div>
        </div>
    </li>
    <li>Hadoop 权威指南：大数据的存储与分析(第 4 版)，累计销量超过 10 万册
        <div class="curr">
            <div class="p-img"></div>
            <div class="p-name">Hadoop 权威指南：大数据的存储与分析(第 4 版)，累计
            销量超过 10 万册<strong>¥43.50</strong><del>¥52.00</del></div>
        </div>
    </li>
    <li>和秋叶一起学 PPT 第 3 版
        <div class="curr">
            <div class="p-img"></div>
            <div class="p-name">和秋叶一起学 PPT 第3版<strong>¥43.50</strong>
            <del>¥52.00</del></div>
        </div>
    </li>
    <li>深度学习优化与识别
        <div class="curr">
            <div class="p-img"></div>
            <div class="p-name">深度学习优化与识别<strong>¥43.50</strong>
            <del>¥52.00</del></div>
        </div>
    </li>
    <li>区块链原理、设计与应用
        <div class="curr">
            <div class="p-img"></div>
            <div class="p-name">区块链原理、设计与应用<strong>¥43.50</strong>
            <del>¥52.00</del></div>
        </div>
    </li>
</ul>
```

5）图书分类

将光标定位到<section id="classify">的后面，按回车键，输入下面的代码：

```
<h2>图书分类</h2>
<ul>
    <li>编程语言</li>
    <li>数据库</li>
    <li>图形图像</li>
```

```
    <li>网页制作</li>
    <li>考试认证</li>
</ul>
```

6）合作伙伴

将光标定位到<section id="partner">的后面，按回车键，输入下面的代码：

```
<h2>合作伙伴</h2>
<ul>
    <li>中国电子商务研究中心</li>
    <li>清华大学出版社</li>
    <li>中国人民大学出版社</li>
    <li>中国社会科学出版社</li>
</ul>
```

7）关于书店

将光标定位到<section id="about">的后面，按回车键，输入下面的代码：

```
<h2>关于书店</h2>
<div class="content">
    <p>叮叮书店成立于 2016 年 6 月，是由教育部主管、清华大学主办的综合出版单位。植根于
    “清华”这座久负盛名的高等学府，秉承清华人“自强不息，厚德载物”的人文精神。</p>
</div>
```

❸ **页脚文本**

将光标定位到<footer class="container">的后面，按回车键，输入下面的代码：

```
<ul>
    <li>首页</li>
    <li>关于我们</li>
    <li>服务条款</li>
    <li>隐私策略</li>
    <li>联系我们</li>
</ul>
```

❹ **版权信息文本**

将光标定位到<div id="copyright" class="container">的后面，按回车键，输入下面的代码：

```
<div>Copyright (C) 叮叮书店 2016-2018, All Rights Reserved | 京 ICP 证 000001
号音像制品经营许可证</div>
<address>通讯地址：清华大学学研大厦 A 座 读者服务部  电话：(010)
62781733  网管信箱：netadmin@tup.tsinghua.edu.cn</address>
```

3.5.4　在浏览器中预览

将鼠标指针移到 WebStorm 主编辑区，在弹出的主流浏览器工具栏中单击 Google Chrome 图标按钮进行预览，预览效果如图 3.14 所示。

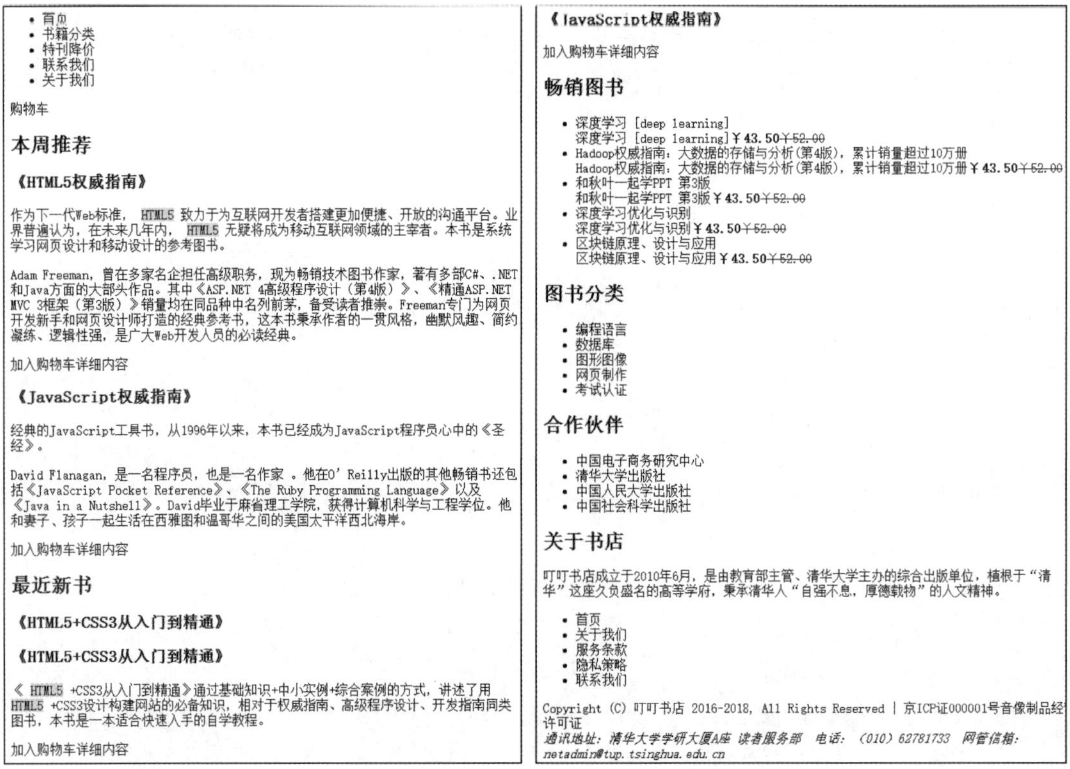

- 首页
- 书籍分类
- 特刊降价
- 联系我们
- 关于我们

购物车

本周推荐

《HTML5权威指南》

作为下一代Web标准，HTML5 致力于为互联网开发者搭建更加便捷、开放的沟通平台。业界普遍认为，在未来几年内，HTML5 无疑将成为移动互联网领域的主宰者。本书是系统学习网页设计和移动设计的参考图书。

Adam Freeman，曾在多家名企担任高级职务，现为畅销技术图书作家，著有多部C#、.NET和Java方面的大部头作品。其中《ASP.NET 4高级程序设计（第4版）》、《精通ASP.NET MVC 3框架（第3版）》销量均在同品种中名列前茅，备受读者推崇。Freeman专门为网页开发新手和网页设计师打造的经典参考书，这本书秉承作者的一贯风格，幽默风趣、简约凝练、逻辑性强，是广大Web开发人员的必读经典。

加入购物车详细内容

《JavaScript权威指南》

经典的JavaScript工具书，从1996年以来，本书已经成为JavaScript程序员心中的《圣经》。

David Flanagan，是一名程序员，也是一名作家 。他在O' Reilly出版的其他畅销书还包括《JavaScript Pocket Reference》、《The Ruby Programming Language》以及《Java in a Nutshell》。David毕业于麻省理工学院，获得计算机科学与工程学位。他和妻子、孩子一起生活在西雅图和温哥华之间的美国太平洋西北海岸。

加入购物车详细内容

最近新书

《HTML5+CSS3从入门到精通》

《HTML5+CSS3从入门到精通》

《 HTML5 +CSS3从入门到精通》通过基础知识+中小实例+综合案例的方式，讲述了用HTML5 +CSS3设计构建网站的必备知识，相对于权威指南、高级程序设计、开发指南同类图书，本书是一本适合快速入手的自学教程。

加入购物车详细内容

《JavaScript权威指南》

加入购物车详细内容

畅销图书

- 深度学习 [deep learning]
  深度学习 [deep learning] ￥43.50~~￥52.00~~
- Hadoop权威指南：大数据的存储与分析(第4版)，累计销量超过10万册
  Hadoop权威指南：大数据的存储与分析(第4版)，累计销量超过10万册 ￥43.50~~￥52.00~~
- 和秋叶一起学PPT 第3版
  和秋叶一起学PPT 第3版 ￥43.50~~￥52.00~~
- 深度学习优化与识别
  深度学习优化与识别 ￥43.50~~￥52.00~~
- 区块链原理、设计与应用
  区块链原理、设计与应用 ￥43.50~~￥52.00~~

图书分类

- 编程语言
- 数据库
- 图形图像
- 网页制作
- 考试认证

合作伙伴

- 中国电子商务研究中心
- 清华大学出版社
- 中国人民大学出版社
- 中国社会科学出版社

关于书店

叮叮书店成立于2010年6月，是由教育部主管、清华大学主办的综合出版单位，植根于“清华”这座久负盛名的高等学府，秉承清华人“自强不息，厚德载物”的人文精神。

- 首页
- 关于我们
- 服务条款
- 隐私策略
- 联系我们

Copyright (C) 叮叮书店 2016-2018, All Rights Reserved | 京ICP证000001号音像制品经许可证

通讯地址：清华大学学研大厦A座 读者服务部 电话：(010) 62781733 网管信箱：netadmin@tup.tsinghua.edu.cn

图 3.14　叮叮书店首页预览效果图

3.6　小结

本章介绍了 HTML5 结构标签元素，详细讲述了 HTML5 常用的基本元素，简单介绍了文本格式化标签，重点介绍了 HTML5 列表，并通过叮叮书店首页说明了建立页面内容结构的过程。

3.7　习题

❶ 选择题

（1）在下面的标签中，（　　）是 HTML5 新增的标签。

A．
　　B．<break>　　C．<header>　　D．<head>

（2）在 HTML5 中，注释标签是（　　）。

A．<!-- -->　　B．/*…*/　　C．//　　D．'

（3）在 HTML5 中，列表不包括（　　）。

A．无序列表　　B．有序列表　　C．定义列表　　D．公用列表

（4）在 HTML5 文档中，使用（　　）标签标记定义列表。

A. <ol>　　B. <ul>　　C. <dl>　　D. <list>

（5）在下面的标签中，（　　）是通用标签。

A. <span>　　B. <p>　　C. <ol>　　D. <pre>

❷ 简答题

（1）元素显示时默认是一个块元素和默认是一个行内元素有什么区别？

（2）HTML5 基础标签有哪些？

（3）列表元素有哪几类？怎么使用？

（4）<article>和<section>有什么区别？

（5）写出常见的页面内容组成结构标记代码。

第4章

HTML5 超链接

超链接即超文本，是指从一个网页的信息节点指向一个目标的链接关系，当浏览者单击信息节点时，链接目标将显示在浏览器上，并且根据目标的类型来打开或运行。本章首先详细介绍 HTML5 超链接标签<a>，接下来简单介绍 HTML5 字符集与颜色，最后介绍如何在叮叮书店首页使用超链接。

本章要点：

- HTML5 中的<a>标签。
- HTML5 中的字符集与颜色。

4.1 <a>标签

a 是锚（anchor）的缩写，HTML5 使用<a>标签实现信息节点与目标的超链接，链接目标可以是另一个网页，也可以是相同网页上的不同位置，还可以是图片、电子邮件地址、文件或者应用程序。

在所有浏览器中，<a>标签通过外观与其他元素相区别，超链接的默认外观是未被访问的链接带有下画线而且是蓝色的；已被访问的链接带有下画线而且是紫色的；活动链接带有下画线而且是红色的。

<a>标签的常用属性见表 4.1。

表 4.1 <a>标签的常用属性

属 性	值	描 述
href	URL	链接目标 URL
target	_blank _self	规定在何处打开链接文档。其中，_blank 在新窗口中打开被链接文档；_self 为默认，指在相同的窗口中打开被链接文档

4.1.1 href 属性

通过使用 href 属性可以创建指向另外一个文档的链接，用法如下：

```
<a href="url">显示的文本或图像</a>
```

<a>用来创建链接，href 属性指定需要链接文档的目标位置，开始标签和结束标签之间的文本或图像被作为超链接来显示。

下面定义了指向清华大学的链接：

```
<a href="http://www.tsinghua.edu.cn/">清华大学</a>
```

链接是否正确与 href 属性值有关，href 属性定义了链接目标的文档路径。文档路径的类型一共有两种，即绝对路径和相对路径，其中相对路径又分为根相对路径和文档相对路径。

如果要链接的文档在站点之外，必须使用绝对路径。

绝对路径是包括通信协议名、服务器名、路径及文件名的完全路径。例如链接清华大学信息科学技术学院首页，绝对路径是“http://www.sist.tsinghua.edu.cn/docinfo/index.jsp”。如果站点之外的文档在本地计算机上，比如链接 F 盘中 book_store 目录下的 default.html 文件，那么它的路径就是“file:///F:/book_store/default.html”，这种完整地描述文件位置的路径也是绝对路径。

如果要链接当前站点内的文档，需要使用相对路径，相对路径包括根相对路径和文档相对路径两种，一般多用文档相对路径。

根相对路径的根是指本站点文件夹（根目录），根相对路径以“/”开头，路径是从当前站点的根目录开始计算。比如一个网页链接或引用站点根目录下的 images 目录中的图像文件 a.gif，用根相对路径表示就是“/images/a.gif”。

文档相对路径是指包含当前文档所在的文件夹，也就是以当前文档所在的文件夹为基础开始计算路径。如果当前网页所在位置为“F:\book_store\music”，那么“a.html”就表示“F:\book_store\music\a.html”页面文件，“../b.html”就表示“F:\book_store\b.html”页面文件，其中“../”表示当前文件夹的上一级文件夹。如果在站点根目录中一个网页需链接或引用站点根目录下 images 目录中的图像文件 a.gif，用文档相对路径表示就是“images/a.gif”。

链接的目标文档可以是任意类型的文件，如果浏览器能够处理，则在浏览器上打开显示，否则浏览器提示下载、保存文件。

4.1.2 target 属性

被链接页面通常显示在当前浏览器窗口中，若使用了 target 属性，值为“_blank”，可以在新的窗口中打开。其用法如下：

```
<a href="url" target="_blank">显示的文本或图像</a>
```

4.1.3 id 属性

通过使用 id 属性可以创建一个网页内部的书签，在使用书签时可以创建直接跳至页面中书签指定位置的链接，这样使用者就无须不停地滚动页面来寻找需要的信息，这种用于标记文档内部指定位置目标的方式也称为“锚”。其用法如下：

```
<a id="label"></a>
```

label 是书签的名字，在使用时区分大小写。

创建指向书签的链接需要两个步骤：

（1）在需要的位置定义书签。

```
<a id="c12"></a>
```

（2）在指定位置建立和书签的链接。

```
<a href="#c12">第 12 章</a>
```

在建立和书签的链接时，href 属性值的书签名字前需加“#”号。

书签经常被用在长文档中创建目录，可以为每个章节赋予一个书签，然后将链接到这些书签的链接标签置于文档的上部。

视频讲解

例 4.1 HTML5(a).html，说明了<a>标签的基本用法，如图 4.1 所示。

源代码如下：

```
<head>
    <title>超链接</title>
</head>
<body>
站点内页面的链接：<a href="HTML5(dl).html">定义列表</a><br>
站点外网站的链接：<a href="http://www.tsinghua.edu.cn/">清华大学</a><br>
其他类型文件链接：<a href="multimedia/other.amr">其他类型文件</a><br>
邮件链接：<a href="mailto:333fff3f@163.com">发送邮件</a><br>
使用书签链接到同一个页面的不同位置： <a href="#c12">查看 第 12 章</a>
<h2>第 1 章</h2>
<p>在一个漆黑的白天，有个年轻的老头拿了把生了锈的菜刀。</p>
<h2>第 2 章</h2>
<p>在一个漆黑的白天，有个年轻的老头拿了把生了锈的菜刀。</p>
<h2>第 3 章</h2>
<p>在一个漆黑的白天，有个年轻的老头拿了把生了锈的菜刀。</p>
…
<a id="c12"></a>
<h2>第 12 章</h2>
<p>在一个漆黑的白天，有个年轻的老头拿了把生了锈的菜刀。</p>
<h2>第 13 章</h2>
<p>在一个漆黑的白天，有个年轻的老头拿了把生了锈的菜刀。</p>
```

```
...
</body>
```

单击【其他类型文件】链接，由于浏览器不能直接处理该类型的文件，会出现【文件下载】对话框，如图 4.2 所示，此时用户可以单击【打开】或【保存】按钮对文件进行处理。

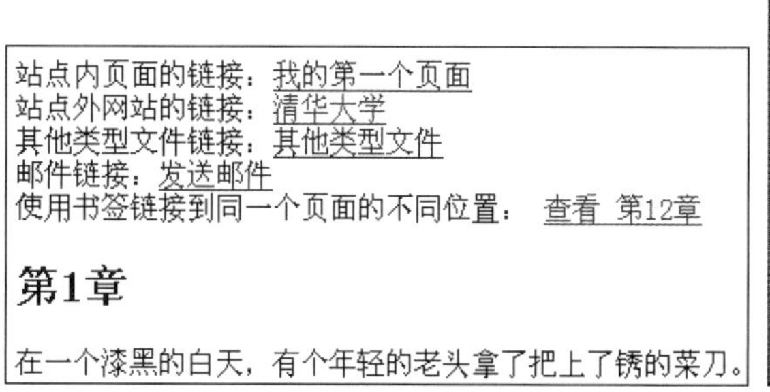

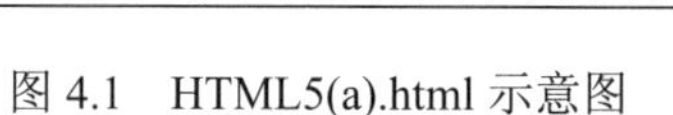
图 4.1　HTML5(a).html 示意图

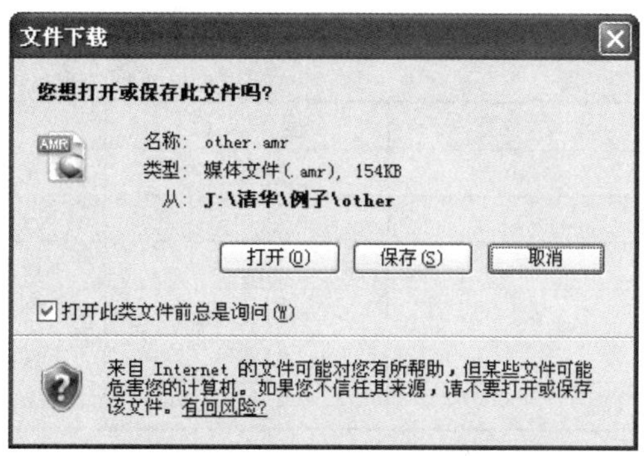

图 4.2　【文件下载】对话框

提示： 假如将链接地址写为“http://www.tsinghua.edu.cn”，浏览器会向服务器发出两次 HTTP 请求，所以不要省略“/”，应该写为“http://www.tsinghua.edu.cn/”。如果链接地址的最后是文件名，要省略“/”，就像“http://www.sist.tsinghua.edu.cn/docinfo/index.jsp”。

4.2　HTML5 字符集与颜色

4.2.1　HTML5 字符集

如果要正确地显示 HTML5 页面，浏览器必须知道使用何种字符集。

Web 早期使用的字符集是 ASCII，现代浏览器默认的字符集是 ISO-8859-1，ISO 字符集是国际标准组织（ISO）针对不同的字母表/语言定义的标准字符集。

由于 ISO 字符集有容量限制，而且不兼容多语言环境，Unicode 联盟开发了 Unicode 标准。Unicode 标准涵盖了世界上的所有字符、标点和符号，最常用的编码方式是 UTF-8 和 UTF-16，UTF-8 是网页和电子邮件的首选编码，UTF-16 主要用于操作系统和软件开发环境中。HTML5 支持 UTF-8 和 UTF-16。

如果网页使用不同于 ISO-8859-1 的字符集，应在<meta>标签中进行指定。

4.2.2　HTML5 字符实体

ISO-8859-1 的大部分字符都有名称，字符的名称有两种表示方式，即字符名称和字符编号。字符名称由名称和一个分号（;）组成，名称对大小写敏感；字符编号由#、编号（十进制数）和一个分号（;）组成，如果编号是十六进制数，需要在十六进制数字前加“x”。

通过字符名称和字符编号引用的字符称为字符实体，字符实体表示需要在字符名称和字符编号前加和号（&）。

一些字符在HTML5中拥有特殊的含义，比如小于号（<）用于定义HTML5标签，如果用户希望浏览器正确地显示这些字符，必须在HTML5源代码中插入字符实体。如果要在HTML5文档中显示小于号，需要写为“<”或者“<”。最常用的字符实体见表4.2。

表4.2　最常用的字符实体

显示结果	描　述	实体名称	实体编号
	空格		
<	小于号	<	<
>	大于号	>	>
&	和号	&	&
"	引号	"	"
'	撇号	'（IE不支持）	'

一些字符不容易通过键盘输入，如果使用这些符号也必须在HTML5源代码中插入字符实体。其他一些常用的字符实体见表4.3。

表4.3　其他一些常用的字符实体

显示结果	描　述	实体名称	实体编号
¢	分	¢	¢
£	镑	£	£
¥	日元	¥	¥
§	节	§	§
©	版权	©	©
®	注册商标	®	®
×	乘号	×	×
÷	除号	÷	÷

空格是HTML5中最普通的字符实体。在通常情况下，HTML5会去掉文档中的空格。例如在文档中连续输入10个空格，那么HTML5会去掉其中的9个。如果使用空格实体“ ”，那么就可以在文档中增加空格。

4.2.3　HTML5颜色

颜色由红色、绿色、蓝色混合而成。颜色值由一个#号和6位十六进制数表示，6位十六进制数由红色、绿色和蓝色的值组成（RGB），每种颜色的最小值是00（十进制数0），最大值是FF（十进制数255），例如黑（#000000）、红（#FF0000）、绿（#00FF00）、蓝（#0000FF）、黄（#FFFF00）、灰（#C0C0C0）、白（#FFFFFF）。

4.2.4　HTML5颜色名

一共有16种颜色名被W3C的HTML5标准所支持，它们是aqua、black、blue、fuchsia、

gray、green、lime、maroon、navy、olive、purple、red、silver、teal、white、yellow。

如果用户要使用其他的颜色，需要使用十六进制的颜色值。

视频讲解

4.3　叮叮书店首页超链接的使用

叮叮书店除了建立首页（index.html）外，还需要建立书籍分类页面（category.html）、特刊降价页面（specials.html）、联系我们页面（contact.html）、关于我们页面（about.html）、购物车页面（cart.html）和显示书详细内容的更多细节页面（details.html），这些页面可以通过首页导航菜单的链接去访问。

启动 WebStorm，打开叮叮书店项目首页 index.html（在第 3 章的 3.5 节建立），进入代码编辑区，添加导航菜单和相关项的链接，操作步骤如下：

（1）将<div id="logo">里的标题 1 项改为：

```
<a href="index.html"><h1>叮叮书店</h1></a>
```

（2）将<nav class="container">里的无序列表项改为：

```
<li><a href="index.html">首页</a></li>
<li><a href="category.html">书籍分类</a></li>
<li><a href="specials.html">特刊降价</a></li>
<li><a href="contact.html">联系我们</a></li>
<li><a href="about.html">关于我们</a></li>
```

（3）将光标定位到<div id="cart">的后面，按回车键，输入下面的代码：

```
<a href="cart.html">购物车</a>
```

（4）将所有<div class="cart-more">加入购物车详细内容</div>里的“加入购物车详细内容”改为：

```
<a class="cart" href="cart.html">加入购物车</a><a class="more" href=
"details.html">详细内容</a>
```

（5）将<section id="best-selling">下面<li>里的“深度学习 [deep learning]”改为：

```
<a class="selling" href="#">深度学习 [deep learning]</a>
```

（6）将<div class="p-name">里的“深度学习 [deep learning]”改为：

```
<a title="深度学习 [deep learning]" href="#">深度学习 [deep learning]</a>
```

提示：<a href="#">表示空链接，对于不确定的链接暂时可以使用空链接替代，等以后确定后再修改。<a href="#">表示链接到页面开始位置，<a href="#.">表示链接到当前位置。

同样，将<section id="best-selling">下面<li>里的“Hadoop 权威指南：大数据的存储与分析(第 4 版)，累计销量超过 10 万册”“和秋叶一起学 PPT 第 3 版”“深度学习优化与识别”和“区块链原理、设计与应用”参照步骤（5）进行修改。

另外将<div class="p-name">里的“Hadoop 权威指南：大数据的存储与分析(第 4 版)，累计销量超过 10 万册”“和秋叶一起学 PPT 第 3 版”“深度学习优化与识别”和“区块链原理、设计与应用”参照步骤（6）进行修改。

（7）将<section id="classify">里<h2>图书分类</h2>下面的图书分类列表改为：

```
<li><a href="category.html">编程语言</a></li>
<li><a href="category.html">数据库</a></li>
<li><a href="category.html">图形图像</a></li>
<li><a href="category.html">网页制作</a></li>
<li><a href="category.html">考试认证</a></li>
```

（8）将<section id="partner">里<h2>合作伙伴</h2>下面的合作伙伴列表改为：

```
<li><a href="#">中国电子商务研究中心</a></li>
<li><a href="#">清华大学出版社</a></li>
<li><a href="#">中国人民大学出版社</a></li>
<li><a href="#">中国社会科学出版社</a></li>
```

（9）将<footer class="container">里的列表项标记改为：

```
<li><a href="index.html">首页</a></li>
<li><a href="about.html">关于我们</a></li>
<li><a href="#">服务条款</a></li>
<li><a href="#">隐私策略</a></li>
<li><a href="contact.html">联系我们</a></li>
```

（10）将<div id="copyright" class="container">下面<div>里的“叮叮书店”改为：

```
<a href="index.html">叮叮书店</a>
```

在浏览器中预览，效果如图 4.3 所示。

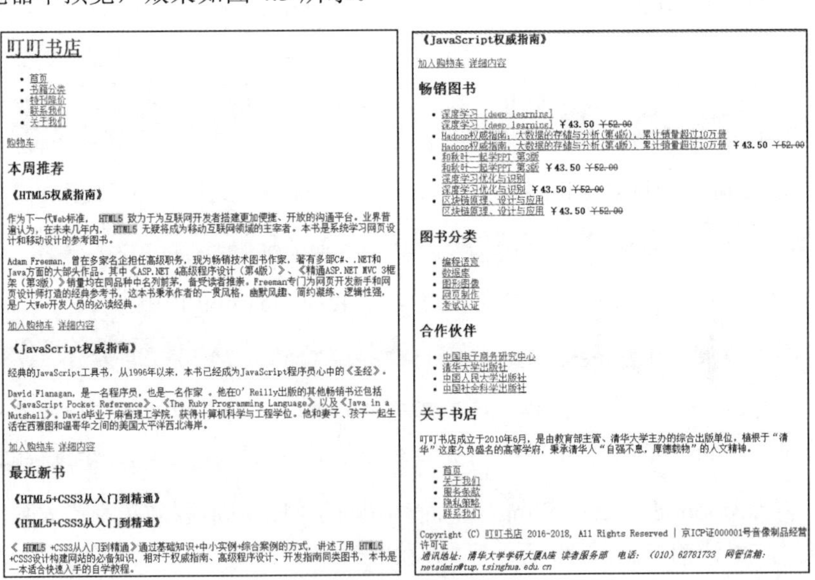

图 4.3　叮叮书店首页超链接预览示意图

4.4　小结

本章主要介绍了<a>标签的用法，简单介绍了 HTML5 字符集与颜色，具体介绍了叮叮书店首页超链接的添加过程和基本操作。

4.5　习题

❶ 选择题

（1）已知 services.html 和 text.html 页面在同一个服务器（站点）里，但不在同一个文件夹中。假如 services.html 在根目录下的 information 文件夹中，现要求在 text.html 中编写一个超链接，连接到 services.html 的 proposals 书签，下面语句正确的是（　　）。

A．<a href="services.html#proposals">Link</a>

B．<a href="/information/services.html#proposals">Link</a>

C．<a href="#proposals">Link</a>

D．<a href="information#proposals">Link</a>

（2）在 HTML5 文档中，超链接的基本形式是（　　）。

A．<a link="URL"></a>　　B．<a href="URL"></a>

C．<a URL="URL"></a>　　D．<a http="URL"></a>

（3）在 HTML5 文档中，若有名为“end”的锚点，则（　　）是建立至该锚点的链接。

A．<a name="end">页尾</a>　　B．<a href="end">页尾</a>

C．<a href="#end">页尾</a>　　D．<a href="self#end">页尾</a>

（4）（　　）是空格字符实体。

A． 　　B．<　　C．>　　D．©

（5）在下面的颜色值中，（　　）是正确的颜色值。

A．&FF0000　　B．#FFHH00　　C．#FF00GG　　D．#FFBB00

❷ 简答题

（1）超链接元素是什么？它有哪两种主要格式？功能是什么？

（2）如何提供一个下载文件的链接？

（3）为什么在网页中需要用字符实体？字符实体有哪几种表示方法？常用的字符实体有哪几个？

（4）HTML5 如何处理文档中连续的多个空白符？

（5）HTML5 如何表示颜色？

第5章

HTML5 多媒体

多媒体是我们可以看到和听到的一切，例如文本、图片、音乐、声音、动画和视频等。多媒体以多种方式存在，大多数多媒体被存储在媒体文件中，以独立的文件形式存在，一般通过文件的扩展名来区分不同类型的多媒体，HTML5 可以通过多种方式使用多媒体。本章首先重点介绍 HTML5 图像元素，接下来介绍音频/视频文件的格式及如何在页面中使用，最后介绍在叮叮书店首页添加多媒体元素的操作过程。

本章要点：

- HTML5 图像。
- HTML5 音频/视频。

5.1 HTML5 图像

可以在 HTML5 中显示图像的标签见表 5.1。

表 5.1 图像标签

标　签	描　述
<img>	定义图像
<map>	定义带有可单击区域的图像映射
<area>	定义图像地图中的可单击区域
<figure>	定义媒介内容的分组以及它们的标题
<figcaption>	定义 figure 元素的标题

5.1.1 <img>标签

在 HTML5 中图像由<img>标签定义，img 是空元素，表 5.2 列出了 img 元素的常用属性。

表 5.2 img 元素的常用属性

属 性	值	描 述
alt	text	必需，图像的替换文本
src	url	必需，图像的 URL
height	pixels 或%	可选，图像的高度
width	pixels 或%	可选，图像的宽度
usemap	url	将图像定义为客户端图像映射

❶ src 属性

如果要在页面上显示图像，必须使用 src 属性声明图像的 URL 地址。其格式如下：

```
<img src="url" />
```

url 指图像文件的位置。浏览器将图像显示在文档中图像标签出现的地方。

❷ alt 属性

当浏览器不能显示图像时（例如无法载入图像或浏览器禁止图像显示），将在显示图像的位置上显示 alt 属性定义的文本。为页面上的每一个图像加上替换文本属性有利于更好地显示信息。例如：

```
<img src="boat.gif" alt="船">
```

图像是独立于文件存在的，如果某个 HTML5 文件包含 10 个图像，要正确地显示这个页面，需要加载 11 个文件，HTTP 协议需要 11 次请求才能完成，而加载图片是需要时间的，所以要合理地在文档内容中加入图像，如果过度使用图像，用户在浏览该页面时会增加很多不必要的等待时间。

Web 使用的主要图像格式有 GIF、JPEG 和 PNG。

图 5.1 HTML5(img).html 示意图

视频讲解

例 5.1 HTML5(img).html，说明了图像标签的用法，如图 5.1 所示。

源代码如下：

```
<head>
    <title>图像标签</title>
</head>
<body>
<img src="images/valid-xhtml10.png" alt="">
<p>鼠标指针指向图像,大多数浏览器会显示 title 属性文本。<img src="images/about.gif"
title="叮叮书店" alt="叮叮书店"></p>
<p>如果无法显示图像，将显示 alt 属性文本：<img src="images/noabout.gif" alt="叮
叮书店"></p>
</body>
```

提示：<img>标签的 alt 属性不能省略，否则在“https://validator.w3.org/”检验时会提示错误。

5.1.2 <map>标签和<area>标签

<map>标签和<area>标签用于创建图像地图，图像地图是指已被分为多个区域（图像的一部分）的图像，这些区域称为热点。用户可以创建多个热点，热点支持超文本链接。

map 元素必须使用 name 属性定义 image-map 名称，name 属性与 img 元素的 usemap 属性相关联，创建图像与映射之间的关系。

map 元素包含 area 元素，定义图像映射中的可单击区域。表 5.3 列出了 area 元素的常用属性。

表 5.3　area 元素的常用属性

属　　性	值	描　　述
coords	x1,y1,x2,y2 x,y,radius x1,y1,x2,y2,…,xn,yn	定义可单击区域坐标。coords 属性通常与 shape 属性配合使用来规定区域的尺寸、形状和位置。图像左上角的坐标是"0,0"。x1,y1,x2,y2：如果 shape 属性为"rect"，该值规定矩形左上角和右下角的坐标；x,y,radius：如果 shape 属性为"circ"，该值规定圆心的坐标和半径；x1,y1,x2,y2,…,xn,yn：如果 shape 属性为"poly"，该值规定多边形各边的坐标。如果第一个坐标和最后一个坐标不一致，那么为了关闭多边形，浏览器必须添加最后一对坐标
href	url	定义此区域的目标 URL
nohref	nohref	规定该区域没有相关的链接
shape	default rect circ poly	定义区域的形状。其中，default 规定全部区域，rect 定义矩形区域，circ 定义圆形，poly 定义多边形区域
target	_blank _self	规定在何处打开链接文档。其中，_blank 在新窗口中打开被链接文档；_self 为默认，表示在相同的窗口中打开被链接文档

例 5.2　HTML5(map).html，说明了<map>标签和<area>标签的用法，如图 5.2 所示。源代码如下：

视频讲解

```
<head>
    <title>map 和 area 标签</title>
</head>
<body>
<img src="images/prod1.jpg" alt="封面" usemap=
"#mapimg">
<map name="mapimg" id="mapimg">
    <area shape="rect" href="#" coords="100,175,
    179,190" alt="">
    <area shape="circle" href="#" coords="50,50,
    50" alt="">
</map>
</body>
```

图 5.2　HTML5(map).html 示意图

当鼠标指针指向图像中的“权威指南”4 个字和熊的头部时，鼠标指针变成手状，并且在浏览器窗口的状态栏中显示链接的地址。

5.1.3　<figure>标签和<figcaption>标签

<figure>标签规定独立的内容，例如图像、图表和照片等，应该与主要内容相关。<figcaption>标签定义 figure 元素的标题。

例 5.3　HTML5(figure).html，说明了<figure>标签的用法，如图 5.3 所示。

源代码如下：

```
<head>
    <title>figure 标签</title>
</head>
<body>
<figure>
    <figcaption>图书封面</figcaption>
    <img src="images/prod1.jpg" alt="封面">
</figure>
</body>
```

图 5.3　HTML5(figure).html 示意图

5.2　HTML5 音频/视频

HTML5 音频/视频标签见表 5.4。

表 5.4　HTML5 音频/视频标签

标　签	描　述
<audio>	定义音频
<source>	定义媒介源
<track>	定义用在媒体播放器中的文本轨道
<video>	定义视频

5.2.1　HTML5 视频

<video>标签定义视频，比如电影片段或其他视频流。在使用<video>播放视频时不需要任何插件，只要浏览器支持 HTML5 就可以。表 5.5 列出了 video 元素的常用属性。

表 5.5　video 元素的常用属性

属　性	值	描　述
autoplay	autoplay	视频就绪后自动播放
controls	controls	显示视频播放器控件，例如播放按钮

续表

属　性	值	描　述
height	pixels	视频播放器的高度
loop	loop	循环播放
width	pixels	视频播放器的宽度
poster	url	定义视频下载时显示的图像，或用户单击播放按钮前显示的图像
preload	auto metadata none	定义视频在页面加载时进行加载，并预备播放。如果使用"autoplay"，则忽略该属性 auto：默认值，表示预加载全部的音频/视频 metadata：仅加载音频/视频的元数据 none：不加载音频/视频
src	url	播放视频的 URL
muted	muted	静音

video 元素只要有 src 属性就可以使用。例如：

```
<video src="multimedia/Wildlife.mp4"></video>
```

对于不支持 video 元素的浏览器，可以在元素内容中添加替换文字。例如：

```
<video src="multimedia/Wildlife.webm" controls="controls" autoplay=
"autoplay">您的浏览器不支持 video 元素</video>
```

❶ 视频格式

由于版权的原因，目前 video 元素仅支持 3 种视频编码。

- OGG：带有 Theora 视频编码和 Vorbis 音频编码的 OGG（.ogv）文件。
- MPEG4：带有 H.264 视频编码和 AAC 音频编码的 MPEG4（.m4v、.mp4）文件。
- WebM：带有 VP8 视频编码和 Vorbis 音频编码的 WebM（.webm）文件。

不同浏览器和移动设备系统对视频编码格式的支持情况也不一样，表 5.6 列出了当前浏览器和移动设备系统对视频编码格式的支持情况。

表 5.6　浏览器和移动设备系统对视频编码格式的支持情况

格　式	浏览器和系统
WebM（.webm）	火狐 4.0+、Chrome 6.0+、Opera 10.6+
OGG（.ogv）	火狐 3.5+、Chrome 3.0+、Opera 10.5+
MPEG4（.m4v）	IE 9.0+、Safari 3.1+、ISO 5.0、Android 4.0+
MPEG4（.mp4）	IE 9.0+、Safari 3.1+、ISO 3.0、Android 2.3+

❷ <source>标签

为了解决浏览器对视频格式的兼容问题，可以使用<source>标签为同一个媒体数据指定多个播放格式与编码方式，确保浏览器可以从中选择一种自己支持的视频格式进行播放。例如：

```
<video controls="controls" autoplay="autoplay">
    <source src="multimedia/Wildlife.ogv" type="video/ogg">
    <source src="multimedia/Wildlife.webm" type="video/webm">
    <source src="multimedia/Wildlife.mp4" type="video/mp4">
```

```
    <p>您的浏览器不支持 video 元素。</p>
</video>
```

浏览器在选择时自上而下，直到选择到所支持的格式为止。

不同格式视频文件的转换可以在 Internet 上搜索一些免费的工具软件来进行，例如 Free Video Converter，可以从"http://www.freemake.com/free_video_converter/"下载，该软件支持 AVI、MP4、WMV、MKV、MPEG、3GP、DVD、MP3、iPod、iPhone、PSP、Android 等格式。

❸ <track>标签

<track>标签为 video 元素之类的媒介规定外部文本轨道，例如用于规定字幕文件或其他包含文本的文件，当媒介播放时这些文件是可见的。表 5.7 列出了 track 元素的常用属性。

表 5.7　track 元素的常用属性

属　性	值	描　述
default	default	规定该轨道是默认的
kind	captions chapters descriptions metadata subtitles	表示轨道属于什么文本类型 captions：在播放器中显示的简短说明 chapters：定义章节，用于导航媒介资源 descriptions：定义描述，用于通过音频描述媒介的内容，假如内容不可播放或不可见 metadata：定义脚本使用的内容 subtitles：定义字幕，用于在视频中显示字幕
label	label	轨道的标签或标题
src	url	轨道的 URL
srclang	language_code	轨道的语言，若 kind 属性的值是"subtitles"，则该属性必需

HTML5 Video 外挂字幕的英文简称为 WebVTT（Web video text track），它是以.vtt 为扩展名的纯文本文件。WebVTT 是 UTF-8 编码格式的文本文件，内容示例如下：

```
WebVTT

00:00:01.000 --> 00:00:04.000
在海边，奔腾着一群骏马

00:00:05.000 --> 00:00:07.000
惊散了鸟儿
```

WebVTT 文件中的每一项为一个 cue，以箭头分隔开始时间和结束时间，时间格式为 hours:minutes:seconds:milliseconds，用户必须严格遵守，时、分、秒必须为两位数字，不足的以 0 填补，毫秒必须是 3 位数字。对应的文本在下一行，文本可以是一行或多行，在文本中不能有空行。

例 5.4　HTML5(video).html，播放带有字幕的视频，其中的两个字幕之一是默认的，如图 5.4 所示。

视频讲解

源代码如下：

```
<head>
```

```
    <title>HTML5 视频</title>
</head>
<body>
<video controls="controls" autoplay="autoplay">
    <source src="multimedia/Wildlife.mp4" type="video/mp4">
    <source src="multimedia/Wildlife.webm" type="video/webm">
    <source src="multimedia/Wildlife.ogv" type="video/ogg">
    <track kind="subtitles" src="multimedia/Wildlife-zh.vtt" srclang="zh"
    label="中文" default="default">
    <track kind="subtitles" src="multimedia/Wildlife-en.vtt" srclang="en"
    label="English">
    <p>您的浏览器不支持 video 元素。</p>
</video>
</body>
```

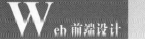

图 5.4　HTML5(video).html 示意图

在视频加载后，可能需要单击视频播放器按钮才能显示字幕。

提示：必须发布到 Web 服务器上进行浏览才能显示字幕。

5.2.2　HTML5 音频

HTML5 使用 audio 元素来播放音频，其常用属性和 video 元素一样。

❶ 音频格式

目前，audio 元素支持以下 3 种音频编码。

（1）OGG：全称应该是 OGG Vorbis（ogg Vorbis），它是一种新的音频压缩格式。OGG 是完全免费、开放和没有专利限制的，文件扩展名是.ogg。OGG 文件格式可以不断地进行大小和音质的改良，且不影响旧的编码器或播放器。

（2）MP3：一种音频压缩技术，其全称是动态影像专家压缩标准音频层面 3（Moving Picture Experts Group Audio Layer III），简称为 MP3，用来大幅度地降低音频数据量。它将音乐以 1:10 甚至 1:12 的压缩率压缩成容量较小的文件，对于大多数用户来说重放的音质与最初的不压缩音频相比没有明显的下降。

（3）WAV：微软公司（Microsoft）开发的一种声音文件格式，它符合 RIFF（Resource Interchange File Format）文件规范，被 Windows 平台及其应用程序广泛支持，标准格式的 WAV 文件和 CD 格式一样，采用 44.1K 的取样频率，16 位量化数字，声音文件的质量和 CD 相差无几。

在 3 种格式中，WAV 格式音质最好，但是文件较大；MP3 压缩率较高，音质比 WAV 要差；OGG 与 MP3 在相同位速率（Bit Rate）编码情况下，OGG 体积更小，并且 OGG 是免费的。

❷ 浏览器支持情况

不同浏览器对于 audio 元素的音频格式支持情况见表 5.8。

表 5.8　浏览器对 audio 元素的音频格式支持情况

音频格式	Chrome	Firefox	IE9	Opera	Safari
OGG	支持	支持	支持	支持	不支持
MP3	支持	不支持	支持	不支持	支持
WAV	不支持	支持	不支持	支持	不支持

一般提供 OGG 和 MP3 格式就可以支持所有主流浏览器了。

不同格式音频文件的转换可以在 Internet 上搜索一些免费工具软件来进行，例如 Free Audio Converter，可以从“http://www.freemake.com/free_audio_converter/”下载，该软件支持 MP3、WMA、WAV、FLAC、AAC、M4A、OGG 等 30 多种音频格式。

例 5.5　HTML5(audio).html，说明了<audio>标签的用法，如图 5.5 所示。

图 5.5　HTML5(audio).html 示意图

源代码如下：

```
<head>
   <title>HTML5 音频</title>
</head>
<body>
<h2>许巍：旅行</h2>
<audio controls="controls">
   <source src="multimedia/Travel.mp3" type="audio/mpeg">
   <source src="multimedia/Travel.ogg" type="audio/ogg">
```

```
    <p>您的浏览器不支持 audio 元素。</p>
</audio>
</body>
```

5.3 <embed>标签

<embed>标签定义嵌入的内容，比如插件，这是一个空标签。一旦对象嵌入到页面中，对象将成为页面的一部分。该元素主要用来嵌入视频和 Flash。表 5.9 列出了 embed 元素的常用属性。

表 5.9 embed 元素的常用属性

属 性	值	描 述
src	url	嵌入内容的 URL
height	pixels	对象的高度
type	MIME_type	定义嵌入内容的类型，可参阅 IANA MIME 类型列表 http://www.iana.org/assignments/media-types/media-types.xhtml
width	pixels	对象的宽度

例 5.6 HTML5(embed).html，在页面中插入了一个 Flash，如图 5.6 所示。

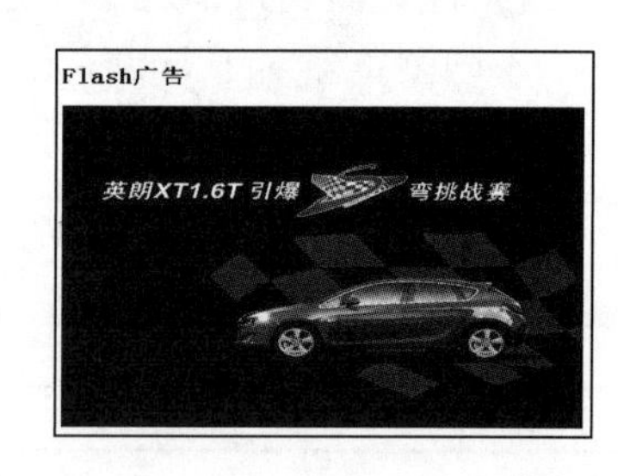

图 5.6 HTML5(embed).html 示意图

源代码如下：

```
<head>
    <title>embed 标签</title>
</head>
<body>
<h2>Flash 广告</h2>
<embed  src="multimedia/buick.swf"  type="application/x-shockwave-flash"
width="480" height="360">
</body>
```

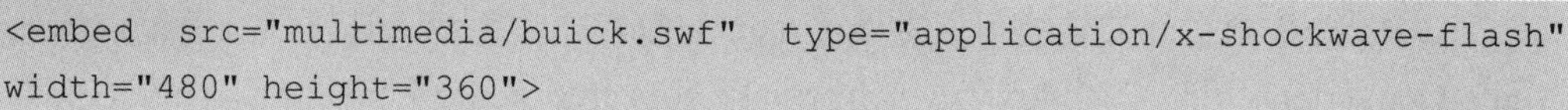

5.4 叮叮书店首页图像的使用

视频讲解

叮叮书店首页内容除了文本和超链接外，还需要使用图像，例如书的封面、广告和修饰等。

启动 WebStorm，打开叮叮书店项目首页 index.html（在第 4 章的 4.3 节建立），进入代码编辑区，添加相关图像，操作步骤如下：

❶ 本周推荐、最近新书、最近促销和畅销图书封面图像

（1）将光标定位到<section id="recommend">里第 1 个<div class="cover">的后面，按回车键，输入下面的代码：

```
<a href="#"><img src="images/prod2.jpg" alt="HTML5 权威指南"></a>
```

（2）将光标定位到<section id="recommend">里第 2 个<div class="cover">的后面，按回车键，输入下面的代码：

```
<a href="#"><img src="images/prod3.jpg" alt="JavaScript 权威指南"></a>
```

（3）将光标定位到<section id="new">里第 1 个<div class="image-box">的后面，按回车键，输入下面的代码：

```
<img src="images/prod4.jpg" alt="HTML5+CSS3 从入门到精通">
```

（4）将光标定位到<section id="new">里第 2 个<div class="image-box">的后面，按回车键，输入下面的代码：

```
<img src="images/prod5.jpg" alt="响应式 Web 设计">
```

提示：将图像嵌入到<div>中是为页面布局准备的，类名 class="image-box"为以后自定义样式使用，最近新书的两本书样式是一样的。

（5）将光标定位到<section id="sales">里第 1 个<div class="image-box">的后面，按回车键，输入下面的代码：

```
<a href="#"><img class="promotion" src="images/prod1.jpg" alt="HTML5 和 CSS3
实例教程"></a>
```

（6）将光标定位到<section id="sales">里第 2 个<div class="image-box">的后面，按回车键，输入下面的代码：

```
<a href="#"><img class="promotion" src="images/prod3.jpg" alt="JavaScript
权威指南"></a>
```

（7）将光标分别定位到<section id="sales">里第 1 个和第 2 个<div class="text-desc">的后面，按回车键，输入下面的代码：

```
<img src="images/sale.jpg" alt="">
```

（8）将光标定位到“<a class="selling" href="#">深度学习 [deep learning]</a><div class="curr"><div class="p-img">”的后面，按回车键，输入下面的代码：

```
<a title="深度学习 [deep learning]" href="#"><img src="images/selling1.jpg"
alt="封面"></a>
```

（9）将光标定位到“<a class="selling" href="#">Hadoop 权威指南：大数据的存储与分析(第 4 版)，累计销量超过 10 万册</a><div class="curr"><div class="p-img">”的后面，按回车键，输入下面的代码：

```
<a title="Hadoop 权威指南：大数据的存储与分析（第 4 版）" href="#"><img src="images/
selling2.jpg" alt="封面"></a>
```

（10）将光标定位到“<a class="selling" href="#">和秋叶一起学 PPT 第 3 版</a><div class="curr"><div class="p-img">”的后面，按回车键，输入下面的代码：

```
<a title="和秋叶一起学 PPT 第 3 版" href="#"><img src="images/selling3.jpg"
```

```
alt="封面"></a>
```

（11）将光标定位到“<a class="selling" href="#">深度学习优化与识别</a><div class="curr"><div class="p-img">”的后面，按回车键，输入下面的代码：

```
<a title="深度学习优化与识别" href="#"><img src="images/selling4.jpg" alt=
"封面"></a>
```

（12）将光标定位到“<a class="selling" href="#">区块链原理、设计与应用</a><div class="curr"><div class="p-img">”的后面，按回车键，输入下面的代码：

```
<a title="区块链原理、设计与应用" href="#"><img src="images/selling5.jpg"
alt="封面"></a>
```

❷ 广告区图像

将光标定位到“<div id="advert">”的后面，按回车键，输入下面的代码：

```
<a href="#"><img src="images/ad1.jpg" alt="广告"></a>
<a href="#"><img src="images/ad2.jpg" alt="广告"></a>
<a href="#"><img src="images/ad3.jpg" alt="广告"></a>
```

❸ 关于书店图像

将光标定位到“<h2>关于书店</h2><div class="content">”的后面，按回车键，输入下面的代码：

```
<img src="images/about.gif" alt="叮叮书店">
```

在浏览器中预览，效果如图 5.7 所示。

图 5.7 叮叮书店首页图像预览示意图

5.5　小结

本章重点介绍了 HTML5 图像元素，简单介绍了 HTML5 如何使用音频和视频，具体介绍了叮叮书店首页图像的添加过程和基本操作。

5.6　习题

❶ 选择题

（1）关于下列两行 HTML5 代码，描述正确的是（　　）。

```
<img src="image.gif" alt="picture">
<a href="image.gif">picture</a>
```

A．两者都是将图像链接到网页

B．前者是链接后在网页中显示图像，后者是在网页中直接显示图像

C．两者都是在网页中直接显示图像

D．前者是在网页中直接显示图像，后者是链接后在网页中显示图像

（2）下列有关网页中图像的说法不正确的是（　　）。

A．网页中的图像并不与网页保存在同一个文件中，每个图像单独保存

B．HTML5 图像标签可以描述图像的位置、大小等属性

C．HTML5 图像标签可以直接描述图像上的像素

D．图像可以作为超链接的起始对象

（3）若要在页面中创建一个图像超链接，要显示的图像为 logo.gif，链接地址“http://www.sohu.com/”，以下用法中正确的是（　　）。

A．<a href="http://www.sohu.com/">logo.gif</a>

B．<a href="http://www.sohu.com/"><img src="logo.gif"></a>

C．<img src="logo.gif"><a href="http://www.sohu.com/"></a>

D．<a href="http://www.sohu.com/"><img src="logo.gif">

（4）在以下标签中，主要用来创建视频和 Flash 的是（　　）。

A．<object>　　B．<embed>　　C．<form>　　D．<marquee>

（5）为了解决浏览器对视频格式的兼容情况，可以使用（　　）标签为同一个媒体数据指定多个播放格式与编码方式。

A．<source>　　B．<audio>　　C．<video>　　D．<track>

❷ 简答题

（1）嵌入图像的元素是什么？它有哪些必需和常用属性？

（2）目前 video 元素支持哪些视频编码？

（3）如何解决不同浏览器对视频格式的兼容情况？

（4）<map>和<area>标签的作用是什么？

（5）为什么要合理地在页面中使用图像？

第6章

HTML5 表格

表格是组织数据的一种有效方法，表格不仅仅用在文字处理上，在网页中的作用也非常重要，特别是在表现列表数据方面。本章首先介绍 HTML5 表格的组成结构，接下来介绍 HTML5 表格的标签，然后重点介绍<table>、<tr>和<td>，最后通过叮叮书店“购物车”页面介绍表格的应用。

本章要点：

- HTML5 表格的组成。
- 常用的表格标签<table>、<tr>和<td>。

6.1 表格结构和表格标签

6.1.1 表格结构

表格是由行和列组成的二维表，每个表格均有若干行，每行有若干列，行和列围成的区域是单元格。单元格的内容是数据，故也称数据单元格，数据单元格可以包含文本、图片、列表、段落、表单、水平线或表格等元素。

一个典型的 HTML5 表格包括一个标题、头部、主体和脚部。

6.1.2 表格标签

HTML5 表格标签见表 6.1。表格由<table>标签定义，行由<tr>标签定义，单元格由<td>标签定义，这 3 个标签是常用的表格标签。

表 6.1　表格标签

表　　格	描　　述
<table>	定义表格
<caption>	表格标题
<th>	表格的头部行（标题行）
<tr>	表格的行
<td>	表格单元格
<thead>	表格的头部
<tbody>	表格的主体
<tfoot>	表格的脚部
<col>	用于表格列的属性
<colgroup>	表格列的组合

例 6.1　HTML5(table).html，使用表格标签实现了一个典型的表格，如图 6.1 所示。源代码如下：

表格标题

表格头部	表格头部	表格头部
表格体	表格体	表格体
表格体	表格体	表格体
表格脚部	表格脚部	表格脚部

图 6.1　HTML5(table).html 示意图

视频讲解

```
<head>
    <title>表格</title>
    <style>
        table, td, th { border: 1px solid gray; }
    </style>
</head>
<body>
<table>
    <caption>表格标题</caption>
    <thead>
    <tr>
        <th>表格头部</th>
        <th>表格头部</th>
        <th>表格头部</th>
    </tr>
    </thead>
    <tbody>
    <tr>
        <td>表格主体</td>
        <td>表格主体</td>
        <td>表格主体</td>
    </tr>
    <tr>
        <td>表格主体</td>
        <td>表格主体</td>
        <td>表格主体</td>
    </tr>
    </tbody>
    <tfoot>
    <tr>
```

```
            <td>表格脚部</td>
            <td>表格脚部</td>
            <td>表格脚部</td>
        </tr>
        </tfoot>
    </table>
    </body>
```

6.2 常用表格标签

6.2.1 <table>标签

<table>标签定义表格，简单的 HTML5 表格由<table>以及一个或者多个<tr>、<th>或<td>组成，<tr>定义表格行，<th>定义表头行，<td>定义表格单元，更复杂的 HTML5 表格也可能包括<caption>、<col>、<colgroup>、<thead>、<tfoot>以及<tbody>。<table>标签的常用属性见表 6.2。

表 6.2　<table>标签的常用属性

属　　性	值	描　　述
border	pixels	规定表格边框的宽度，单位是像素。不赞成使用，建议使用样式取代它
cellpadding	pixels %	规定单元格边框与内容之间的空白。不赞成使用，建议使用样式取代它
cellspacing	pixels %	规定单元格之间的空白。不赞成使用，建议使用样式取代它
width	% pixels	规定表格的宽度。不赞成使用，建议使用样式取代它

border 属性规定围绕表格的边框宽度。border 属性会为每个单元格应用边框，并用边框围绕表格。如果改变 border 属性值，只有表格周围边框的尺寸发生变化，单元格的边框还是 1 像素宽。设置 border="0"，可以显示没有边框的表格。

例 6.2　HTML5(table_border).html，把表格周围的边框设置为 5 像素宽，如图 6.2 所示。

图 6.2　HTML5(table_border).html 示意图

源代码如下：

```
<head>
    <title>表格边框</title>
    <style>
        table{border: 5px solid gray;}
    </style>
</head>
<body>
```

```
<table>
  <tr><th>课程</th><th>学分</th></tr><tr>
    <td>《Web 技术基础》</td>
    <td>3</td>
  </tr>
</table>
</body>
```

提示：为了符合 Web 标准，该示例中并没有直接使用<table>标签的属性，而是使用了样式代替。

6.2.2　<tr>标签

<tr>定义 HTML5 表格中的行，<tr>包含一个或者多个<th>或<td>。

6.2.3　<td>标签

<td>定义 HTML5 表格中的标准单元格。HTML5 表格有两类单元格，其中表头单元格（th）包含头部信息，标准单元格（td）包含数据。<td>标签的常用属性见表 6.3。

表 6.3　<td>标签的常用属性

属　　性	值	描　　述
colspan	number	规定单元格可横跨的列数
rowspan	number	规定单元格可横跨的行数

colspan 和 rowspan 属性用于建立不规范表格，所谓不规范表格是单元格的个数不等于行乘以列的数值。例如 3 行 3 列的表格共有 9 个单元格，图 6.3 所示为一个规范表格，图 6.4 所示为一个不规范表格，图 6.4 中第 1 行的第 2、3 两个单元格合并为一个单元格，即第 1 行的第 2 个单元格横跨两列，把第 1 行的第 3 个单元格位置占据了；第 2 行的第 3 个单元格和第 3 行的第 3 个单元格合并为一个单元格，即第 2 行的第 3 个单元格横跨两行，把第 3 行的第 3 个单元格位置占据了。

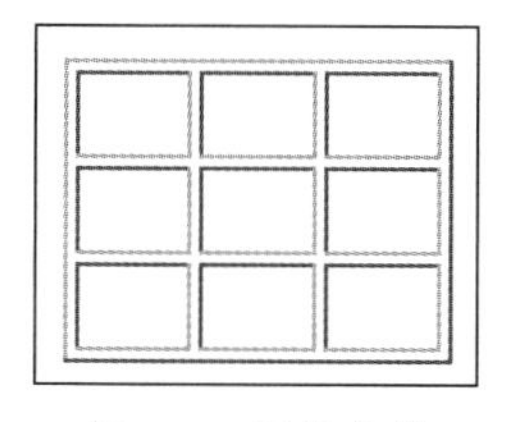

图 6.3　规范表格

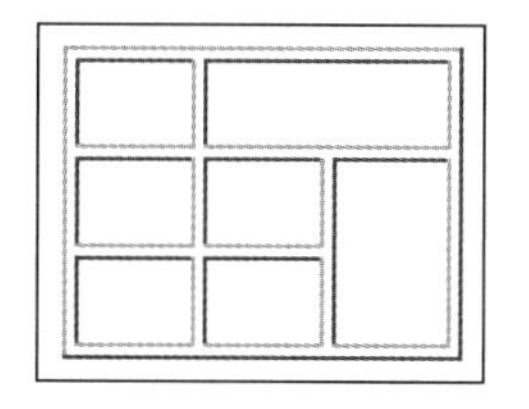

图 6.4　不规范表格

例 6.3　HTML5(table_td).html，实现了图 6.4 所示的不规范表格。

源代码如下：

视频讲解

```
<head>
    <title>td 标签属性</title>
    <style>
```

```
        table,td{border: 1px solid gray;}
    </style>
</head>
<body>
<table>
  <tr><td> </td><td colspan="2"> </td></tr>
  <tr>
    <td> </td><td> </td><td rowspan="2"> </td>
  </tr>
  <tr><td> </td><td> </td></tr>
</table>
</body>
```

6.2.4 <col>标签

<col>标签为表格中的一个或多个列定义属性值。如果对多个列应用样式，<col>标签很有用。注意，只能在<table>或<colgroup>中使用<col>标签。<col>标签的常用属性见表6.4。

表6.4 <col>标签的常用属性

属　性	值	描　述
span	number	规定col元素应该横跨的列数
width	pixels %	规定col元素的宽度

span属性规定col元素应该横跨的列数。在默认情况下，它只能影响一列。

col元素是空元素，必须在tr元素内部规定td元素，这样才能使用col。

例6.4 HTML5(table_col).html，使用<col>标签为表格中的4个列规定了不同的背景色，如图6.5所示。

图6.5 HTML5(table_col).html示意图

源代码如下：

```
<head>
    <title>col标签</title>
    <style>
        table, td, th{border: 1px solid gray;}
    </style>
</head>
<body>
<table>
  <col style="background-color:#939" />
  <col span="2" style="background-color:#9C3" />
  <col style="background-color:#F99" />
  <tr>
```

```
    <td>单元格</td><td>单元格</td><td>单元格</td><td>单元格</td>
  </tr>
  <tr>
    <td>单元格</td><td>单元格</td>
    <td>单元格</td><td>单元格</td>
  </tr>
</table>
</body>
```

提示：“style="background-color:#939"” 中的 style 属性定义单元格的背景色。

6.2.5 <thead>、<tbody>和<tfoot>标签

<thead>标签定义表格的头部，<tbody>标签定义表格的主体，<tfoot>标签定义表格的脚部。<thead>应该与<tbody>和<tfoot>结合起来使用。

如果使用<thead>、<tbody>以及<tfoot>，就必须全部使用。它们出现的次序是<thead>→<tbody>→<tfoot>，必须在<table>内部使用这些标签，<thead>内部必须拥有<tr>标签。

6.3 叮叮书店“购物车”页面的建立

视频讲解

启动 WebStorm，打开叮叮书店项目，新建文件 cart1.html，在 cart1.html 中使用 5 行 5 列的表格显示购物车的内容，第 1 行是表格的标题行，最后一行为统计行。

在浏览器中预览，效果如图 6.6 所示。

图 6.6 cart1.html 页面示意图

其源代码如下：

```
<head>
    <title>购物车</title>
```

```
</head>
<body>
<section class="cart-table"><span class="icon-cart"></span>
    <h2>购物车</h2>
    <table>
        <tr>
            <th colspan="2">名称</th>
            <th>单价</th>
            <th>数量</th>
            <th>合计</th>
        </tr>
        <tr>
            <td><a href="details.html"><img src="images/selling1.jpg" alt=
            "封面"/></a></td>
            <td><h3>《深度学习》</h3></td>
            <td>100.00</td>
            <td>1</td>
            <td>100.00</td>
        </tr>
        <tr>
            <td><a href="details.html"><img src="images/selling2.jpg" alt=
            "封面"/></a></td>
            <td><h3>《Hadoop 权威指南：大数据的存储与分析》</h3></td>
            <td>100.00</td>
            <td>1</td>
            <td>100.00</td>
        </tr>
        <tr>
            <td><a href="details.html"><img src="images/selling4.jpg" alt=
            "封面"/></a></td>
            <td><h3>《深度学习优化与识别》</h3></td>
            <td>100.00</td>
            <td>1</td>
            <td>100.00</td>
        </tr>
        <tr>
            <td colspan="5">
                <div>3 件商品总价(不含运费)：￥300.00 <a href="#">去结算</a></div>
            </td>
        </tr>
    </table>
</section>
</body>
```

6.4 小结

本章介绍了 HTML5 表格的组成结构，详细介绍了 HTML5 常用的表格标签<table>、<tr>、<td>和<col>，具体介绍了叮叮书店“购物车”页面的建立过程和基本操作。

6.5 习题

❶ 选择题

（1）表格的主要作用是（　　）。

A．网页排版布局　　B．显示数据　　C．处理图像　　D．优化网站

（2）如果表格的边框不显示，应设置 border 的值为（　　）。

A．1　　B．0　　C．2　　D．3

（3）定义单元格的是（　　）。

A．<td></td>　　B．<tr></tr>

C．<table></table>　　D．<caption></caption>

（4）跨行的单元格是（　　）。

A．<th colspan="2">　　B．<th rowspan="2">

C．<td colspan="2">　　D．<td rowspan="2">

（5）表格的脚部是（　　）。

A．<tbody></tbody>　　B．<tfoot></tfoot>

C．<thead></thead>　　D．<caption></caption>

❷ 简答题

（1）用于表格的标签有哪些？常见结构是什么样的？

（2）如何设置跨多行/多列的表格单元格？

（3）一个完整表格的标签顺序是什么？

（4）<table>的边框和<td>的边框是一个吗？

（5）什么时候使用<col>标签？

第7章

HTML5 表单

表单是允许浏览者进行输入的区域，可以使用表单从用户处收集信息。浏览者在表单中输入信息，然后将这些信息提交给服务器，服务器中的应用程序会对这些信息进行处理，进行响应，这样就完成了浏览者和服务器之间的交互。本章首先介绍表单的基本概念和HTML5 表单标签，接下来重点介绍常用的表单域标签，最后详细介绍叮叮书店“联系我们”页面的建立过程。

本章要点：

- HTML5 表单。
- HTML5 表单域。

7.1 表单的基本知识

7.1.1 什么是表单

表单是一个包含表单域的容器，表单元素允许用户在表单中使用表单域（例如文本域、下拉列表、单选按钮和复选框等）输入信息。

一个表单可以看成有 3 个组成部分——表单标签、表单域和表单按钮。表单标签包含了处理表单数据所用的程序和数据提交到服务器的方法；表单域包含了文本框、密码框、多行文本框、复选框、单选按钮和列表框等输入元素；表单按钮主要包括提交按钮和复位按钮，用于将数据传送到服务器或者取消输入。

7.1.2 <form>标签

<form>标签用于创建 HTML5 表单，表单用于向服务器传输数据。<form>标签的常用

属性见表 7.1。

表 7.1　<form>标签的常用属性

属　　性	值	描　　述
action	url	当提交表单时向何处发送表单数据，不能为空
method	get post	定义如何发送表单数据
autocomplete	on off	是否启用表单的自动完成功能
novalidate	novalidate	如果使用该属性，在提交表单时不进行验证

❶ action 属性

action 属性定义当提交表单时向何处发送表单数据进行处理，也就是将表单的内容提交到 action 指定的服务器端脚本程序进行处理。

❷ method 属性

method 属性规定如何发送表单数据，表单数据可以作为 URL 变量（method="get"）或者以 HTTP POST（method="post"）方式发送，即 POST 方法和 GET 方法。

采用 POST 方法是在 HTTP 请求中嵌入表单数据。浏览器首先与 action 属性中指定的服务器建立连接，建立连接之后，浏览器按分段传输的方法将数据发送给服务器。

当采用 GET 方法时，浏览器会与服务器建立连接，然后将表单数据直接附在 action 值之后，通过 URL 在一个传输步骤中发送所有的表单数据，URL 和表单数据之间用问号进行分隔。

例如在百度中进行搜索，URL 为"http://www.baidu.com/"，当输入关键字"HTML5"百度一下时，URL 变成如下：

```
http://www.baidu.com/s?wd=HTML5&rsv_spt=1&issp=1&rsv_bp=0&ie=utf-8&tn=
baiduhome_pg&inputT=3149
```

关键字"HTML5"作为表单的数据是通过 URL 传送给百度服务器的。

注意，使用 GET 方法不能发送比较多的表单数据。如果发送的数据量太大，数据将被截断。

如果要收集用户名和密码、信用卡号或其他保密信息，POST 方法会相对比 GET 方法安全，但 POST 方法发送的信息是未经加密的，容易被黑客获取。

那么是选用 POST 方法还是选用 GET 方法发送表单数据呢？用户可以参考下面的规律：

（1）如果希望获得最佳表单传输性能，可以采用 GET 方法发送比较少的数据。

（2）对于有许多表单域，特别是有很长文本域的表单，应该采用 POST 方法来发送。

（3）如果考虑安全性，建议选用 POST 方法。GET 方法将表单数据直接放在 URL 中，可以很轻松地捕获它们，而且还可以从服务器的日志文件中进行摘录。

❸ autocomplete 属性

autocomplete 属性确定表单是否启用自动完成功能。自动完成允许浏览器侦测字段输入，当用户开始输入时，浏览器会基于以前输入过的值自动列表显示在字段中填写的选项。

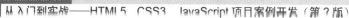

提示：autocomplete 属性适用于<form>，以及 text、search、url、telephone、email、password、datepickers、range 和 color 等<input>类型。

例 7.1 HTML5(form).html，该页面中的表单拥有 3 个输入字段以及 1 个提交按钮，表单提交时不进行验证，单位文本框输入不启用自动完成功能，如图 7.1 所示。当提交表单时，表单数据会提交到 HTML5(form_action).html 页面，如图 7.2 所示。

视频讲解

源代码如下：

```
<head>
    <title>form 标签</title>
</head>
<body>
<form  action="html5(form_action).html"  method="get"  autocomplete="on"
novalidate="novalidate">
    <label>姓名:</label>
    <input type="text" name="name" id="name"><br>
    <label>单位:</label>
    <input type="text" name="unit" id="unit" autocomplete="off"><br>
    <label>Email:</label>
    <input type="email" name="email" id="email"><br>
    <input type="submit" value="提交" />
</form>
</body>
```

姓名:
单位:
Email:
提交

谢谢你提交的表单信息!

图 7.1　HTML5(form).html 示意图　图 7.2　HTML5(form_action).html 示意图

提示：表单标签本身在页面上并不可见。HTML5(form_action).html 页面并没有接收和处理表单数据，本例只是演示说明，接收和处理表单数据需要使用服务器端技术。

7.2　表单域

表单中常用的表单域标签见表 7.2。

表 7.2　表单域标签

标　　签	描　　述
<input>	输入域
<textarea>	多行文本域
<label>	标签
<fieldset>	分组或字段域

续表

标　　签	描　　述
<legend>	分组或字段域的标题
<select>	列表
<option>	列表项
<optgroup>	列表选项组
<button>	按钮
<datalist>	下拉列表
<output>	输出

7.2.1 <input>标签

<input>标签用于输入信息，根据不同的 type 值，<input>有多种形式，可以是文本框、复选框、单选按钮和按钮等。<input>是空标签。表 7.3 列出了<input>标签的常用属性。

表 7.3　<input>标签的常用属性

属　　性	值	描　　述
accept	mime_type	文件上传提交的文件类型
alt	text	图像的替换文本
autocomplete	on off	是否使用输入字段的自动完成功能
autofocus	autofocus	字段在页面加载时是否获得焦点。其不适用于 type="hidden"
checked	checked	input 元素首次加载时被选中
disabled	disabled	input 元素加载时禁用此元素
form	formname	规定输入字段所属的一个或多个表单
formaction	url	覆盖表单的 action 属性。其用于 type="submit"和 type="image"
formmethod	get post	覆盖表单的 method 属性。其用于 type="submit"和 type="image"
formnovalidate	formnovalidate	覆盖表单的 novalidate 属性。使用该属性，则提交表单时不进行验证
formtarget	_blank _self	覆盖表单的 target 属性。其用于 type="submit"和 type="image"
height	pixels %	定义 input 字段的高度。其用于 type="image"
list	datalist-id	引用包含输入字段的预定义选项的 datalist
max	number date	规定输入字段的最大值。与 min 属性配合使用，创建合法值的范围
maxlength	number	输入字符的最大长度
min	number date	规定输入字段的最小值。与 max 属性配合使用，创建合法值的范围
multiple	multiple	如果使用该属性，则允许一个以上的值
name	field_name	input 元素名称
pattern	regexp_pattern	规定输入字段值的模式或格式（正则表达式）。例如 pattern="[0-9]"表示输入值必须是 0～9 的数字
placeholder	text	帮助用户填写输入字段的提示

续表

属　　性	值	描　　述
readonly	readonly	输入字段为只读
required	required	输入字段值是必需的
size	number_of_char	输入字段的宽度
src	url	以提交按钮形式显示的图像 URL
step	number	规定输入字段的合法数字间隔
type	见表 7.4	input 元素类型
value	value	input 元素的值
width	pixels %	定义 input 字段的宽度。其用于 type="image"

❶ type 属性

type 属性规定 input 元素的输入类型。表 7.4 列出了<input>标签的 type 属性值。

表 7.4　<input>标签的 type 属性值

值	描　　述
button	按钮
checkbox	复选框
file	文件域，包括输入字段和“浏览”按钮，供文件上传
hidden	隐藏域
image	图像形式的提交按钮
password	密码域，字符被掩码
radio	单选按钮
reset	重置按钮。重置按钮会清除表单中的所有数据
submit	提交按钮。提交按钮会把表单数据发送到服务器
text	单行文本框。其默认宽度为 20 个字符
email	规定包含 e-mail 地址的输入域
url	规定包含 URL 地址的输入域
number	规定包含数值的输入域
range	规定包含一定范围内数字值的输入域，value 的默认值范围是 0～100，显示为滑动条
date pickers	日期选择域
color	颜色选择域
search	搜索域

1）text

```
<input type="text" />
```

定义单行文本框，文本框的默认宽度是 20 个字符。

2）password

```
<input type="password" />
```

定义密码域，密码域中的字符会被掩码（显示为星号或原点）。

3）radio

```
<input type="radio" />
```

定义单选按钮，单选按钮允许用户在一定数目的选择项中必须且仅能选取一个。

4）checkbox

```
<input type="checkbox" />
```

定义复选框，复选框允许用户在一定数目的选择项中不选或者选取一个或多个。

5）hidden

```
<input type="hidden" />
```

定义隐藏域，隐藏域对于用户是不可见的，隐藏域通常会存储一个默认值。

6）file

```
<input type="file" />
```

定义文件域，用于在文件上传时选择文件。

7）image

```
<input type="image" />
```

定义图像形式的提交按钮，必须把 src 属性和 alt 属性与<input type="image">结合使用。

8）button

```
<input type="button" />
```

定义按钮，单击按钮时需自定义行为。button 常用于在用户单击按钮时启动 JavaScript 程序，响应用户。例如：

```
<input type="button" value="单击我" onclick="alert('为什么?')" name="button" />
```

浏览器会显示一个【单击我】按钮，当单击该按钮后会出现警告消息框，如图 7.3 所示。

图 7.3　消息框

9）reset

```
<input type="reset" />
```

定义重置按钮，重置按钮会清除表单中的所有数据。

10）submit

```
<input type="submit" />
```

定义提交按钮，提交按钮用于向服务器发送表单数据，数据会发送到表单的 action 属性指定的位置。

11）email

```
<input type="email" />
```

定义包含 e-mail 地址的输入域，在提交表单时会自动验证 email 域的值。

12）url

```
<input type="url" />
```

定义包含 URL 地址的输入域，在提交表单时会自动验证 url 域的值。

13）number

```
<input type="number" />
```

定义包含数值的输入域，在浏览器中可以显示为微调框，用来改变文本框中的值。用户可以使用 max 和 min 属性规定输入数值的最大值和最小值，让输入的数据在合法的值范围内。用户也可以使用 step 属性规定合法的数字间隔，例如 step="2"，则合法的数是-2、0、2、4 等，每次用微调框的上/下箭头调整值时按 step 值增加或减少。

14）range

```
<input type="range" />
```

定义包含一定范围内数字值的输入域，range 类型显示为滑动条，默认值范围是 0～100，可以同时使用 max、min 和 step 属性。

15）date pickers

```
<input type="date pickers" />
```

定义日期选择域，显示为微调框和下拉框的组合。HTML5 拥有以下多个选取日期和时间的输入类型。

- date：选取日、月、年。
- month：选取月、年。
- week：选取周和年。
- time：选取时间（小时和分钟）。
- datetime：选取时间、日、月、年（UTC 时间）。
- datetime-local：选取时间、日、月、年（本地时间）。

16）search

```
<input type="search" />
```

用于搜索域，例如站点搜索或 Google 搜索。search 显示为常规的文本框。

17）color

```
<input type="color" />
```

用于颜色选择域，在输入时会打开调色板选取颜色。

视频讲解

例 7.2 HTML5(input_type).html，在该页面中使用了不同的表单输入元素，如图 7.4 所示。

图 7.4　HTML5(input_type).html 示意图

源代码如下：

```
<head>
    <title>input 标签的 type 属性</title>
</head>
<body>
<form action="HTML5(form_action).html" method="get">
```

```
    <label>type="text" 姓名<input type= "text" name="name" id="name">
    </label><br>
    <label>type="password" 密码<input type="password" name="password" id=
    "password"></label><br>
    <label>type="radio" 性别</label>
    <label for="nan"><input type="radio" name="sex" value="男" id="nan">
    男</label>
    <label for="nv"><input type="radio" name="sex" value="女" id="nv">女
    </label><br>
    <label>type="checkbox" 爱好</label>
    <label><input type="checkbox" name="interest" value="计算机">计算机
    </label>
    <label><input type="checkbox" name="interest" value="户外">户外</label>
    <label><input type="checkbox" name="interest" value="文学">文学</label>
    <br>
    <label>type="hidden" <input type="hidden" name="country" value="中国">
    </label><br>
    <label>type="file" 文件<input type="file" name="file"></label><br>
    <label>type="email" 电子邮件<input type="email"></label><br>
    <label>type="url" 网址<input type="url"></label><br>
    <label>type="number" 数值<input type="number" max="30" min="1"
    value="1"></label><br>
    <label>type="date" 日期<input type="date" max="2016-07-15" min=
    "2016-07-01" value="2016-07-01"></label><br>
    <label>type="range" 范围<input type="range" value="50"></label><br>
    <label>type="color" 颜色<input type="color"></label><br>
    <label>type="search" 关键字<input type="search" value="HTML5">
    </label><br>
    <label>type="image" 图像按钮<input type="image" src="images/w3c_
    home.png" alt="图像按钮" title="提交" name="image"></label><br>
    <label>type="button" 普通按钮<input type="button" value="单击我"
    onclick="alert('为什么?')" name="button"></label><br>
    <label class="title">type="reset" 重置按钮<input type="reset" name="reset">
    </label><br>
    <label class="title">type="submit" 提交按钮<input type="submit" name="submit">
    </label>
</form>
</body>
```

提示： 浏览器在区别表单域元素时，有的用 name 属性，有的用 id 属性，所以最好都用，例如<input type="text" name="name" id="name" />。由于单选按钮是一组按钮，所以 name 属性值要相同，可以用 id 属性区分组内不同的单选按钮。复选框也是如此。

❷ value 属性

value 属性用于为 input 元素设定值。对于不同的输入类型，value 属性值的含义不同：

（1）如果 type 类型是 button、reset 和 submit，value 定义按钮上显示的文本。

（2）如果type类型是text、password和hidden，value定义域的初始值。

（3）如果type类型是checkbox、radio、image，value定义与输入相关联的值。

单选按钮和复选框必须设置value属性，文件域不能使用value属性。

❸ accept属性

accept属性只能与<input type="file">配合使用，规定通过文件上传提交的文件类型，属性值是在MIME列表中定义的。为了避免使用该属性，最好在服务器端验证文件上传的类型。例如下面代码中文件上传的类型可以接受GIF和JPEG两种图像：

```
<input type="file" name="pic" id="pic" accept="image/gif, image/jpeg" />
```

如果不限制图像的格式，可以写为“accept="image/*"”。

❹ form属性

form属性规定input元素所属的一个或多个表单，属性值必须是其所属表单的id。如果input元素属于多个表单，用空格符分隔表单的id名，但目前浏览器测试都不支持。

❺ 表单重写属性

表单重写属性只能用于type="submit"提交按钮和type="image"图像提交按钮，分别是formaction、formmethod、formnovalidate和formtarget属性，用来重写表单的action、method、novalidate和target属性。

例7.3 HTML5(input_form).html，在该页面中，表单<form id="form1">带有两个提交按钮，文本框<input type="text" name="age" form="form2">位于<form id="form2">表单元素之外，但仍然是表单的一部分，如图7.5所示。

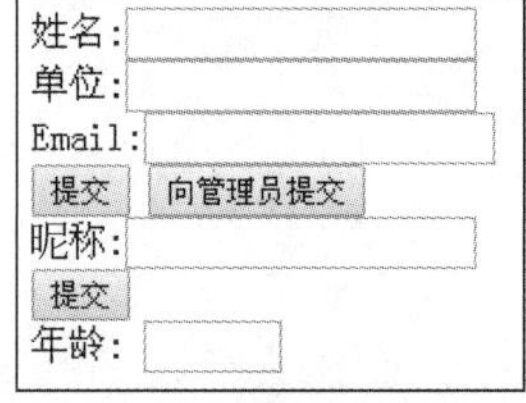

图7.5 HTML5(input_form).html示意图

源代码如下：

```
<head>
    <title>表单重写属性</title>
</head>
<body>
<form action="HTML5(form_action).html" method="get" id="form1">
    <label>姓名:<input type="text" name="name" id="name"></label><br>
    <label>单位:<input type="text" name="unit" id="unit" autocomplete=
    "off"></label><br>
    <label>Email:<input type="email" name="email" id="email"></label><br>
    <input type="submit" value="提交">
    <input type="submit" formaction="HTML5(form_action)admin.html"
    formmethod="post" value="向管理员提交">
</form>
<form action="HTML5(form_action).html" method="get" id="form2">
    <label>昵称:<input type="text" name="name1" id="name1"></label><br>
    <input type="submit" value="提交">
</form>
<label>年龄: <input type="number" name="age" form="form2" min="10" max="99">
```

```
</label>
</body>
```

❻ autofocus 属性

autofocus 属性规定在页面加载时表单域自动获得焦点，该属性适用于所有 <input>标签的类型。

❼ multiple 属性

multiple 属性规定在输入域中可选择多个值，该属性适用于 email 和 file 类型的<input>标签。

❽ pattern 属性

pattern 属性规定 input 输入域验证的模式（正则表达式），在输入时必须按照这种模式进行匹配。例如 pattern="[0-9]"表示输入值必须是 0～9 的数字。pattern 属性适用于 text、search、url、telephone、email 和 password 类型的<input>标签。

❾ placeholder 属性

placeholder 属性提供输入域占位符，用于描述所希望输入的值。placeholder 属性适用于 text、search、url、telephone、email 和 password 类型的<input>标签。占位符在输入域为空时显示，在输入域获得焦点时消失。

❿ required 属性

required 属性规定必须在提交表单之前填写（不能为空）。required 属性适用于 text、search、url、telephone、email、password、datepickers、number、checkbox、radio 和 file 类型的<input>标签。

⓫ height 和 width 属性

height 和 width 属性定义 image 类型的<input>标签的图像高度和宽度。

视频讲解

例 7.4　HTML5(form_attr).html，在该页面中，姓名输入字段使用了 placeholder 属性，身份证输入字段使用了 required 属性，单位输入字段使用了 autofocus 属性，文件输入字段使用了 multiple 属性，电话输入字段使用了 pattern 属性，提交按钮使用了图像，如图 7.6 所示。

图 7.6　HTML5(form_attr).html 示意图

源代码如下：

```
<head>
    <title>HTML5 表单域属性</title>
</head>
<body>
<h2>HTML5 表单域属性</h2>
<form action="HTML5(form_attr).html" method="get">
    <label>姓名:<input type="text" name="name" id="name" placeholder="请输
    入实名"></label><br>
    <label>身份证:<input type="text" name="idcard" id="idcard" required=
    "required"></label><br>
```

```
    <label>单位:<input type="text" name="unit" id="unit" autofocus=
    "autofocus"></label><br>
    <label>文件:<input type="file" name="img" multiple="multiple"></label>
    <br>
    <label>电话:<input type="text" name="phone" id="phone" pattern="[0-9]">
    </label><br>
    <input type="image" src="images/html5.png" height="50" width="100"
    alt="H5"></form>
</body>
```

7.2.2 <textarea>标签

<textarea>标签定义多行文本区域，在文本区域中可容纳无限数量的文本，其中文本的默认字体是等宽字体（通常是 Courier）。<textarea>标签的常用属性见表 7.5。

表 7.5 <textarea>标签的常用属性

属　性	值	描　述
cols	number	多行文本区域的可见列数
rows	number	多行文本区域的可见行数
wrap	hard soft	规定表单提交时文本区域的文本换行模式
disabled	disabled	禁用该文本区域
name	name_of_textarea	文本区域的名称
readonly	readonly	规定文本区域为只读
maxlength	number	规定文本区域的最大字符数

❶ cols 和 rows 属性

用户可以通过 cols 和 rows 属性来规定<textarea>的大小，例如下面的代码将<textarea>区域设置为 5 行 40 列。

```
<textarea rows="5" cols="40">
在 Web 前端技术课程里可以学习你所需要的知识。
</textarea>
```

❷ wrap 属性

wrap 属性设置多行文本域的换行模式。在通常情况下，当用户在文本区域中输入文本后，只有在按回车键的地方才会换行。

wrap 属性的默认值为"soft"，当表单提交时，textarea 中的文本不换行。

如果希望启动自动换行功能，将 wrap 属性设置为"hard"。当用户输入的一行文本超过文本区域的宽度时，浏览器会自动将多余的文字挪到下一行。当表单提交时，textarea 中的文本包含换行符。注意，在使用"hard"时必须使用 cols 属性。

例 7.5 HTML5(textarea).html，在该页面中将以下 60 个字符的文本输入到一个 20 个字符宽的文本区域内。

```
word wrapping is a feature that makes life easier for users.
```

如果设置为 wrap="soft"，在提交文本的 URL 编码里没有换行符。

```
word+wrapping+is+a+feature+that+makes+life+easier+for+users.
```

如果设置为 wrap="hard"，在提交文本的 URL 编码里有 3 个换行符，“%0d%0a”是回车换行的 URL 编码。

```
word+wrapping+is+a+%0D%0Afeature+that+makes+%0D%0Alife+easier+for+%0D%0Ausers.
```

其效果如图 7.7 所示。源代码如下：

```
<head>
    <title>textarea 标签</title>
</head>
<body>
<form action="HTML5(form_action).html">
    <textarea name="t1" cols="20" wrap="hard">word wrapping is a feature that
    makes life easier for users.</textarea><br>
    <input type="submit" value="提交">
</form>
</body>
```

/HTML5(form_action).html?t1=word+wrapping+is+a+%0D%0Afeature+that+makes+%0D%0Alife+easier+for+%0D%0Ausers.

图 7.7　HTML5(textarea).html 提交文本示意图

7.2.3　<label>标签

<label>标签为 input 元素定义标注。<label>标签的 for 属性可以把<label>绑定到 id 属性值和 for 属性值相同的元素上，这样在 label 元素内单击文本，浏览器会自动将焦点转移到和 label 绑定的元素上。

在实例 HTML5(input_type).html 中，“性别”单选按钮实现了这样的绑定，源代码如下：

```
<label>性别</label>
<input type="radio" name="sex" value="男" id="nan">
<label for="nan">男</label>
<input type="radio" name="sex" value="女" id="nv">
<label for="nv">女</label>
```

当单击<label for="nan">男</label>里的“男”时会自动选中<input type="radio" name="sex" value="男" id="nan" />单选按钮。

7.2.4　<fieldset>标签

<fieldset>可以将表单内的相关元素分组，当一组表单元素被放到<fieldset>标签内时，

浏览器会以特殊方式来显示它们，它们可能有特殊的边界和 3D 效果。

<legend>标签为<fieldset>定义分组标题。

例 **7.6** HTML5(form_fieldset).html，演示了<fieldset>标签的用法，如图 7.8 所示。

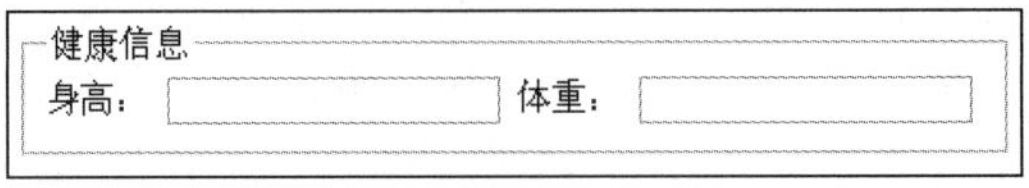

图 7.8 HTML5(form_fieldset).html 示意图

源代码如下：

```
<head>
   <title>fieldset 和 legend 标签</title>
</head>
<body>
<form action="html5(form_action).html" method="get">
  <fieldset>
    <legend>健康信息</legend>
    <label>身高：<input type="text"></label>
    <label>体重：<input type="text"></label>
  </fieldset>
</form>
</body>
```

7.2.5 <select>标签

<select>标签可以创建单选或多选列表，当提交表单时，浏览器会提交选定的项目。<select>标签的常用属性见表 7.6。

表 7.6 <select>标签的常用属性

属　性	值	描　述
disabled	disabled	禁用列表
multiple	multiple	可选择列表的多个选项
name	name	列表名称
size	number	列表中可见选项的数目

如果 size 属性的值大于 1，但是小于列表中选项的总数目，浏览器会显示出列表框，表示可以查看更多选项，否则浏览器会显示出下拉列表框。

7.2.6 <option>标签

<option>标签定义列表中的一个选项，浏览器将<option>中的内容作为<select>标签列表的一个选项显示，<option>位于<select>内部。<option>标签的常用属性见表 7.7。

表 7.7　<option>标签的常用属性

属　　性	值	描　　述
disabled	disabled	选项在首次加载时被禁用
label	text	使用<optgroup>时的标注
selected	selected	选项表现为选中状态
value	text	送往服务器的选项值

<option>标签可以在不带有任何属性的情况下使用，但通常需要使用 value 属性，value 属性是当选项被选中时发送给服务器的内容。如果列表选项很多，可以使用<optgroup>标签对相关选项进行组合。

7.2.7　<optgroup>标签

<optgroup>标签用于组合选项，当使用一个长的选项列表时，对相关的选项进行组合会使处理更加容易。<optgroup>标签的常用属性见表 7.8。

表 7.8　<optgroup>标签的常用属性

属　　性	值	描　　述
label	text	选项组描述或标注
disabled	disabled	禁用该选项组

例 7.7　HTML5(form_select).html，使用了<select>标签和<option>标签建立列表，并通过<optgroup>标签把相关的选项组合在一起，如图 7.9 所示。

图 7.9　HTML5(form_select).html 示意图

视频讲解

源代码如下：

```
<head>
    <title>select 和 option 标签</title>
</head>
<body>
<select>
  <optgroup label="行政单位">
  <option value="教务处">教务处</option>
  <option value="人事处">人事处</option>
  </optgroup>
  <optgroup label="教学单位">
  <option value="数学系">数学系</option>
  <option value="信息学院">信息学院</option>
  </optgroup>
</select>
</body>
```

7.2.8　<button>标签

<button>标签定义一个按钮。在<button>内部可以放置内容，比如文本或图像，这是使

用该标签与使用<input>标签所创建按钮的不同之处。

<button>与<input type="button">相比，提供了更为强大的功能和更丰富的内容。<button>和</button>标签之间的所有内容都是按钮的内容，例如可以在按钮中包括一个图像和相关的文本。<button>标签的常用属性见表 7.9。

表 7.9 <button>标签的常用属性

属　性	值	描　述
disabled	disabled	禁用按钮
name	name	按钮名称
type	button reset submit	按钮类型
value	text	按钮显示的初始值

按钮需要定义 type 属性，IE 浏览器中默认类型是 button，而其他浏览器中默认类型是 submit。

在表单中使用<button>，不同的浏览器会提交不同的值。IE 浏览器提交<button>和</button>之间的文本，而其他浏览器将提交 value 属性的内容。

7.2.9 <datalist>标签

<datalist>标签定义选项列表，应与<input>标签一起使用来选择<input>可能的值，需使用<input>标签的 list 属性，通过引用<datalist>的 id 值绑定<datalist>。

列表是通过<option>标签创建的，<option>标签必须要设置 value 属性。<datalist>及其选项在网页上开始不会被显示，当单击向下箭头时才显示输入列表值。

例 7.8 HTML5(datalist).html，使用了<datalist>标签和<input>标签建立组合输入列表框，如图 7.10 所示。

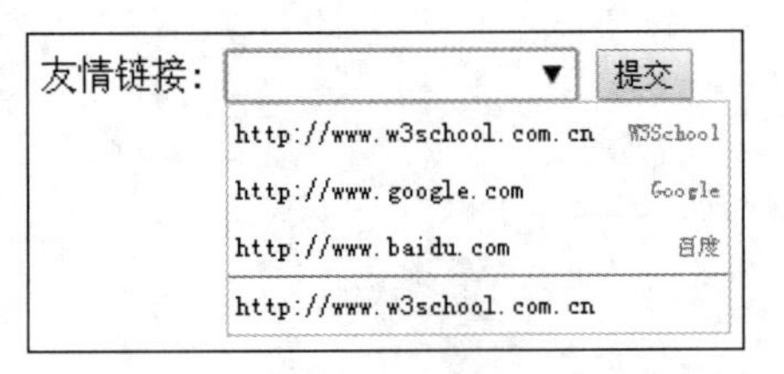

视频讲解

图 7.10 HTML5(datalist).html 示意图

源代码如下：

```
<head>
    <title>datalist 标签</title>
</head>
<body>
<form action="HTML5(form_action).html" method="get">
    友情链接: <input type="url" list="url_list" name="link">
```

```
    <datalist id="url_list">
        <option label="W3School" value="http://www.w3school.com.cn/">
        <option label="Google" value="http://www.google.com/">
        <option label="百度" value="http://www.baidu.com/">
    </datalist>
    <input type="submit">
</form>
```

7.2.10　<output>标签

<output>标签定义不同类型的输出，例如计算或脚本输出等。

<output>标签常用一个 for 属性规定计算中使用的元素与计算结果之间的关系，其值是一个或多个元素的 id 列表，以空格分隔。

例 7.9　HTML5(output).html，使用了<output>标签，其中 oninput 事件在表单元素的 value 值改变时触发，如图 7.11 所示。

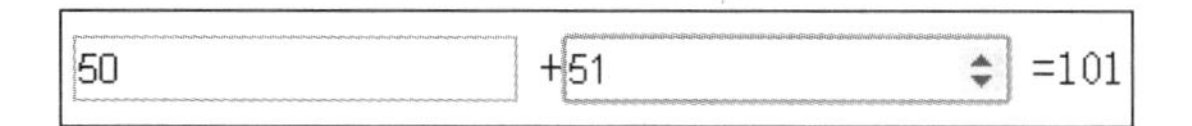

图 7.11　HTML5(output).html 示意图

源代码如下：

```
<head>
    <title>output 标签</title>
</head>
<body>
<form oninput="out.value=parseInt(num1.value)+parseInt(num2.value)">
    <input type="number" id="num1" value="50">
    +<input type="number" id="num2" value="50">
    =<output name="out" for="num1 num2"></output>
</form>
</body>
```

7.3　叮叮书店“联系我们”页面的建立

视频讲解

启动 WebStorm，打开叮叮书店项目，新建文件 contact1.html。在“联系我们”页面中应用了常见的表单域元素， contact1.html 在浏览器中的预览效果如图 7.12 所示，其源代码如下：

```
<head>
    <title>联系我们</title>
</head>
<body>
```

```
<section class="contacts">
    <span class="icon-contact"></span>
    <h2>联系我们</h2>
    <p class="details">叮叮书店成立于 2016 年 6 月，是由教育部主管、清华大学主办的综
    合出版单位，植根于“清华”这座久负盛名的高等学府，秉承清华人“自强不息，厚德载物”
    的人文精神。</p>
    <fieldset class="contact-form">
        <legend class="form-subtitle">需要填写以下内容</legend>
        <form action="index.html" method="get" id="contact">
            <div class="form-row">
                <label class="contact"><strong>姓名：</strong>
                    <input type="text" name="name" id="name" required=
                    "required" placeholder="必填" autofocus="autofocus"
                         class="contact-input"></label>
            </div>
            <div class="form-row">
                <label class="contact"><strong>性别：</strong></label>
                <label><input name="sex" type="radio" id="sex1" value="男"
                checked="checked">男</label>
                <label><input name="sex" type="radio" id="sex2" value="女">
                女</label>
            </div>
            <div class="form-row">
                <label class="contact"><strong>年龄范围：</strong>
                    <select name="age" size="1" id="age">
                        <option value="1">18 岁以下</option>
                        <option value="2" selected="selected">18-28 岁</option>
                        <option value="3">28-38 岁</option>
                        <option value="4">38-48 岁</option>
                        <option value="5">48 岁以上</option>
                    </select>
                </label>
            </div>
            <div class="form-row">
                <label class="contact"><strong>爱好：</strong></label>
                <label><input type="checkbox" name="interest" value="网络"
                id="interest1"/>网络</label>
                <label><input type="checkbox" name="interest" value="数据库"
                id="interest2"/>数据库</label>
                <label><input type="checkbox" name="interest" value="编程"
                id="interest3"/>编程</label>
            </div>
            <div class="form-row">
                <label class="contact"><strong>电子邮件：</strong>
                    <input type="email" name="email" id="email" required=
```

```
                "required" placeholder="必填"
                    class="contact-input"></label>
        </div>
        <div class="form-row">
            <label class="contact"><strong>固定电话：</strong>
                <input type="text" name="telephone" id="telephone"
                required="required" pattern="[0-9]"
                    placeholder="必填" class="contact-input"></label>
        </div>
        <div class="form-row">
            <label class="contact"><strong>公司：</strong>
                <input type="text" name="company" id="company" required=
                "required" placeholder="必填"
                    class="contact-input"></label>
        </div>
        <div class="form-row">
            <label class="contact"><strong>内容：</strong>
                <textarea name="content" id="content" cols="20" rows="3"
                class="contact-input"></textarea></label>
        </div>
        <div class="form-row-button">
            <input type="reset" value="取消" class="send"> 
            <input type="submit" value="发送" class="send">
        </div>
    </form>
  </fieldset>
</section>
</body>
```

提示：用<div>区分表单域的不同行，为每个表单域加上标注，类名是以后定义样式时使用的。

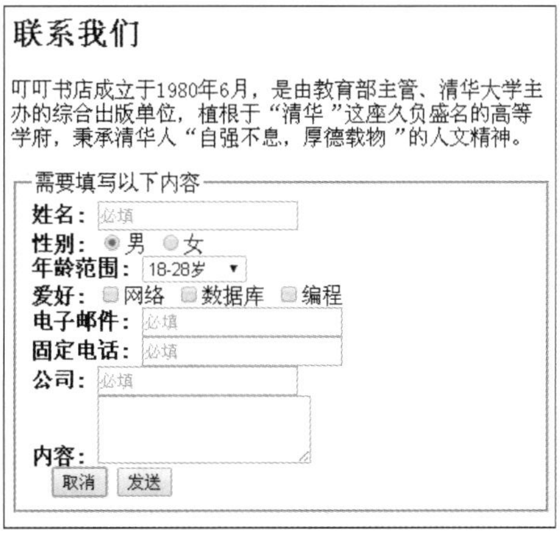

图 7.12　contact1.html 预览示意图

7.4 为叮叮书店首页添加站内搜索

视频讲解

启动 WebStorm，打开叮叮书店项目首页 index.html（在第 5 章的 5.4 节建立），进入代码编辑区，添加站内搜索，操作步骤如下：

将光标定位到“<div id="search">”的后面，按回车键，输入下面的代码：

```
<form action="index.html" method="get">
    <input type="search" placeholder="站内搜索"><input type="submit" value="搜索">
</form>
```

7.5 小结

本章介绍了 HTML5 表单的基本概念和结构，详细介绍了表单域的各种元素及用法，通过叮叮书店“联系我们”页面详细介绍了表单的应用。

7.6 习题

❶ 选择题

（1）在 HTML5 中，<form action=?>中的 action 表示（　　）。

A．提交的方式　　B．表单所用的脚本语言

C．提交的 URL 地址　　D．表单的形式

（2）下列选项能实现列表项多选的是（　　）。

A．<select multiple="multiple">

B．<samp></samp>

C．<select disabled="disabled">

D．<textarea wrap="off"></textarea>

（3）在 HTML5 中，（　　）属性用于规定输入字段是必填的。

A．required　　B．formvalidate

C．validate　　D．placeholder

（4）下列输入类型中（　　）定义滑块控件。

A．search　　B．controls

C．slider　　D．range

（5）若要产生一个 4 行 30 列的多行文本域，以下方法中正确的是（　　）。

A．<input type="text" rows="4" cols="30" name="txtintrol">

B．<textarea rows="4" cols="30" name="txtintro">

C．<textarea rows="4" cols="30" name="txtintro"></textarea>

D．<textarea rows="30" cols="4" name="txtintro"></textarea>

❷ 简答题

（1）表单发送数据有哪些方法？各有什么优/缺点？

（2）HTML5 为什么增加表单重写属性？

（3）普通按钮与重置按钮和提交按钮有什么区别？

（4）<label>标签如何与元素绑定？

（5）<option>标签的 selected 属性值是什么？

第8章

CSS 基础

在 Web 标准中，表现是赋予页面内容显示的样式，包括版式、颜色和大小等。也就是说，页面中显示的内容放在结构里，而修饰、美化放在表现里，做到结构（内容）与表现分开，这样当页面使用不同的表现时呈现的样式是不一样的，就像人穿了不同的衣服，表现就是结构的外衣，W3C 推荐使用 CSS 来完成表现。本章首先介绍 CSS 基本概念和语法，接下来重点讲解 CSS 选择器和 CSS3 增加的选择器，然后讨论如何使用 CSS，最后对 CSS 层叠性进行了说明。

本章要点：

- CSS 语法。
- CSS 选择器。
- CSS3 选择器。
- 使用 CSS。
- CSS3 媒体查询。
- CSS 层叠性。

8.1 CSS 概述

HTML 标签原本被设计用来定义文档内容，但由于主要的浏览器不断地将新的 HTML 标签和属性（比如字体标签和颜色属性）添加到 HTML 规范中，这些标签和属性主要用于表现，使得文档内容和表现的区分越来越困难。为了解决这个问题，W3C 提出 CSS，CSS 定义了如何显示 HTML 元素。

CSS（Cascading Style Sheets，“层叠样式表”或“级联样式表”）是一组格式设置规则，用于控制页面的外观。使用 CSS 的优点如下：

（1）表现和内容（结构）分离。

将表现部分分离出来放在一个独立的样式文件中，HTML 文件只存放内容文本，这样的页面对搜索引擎更加友好。

（2）提高页面浏览速度。

采用 CSS 的页面文件比较小。

（3）易于维护和改版。

用户通过修改 CSS 文件就可以重新改版整个网站的页面。

（4）CSS 符合 W3C 标准。

先感性体验一下 CSS，图 8.1 所示为一个没有任何表现的 HTML 文件（源自“http://www.csszengarden.com/”），只有内容结构，是一个普通的页面。通过给这个文件添加不同的 CSS 规则就可以得到十分美观、显示不同样式的网页，内容不变，通过设计不同的表现能让网页显示不同的外观样式，如图 8.2（http://www.csszengarden.com/214/）和图 8.3（http://www.csszengarden.com/208/）所示。

CSS Zen Garden

The Beauty of CSS Design

A demonstration of what can be accomplished through CSS-based design. Select any style sheet from the list to load it into this page.

Download the example html file and css file

The Road to Enlightenment

Littering a dark and dreary road lay the past relics of browser-specific tags, incompatible DOMs, broken CSS support, and abandoned browsers.

We must clear the mind of the past. Web enlightenment has been achieved thanks to the tireless efforts of folk like the W3C, WaSP, and the major browser creators.

The CSS Zen Garden invites you to relax and meditate on the important lessons of the masters. Begin to see with clarity. Learn to use the time-honored techniques in new and invigorating fashion. Become one with the web.

So What is This About?

There is a continuing need to show the power of CSS. The Zen Garden aims to excite, inspire, and encourage participation. To begin, view some of the existing designs in the list. Clicking on any one will load the style sheet into this very page. The HTML remains the same, the only thing that has changed is the external CSS file. Yes, really.

CSS allows complete and total control over the style of a hypertext document. The only way this can be illustrated in a way that gets people excited is by demonstrating what it can truly be, once the reins are placed in the hands of those able to create beauty from structure. Designers and coders alike have contributed to the beauty of the web; we can always push it further.

Participation

Strong visual design has always been our focus. You are modifying this page, so strong CSS skills are necessary too, but the example files are commented well enough that even CSS novices can use them as starting points. Please see the CSS Resource Guide for advanced tutorials and tips on working with CSS.

图 8.1　zengarden-sample.html 示意图

提示： 用户可以在谷歌浏览器中安装 Web Developer 插件，通过 Web Developer 工具栏禁用所有的 CSS，观察页面没有 CSS 时显示的效果，其下载地址为“http://chrispederick.com/work/web-developer/”。

A demonstration of what can be accomplished through CSS-based design. Select any style sheet from the list to load it into this page.

Download the example HTML FILE and CSS FILE

THE ROAD TO ENLIGHTENMENT

Littering a dark and dreary road lay the past relics of browser-specific tags, incompatible DOMs, broken CSS support, and abandoned browsers.

We must clear the mind of the past. Web enlightenment has been achieved thanks to the tireless efforts of folk like the W3C, WASP, and the major browser creators.

The CSS Zen Garden invites you to relax and meditate on the important lessons of the masters. Begin to see with clarity. Learn to use the time-honored techniques in new and invigorating fashion. Become one with the web.

SO WHAT IS THIS ABOUT?

There is a continuing need to show the power of CSS. The Zen Garden aims to excite, inspire, and encourage

图 8.2　“http://www.csszengarden.com/214/”示意图

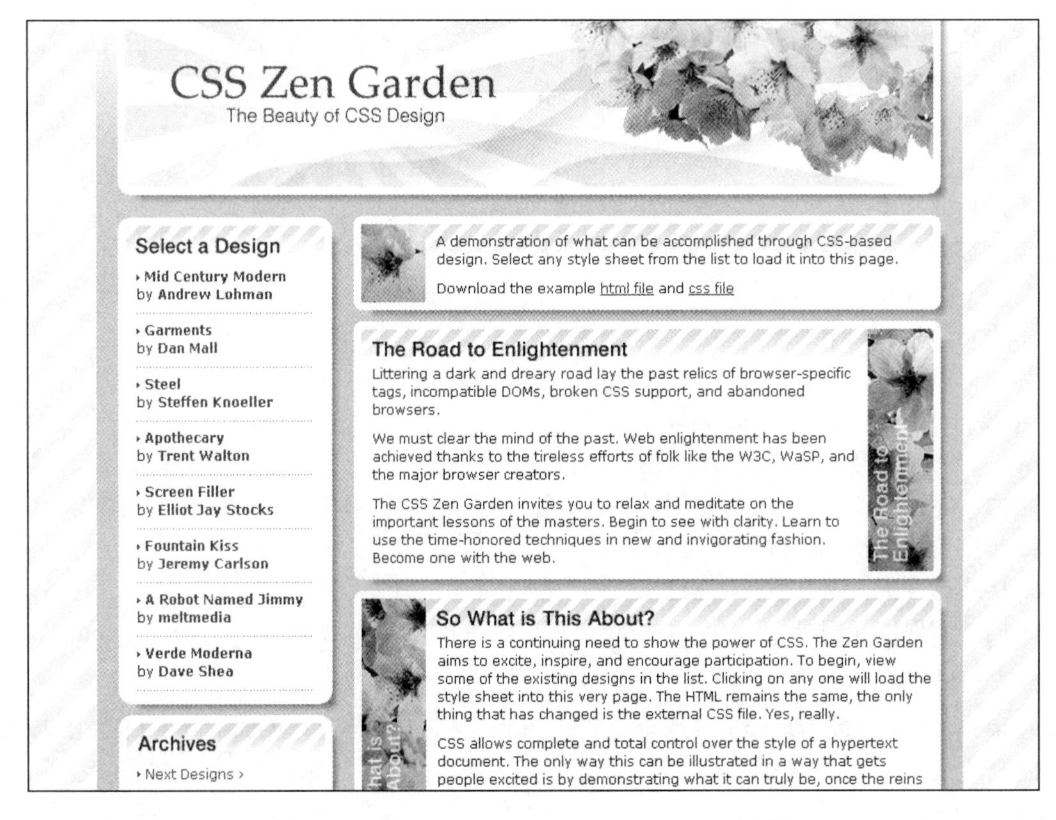

图 8.3 “http://www.csszengarden.com/208/”示意图

8.2 CSS 语法

CSS 语法由三部分构成，即选择器、属性和值。

```
selector {property: value}
```

选择器（selector）是指给页面的哪个或哪些元素定义样式，通常是希望定义样式的元素标签。属性（property）是定义的具体样式（例如颜色、字体等），每个属性都有一个值，属性和值用冒号隔开，并用大括号括起来。属性和值组成样式声明（declaration），用户可以定义多个声明，多个声明之间用分号隔开。如图 8.4 所示，将 h1 元素内的文字颜色定义为红色，字体大小设置为 14 像素。

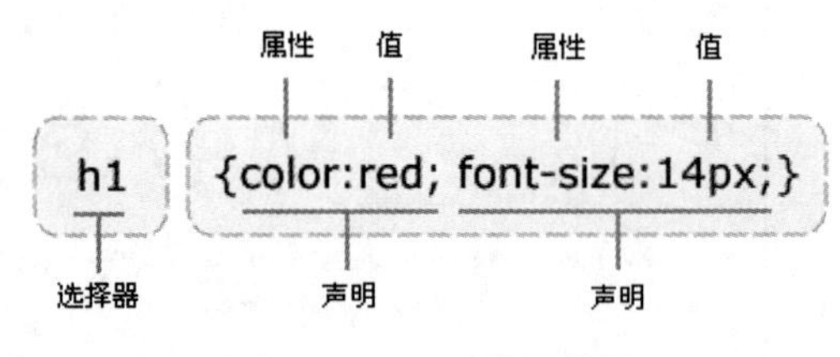

图 8.4　CSS 语法结构图

提示：最后一条声明是不需要加分号的，但建议在每条声明的末尾都加上分号，这样当从现有的规则中增减声明时会减少出错的可能性。

当有多个声明时，建议在每行只描述一个声明，这样可以增强样式的可读性，例如：

```
p {
  text-align: center;
  color: black;
  font-family: arial;
}
```

CSS 对大小写不敏感，是否包含空格不会影响 CSS 在浏览器中的效果。

8.3　CSS 常用选择器

表 8.1 列出了 CSS 常用选择器。

表 8.1　CSS 常用选择器

选　择　器	语　　法	简　　介
类型选择器	E1	以元素标签作为选择器
通用选择器	*	所有类型
包含选择器	E1 E2	选择所有被 E1 包含的 E2 元素
子元素选择器	E1 > E2	选择所有作为 E1 子元素的 E2
相邻兄弟选择器	E1 + E2	选择紧接在元素 E1 之后的所有 E2 元素
id 选择器	#sID	以元素的唯一标识 id 作为选择器
类选择器	E1.className	以元素的类名作为选择器
分组选择器	E1,E2,E3	将同样的定义应用于多个选择器，选择器以逗号分隔成为组
属性选择器	E1[attr]	选择具有 attr 属性的 E1 元素
属性选择器	E1[attr=value]	选择具有 attr 属性且属性值等于 value 的 E1 元素
属性选择器	E1[attr～=value]	选择具有 attr 属性且属性值为一个用空格分隔的字词列表，其中一个等于 value 的 E1 元素
属性选择器	E1[attr|=value]	选择具有 attr 属性且属性值为一个用连字符分隔的字词列表，由 value 开始的 E1 元素

❶ 元素选择器

元素选择器就是元素自身，在定义时直接使用元素标签名称。例如定义段落样式，可以选择 p 元素的名称，即把 p 作为选择器：

```
p{color:green;}
```

❷ 通用选择器

通用选择器是一种特殊的选择器，用“*”表示，CSS 中的通用选择器与 Windows 通配符“*”具有相似的功能，可以定义所有元素的样式。例如：

```
*{font-size:12px; /*定义文档中的所有字体大小为 12 像素*/}
```

上面的样式将会影响文档中的所有元素，即文档中的所有字体大小都被定义为 12 像素。用户在使用通用选择器时要慎重，其一般常用于定义文档中各种元素的共同属性，例如字号、字体等。

❸ 分组选择器

用户可以对选择器进行分组，被分组的选择器将共享相同的声明，通常用逗号将需要分组的选择器隔开。

在下面的例子中对所有的标题元素进行了分组，所有的标题元素都是绿色的。

```
h1,h2,h3,h4,h5,h6{color:green;}
```

❹ 包含选择器

包含选择器是根据元素在其位置的上下文关系来定义样式，也称后代选择器。例如在下面的代码中，希望列表中的 strong 元素变为斜体字，而不是默认的粗体字。

```
<p><strong>粗体字</strong></p>
<ol>
  <li><strong>斜体字</strong></li>
  <li>正常字体</li>
</ol>
```

可以定义如下包含选择器，这样只有 li 元素中的 strong 元素为斜体字。

```
li strong{font-style:italic;font-weight:normal;}
```

❺ id 选择器

id 选择器使用元素的 id 属性值为元素指定样式，id 选择器必须在元素的 id 属性值前加“#”。例如：

```
#red{color:red;}
#green{color:green;}
```

如果应用在下面的 HTML 代码中，id 属性值为 red 的 p 元素显示为红色，而 id 属性值为 green 的 p 元素显示为绿色。

```
<p id="red">这个段落是红色。</p>
<p id="green">这个段落是绿色。</p>
```

id 选择器常用于建立包含选择器。例如：

```
#sidebar p{font-style:italic;text-align:right;}
```

❻ 类选择器

类选择器也称自定义选择器，使用元素的 class 属性值为一组元素指定样式，类选择器必须在元素的 class 属性值前加“.”。例如：

```
.center{text-align:center}
```

如果应用在下面的 HTML 代码中，h1 和 p 元素都有 center 类，这意味着两者都将遵守.center 选择器中的规则。

```
<h1 class="center">这个标题将被居中</h1>
<p class="center">这个段落也将被居中</p>
```

提示：类名的第一个字符最好不使用数字，因为它无法在 Firefox 浏览器中起作用。

和 id 选择器一样，类选择器也常被用作包含选择器。例如：

```
.one td{color:#F60;background:#666;}
```

类名为 one 的元素内部的表格单元格都会以灰色背景显示橙色文字。

❼ 子元素选择器

子元素选择器（Child selectors）只能选择作为某元素的子元素声明样式，子元素选择器使用“>”号。

如果希望选择只作为 h1 元素的子元素 strong，可以这样写：

```
h1>strong{color:red;}
```

这个规则会把下面代码中第一个 h1 下面的 strong 元素变为红色，但是第二个 strong 不受影响。

```
<h1>这是<strong>非常</strong>重要的</h1>
<h1>这个<em>已经<strong>非常</strong></em>重要了</h1>
```

提示：注意子元素选择器与包含选择器的区别，子元素选择器选择的元素必须是子元素，包含选择器选择的元素有可能不是子元素。

❽ 相邻兄弟选择器

如果需要选择紧接在另一个元素后的元素，而且两者有相同的父元素，可以使用相邻兄弟选择器（Adjacent sibling selector），相邻兄弟选择器使用“+”号。

如果要增加紧接在 h1 元素后出现的段落的上边距，可以这样写：

```
h1+p{margin-top:50px;}
```

❾ 几种属性选择器

属性选择器是指对带有指定属性的 HTML 元素设置样式。

1）属性选择器

其选择具有指定属性的元素。例如：

```
[title]{color: #D24215;}
```

2）属性和值选择器

其选择具有指定属性且属性值等于指定值的元素。例如：

```
[title="attrselector"]{border: solid 1px #3444FF;}
```

虽然 HTML5 允许 id 和类以数值开头，但是 CSS 还不允许使用以数值开头的选择器，而使用属性选择器却可以绕过 CSS 的限制。比如[id="10"]。

3）属性和多个值选择器（用“～”号分隔）

其选择具有指定属性且属性值为一个用空格分隔的字词列表，其中一个等于指定值的元素，表示用空格分隔的字词列表使用“～”号。例如：

```
[title~="selector"]{font-weight: 900;}
```

4）属性和多个值选择器（用“|”号分隔）

其选择具有指定属性且属性值为一个用连字符分隔的字词列表，由指定值开始的元素，表示用连字符分隔的字词列表使用“|”号。例如：

```
[title|="attr"]{font-style: italic;}
```

例 8.1　CSS(selector).html，说明了属性选择器的使用，如图 8.5 所示。

视频讲解

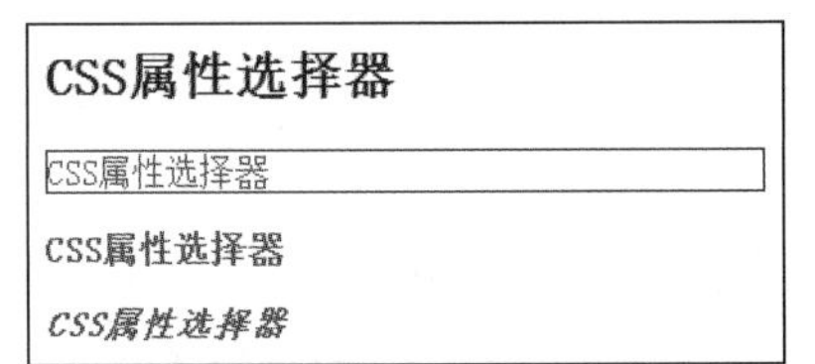

图 8.5　CSS(selector).html 示意图

源代码如下：

```
<head>
    <title>CSS 属性选择器</title>
    <style>
        /*选择具有 title 属性的元素，字体为红色*/
        [title]{color: #FF0000;}
        /*选择具有 title 属性且属性值等于"attrselector"的元素，添加蓝色实线边框*/
        [title="attrselector"]{border: solid 1px #0000FF;}
        /*选择具有 title 属性且属性值为一个用空格分隔的字词列表，其中一个等于"selector"
        的元素，字体加粗*/
        [title~="selector"]{font-weight:900;}
        /*选择具有 title 属性且属性值为一个用连字符分隔的字词列表，由"attr"值开始的元
        素*/
        [title|="attr"]{font-style:italic;}
    </style>
</head>
<body>
<h2>CSS 属性选择器</h2>
<p title="attrselector">CSS 属性选择器</p>
<p title="attr selector">CSS 属性选择器</p>
<p title="attr-selector  selector">CSS 属性选择器</p>
</body>
```

8.4　CSS3 选择器

表 8.2 列出了 CSS3 增加的选择器。

表 8.2　CSS3 增加的选择器

选　择　器	语　　法	简　　介
不相邻兄弟选择器	E1～E2	选择前面有 E1 元素的每个 E2 元素。两种元素必须拥有相同的父元素，E2 不必紧随 E1 后边
属性选择器	E1[attr^=value]	选择具有 attr 属性且属性值以 value 开头的每个元素
属性选择器	E1[attr$=value]	选择具有 attr 属性且属性值以 value 结尾的所有元素
属性选择器	E1[attr*=value]	选择具有 attr 属性且属性值包含 value 子串的每个元素

例 8.2　CSS3(selector).html，说明了 CSS3 增加的选择器的使用，如图 8.6 所示。

视频讲解

图 8.6　CSS3(selector).html 示意图

源代码如下：

```
<head>
    <title>CSS3 增加的选择器</title>
    <style>
        /*不相邻兄弟选择器，为 h2 后面的 ul 添加红色虚线边框*/
        h2~ul{border: dashed 1px #FF0000;}
        /*选择具有 title 属性且属性值以"attr"开头的每个元素，添加蓝色实线边框*/
        [title^="attr"]{border: solid 1px #0000FF;}
        /*选择具有 title 属性且属性值以"p"结尾的所有元素，字体加粗*/
        [title$="p"]{font-weight: 900;}
        /*选择具有 title 属性且属性值包含"sub"子串的每个元素，字体倾斜*/
        [title*="sub"]{font-style: italic;}
    </style>
</head>
<body>
<h2>CSS3 增加的选择器</h2>
<ul>
    <li>CSS3 选择器</li>
    <li>CSS3 选择器</li>
</ul>
<p title="attrp">CSS 属性选择器</p>
<p title="attrp">CSS 属性选择器</p>
<p title="subp1">CSS 属性选择器</p>
<p title="subp2">CSS 属性选择器</p>
<ul>
    <li>CSS3 选择器</li>
    <li>CSS3 选择器</li>
</ul>
</body>
```

8.5　CSS 属性

8.5.1　CSS 常用属性

CSS2.1 版本（http://www.w3.org/TR/CSS21/propidx.html）共有 115 个标准属性，见表 8.3。初学者对此可能会感到有点难，好在 CSS 属性比较有规律，另外有一部分属性基本不用。

表 8.3　CSS2.1 属性列表

属　　性	描　　述
azimuth	使得用户能感知一个声音的特定水平方向（为有视力障碍的人准备的）
background	简写属性，在一个声明中设置背景属性
background-attachment	设置元素的背景图片是滚动的还是固定的
background-color	设置元素的背景色
background-image	设置元素的背景图片
background-position	设置背景图片的初始位置
background-repeat	设置背景图片是否重复以及怎样重复
border	简写属性，在一个声明中设置 border-width、border-style 和 border-color
border-bottom	简写属性，在一个声明中设置下边框的宽度、线条样式和颜色
border-bottom-color	设置元素下边框的颜色
border-bottom-style	设置元素下边框的线条样式
border-bottom-width	设置元素下边框的宽度
border-collapse	设置表格和单元格是拥有各自的边框，还是共用一个边框
border-color	设置元素的 4 个边框的颜色
border-left	简写属性，在一个声明中设置左边框的宽度、线条样式和颜色
border-left-color	设置元素左边框的颜色
border-left-style	设置元素左边框的线条样式
border-left-width	设置元素左边框的宽度
border-right	简写属性，在一个声明中设置右边框的宽度、线条样式和颜色
border-right-color	设置元素右边框的颜色
border-right-style	设置元素右边框的线条样式
border-right-width	设置元素右边框的宽度
border-spacing	设置两个单元格之间的距离
border-style	设置元素的 4 个边框的线条样式
border-top	简写属性，在一个声明中设置上边框的宽度、线条样式和颜色
border-top-color	设置元素上边框的颜色
border-top-style	设置元素上边框的线条样式
border-top-width	设置元素上边框的宽度
border-width	设置元素的 4 个边框的宽度
bottom	与 position 属性联用，定位元素位置
caption-side	设置表格标题显示在表格上面还是下面
clear	用来阻止元素贴在浮动元素周围
clip	设置元素的显示区域
color	设置一个元素文本内容的前景色，一般指文字颜色
content	用于在元素前面或者后面插入内容
counter-increment	由 content 属性中的 counter()和 counters()函数确定，用于增加计数器的计数
counter-reset	由 content 属性中的 counter()和 counters()函数确定，用于将计数器的计数复位
cue	简写属性，在一个声明中设置 cue-before 和 cue-after
cue-after	用于在一个元素后播放一个声音，以便能界定它（为残障人准备的）
cue-before	用于在一个元素前播放一个声音，以便能界定它（为残障人准备的）

续表

属　　性	描　　述
cursor	为指针设备设置默认的样式，一般指鼠标样式
direction	设置文本的书写方向（从左到右或者从右到左）
display	强制转化一个元素的显示类型
elevation	使得用户能感知一个声音的特定垂直方向（为有视力障碍的人准备的）
empty-cells	设置空的单元格是否可见
float	使得元素向左或向右浮动
font	简写属性，在一个声明中设置字体、字体样式、粗细、字体大小和行高
font-family	设置一个有优先权的字体列表，用来显示文本
font-size	设置字体大小
font-style	设置字体样式，例如设置它为斜体
font-variant	设置文字是否显示小写首字母
font-weight	设置字体的粗细
height	设置元素的高度
left	与 position 属性联用，定位元素位置
letter-spacing	设置字之间的距离
line-height	设置行高
list-style	简写属性，在一个声明中设置列表样式图像标记、列表标记位置和标记样式
list-style-image	设置列表样式图像标记
list-style-position	设置列表标记位置，应该显示在由列表项目所创建的矩形里面还是外面
list-style-type	设置列表标记样式
margin	简写属性，在一个声明中设置上/右/下/左外边距
margin-bottom	设置一个元素的下外边距
margin-left	设置一个元素的左外边距
margin-right	设置一个元素的右外边距
margin-top	设置一个元素的上外边距
max-height	设置元素的最大高度
max-width	设置元素的最大宽度
min-height	设置元素的最小高度
min-width	设置元素的最小宽度
orphans	设置打印网页时一个段落必须至少在页底留下多少行
outline	简写属性，在一个声明中设置 outline-width、outline-style 和 outline-color
outline-color	设置元素轮廓的线条颜色
outline-style	设置元素轮廓的线条样式
outline-width	设置元素轮廓的线条宽度
overflow	设置当一个块状元素的内容大于父元素时该元素是否被修剪
padding	简写属性，在一个声明中设置上/右/下/左内边距
padding-bottom	设置元素内容到元素下边框之间的宽度
padding-left	设置元素内容到元素左边框之间的宽度
padding-right	设置元素内容到元素右边框之间的宽度
padding-top	设置元素内容到元素上边框之间的宽度
page-break-after	设置当网页打印的时候在元素之后分页
page-break-before	设置当网页打印的时候在元素之前分页

续表

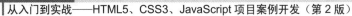

属　性	描　述
page-break-inside	设置当网页打印的时候在元素之中分页
pause	简写属性，在一个声明中设置 pause-before 和 pause-after
pause-after	设置在读完一个元素的内容之后的暂停
pause-before	设置在读完一个元素的内容之前的暂停
pitch	设置语音的一般定调（频率）
pitch-range	设置在一般的定调里面如何变调
play-during	设置当一个元素的内容被读出来的时候，一个声音是否作为背景音乐播放
position	设置元素在网页中以何种方式定位
quotes	为每个等级的引用设置成对的引用记号
richness	设置声音的饱和度和亮度
right	与 position 属性联用，定位元素位置
speak	用来开启或关闭文本语音处理
speak-header	设置是否要在每个单元格前读表格标题
speak-numeral	控制如何读数字
speak-punctuation	设置如何读标点
speech-rate	设置语速
stress	控制因为重音标记而变形的数量
table-layout	设置怎样的表格列宽度是适合的
text-align	为块状元素设置内容（文本和图片）的对齐方式
text-decoration	设置文本修饰
text-indent	设置文本首行缩进
text-transform	控制文本的大写效果
top	与 position 属性联用，定位元素位置
unicode-bidi	设置如何显示双向文本（两种读方式都可以的文本）
vertical-align	设置内联元素和表格单元格中的内容垂直定位
visibility	设置元素是否可见
voice-family	音谱名的优先清单
volume	设置音量
white-space	设置元素怎么处理空白（空格、制表符和强制换行）
widows	设置打印网页时一个段落必须至少在页眉留下多少行
width	设置元素的宽度
word-spacing	设置在单词之前的距离
z-index	设置当几个元素必须显示在同一个区域时它们的层叠顺序

CSS3 按模块发布，包括用户界面（User Interface）、多列（Multi-column）、可伸缩盒（Flexible Box）、变换（Transform）、过渡（Transition）和动画（Animation）等，正不断推出各个模块的草案版，现正在持续更新中，已经有 100 多个属性了。用户可以在 W3C（https://www.w3.org/TR/）的所有标准和草稿页查询 CSS3 的最新模块。

8.5.2　CSS 属性值和单位

❶ 字符

如果值为若干单词，则要给值加引号。例如：

```
p{font-family:"sans serif";}
```

❷ 颜色

颜色的表示见表 8.4。

表 8.4　CSS 颜色属性值

单　　位	描　　述
(颜色名)	颜色名称
rgb(x,x,x)	RGB 值
rgb(x%, x%, x%)	RGB 百分比值
#rrggbb	十六进制数

例如红色除了英文单词“red”以外，还可以使用十六进制的颜色值“#FF0000”表示：

```
p{color:#FF0000;}
```

当然，也可以使用缩写形式：

```
p{color:#F00;}
```

用户可以通过两种方法使用 RGB 值，例如 rgb(255,0,0)和 rgb(100%,0%,0%)。在使用 RGB 百分比时，即使值为 0 也要写百分比符号。

❸ 长度

长度属性值见表 8.5。

表 8.5　CSS 长度属性值

单　　位	简　　介
em	相对单位，相对于父元素字体大小的倍数
ex	相对单位，相对于字符“x”的高度，通常为字体高度的一半
px	相对单位，像素（Pixel）
pt	绝对单位，点（Point）
pc	绝对单位，派卡（Pica），相当于我国新四号铅字的尺寸
in	绝对单位，英寸（Inch）
cm	绝对单位，厘米（Centimeter）
mm	绝对单位，毫米（Millimeter）

绝对单位换算：1in = 2.54cm = 25.4mm = 72pt = 6pc

绝对单位在网页中很少使用，一般多用在传统平面印刷中。

相对单位与绝对单位相比显示大小不是固定的，受到屏幕分辨率、可视区域、浏览器设置以及相关元素大小等多种因素影响。

1）em

em 相对于父元素，是父元素字体大小的倍数。

2）ex

ex 是相对于字符“x”的高度，通常为字体尺寸的一半。在实际使用中，浏览器将通过 em 的值除以 2 得到 ex 值。

3）px

像素（Pixel）是相对于显示器的屏幕分辨率而言的，例如 Windows 用户所使用的分辨率一般是 96 像素/英寸，MAC 用户所使用的分辨率一般是 72 像素/英寸。

8.5.3 CSS3 属性值和单位

❶ 颜色

CSS3 增加的颜色值和相应单位见表 8.6。

表 8.6 CSS3 增加的颜色值和相应单位

方 法	描 述
currentColor	currentColor 关键字的值是 color 属性值
rgba(r,g,b,a)	r：红色值，g：绿色值，b：蓝色值，取值为正整数或百分数 a：Alpha 透明度，取值为 0～1
hsl(h,s,l)	h：Hue（色调），0°或 360°表示红色，60°表示黄色，120°表示绿色，180°度表示青色，240°表示蓝色，300°表示洋红，用户也可取其他数值来指定颜色，范围为 0°～360° s：Saturation（饱和度），取值为 0～100.0% l：Lightness（亮度），取值为 0～100.0%
hsla(h,s,l,a)	h：Hue（色调），0°或 360°表示红色，60°表示黄色，120°表示绿色，180°表示青色，240°表示蓝色，300°表示洋红，用户也可取其他数值来指定颜色，范围为 0°～360° s：Saturation（饱和度），取值为 0～100.0% l：Lightness（亮度），取值为 0～100.0% a：Alpha（透明度），取值为 0～1

HSL 是工业界的一种色彩标准，因为它能涵盖到人类视觉所能感知的所有颜色，所以在工业界被广泛应用。在定义了一种 HSL 颜色之后，很容易派生出多个相近的颜色，只要修改饱和度和亮度的百分比就可以了。

HSL 和 RGB 与用十六进制数值表示颜色的区别在于它们支持透明通道。

❷ 长度

CSS3 增加的长度值和相应单位见表 8.7。

表 8.7 CSS3 增加的长度值和相应单位

单 位	简 介
ch	相对单位，相对于数字“0”的宽度
rem	相对单位，相对于根元素（html）字体大小的倍数。若当前文档根元素文本的字体尺寸未被设置，则相对于浏览器的默认字体尺寸，一般为 16px
vw	相对单位，相对于视口的宽度。视口被均分为 100 单位的 vw
vh	相对单位，相对于视口的高度。视口被均分为 100 单位的 vh

续表

单　　位	简　　介
vmin	相对单位，相对于视口的宽度或高度中较小的那个。其中最小的那个被均分为 100 单位的 vmin
vmax	相对单位，相对于视口的宽度或高度中较大的那个。其中最大的那个被均分为 100 单位的 vmax

在实际应用中，建议用户多使用相对长度单位 rem 和 px。

例 8.3　CSS3(rem).html，说明了 rem 和 em 单位的使用，如图 8.7 所示。

rem相对于根元素字体大小的倍数

rem相对于根元素字体大小的倍数

rem相对于根元素字体大小的倍数

em相对于父元素字体大小的倍数

em相对于父元素字体大小的倍数

em相对于父元素字体大小的倍数

视频讲解

图 8.7　css3(rem).html 示意图

源代码如下：

```
<head>
    <title>rem 和 em</title>
    <style>
        /*设根元素字体大小为 10px*/
        html {font-size: 10px; }
        /*最外层元素字体大小为 30px*/
        .rem-outside {font-size: 3rem;}
        /*中间层元素字体大小为 20px*/
        .rem-middle {font-size: 2rem;}
        /*最里层元素字体大小为 10px*/
        .rem-inside {font-size: 1rem;}
        /*最外层元素字体大小为 10px，因为其父元素（即根元素）字体大小为 10px*/
        .em-outside {font-size: 1em;}
        /*中间层元素字体大小为 20px，因为其父元素（.em-outside）字体大小为 10px*/
        .em-middle {font-size: 2em;}
        /*最里层元素字体大小为 60px，因为其父元素（.em-middle）字体大小为 20px*/
        .em-inside {font-size: 3em;}
    </style>
</head>
<body>
<div class="rem-outside">
```

```
        <p>rem 相对于根元素字体大小的倍数</p>
        <div class="rem-middle">
            <p>rem 相对于根元素字体大小的倍数</p>
            <div class="rem-inside">
                <p>rem 相对于根元素字体大小的倍数</p>
            </div>
        </div>
    </div>
    <div class="em-outside">
        <p>em 相对于父元素字体大小的倍数</p>
        <div class="em-middle">
            <p>em 相对于父元素字体大小的倍数</p>
            <div class="em-inside">
                <p>em 相对于父元素字体大小的倍数</p>
            </div>
        </div>
    </div>
    </body>
```

❸ 时间

CSS3 时间值和相应单位见表 8.8。

表 8.8　CSS 时间值和相应单位

单　　位	简　　介
s	秒
ms	毫秒

❹ 角度

CSS3 角度值和相应单位见表 8.9。

表 8.9　CSS 角度值和相应单位

单　　位	简　　介
deg	度（Degrees）
grad	梯度（Gradians），一个圆共 400 梯度
rad	弧度（Radians）
turn	转、圈（Turns）

角度单位换算：90deg=100grad=0.25turn ≈ 1.570796326794897rad

例 8.4　CSS3(Values and Units).html，说明了常用单位的使用，如图 8.8 所示。

源代码如下：

```
<head>
    <title>CSS3 属性值和单位</title>
    <style>
        div{width: 130px;height: 40px;border:
```

图 8.8　CSS3(Values and Units).html 示意图

视频讲解

```
        1px solid;margin-top: 10px;}
        /*设置#div1 元素的前景色为蓝色,指文字和边框;背景色为黑色,Alpha 透明度为 0.2*/
        #div1{color: #0000FF;background-color: rgba(0,0,0,0.2);}
        /*设置#div2 元素的背景色为绿色、饱和度为 50%、亮度为 50%、Alpha 透明度为 0.5*/
        #div2{background-color: hsla(120,50%,50%,0.5);}
        /*设置#div3 元素的宽度为 10ch，相当于 10 个“0”的宽度*/
        #div3{width: 10ch;overflow: hidden;}
        /*设置#div4 元素旋转 30°*/
        #div4{
            -webkit-transform: rotate(30deg);
            -ms-transform: rotate(30deg);
            transform: rotate(30deg);
            background-color: #BBBBBB;
        }
        /*设置当鼠标指针悬停在#p1 元素上时，在 1 秒内宽度由 100px 逐渐变小为 10px*/
        #p1{
            position:absolute;overflow:hidden;width: 100px;border: 1px solid;
            -webkit-transition-property:width;
            -o-transition-property:width;
            transition-property:width;
            -webkit-transition-duration:1s;
            -o-transition-duration:1s;
            transition-duration:1s;
            -webkit-transition-timing-function:ease-in;
            -o-transition-timing-function:ease-in;
            transition-timing-function:ease-in;
        }
        #p1:hover{width:10px;}
    </style>
</head>
<body>
<div id="div1">CSS3 颜色值和单位</div>
<div id="div2">CSS3 颜色值和单位</div>
<div id="div3">0000000000AA</div>
<div id="div4">CSS3 角度值和单位</div>
<p id="p1">CSS3 时间值和单位，1s 内宽度变小</p>
</body>
```

样式代码中的-webkit-是浏览器私有前缀，在 CSS3 模块标准尚未被 W3C 批准或者标准所提议的特性尚未被浏览器完全实现时，为避免日后 W3C 公布标准时有所变更，加入一个私有前缀，通过这种方式来提前支持 CSS3 模块的新属性，当模块标准发布以后就不再使用。其中，-moz-代表 Firefox，-ms-代表 IE，-webkit-代表 Safari、Chrome，-o-代表 Opera。

提示：用户在练习书上的例子时，在大多数情况下可以先忽略带有浏览器私有前缀的样式。

在书写样式时应使用工具而不是手动去添加相关的浏览器私有前缀，这样可以确保浏览器的兼容性，也防止添加已经不再使用的前缀，建议使用 Autoprefixer（https://github.com/postcss/autoprefixer）工具，或者使用 Autoprefixer CSS 在线工具（https://autoprefixer.github.io/）自动生成。

❺ 渐变图像

目前，几乎所有的浏览器都开始支持 gradient，gradient 允许使用简单的方法实现颜色渐变图像，可以用在所有接受图像的属性上。CSS3 颜色渐变方法见表 8.10。

表 8.10　CSS3 颜色渐变

方　　法	描　　述
linear-gradient([[<angle> | to <side-or-corner>],]? <color-stop>[,<color-stop>]+)	线性渐变 下述值表示渐变的方向，可以使用角度或者关键字来设置 <angle>为用角度值指定渐变的方向 to left：设置渐变为从右到左，相当于 270° to right：设置渐变从左到右，相当于 90° to top：设置渐变从下到上，相当于 0° to bottom：设置渐变从上到下，相当于 180°，为默认值 <color-stop>用于指定渐变的起止颜色 <color>：指定颜色 <length>：用长度值指定起止颜色位置，不允许负值 <percentage>：用百分比指定起止颜色位置
repeating-linear-gradient()	重复的线性渐变，其语法与 linear-gradient()的语法相同
radial-gradient([[<shape> || <size>] [at <position>]? ,| at <position>,]?<color-stop>[,<color-stop>]+)	径向渐变 <shape>确定圆的类型 circle：指定圆形的径向渐变 ellipse：指定椭圆形的径向渐变 <size>=<extent-keyword>|[<circle-size>||<ellipse-size>] <extent-keyword>指 circle 和 ellipse 都接受该值作为 size closest-side：指定径向渐变的半径长度为从圆心到离圆心最近的边 closest-corner：指定径向渐变的半径长度为从圆心到离圆心最近的角 farthest-side：指定径向渐变的半径长度为从圆心到离圆心最远的边 farthest-corner：指定径向渐变的半径长度为从圆心到离圆心最远的角 <circle-size>仅指 circle 接受该值作为 size <length>：用长度值指定正圆径向渐变的半径长度，不允许为负值 <ellipse-size>仅指 ellipse 接受该值作为 size <length>：用长度值指定椭圆径向渐变的横向或纵向半径长度，不允许为负值 <percentage>：用百分比指定椭圆径向渐变的横向或纵向半径长度，不允许为负值 <position>确定圆心的位置。如果提供两个参数，第 1 个表示横坐标，第 2 个表示纵坐标；如果只提供一个，第 2 个值默认为 50%，即 center

续表

方　法	描　述
radial-gradient([[<shape> || <size>] [at <position>]? ,| at <position>,]?<color-stop>[,<color-stop>]+)	<percentage>①：用百分比指定径向渐变圆心的横坐标值，可以为负值 <length>①：用长度值指定径向渐变圆心的横坐标值，可以为负值 left：设置左边为径向渐变圆心的横坐标值 center①：设置中间为径向渐变圆心的横坐标值 right：设置右边为径向渐变圆心的横坐标值 <percentage>②：用百分比指定径向渐变圆心的纵坐标值，可以为负值 <length>②：用长度值指定径向渐变圆心的纵坐标值，可以为负值 top：设置顶部为径向渐变圆心的纵坐标值 center②：设置中间为径向渐变圆心的纵坐标值 bottom：设置底部为径向渐变圆心的纵坐标值 <color-stop>用于指定渐变的起止颜色 <color>：指定颜色 <length>：用长度值指定起止颜色位置，不允许为负值 <percentage>：用百分比指定起止颜色位置，不允许为负值
repeating-radial-gradient()	重复的径向渐变，其语法与 radial-gradient()的语法相同

在 CSS3 属性的语法描述中可能使用一些修饰符，含义如下：

（1）*代表出现 0 次或以上；+代表出现 1 次或以上；?代表是可选的，即出现 0 次或 1 次。

（2）{A}代表出现 A 次；{A,B}代表出现 A 次以上、B 次以下，其中 B 可以省略为{A,}，代表至少出现 A 次，无上限。

（3）#代表出现 1 次以上，以逗号隔开，可以使用后面跟大括号的形式，精确表示重复多少次，例如<length>#{1,4}。

（4）!代表至少产生一个值，即使组内的值都可以省略，至少有一个值不能被省略，例如[A? B? C?]!。

（5）"A? B? C?" 和 "A? || B? || C?" 表示 0 个或更多。

（6）"[A? B? C?]!" 和 "A || B || C" 表示 1 个或更多。

（7）"A | B | C" 表示 1 个；"A B C" 和 "A && B && C" 表示所有。

例 8.5　CSS3(gradient).html，说明了颜色渐变图像的应用，如图 8.9 所示。

视频讲解

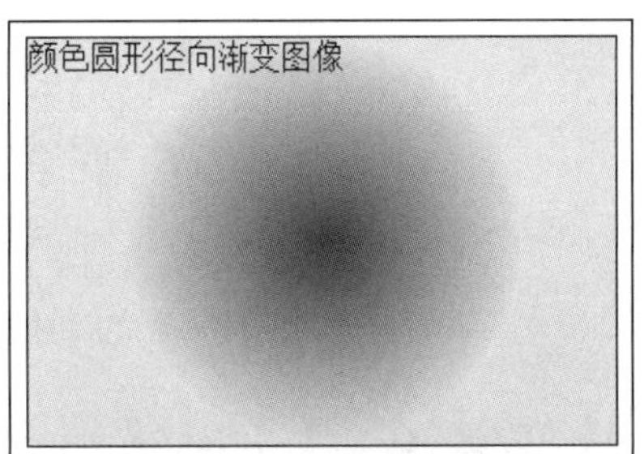

图 8.9　CSS3(gradient).html 示意图

源代码如下：

```
<head>
    <title>颜色渐变图像</title>
    <style>
        div {
            width: 300px;
            height: 200px;
            border: 1px solid #000000;
            margin-bottom: 10px;;
        }
        /*为#div1 元素添加圆形径向渐变图像，半径长度为 100px，渐变颜色为红→黄*/
        #div1 {
            background: -webkit-radial-gradient(100px, #F00, #FF0);
            background: -o-radial-gradient(100px, #F00, #FF0);
            background: radial-gradient(100px, #F00, #FF0);
        }
        /*为#div2 元素添加从上到下的线性渐变图像，渐变颜色为红→黄→红*/
        #div2 {
            background: -webkit-gradient(linear, left top, left bottom,
            from(#F00), color-stop(#FF0), to(#F00));
            background: -webkit-linear-gradient(#F00, #FF0, #F00);
            background: -o-linear-gradient(#F00, #FF0, #F00);
            background: linear-gradient(#F00, #FF0, #F00);
        }
        /*为 ol 列表项标记添加从上到下的线性渐变图像，渐变颜色为红→黄→红*/
        ol {
            list-style-image: -webkit-gradient(linear, left top, left bottom,
            from(#F00), color-stop(#FF0), to(#F00));
            list-style-image: -webkit-linear-gradient(#F00, #FF0, #F00);
            list-style-image: linear-gradient(#F00, #FF0, #F00);
        }
    </style>
</head>
<body>
<div id="div1">颜色圆形径向渐变图像</div>
<div id="div2">颜色线性渐变图像</div>
<ol>
    <li>列表项标记使用颜色线性渐变图像</li>
    <li>列表项标记使用颜色线性渐变图像</li>
    <li>列表项标记使用颜色线性渐变图像</li>
</ol>
</body>
```

手动制作颜色渐变效果比较难，用户可以使用网上的渐变效果生成器制作完美的渐变效果。例如“http://www.colorzilla.com/gradient-editor/”，使用图形化界面编辑器来选择颜色、色标位置、渐变形式（线性或者径向），包括最后生成颜色值的表示方法。

8.6　使用 CSS

使用 CSS 有以下几种方法。

❶ 内部样式表

当单个页面需要应用样式时，最好使用内部样式表，可以用<style>标签在文档头部定义内部样式表，<style>标签用于为 HTML 文档定义样式信息。

在 HTML5 之前的版本中，<style>标签的 type 属性是必需的，用于定义 style 元素的内容类型，唯一的值是“text/css”，但在 HTML5 中不再是必需的，可以省略 type 属性。例如：

```
<head>
<style>
h1{color:#F00;}
p{margin-left:20px;}
</style>
</head>
```

<style>标签的 media 属性用于为不同的媒介类型规定不同的样式。表 8.11 列出了所有的媒介类型。

表 8.11　<style>标签的 media 属性

属　性	值	描　述
media	screen	计算机屏幕（默认值）
	tty	电传打字机以及使用等宽字符网格的类似媒介
	tv	电视类型设备（低分辨率、有限的屏幕翻滚能力）
	projection	放映机
	handheld	手持设备（小屏幕、有限的带宽）
	print	打印预览模式/打印页
	braille	盲人用点字法反馈设备
	aural	语音合成器
	all	适合所有设备

若在一个 style 元素中定义一个以上的媒介类型，使用逗号分隔。例如：

```
<style media="screen,projection">
```

例 8.6　CSS(style-media).html，实现了针对两种不同媒介类型的不同样式（计算机屏幕和打印）。

源代码如下：

```
<head>
    <title>style 媒介类型</title>
    <!--为屏幕声明样式-->
```

```
    <style>
        h1 {color: #FF0000;}
        p {color: #0000FF;}
        body {background-color: #FFEFD6;}
    </style>
    <!--为打印机声明样式-->
    <style media="print">
        h1 {color: #000000;}
        p {color: #000000;}
        body {background-color: #FFFFFF;}
    </style>
</head>
<body>
<h1>标题</h1>
<p>一个段落</p>
</body>
```

在浏览器中默认显示的是计算机屏幕样式，如图 8.10 所示。选择【文件】|【打印预览】命令，预览打印样式，效果如图 8.11 所示。

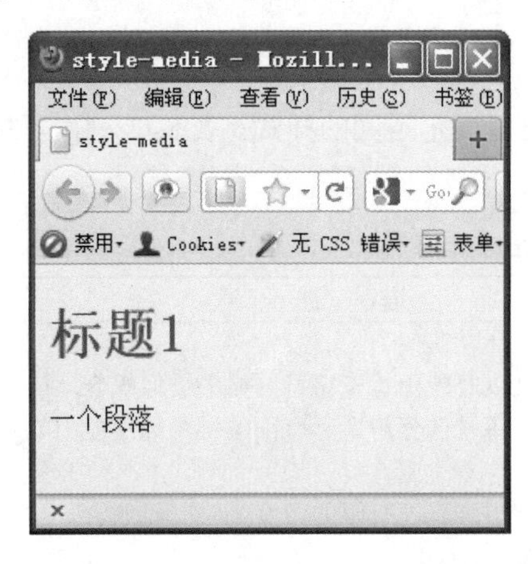

图 8.10　CSS(style-media).html 屏幕样式

图 8.11　CSS(style-media).html 打印样式

❷ 外部样式表

当多个页面需要应用相同样式时，应该使用外部样式表。外部样式表把声明的样式放在样式文件中，当页面需要使用样式时通过<link>标签链接外部样式表文件。使用外部样式表，通过改变一个文件就能改变整个站点的外观。

1）样式表文件

样式表文件可以用任何文本编辑器进行编辑，在文件中不能包含任何 HTML 标签，样式表文件以.css 为扩展名。

在 WebStorm 中建立样式表文件 css/css.css 的主要操作步骤如下：

启动 WebStorm，选择【文件】|【新建】命令，打开【新建】列表框，选中【目录】，出现【新建目录】对话框，在【输入新目录名称】文本框中输入“css”，然后单击【确定】

按钮。

在左边的【项目】窗口中选中 css 目录，接着选择【文件】|【新建】命令，打开【新建】列表框，选中 Stylesheet，出现 New Stylesheet 对话框，在 Name 文本框中输入“css”，然后单击【确定】按钮。在编辑区中输入下面的样式声明：

```
hr{border: solid 1px #FF0000;}
p{margin-left:20px;}
body{background-image:url(../images/bg.gif);}
```

提示： *不要在属性值和单位之间留有空格，例如“20 px”是错误的，应为“20px”。*

2）<link>标签

<link>标签定义文档与外部资源的关系，<link>标签最常见的用途是链接样式表。<link>标签的可选属性见表 8.12，表 8.13 列出了<link>标签的 rel 属性值。

表 8.12　<link>标签的可选属性

属　　性	值	描　　述
type	MIME-type	被链接文档的 MIME 类型
href	url	被链接文档的位置
rel	见表 8.13	当前文档与被链接文档之间的关系

表 8.13　<link>标签的 rel 属性值

值	描　　述
alternate	文档的替代版本（例如打印页、翻译或镜像）
stylesheet	外部样式表
start	集合中的第 1 个文档
next	集合中的下一个文档
prev	集合中的上一个文档
contents	文档目录
index	文档索引
glossary	在文档中使用的词汇的术语表（解释）
copyright	包含版权信息的文档
chapter	文档的章
section	文档的节
subsection	文档的小节
appendix	文档附录
help	帮助文档
bookmark	相关文档

link 元素是空元素，只能用在 head 中。

例 8.7　CSS(css).html，使用了外部样式表文件 css/css.css，如图 8.12 所示。

外部样式表可以在任何文本编辑器中进行编辑。

图 8.12　CSS(css).html 示意图

视频讲解

源代码如下：

```
<head>
<title>外部样式表</title>
<link rel="stylesheet" href="css/css.css" />
</head>
<body>
<hr size="2" />
<p>外部样式表可以在任何文本编辑器中进行编辑。</p>
</body>
```

❸ 内联样式

内联样式由于将表现和内容混在一起，不符合 Web 标准，所以用户要慎用这种方法，当样式仅需要在一个元素上应用一次时可以使用内联样式。

使用内联样式就是在元素标签内使用 style 属性，style 属性值可以包含任何 CSS 样式声明。例如改变段落的左外边距：

```
<p style="margin-left:20px">这是一个段落</p>
```

8.7 媒体查询

大家知道可以在<style>标签或<link>标签的 media 属性中指定设备类型（screen 或 print），为不同设备应用不同的样式表。媒体查询更进一步，不仅可以指定设备类型，还能指定设备的能力和特性。例如：

```
<style media="screen  and (orientation:portrait)"></style>
```

媒体查询表达式首先询问设备的类型（是屏幕吗？），然后询问特性（屏幕方向是垂直的吗？），样式应用给任何有屏幕并且屏幕方向是垂直的设备。

CSS3 媒体查询可以针对特定的设备能力或条件为网页应用特定的 CSS 样式。W3C 将媒体查询定义为“媒体查询包含媒体类型和零个或多个检测媒体特性的表达式。width、height 和 color 等都是可用于媒体查询的特性。使用媒体查询，可以不必修改内容本身，而让网页适配不同的设备。”对于 CSS3 媒体查询模块的规范，读者可参考 W3C 网站（https://www.w3.org/TR/css3-mediaqueries/）。

❶ 媒体查询的语法

媒体查询的语法如下：

```
[only | not]? <media_type> [and <expression>]* | <expression> [and <expression>]*
```

其中，media_type 表示媒体查询的设备类型，可参考表 8.11。在针对所有设备的媒体查询中可以使用简写语法，即省略 media_type，如果不指定 media_type，则表示 all。

expression 表示媒体查询特性条件，CSS3 媒体查询规定的所有可用特性如下。

- width：视口的宽度。
- height：视口的高度。
- device-width：渲染表面的宽度（可以认为是设备屏幕的宽度）。

- device-height：渲染表面的高度（可以认为是设备屏幕的高度）。
- orientation：设备方向是水平还是垂直。portrait 表示垂直，landscape 表示水平。
- aspect-ratio：视口的宽高比。16:9 的宽屏显示器可以写成 aspect-ratio:16/9。
- color：颜色的色位深度。比如 min-color:16 表示设备至少支持 16 位。
- color-index：设备颜色查找表中的条目数，注意值必须是数值，不能为负。
- monochrome：在单色帧缓冲中表示每个像素的位数，注意值必须是数值（整数），比如 monochrome:2，不能为负。
- resolution：屏幕或打印分辨率，比如 min-resolution:300dpi。当然也可以接受每厘米多少点，比如 min-resolution:118dpcm。
- scan：针对电视的逐行扫描（progressive）和隔行扫描（interlace）。例如 720p HDTV（720p 中的 p 表示 progressive，即逐行）可以使用 scan:progressive 来判断；而 1080i HDTV（1080i 中的 i 表示 interlace，即隔行）可以使用 scan:interlace 来判断。
- grid：设备基于栅格还是位图。

上面列出的特性，除 scan 和 grid 外，都可以加上 min 或 max 前缀以指定范围。

提示：色位深度是指在某个分辨率下每一个像素点可以有多少位二进制数来描述色彩，单位是 bit(位)。典型的色深有 8bit、16bit、24bit 和 32bit。深度数值越高，色彩越多。

❷ 在 CSS 中使用媒体查询

在 CSS 中使用媒体查询要用@media 声明一个媒体查询，然后把 CSS 声明写在一对大括号中。例如：

```
@media screen and (max-device-width:
1920px) {
    p {
        color:#FF0000;
    }
```

以上代码会在屏幕设备的宽度为 1920 像素及以下时把所有 p 元素变成红色。

视频讲解

在正常情况下，任何 CSS 样式都可以放在媒体查询里。

例 8.8　CSS3(media).html，在其样式文件 css3(media).css 中使用了媒体查询，整个页面的背景颜色会随着当前视口大小的变化而变化，如图 8.13 所示。

CSS3(media).html 的源代码如下：

```
<head>
    <title>媒体查询</title>
    <link rel="stylesheet" href="css/css3
```

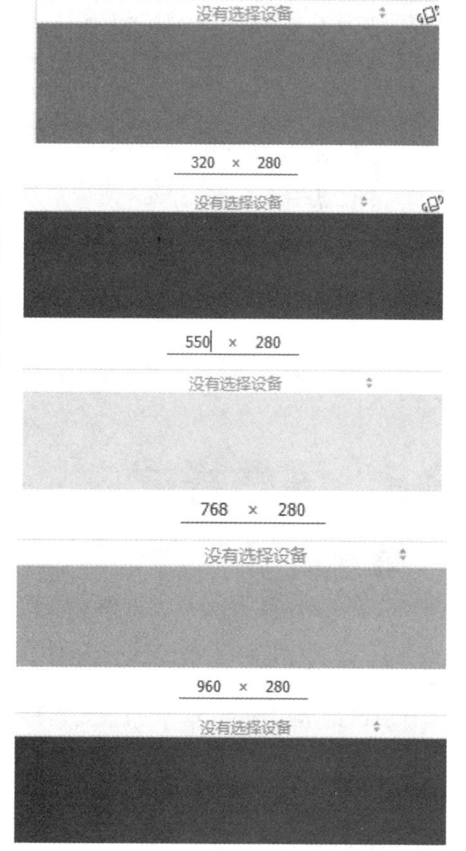

图 8.13　CSS3(media).html 示意图

```
    (media).css">
</head>
<body>
</body>
```

css3(media).css 的源代码如下：

```
/*视口宽度小于 320px，背景颜色为灰色*/
body {background-color: grey;}
/*视口宽度大于 320px，背景颜色为绿色*/
@media screen and (min-width: 320px) {
  body {
    background-color: green;
  }
}
/*视口宽度大于 550px，背景颜色为黄色*/
@media screen and (min-width: 550px) {
  body {
    background-color: yellow;
  }
}
/*视口宽度大于 768px，背景颜色为橙色*/
@media screen and (min-width: 768px) {
  body {
    background-color: orange;
  }
}
/*视口宽度大于 960px，背景颜色为红色*/
@media screen and (min-width: 960px) {
  body {
    background-color: red;
  }
}
```

8.8 层叠样式

❶ 继承

根据 CSS 规则，子元素继承父元素的属性。例如：

```
body{font-family:"微软雅黑";}
```

通过继承，所有 body 的子元素都应该显示“微软雅黑”字体，子元素的子元素也一样。

另外，不是所有属性都具有继承性，CSS 强制规定部分属性不具有继承性，例如边框、外边距、内边距、背景、定位、布局、元素高度和宽度等属性不具有继承性。

❷ 层叠

层叠（cascade）是指 CSS 能够对同一个元素应用多个样式表的能力。

例如，外部样式表对 h3 声明了 3 个样式属性：

```
h3{color:red;text-align:left;font-size:12px;}
```

内部样式表针对 h3 声明了两个样式属性：

```
h3{text-align:right;font-size:20px;}
```

h3 选择器的 text-align 和 font-size 样式属性层叠，假如拥有内部样式表的这个页面同时与外部样式表连接，那么 h3 得到的样式如下：

```
h3{color:red;text-align:right;font-size:20px;}
```

即 color 属性使用外部样式表声明，而 text-align 和 font-size 属性会被内部样式表中的规则取代。

样式表允许以多种方式声明样式信息，如果出现多重样式将层叠为一个。样式的层叠性会带来问题，例如同一个样式属性的不同样式声明作用于同一个元素时如何进行选择？上例中 h3 选择器的 text-align 和 font-size 属性为什么会使用内部样式表呢？即使在不太复杂的样式表中也可能有两个或更多规则应用于同一个元素，CSS 通过层叠处理这种冲突。

对于正在浏览的网页，可能会有多个样式表对其产生作用，一般有原网页作者的样式表、用户的样式表以及浏览器默认样式表。作者样式是指页面作者在制作网页时定义的样式表，简称样式表。用户样式是指浏览者通过浏览器向页面加载的自己需要的样式，在 IE 浏览器中可以通过【工具】|【Internet 选项】|【常规】|【外观】|【辅助功能】|【用户样式表】实现。如果使用 Firefox 浏览器，需要把样式添加到 user.css 文件中。

层叠给每种样式表分配一个重要度。样式表被认为是最重要的，其次是用户的样式表，最后是浏览器默认样式表。另外，将样式标记加上!important 可以优先于任何规则。层叠的重要度次序如下：

（1）标有!important 的用户样式，标有!important 的作者样式。

（2）作者样式。

（3）用户样式。

（4）浏览器默认样式。

（5）根据 CSS specificity 决定。

❸ CSS specificity

CSS specificity 称特异性或非凡性，它是衡量 CSS 值优先级的一个标准。specificity 用一个 4 位的数字串来表示，更像 4 个级别，值从左到右，左面的最大，一级大于一级，数位之间没有进制，级别之间不可超越。一个选择器的特异性是如下计算的：

（1）如果是内联样式，记为 a=1，否则记为 a=0，由于 style 属性是写在 HTML 标签内的，不存在选择器，所以 a=1，b=0，c=0 且 d=0。

（2）计算选择器中 id 选择器的数量，计为 *b*。

（3）计算选择器中类选择器、属性选择器和伪类的数量，计为 c。

（4）计算选择器中类型选择器的数量，计为 d。

（5）忽略伪元素。

（6）“*”都为 0。

将这 4 个数字相连（a、b、c、d），得到 specificity 值，specificity 值高的规则优先，无论书写的先后顺序如何，若两个规则的 specificity 值相同，则后定义的规则优先。CSS specificity 计算示例见表 8.14。

表 8.14 CSS specificity 计算示例表

示 例	计 算 结 果
li { … }	specificity = 0, 0, 0, 1
ul li { …}	specificity = 0, 0, 0, 2
ul ol li.warning { … }	specificity = 0, 0, 1, 3
li.menu.level { … }	specificity = 0, 0, 2, 1
#x34y { … }	specificity = 0, 1, 0, 0
<p style="…">	specificity = 1, 0, 0, 0

例 8.9 CSS(specificity).html，介绍了 CSS specificity 如何计算并对样式产生作用。源代码如下：

```
<head>
    <title>CSS 特异性</title>
    <style>
        * {color: darkorange;}   /* specificity = 0 , 0 , 0 , 0 */
        div {color: orange;}      /* specificity = 0 , 0 , 0 , 1 */
        body div {color: green;} /* specificity = 0 , 0 , 0 , 2 */
        #div-id {color: red;}     /* specificity = 0 , 1 , 0 , 0 */
        .div-class{color: blue;} /* specificity = 0 , 0 , 1 , 0 */
        div#div-id {color:gray;} /* specificity = 0 , 1 , 0 , 1 */
        div.div-class{color:dodgerblue;}
        /* specificity=0 , 0 , 1 , 1 */
    </style>
</head>
<body>
<div id="div-id" class="div-class">CSS specificity 规则示例</div>
</body>
```

div#div-id{color:#gray;}样式优先，页面上显示的文字“CSS specificity 规则示例”为灰色。如果把<body></body>之间语句改为：

```
<div id="div-id" class="div-class" style="color:black;">CSS specificity
规则示例</div><!--/* specificity = 1 , 0 , 0 , 0 */-->
```

则文字显示为黑色，内联样式优先。

❹ !important

虽然层叠和 CSS 特异性决定了 CSS 规则最后的应用效果，但是用户也可以通过声明某个规则的“!important”来强调此规则的重要性。

如果把 CSS(specificity).html 中的样式 body div{color:green;}修改为：

```
body div{color:green!important;}
```

则 body div{color:green!important;}这条声明的规则最高，文字显示为绿色。

8.9　使用 Chrome 开发者工具检查编辑页面及样式

视频讲解

在 Google Chrome 开发者工具的 Elements 面板中可以检查并实时编辑页面中的 HTML 标签语句和 CSS 样式。

如果要实时编辑 HTML 标签语句，只需双击选中的元素就可以进行更改，如图 8.14 所示。

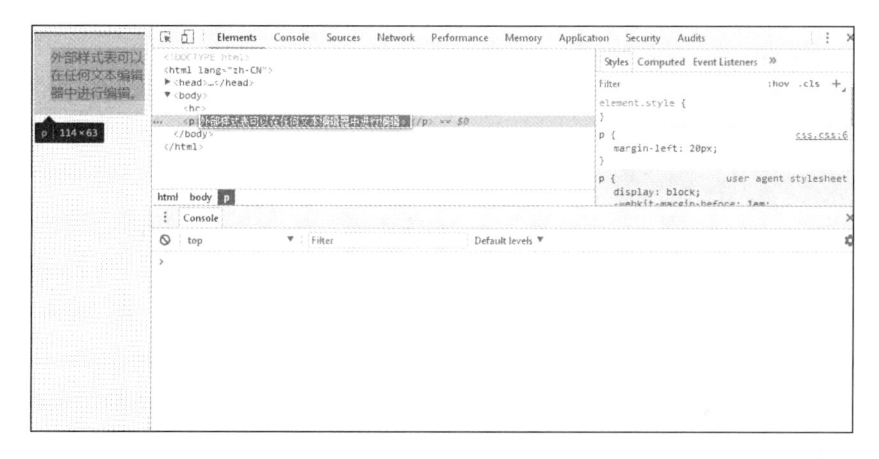

图 8.14　Chrome 开发者工具示意图

在 Styles 窗口中可以实时编辑样式属性的名称和值，如图 8.15 所示。如果要编辑名称或值，用鼠标单击，然后进行修改，再按 Enter 键保存修改即可。在默认情况下，CSS 修改不是永久的，如果重新加载页面，修改的内容就会丢失。

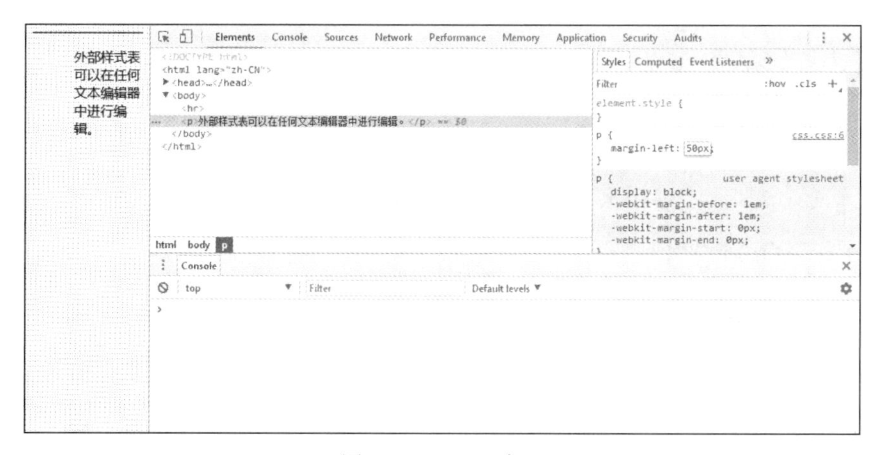

图 8.15　Styles 窗口

提示：浏览器的默认样式（灰色显示）不能进行修改。

在 Computed 窗口中可以实时检查并编辑当前元素的盒模型参数，用鼠标单击就可以了。对于已经定位的元素，还能显示 position 以及 top、right、bottom 和 left 属性的值，如图 8.16 所示。

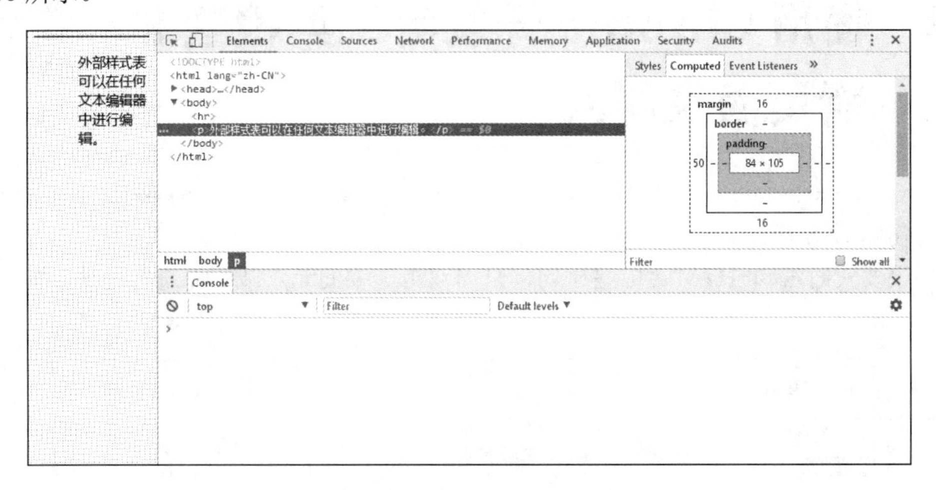

图 8.16　Computed 窗口

如果要查看对页面进行实时更改的历史记录，先转到 Sources 面板中，双击打开修改过的文件，在显示源文件的区域右击，从弹出的快捷菜单中选择 Local modifications 命令，如图 8.17 所示。另外，使用 Ctrl+Z 组合键可以快速撤销修改。

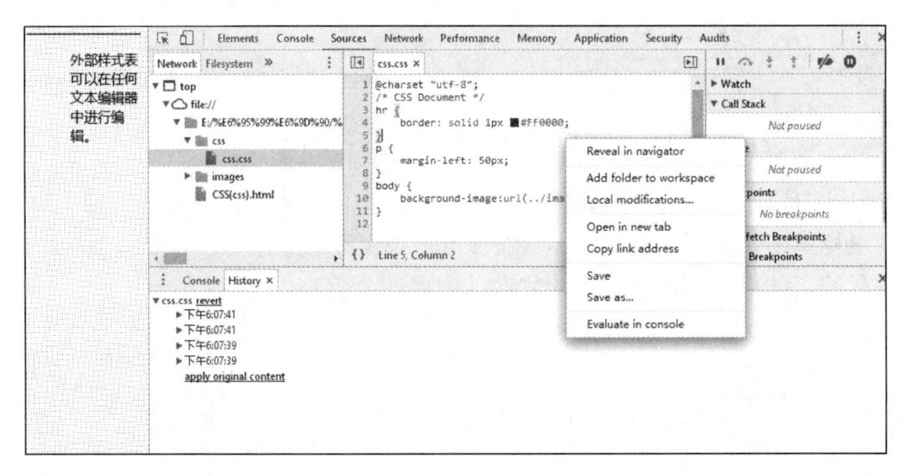

图 8.17　查看对页面进行实时更改的记录

8.10　小结

本章简要介绍了表现和 CSS 的基本概念，重点介绍了 CSS 的语法和 CSS3 增加的语法及使用方法，探讨了 CSS 的层叠过程和 CSS 特异性，并通过实例进行了说明。

8.11　习题

❶ 选择题

（1）CSS 的全称是（　　）。

A．Computer Style Sheets　　B．Cascading Style Sheets

C．Creative Style Sheets　　D．Colorful Style Sheets

（2）以下 HTML 属性用来定义内联样式的是（　　）。

A．Style　　B．class　　C．font　　D．styles

（3）以下正确引用外部样式表的是（　　）。

A．<stylesheet>mystyle.css</stylesheet>

B．<style src="mystyle.css">

C．<link rel="stylesheet" href="1.css">

D．<link rel="stylesheet" type="text/HTML" href="1.css">

（4）在以下选项中，可以正确定义所有 p 的字体为 bold 的是（　　）。

A．<p style="text-size:bold">

B．<p style="font-size:bold">

C．p{text-size:bold}

D．p{font-weight:bold}

（5）在 CSS 样式文件中注释正确的是（　　）。

A．// this is a comment //　　B．// this is a comment

C．/* this is a comment */　　D．'this is a comment

（6）关于 CSS 以下说法错误的是（　　）。

A．选择器表示要定义样式的对象，可以是元素本身，或者是一类元素

B．属性是指定选择器所具有的属性

C．属性值是指数值加单位，例如 25px

D．每个 CSS 样式必须由两部分组成，即选择器和样式声明

（7）下列选项中，（　　）是包含选择器的语法。

A．选择器 1 和选择器 2 之间用空格隔开，含义是所有选择器 1 中包含的选择器 2

B．"#"加上自定义的 id 名称

C．"."加上自定义的类名称

D．用英文逗号分隔

（8）下列关于样式表的优先级的说法不正确的是（　　）。

A．直接定义在标签上的 CSS 样式级别最高

B．内部样式表次之

C．外部样式表的级别最低

D．当样式中的属性重复时，先设的属性起作用

（9）选择具有 attr 属性且属性值以 value 开头的每个元素的属性选择器是（　　）。

A．E1[attr^=value]　　B．E1[attr=value]

C．E1[attr～=value]　　D．E1[attr|=value]

（10）下列 CSS 语法规则中正确的是（　　）。

A．body:color=black　　B．{body;color:black}

C．body{color:black}　　D．{body:color=black}

❷ 简答题

（1）CSS 主要选择器有哪些？如何使用？

（2）HTML 使用 CSS 有几种方法？它们的区别在哪里？

（3）层叠是什么含义？如果样式层叠如何处理？

（4）CSS 单位 em 和 rem 有什么区别？

（5）在 CSS3 中为什么要用媒体查询？如何使用？

第9章

页面布局定位

W3C建议把网页上的所有元素放在一个个盒模型（Box Model）中，用户可以通过CSS来控制这些盒子的显示属性，把这些盒子进行定位完成整个页面的布局，盒模型是CSS定位布局的核心内容。本章首先介绍CSS盒模型结构和类型，接下来详细讨论CSS定位和CSS基本布局，最后介绍叮叮书店首页的布局过程和操作。

本章要点：

- CSS盒模型。
- CSS定位。
- CSS基本布局。

9.1 CSS盒模型

9.1.1 CSS盒模型概述

CSS盒模型（Box Model）规定了元素处理内容、内边距、边框和外边距的方式，如图9.1所示。大家通过CSS盒模型示意图可以知道，CSS盒模型主要由4部分组成。

- content：盒模型里的内容，即元素的内容。
- padding：内边距，也称填充，指内容与边框的间距。
- border：边框，指盒子本身。
- margin：外边距，指与其他盒模型的距离。外边距默认是透明的，因此不会遮挡其后面的任何元素。

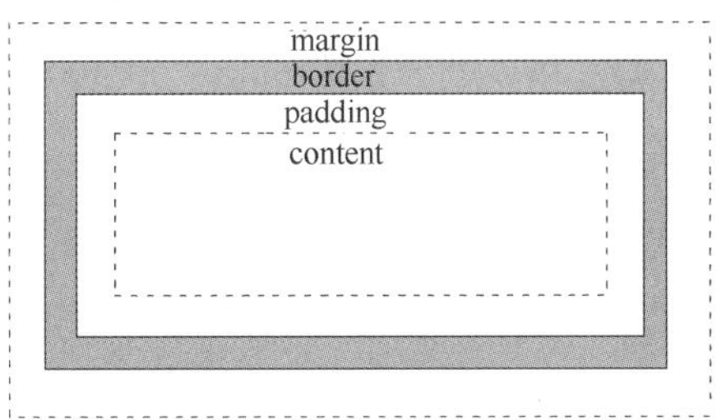

图9.1　CSS盒模型示意图

内边距、边框和外边距可以应用于一个元素的所有边，也可以应用于单独的边。盒模型的内边距、边框和外边距按照顺时针的顺序可分别分为 top、right、bottom 和 left 4 个边，如图 9.2 所示。

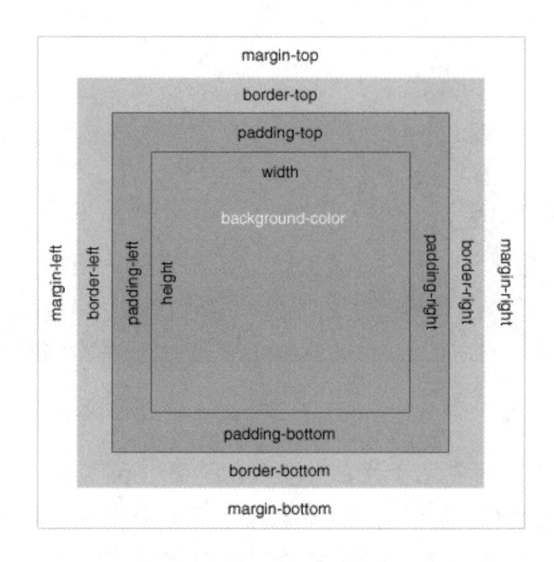

图 9.2　内边距、边框和外边距对应的边

内边距、边框和外边距都是可选的，默认值是 0，但许多元素已经由浏览器设置了外边距和内边距。内边距呈现了元素的背景，外边距可以是负值，而且在很多情况下都要使用负值的外边距。

在 CSS 中，元素的 width 和 height 属性默认指盒模型内容区域的宽度和高度。另外，增加内边距、边框不会影响内容区域的尺寸，但是会增加盒的尺寸。盒模型的实际宽度和高度要在 width 和 height 属性值的基础上加上内边距、边框的距离：

盒宽度=左边框+左内边距+宽度+右内边距+右边框；

盒高度=上边框+上内边距+高度+下内边距+下边框。

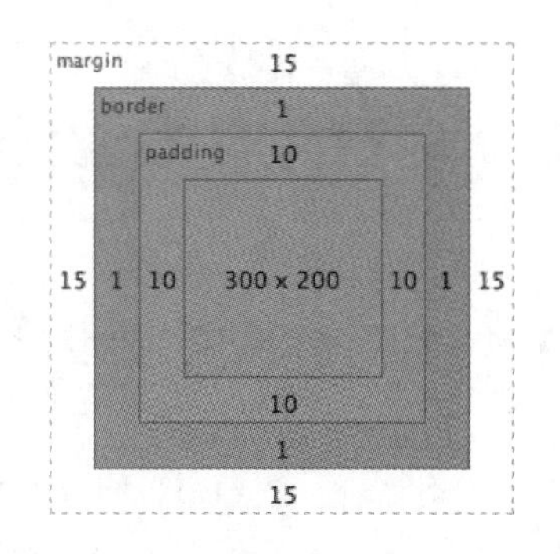

图 9.3　CSS 盒模型宽度和高度示意图

例如下面的盒模型，示意图如图 9.3 所示，其内容的宽度和高度分别为 300px 和 200px。

```
#box{
 width:300px;
 height:200px;
 padding:10px;
 border:1px solid #000;
 margin:15px;
}
```

这个盒模型的大小为：

盒宽度= 1 + 10 + 300 + 10 + 1 = 322px；

盒高度= 1 + 10 + 200 + 10 + 1 = 222px。

在 CSS3 中增加了一个用户界面属性 box-sizing，用于设置或检索盒模型大小的组成模式，值为 content-box（默认）和 border-box。若设置为 content-box，表示 padding 和 border 不被包含在定义的 width 和 height 之内；若设置为 border-box，表示 padding 和 border 被包含在定义的 width 和 height 之内，盒子的实际宽度和高度就等于设置的 width 和 height 值，即使设置了 border 和 padding 也不会改变盒子的大小。

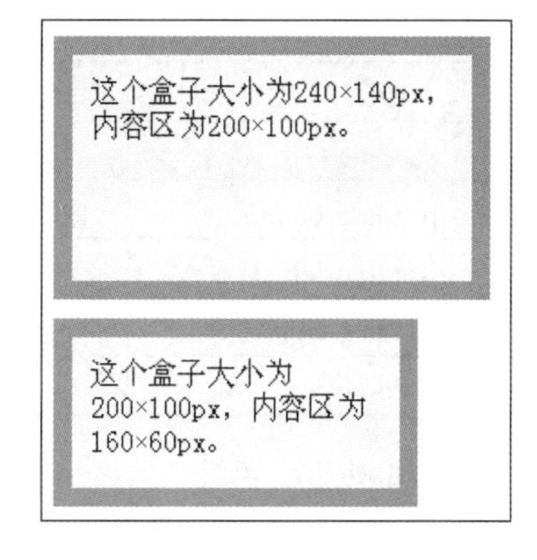

图 9.4　CSS3(box-sizing).html 示意图

例 9.1　CSS3(box-sizing).html，该例说明了 box-sizing 属性取值为 content-box 和 border-box 时的区别，效果如图 9.4 所示。

视频讲解

源代码如下：

```
<head>
    <title>CSS3 盒模型大小</title>
        <style>
        div{width:200px;height:100px;padding:10px;border:10px solid #999999;}
        #box1{
            -webkit-box-sizing:content-box;
            box-sizing:content-box;
            background:#EEE;
        }
        #box2{
            -webkit-box-sizing:border-box;
            box-sizing:border-box;
            background:#EEE;margin-top:10px;
        }
    </style>
</head>
<body>
<div id="box1">这个盒子大小为 240×140px，内容区为 200×100px。</div>
<div id="box2">这个盒子大小为 200×100px，内容区为 160×60px。</div>
</body>
```

9.1.2　CSS 内边距

元素的内边距在边框和内容区之间，padding 属性定义元素边框与元素内容之间的空白区域。CSS 内边距的属性见表 9.1。

表 9.1　CSS 内边距的属性

属　　性	描　　述
padding	简写属性，在一个声明中设置元素的所有内边距
padding-bottom	设置元素的下内边距
padding-left	设置元素的左内边距
padding-right	设置元素的右内边距
padding-top	设置元素的上内边距

❶ padding 属性

padding 属性定义元素的内边距，属性值可以使用长度值或百分比值，但不允许使用负值。如果希望所有 h1 元素的各边都有 10 像素的内边距，可以如下书写：

```
h1{padding:10px;}
```

用户还可以按照上→右→下→左的顺序分别设置各边的内边距，各边可以使用不同的单位或百分比值。例如：

```
h1{padding:10px 0.25em 2ex 20%;}
```

❷ 单边内边距

通过使用 padding-top、padding-right、padding-bottom 和 padding-left 4 个单独的属性分别设置上、右、下、左内边距。例如：

```
h1{
  padding-top:10px;
  padding-right:0.25em;
  padding-bottom:2ex;
  padding-left:20%;
}
```

❸ 内边距的百分比值

用户可以为元素的内边距设置百分比值，百分比值是相对于其父元素的 width 计算的。上/下内边距与左/右内边距一致，即上/下内边距的百分比值会相对于父元素的宽度设置，而不是相对于高度。例如下面这条规则把段落的内边距设置为父元素 width 的 10%：

```
p{padding:10%;}
```

如果段落的父元素是下面的 div 元素，那么它的内边距要根据 div 的 width 计算。

```
<div style="width:200px;">
  <p>这是一个段落。</p>
</div>
```

例 9.2　CSS(padding).html，该例说明了如何设置 CSS 内边距，效果如图 9.5 所示。

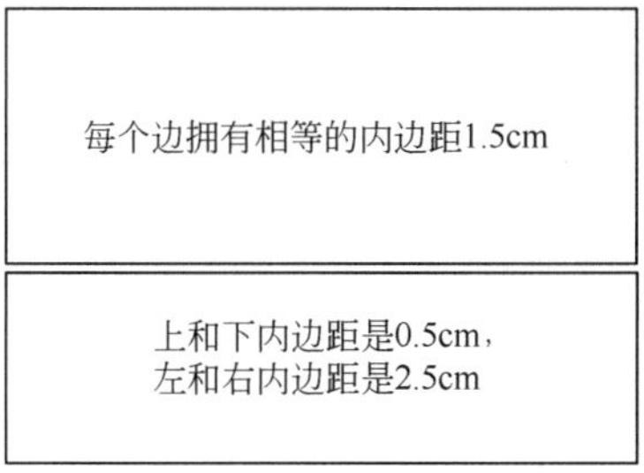

图 9.5　CSS(padding).html 示意图

源代码如下：

```
<head>
    <title>padding 内边距</title>
    <style>
        div {
            border: 1px solid #F00;
            margin-bottom: 2px;
        }
        #div1 {padding: 1.5cm}
        #div2 {padding: 0.5cm 2.5cm}
    </style>
</head>
<body>
<div id="div1"><span>每个边拥有相等的内边距 1.5cm</span></div>
<div id="div2"><span>上和下内边距是 0.5cm，左和右内边距是 2.5cm</span></div>
</body>
```

9.1.3　CSS 边框

元素的边框是围绕元素内容和内边距的一条或多条线，border 属性允许用户规定元素边框的样式、宽度和颜色，边框属性见表 9.2。

表 9.2　CSS 边框属性

属　　性	描　　述
border	简写属性，在一个声明中设置 4 个边的边框属性
border-style	设置元素所有边框的样式，或者单独地为各边边框设置样式
border-width	设置元素所有边框的宽度，或者单独地为各边边框设置宽度
border-color	设置元素所有边框中可见部分的颜色，或者单独地为各边边框设置颜色
border-bottom	简写属性，在一个声明中设置下边框的所有属性
border-bottom-color	元素下边框的颜色
border-bottom-style	元素下边框的样式
border-bottom-width	元素下边框的宽度
border-left	简写属性，在一个声明中设置左边框的所有属性
border-left-color	元素左边框的颜色

续表

属　　性	描　　述
border-left-style	元素左边框的样式
border-left-width	元素左边框的宽度
border-right	简写属性，在一个声明中设置右边框的所有属性
border-right-color	元素右边框的颜色
border-right-style	元素右边框的样式
border-right-width	元素右边框的宽度
border-top	简写属性，在一个声明中设置上边框的所有属性
border-top-color	元素上边框的颜色
border-top-style	元素上边框的样式
border-top-width	元素上边框的宽度

❶ 边框的样式

边框样式是边框最重要的属性，因为如果没有边框样式，就根本没有边框。CSS 的 border-style 属性定义了 10 个边框样式，包括 none，见表 9.3。

表 9.3　border-style 属性值

值	描　　述
none	无边框
hidden	与 none 相同，不过应用于表时除外
dotted	点状，在大多数浏览器中呈现为实线
dashed	虚线，在大多数浏览器中呈现为实线
solid	实线
double	双线，双线的宽度等于 border-width 的值
groove	3D 凹槽，其效果取决于 border-color 的值
ridge	3D 垄状，其效果取决于 border-color 的值
inset	3D inset，其效果取决于 border-color 的值
outset	3D outset，其效果取决于 border-color 的值

用户可以为边框定义多个样式，例如：

```
.p1{border-style:solid dotted dashed double;}
```

以上给类名为 p1 的元素定义了 4 种边框样式，即实线上边框、点线右边框、虚线下边框和双线左边框。

如果用户希望为元素的某一个边设置边框样式，而不是设置所有边的边框样式，可以使用 border-top-style、border-right-style、border-bottom-style 和 border-left-style 属性。

例 9.3　CSS(border).html，该例使用了各种边框样式，效果如图 9.6 所示。

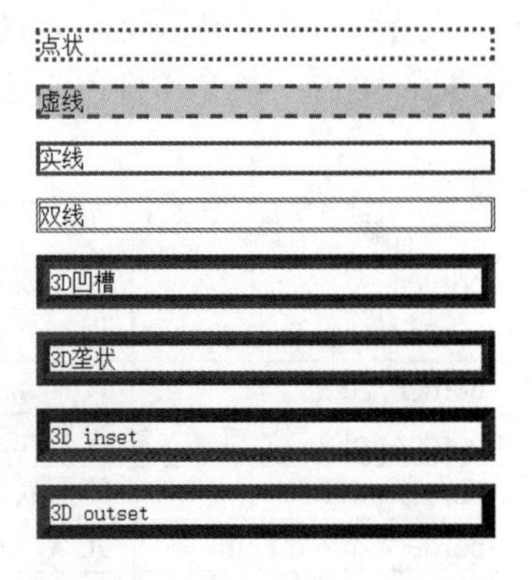

图 9.6　CSS(border).html 示意图

源代码如下：

```
<head>
    <title>border 边框</title>
    <style>
```

```
        p {border-color: #F00;}
        p.dotted {border-style: dotted;}
        p.dashed {
            border-style: dashed;
            background-color: #CF0;
        }
        p.solid {border-style: solid;}
        p.double {border-style: double;}
        p.groove {border: groove 10px;}
        p.ridge {border: ridge 10px;}
        p.inset {border: inset 10px;}
        p.outset {border: outset 10px;}
    </style>
</head>
<body>
<p class="dotted">点状</p>
<p class="dashed">虚线</p>
<p class="solid">实线</p>
<p class="double">双线</p>
<p class="groove">3D 凹槽</p>
<p class="ridge">3D 垄状</p>
<p class="inset">3D inset</p>
<p class="outset">3D outset</p>
</body>
```

❷ 边框与背景

元素的背景是内容、内边距和边框的背景，盒模型的边框绘制在“元素的背景之上”，元素的背景应当出现在边框的可见部分之间，见实例 CSS(border).html 的虚线边框。

❸ 边框的宽度

用户可以通过 border-width 属性为边框指定宽度。为边框指定宽度有两种方法，一是指定长度值，例如 2px 或 0.1em；二是使用 thin、medium（默认值）和 thick 关键字之一。CSS 没有定义这几个关键字的具体宽度，所以一个浏览器可能把 thin、medium 和 thick 分别设置为 5px、3px 和 2px，而另一个浏览器将它们分别设置为 3px、2px 和 1px。

例如设置边框的宽度：

```
p{border-style:solid;border-width:5px;}
```

或者：

```
p{border-style:solid;border-width:thick;}
```

用户可以按照上→右→下→左的顺序设置元素的各边边框，例如：

```
p{border-style:solid;border-width:15px 5px 15px 5px;}
```

用户也可以通过 border-top-width、border-right-width、border-bottom-width 和 border-left-width 属性分别设置边框各边的宽度，例如：

```
p{
  border-style:solid;
  border-top-width:15px;border-right-width:5px;
  border-bottom-width:15px;border-left-width:5px;
}
```

如果希望显示边框，必须设置边框样式。border-style 的默认值是 none，如果没有声明其他边框样式，即使设置边框宽度，边框也是不存在的，例如：

```
p{border-width:50px;}
```

❹ 边框的颜色

CSS 使用 border-color 属性设置边框颜色，默认的边框颜色是元素本身的前景色。如果没有为边框声明颜色，它将与元素的文本颜色相同。如果元素没有任何文本，边框颜色是其父元素的文本颜色。颜色值可以使用命名颜色、十六进制颜色值和 RGB 值，例如：

```
p{
  border-style:solid;
  border-color:blue rgb(25%,35%,45%) #909090 red;
}
```

通过 border-top-color、border-right-color、border-bottom-color 和 border-left-color 属性可以分别设置单边边框的颜色。

例如为 h1 元素指定黑色实线边框，而右边框为红色实线：

```
h1{
  border-style:solid;
  border-color:black;border-right-color:red;
}
```

CSS 边框颜色值 transparent 表示边框颜色为透明，因此可以创建有宽度但不可见边框。

视频讲解

例 9.4　CSS(border-transparent).html，该例实现了透明边框的效果，如图 9.7 所示。页面显示时是一个没有边框的块，当鼠标指针指向“透明边框”时显示红色的边框。

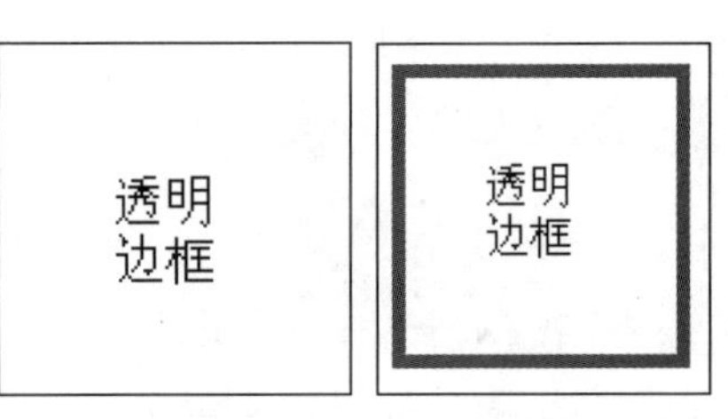

图 9.7　CSS(border-transparent).html 示意图

源代码如下：

```
<head>
    <title>border-transparent 边框透明</title>
```

```
    <style>
        /*CSS 边框颜色的默认值是 transparent，即边框颜色为透明。*/
        div {
            border: solid 5px transparent;
            width: 40px;height: 40px;
            padding: 30px;
        }
        div:hover {border-color: #F00;}
    </style>
</head>
<body>
<div>透明边框</div>
</body>
```

9.1.4　CSS3 边框

CSS3 增加了圆角边框、图像边框和阴影，见表 9.4。

表 9.4　CSS3 边框属性

属　　性	描　　述
border-radius	简写属性，在一个声明中设置元素 4 个边的圆角边框
border-top-left-radius	设置元素左上角的圆角边框
border-top-right-radius	设置元素右上角的圆角边框
border-bottom-right-radius	设置元素右下角的圆角边框
border-bottom-left-radius	设置元素左下角的圆角边框
border-image	简写属性，边框样式使用图像来填充
border-image-source	图像边框使用的图像路径
border-image-slice	图像边框使用的图像分割方式
border-image-width	图像边框的宽度
border-image-outset	图像边框背景图的扩展
border-image-repeat	图像边框是否应平铺（repeat）、铺满（round）或拉伸（stretch）
box-shadow	阴影

❶ 圆角边框

在 CSS3 中，border-radius 属性用于设置元素 4 个边的圆角边框，用户也可以使用 border-top-left-radius、border-top-right-radius、border-bottom-right-radius 和 border-bottom-left-radius 分别设置左上角、右上角、右下角和左下角的圆角边框。其语法如下：

```
border-radius: [ <length> | <percentage> ]{1,4} [ / [ <length> | <percentage> ]
{1,4} ]?
```

border-radius 属性有两个参数，以“/”分隔，每个参数允许设置 1～4 个参数值，第 1 个参数表示水平圆角半径，第 2 个参数表示垂直圆角半径，单位可以是长度或百分比，不允许为负值，如果第 2 个参数省略，默认等于第 1 个参数。

如果提供全部参数值，将按上左→上右→下右→下左的顺序设置 4 个角；如果只提供一个，将用于全部的角；如果提供两个，第 1 个用于上左、下右，第 2 个用于上右、下左；如果提供 3 个，第 1 个用于上左，第 2 个用于上右、下左，第 3 个用于下右。

❷ **阴影**

在 CSS3 中，box-shadow 属性用于向边框添加一个或多个阴影。其语法如下：

```
box-shadow: h-shadow v-shadow blur spread color inset;
```

其参数分别是内部阴影、水平偏移值、垂直偏移值、模糊距离、阴影尺寸和阴影颜色，在 4 个长度值中只有两个是必需的（当最后两个长度值不存在的时候颜色值会被当作阴影颜色，而 0 值会被添加到模糊半径上）。

用户可以设定多组阴影效果，每组参数值用逗号分隔，若省略则长度值是 0。其具体参数值的含义见表 9.5。

表 9.5 box-shadow 属性值

值	描　　述
h-shadow	必需。阴影水平偏移值，可以为负值
v-shadow	必需。阴影垂直偏移值，可以为负值
blur	可选。阴影模糊值，不允许为负值
spread	可选。阴影外延值（阴影距离），可以为负值
color	可选。阴影的颜色
inset	可选。内阴影，该值为空时，则对象的阴影类型为外阴影

❸ **图像边框**

通过 CSS3 的 border-image 属性可以使用图片来创建边框。border-image 属性是一个简写属性，用于设置 border-image-source、border-image-slice、border-image-width、border-image-outset 和 border-image-repeat，如果省略，默认值为 none、100%、1、0 和 stretch。

border-image 的语法如下：

```
border-image : <'border-image-source'> || <'border-image-slice'> [ /
<'border-image-width'> | / <'border-image-width'>? / <'border-image-outset'> ]?
|| <'border-image-repeat'>
```

border-image-slice 设置边框背景图的分割（切片）方式。其语法如下：

```
border-image-slice: [ <number> | <percentage> ]{1,4} && fill?
```

<number>值代表图像中的像素（如果是位图图像）或矢量坐标（如果是矢量图像）。

该属性指定从上、右、下、左方位来切割图像，将图像分成 4 个角、4 条边和中间区域，共 9 份，俗称“九宫格”，中间区域始终是透明的（即没有图像填充），除非加上关键字 fill。切割的顺序和位置如图 9.8 和图 9.9 所示。

 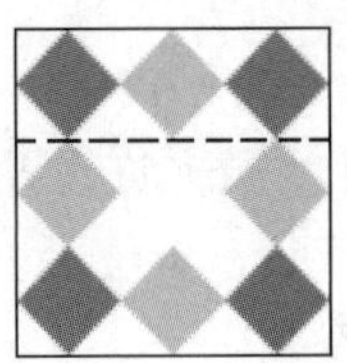 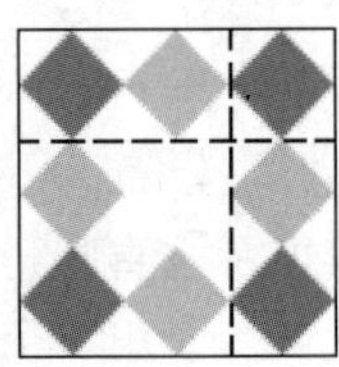 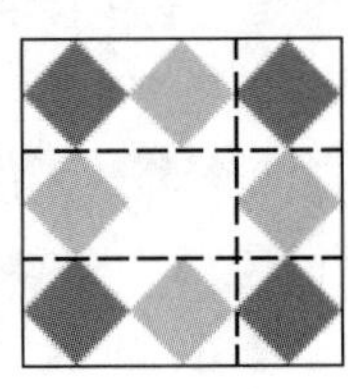 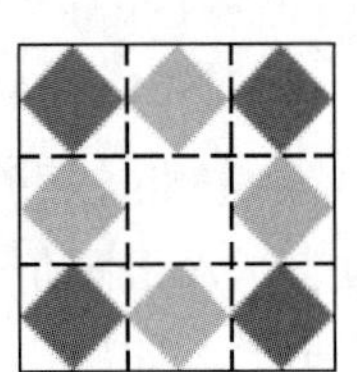

图 9.8 border-image-slice 属性切割顺序示意图

图 9.9 border-image-slice 属性切割后的位置示意图

在图 9.9 中，1、2、3、4 切片填充边框的 4 个角，5、6、7、8 切片填充上、右、下、左边框的 4 个边。另外，切过的区域有可能会重叠，如果右切和左切的值之和大于等于盒子的宽度，则顶部区域和底部区域为空白，反之亦然。

border-image-slice 属性不允许为负值，如果设置为负值或者设置的值大于盒子的高度或宽度都将被置为 100%。

border-image-outset 属性用于指定边框图像向外扩展的数值，如果值为 10px，表示图像在原来所在位置的基础上往外扩展 10px 显示。其语法如下：

```
border-image-outset: [ <length> | <number> ]{1,4}
```

视频讲解

例 9.5 CSS3(border).html，该例使用了 CSS3 的各种边框样式，效果如图 9.10 所示。

源代码如下：

```
<head>
    <title>CSS3 边框属性</title>
      <style>
       #radius, #shadow, #shadow-inset {
           width: 200px;height: 50px;
           margin-bottom: 10px;
           background: #AAAAAA;
       }
       /*设置 #radius 元素 4 个边的圆角边框，水平和垂
       直圆角半径为 0.5rem*/
       #radius {border-radius: 0.5rem;}
       /*给#shadow 元素添加一个阴影，水平偏移 5px，垂
       直偏移 5px，阴影颜色为 rgba(0, 0, 0, 0.8)*/
       #shadow {
           -webkit-box-shadow: 5px 5px rgba(0, 0,
           0, 0.8);
           box-shadow: 5px 5px rgba(0, 0, 0, 0.8);
```

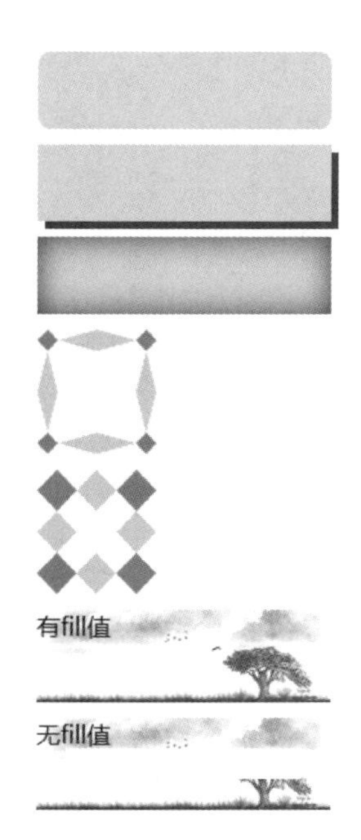

图 9.10 CSS3(border).html 示意图

```
}
/*给#shadow-inset 元素添加一个内阴影，水平偏移 0px，垂直偏移 0px，阴影模糊值为 20px，阴影距离为 5px，阴影颜色为 rgba(0, 0, 0, 0.8)*/
#shadow-inset {
    -webkit-box-shadow: inset 0px 0px 20px rgba(0, 0, 0, 0.8);
    box-shadow: inset 0px 0px 20px 5px rgba(0, 0, 0, 0.8);
}
#border-image-1, #border-image-2 {
    width: 81px;height:81px;
    margin-bottom: 10px;
}
/*使用"images/border-image.png"图像给#border-image-1 元素设置图像边框，从上、右、下、左方位按 27px 来切割图像，图像边框宽度为 14px，图像拉伸*/
#border-image-1 {
    -webkit-border-image: url("images/border-image.png")  27 27 27
    27 /14px stretch;
    -o-border-image:  url("images/border-image.png")   27 27 27 27
    /14px stretch;
    border-image: url("images/border-image.png")  27 27 27 27 /14px stretch;
}
#border-image-2 {
    -webkit-border-image: url("images/border-image.png")  27 27 27
    27 /27px stretch;
    -o-border-image:  url("images/border-image.png")   27 27 27 27
    /27px stretch;
    border-image: url("images/border-image.png")  27 27 27 27 /27px stretch;
}
#border-image-3, #border-image-4 {
    width: 200px;height: 60px;
    margin-bottom: 10px;
    border-image-width: 20px;
}
/*使用"images/background-image.jpg"图像给#border-image-3 元素设置图像边框，从上、右、下、左方位按 20px 来切割图像，中间区域显示图像，图像拉伸*/
#border-image-3 {
    -webkit-border-image: url("images/background-image.jpg") 20 20
    20 20 stretch;
    -o-border-image: url("images/background-image.jpg") 20 20 20 20 stretch;
    border-image: url("images/background-image.jpg") 20 20 20 20 fill stretch;
}
#border-image-4 {
    -webkit-border-image: url("images/background-image.jpg") 20 20
    20 20 /20px stretch;
    -o-border-image: url("images/background-image.jpg") 20 20 20 20
    /20px stretch;
    border-image:  url("images/background-image.jpg")  20  20  20  20
```

```
            /20px stretch;
        }
    </style>
</head>
<body>
<div id="radius"></div>
<div id="shadow"></div>
<div id="shadow-inset"></div>
<div id="border-image-1"></div>
<div id="border-image-2"></div>
<div id="border-image-3">有 fill 值</div>
<div id="border-image-4">无 fill 值</div>
</body>
```

提示： 谷歌浏览器目前不完全支持 border-image 属性。

9.1.5　CSS 外边距

围绕在元素边框周围的空白区域是外边距，设置外边距使用 margin 属性，margin 属性接受任何长度单位、百分比数值甚至负值。外边距属性见表 9.6。

表 9.6　CSS 外边距属性

属　　性	描　　述
margin	简写属性，用于在一个声明中设置所有外边距属性
margin-bottom	元素的下外边距
margin-left	元素的左外边距
margin-right	元素的右外边距
margin-top	元素的上外边距

❶ 值的复制

在输入样式属性值时会有一些重复的值，例如：

```
p{margin:0.5em 1em 0.5em 1em;}
```

通过值复制，不必重复地输入这些数字，例如下面用两个值取代前面的 4 个值：

```
p{margin:0.5em 1em;}
```

CSS 定义了一些规则，允许用户为外边距指定少于 4 个值，规则如下：

（1）如果缺少左外边距的值，则使用右外边距的值。

（2）如果缺少下外边距的值，则使用上外边距的值。

（3）如果缺少右外边距的值，则使用上外边距的值。

换句话说，如果为外边距指定了 3 个值，则第 4 个值（即左外边距）会从第 2 个值（右外边距）复制得到；如果给定了两个值，第 4 个值会从第 2 个值复制得到，第 3 个值（下外边距）会从第 1 个值（上外边距）复制得到；最后一个情况，如果只给定一个值，那么其他 3 个外边距都由这个值（上外边距）复制得到。

利用这个机制，用户只需指定必要的值，例如：

```
h1{margin:0.25em 1em 0.5em;}        /* 等价于 0.25em 1em 0.5em 1em */
h2{margin:0.5em 1em;}               /* 等价于 0.5em 1em 0.5em 1em */
p{margin:1px;}                      /* 等价于 1px 1px 1px 1px */
```

❷ margin 属性

margin 属性接受任何长度单位，可以是像素或 em，margin 属性值也可以被设置为 auto，常用的是为外边距设置长度值。margin 属性长度值见表 9.7。

表 9.7 margin 属性长度值

值	描 述
auto	浏览器计算外边距
length	具体单位值的外边距，例如像素、厘米等，其默认值是 0px
%	基于父元素宽度的百分比的外边距

例如长度单位使用像素：

```
h1{margin:10px 0px 15px 5px;}
```

当然还可以使用百分比数值：

```
p{margin:10%;}
```

百分数是相对于父元素的 width 计算的。

margin 的默认值是 0，如果用户没有为 margin 声明一个值，就不会出现外边距。

用户可以通过 margin-top、margin-right、margin-bottom 和 margin-left 属性设置相应的外边距。例如：

```
h2{
  margin-top:20px;margin-right:30px;
  margin-bottom:30px;margin-left:20px;
}
```

例 9.6 CSS(margin).html，该例说明了如何设置外边距，效果如图 9.11 所示。

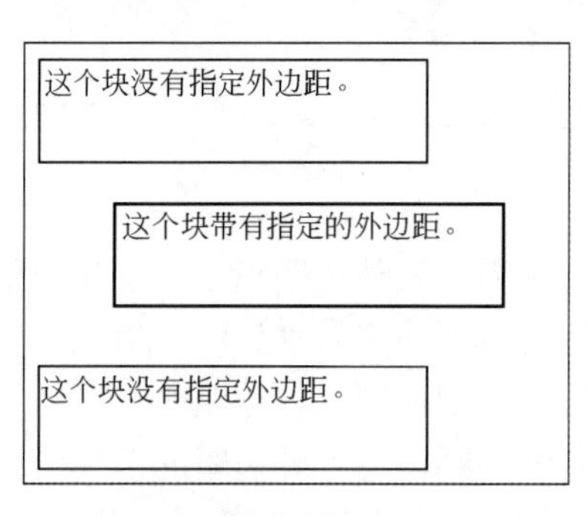

图 9.11 CSS(margin).html 示意图

源代码如下：

```
<head>
```

```
    <title>margin 外边距</title>
    <style>
        div {border: 1px solid #000;width: 200px;height: 50px;}
        div.margin {margin: 20px 40px 30px 40px;}
    </style>
</head>
<body>
<div>这个块没有指定外边距。</div>
<div class="margin">这个块带有指定的外边距。</div>
<div>这个块没有指定外边距。</div>
</body>
```

❸ 外边距合并

外边距合并是指当两个垂直外边距相遇时它们将形成一个外边距，合并后的外边距高度等于两个发生合并的外边距的高度中的较大者。

例如当一个元素出现在另一个元素的上面时，第 1 个元素的下外边距与第 2 个元素的上外边距会发生合并，如图 9.12 所示，两个元素之间的空白距离是 20px，而不是 30px。

图 9.12　外边距合并

外边距合并实际上非常重要。例如有几个段落组成的文本，第 1 个段落上面的空白区域等于段落的上外边距，如果没有外边距合并，后续所有段落之间的外边距都将是相邻上外边距和下外边距的和，这意味着段落之间的空白区域是页面顶部的两倍；如果有了外边距合并，段落之间的上外边距和下外边距合并在一起，这样每个段落之间以及段落和其他元素之间的空白区域就一样了。

9.1.6　CSS 轮廓

轮廓是绘制在元素周围的一条线，位于边框边缘的外围，可起到突出元素的作用。轮廓属性见表 9.8。

表 9.8　CSS 轮廓属性

属　　性	描　　述
outline	简写属性，用于在一个声明中设置所有的轮廓属性
outline-color	轮廓的颜色
outline-style	轮廓的样式
outline-width	轮廓的宽度

轮廓线不会占据空间，不会影响元素的尺寸，不一定是矩形。outline 简写属性在一个声明中设置所有的轮廓属性，用户可以按顺序设置 outline-color、outline-style、outline-width 属性，outline 画在 border 的外面。

9.2 CSS 布局

网页上的布局是通过盒模型来完成的，用户可以设置 CSS 的布局属性控制这些盒子来完成整个页面的布局，表 9.9 列出了 CSS 的布局属性。

表 9.9 CSS 布局属性

属　性	描　述
display	设置元素的显示类型
float	规定元素是否应该浮动
clear	规定元素的哪一侧不允许其他浮动元素
visibility	规定元素是否可见。与 display 不同，此属性为隐藏的对象保留其占据的空间
overflow	设置当元素的内容溢出时的处理方式
overflow-x	设置当元素的内容横向溢出时的处理方式
overflow-y	设置当元素的内容纵向溢出时的处理方式

9.2.1 盒模型显示类型

❶ display 属性

元素的显示类型可以使用 display 属性来显式定义，display 属性规定元素的盒模型显示类型，任何元素都可以通过 display 属性改变默认显示类型。display 属性常用的选项值见表 9.10。

表 9.10 display 属性值

值	描　述
none	不显示
block	显示为块级元素，元素前后带有换行符
inline	显示为行内元素，元素前后没有换行
inline-block	行内块元素
list-item	作为列表显示
flex	弹性伸缩盒
inline-flex	行内弹性伸缩盒

如果从布局角度来分析，这些显示类型可以划归为 block、inline 和 flex 3 种，其他类型是这 3 种类型的特殊显示。

1）none

none 属性值表示隐藏并取消盒模型，所包含的内容不会被浏览器解析和显示。用户通过把 display 属性设置为 none，该元素及其所有内容不再显示，也不占用文档中的空间。

例如实例 CSS(display).html 页面中有两个<div>，<div>下面有两个行内元素<a>和<span>，如图 9.13 所示。

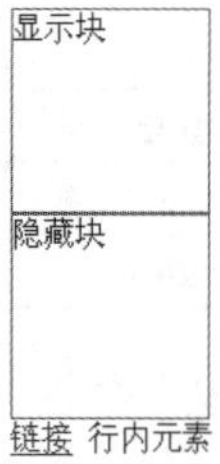

显示块
隐藏块
链接 行内元素

图 9.13 CSS(display).html 示意图 1

```
<div id="div1">显示块</div>
<div id="div2">隐藏块</div>
<a href="#" id="a1">链接</a> <span>行内元素</span>
```

在内部样式表中添加样式，让 id 为“div2”的块隐藏，如图 9.14 所示。

```
#div2{display:none;}
```

可以看到 id 为“div2”的块隐藏起来不显示了，并且原先所占据的区域被下面的元素占据。

图 9.14　CSS(display).html 示意图 2

2）block

block 显示为块状元素，块状元素的宽度为 100%，而且后面隐藏附带有换行符，使块状元素始终占据一行。<div>常被称为块状元素，这意味着这些元素显示为一块内容。例如例 CSS(display).html 中的两个<div>分别占据一行，显示在两行上。

3）inline

inline 显示为行内元素，元素前后没有换行符，行内元素没有高度和宽度，因此也就没有固定的形状，显示时只占据其内容的大小。例如<a>和<span>称为行内元素。

用户可以使用 display 属性改变元素盒模型的显示类型，这意味着通过将 display 属性设置为 block 可以让行内元素表现得和块元素一样，也可以通过将 display 属性设置为 inline 让块元素表现得像行内元素一样。

在例 CSS(display).html 中<a>和<span>是行内元素，所以显示在一行上，如果将<a>变成块元素，则<a>和<span>就不在一行上显示了，如图 9.15 所示。

图 9.15　CSS(display).html 示意图 3

```
#a1{display:block;}
```

4）list-item

list-item 属性值表示列表项目，其实际上也是块状显示，不过是一种特殊的块状类型，它增加了缩进和项目符号。

在例 CSS(display).html 中<span>行内元素</span><span>行内元素</span>是两个行内元素，可以将它变成列表块，如图 9.16 所示。

```
span{display:  list-item;margin-left:  20px;
list-style-type: circle;}
```

5）inline-block

inline-block 属性值表示行内块，其实际上也是块，不过显示时按元素宽度占据空间，而不是占据一行。

在例 CSS(display).html 中可以看到把无序列表变　成行内块元素后这些列表项显示在一行上，如图 9.16 所示。

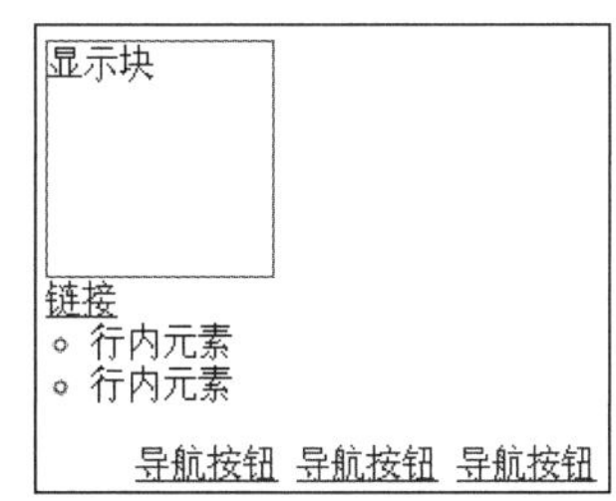

图 9.16　CSS(display).html 示意图 4

```
li{display: inline-block;}
```

例 9.7　CSS(display).html 的完整源代码。

```
<head>
    <title>元素显示类型</title>
    <style>
        div{
            border:1px solid #F00;
            width:100px;height:100px;
        }
        #div2{display: none;}
        a{display: block;}
        span{display: list-item;margin-left: 20px;list-style-type: circle;}
        li{display: inline-block;}
    </style>
</head>
<body>
<div id="div1">显示块</div>
<div id="div2">隐藏块</div>
<a href="#" id="a1">链接</a> <span>行内元素</span><span>行内元素</span>
<ul>
    <li><a href="#">导航按钮</a></li>
    <li><a href="#">导航按钮</a></li>
    <li><a href="#">导航按钮</a></li>
</ul>
</body>
```

视频讲解

❷ 常用元素默认的盒模型类型

CSS 盒模型按显示类型基本上分为两种，即 Block（块状）和 Inline（行内，也称为“内联”）。常用元素默认为块状元素的见表 9.11。

表 9.11　常用块状元素表

块 状 元 素	说　　明
address	表示特定信息，例如地址、签名、作者、文档信息。一般显示为斜体效果
blockquote	表示文本中的一段引用语。一般为缩进显示
div	表示通用包含块，没有明确的语义
dl	表示定义列表
fieldset	表示字段集，显示为一个方框，用来包含文本和其他元素
form	说明所包含的控件是某个表单的组成部分
h1～h6	表示标题，h1 表示一级标题，字号最大，h6 表示最小级别标题，字号最小
hr	画一条横线
ol	有序列表
p	表示一个段落
pre	以固定宽度字体显示文本，保留代码中的空格和回车
table	表示所含内容组织成含有行和列的表格形式
ul	表示不排序的项目列表
li	表示列表中的一个项目
legend	在 fieldset 元素绘制的方框内插入一个标题

行内元素也会遵循盒模型基本规则，例如可以定义外边距、内边距和边框，可以定义背景。它的最小内容单元也会呈现矩形形状，但它显示的高度和宽度只能根据所包含内容的高度和宽度来确定。常用元素默认为行内元素的见表 9.12。

表 9.12 常用行内元素表

行 内 元 素	说 明
a	表示超链接
abbr	标注内部文本为缩写，用 title 属性标示缩写的全称
acronym	表示取首字母的缩写词，一般显示为粗体，部分浏览器支持
b	指定文本以粗体显示
bdo	用于控制包含文本的阅读顺序，例如<bdo dir="rtl">english</bdo>
big	指定所含文本要以比当前字体稍大的字体显示
br	插入一个换行符
button	指定一个容器，可以包含文本，显示为一个按钮
cite	表示引文，以斜体显示
code	表示代码范例，以等宽字体显示
dfn	表示术语，以斜体显示
em	表示强调文本，以斜体显示
i	指定文本以斜体显示
img	插入图像或视频片段
input	创建各种表单输入控件
kbd	以定宽字体显示文本
label	为页面上的其他元素指定标签
map	包含客户端图像映射的坐标数据
object	插入对象
q	分离文本中的引语
samp	表示代码范例
select	表示一个列表框或者一个下拉框
small	指定内含文本要以比当前字体稍小的字体显示
span	指定内嵌文本容器
strong	以粗体显示文本
sub	说明内含文本要以下标的形式显示，比当前字体稍小
sup	说明内含文本要以上标的形式显示，比当前字体稍小
textarea	多行文本输入控件
tt	以固定宽度字体显示文本
var	定义程序变量，通常以斜体显示

9.2.2 CSS3 伸缩盒布局

如果将元素显示类型 display 显式设置为“flex”，则对象作为弹性伸缩盒显示。伸缩盒能够简单、快速地创建一个具有弹性功能的布局，可以让伸缩盒内的元素在伸缩容器内进行自由扩展和收缩，从而容易地调整整个布局。它的出现使常见的布局模式（例如三列布局）变得非常简单，目前已经得到了所有浏览器的支持。

一个伸缩盒布局由一个伸缩盒和在这个容器里的伸缩项目组成，当一个标签元素的display属性显式设置为flex时，元素会变为伸缩容器，同时在伸缩容器内的所有子元素都会自动变成伸缩项目，伸缩项目的float、clear和vertical-align属性将失效。

伸缩容器有两根轴，即水平的主轴和垂直的交叉轴。

表9.13列出了CSS3的伸缩盒布局属性。

表9.13　CSS3的伸缩盒布局属性

属　性	描　述
flex	复合属性，设置伸缩盒的伸缩项目如何分配空间，包括flex-grow、flex-shrink和flex-basis
flex-grow	设置伸缩盒的伸缩项目扩展比率
flex-shrink	设置伸缩盒的伸缩项目收缩比率
flex-basis	设置伸缩盒的伸缩项目伸缩基准值
order	设置伸缩盒的伸缩项目出现的顺序
align-self	设置伸缩盒的伸缩项目自身在侧轴（纵轴）方向上的对齐方式
flex-flow	复合属性，设置伸缩盒的伸缩项目排列方式，包括flex-direction和flex-wrap
flex-direction	设置伸缩盒的伸缩项目在父容器中的位置，决定主轴的方向（即伸缩项目的排列方向）
flex-wrap	设置伸缩盒的伸缩项目超出父容器时是否换行
align-content	设置伸缩盒堆叠伸缩行的对齐方式
align-items	设置伸缩盒的伸缩项目在侧轴（纵轴）方向上的对齐方式
justify-content	设置伸缩盒的伸缩项目在主轴（横轴）方向上的对齐方式

❶ 伸缩项目属性

1）flex属性

flex属性用来设置伸缩盒的伸缩项目如何分配空间，是flex-grow、flex-shrink和flex-basis的简写。其语法如下：

```
flex：none|<'flex-grow'> <'flex-shrink'>? || <'flex-basis'>
```

其默认值为0 1 auto，后两个属性可选。该属性有两个关键字，即auto（1 1 auto）和none（0 0 auto）。

flex-grow用来指定扩展比率，即剩余空间是正值时此伸缩项目相对于伸缩容器里其他伸缩项目能分配的空间比例。其默认值为0，表示不参与剩余空间分配。当剩余空间是正值时flex-shrink值不起作用。

flex-shrink用来指定收缩比率，即剩余空间是负值时此伸缩项目相对于伸缩容器里其他伸缩项目能收缩的空间比例。在收缩的时候收缩比率会以伸缩基准值加权，默认值为1。当剩余空间是负值时flex-grow值不起作用。

flex-basis用来指定伸缩基准值，即在根据伸缩比率计算出剩余空间的分布之前伸缩项目长度的起始数值。如果所有伸缩项目的基准值之和大于剩余空间，则会根据每项设置的基准值按比率伸缩剩余空间。其默认值为auto，如果该值被指定为auto，则伸缩基准值的计算值是自身的width设置，如果自身的宽度没有定义，则长度取决于内容。

视频讲解

例9.8　CSS3(flex-shrink).html，在该页面中假设有一个伸缩盒flex，里面有3个伸缩项目a、b、c。

```
<div class="flex">
```

```
    <div class="a">a</div>
    <div class="b">b</div>
    <div class="c">c</div>
</div>
```

设伸缩盒宽度为 800px，a、b、c 伸缩项目扩展比率分别为 1、2 和 3，伸缩项目收缩比率分别为 1、2 和 3，伸缩基准值分别为 300px、200px 和 400px，样式定义如下：

```
<style>
    .flex{display:flex;width:800px; height:200px;}
    .a{flex:1 1 300px;background-color:#D2D2D2;}
    .b{flex:2 2 200px;background-color:#999999;}
    .c{flex:3 3 400px;background-color:#D2D2D2;}
</style>
```

整个伸缩盒宽度为 800px，由于伸缩项目设置了伸缩基准值 flex-basis，加起来为 900px，这样伸缩盒剩余空间为 800px−900px=−100px，所以 a、b、c 伸缩项目必须收缩，需要分别计算 a、b、c 伸缩项目在剩余空间 100px 内的收缩值。

由于设置了 flex-shrink 收缩比率，首先要进行加权计算：

300px×1+200px×2+400px×3=1900px

然后计算 a、b、c 伸缩项目的收缩值：

a 收缩值：(300×1/1900)×100≈15.8px。

b 收缩值：(200×2/1900)×100≈21.05px。

c 收缩值：(400×3/1900)×100≈63.16px。

最后，a、b、c 伸缩项目的实际宽度分别为 300px−15.8px=284.2px、200px−21.05px=178.95px、400px−63.16px=336.84px。

在 Chrome 浏览器中的实际显示效果如图 9.17 所示。

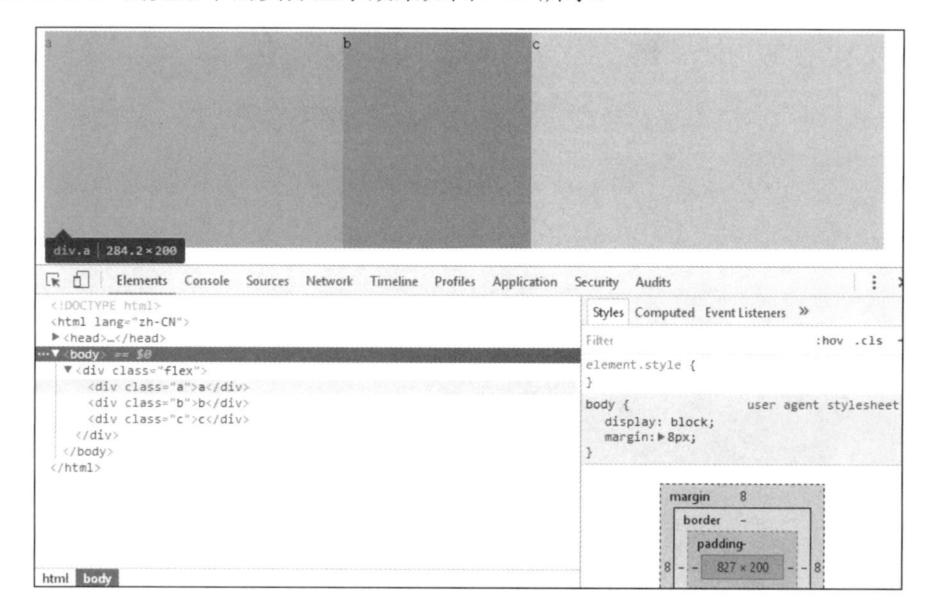

图 9.17　Chrome 中的显示示意图

在上面例子的基础上将伸缩盒宽度改为 1200px。

整个伸缩盒宽度为 1200px，由于伸缩项目设置了伸缩基准值 flex-basis，加起来为 900px，这样伸缩盒剩余空间为 1200px−900px=300px，所以 a、b、c 伸缩项目必须扩展，需要分别计算 a、b、c 伸缩项目在剩余空间 300px 内的扩展值。

计算 a、b、c 伸缩项目的扩展值：

a 扩展值：(1/(1+2+3))×300=50px。

b 扩展值：(2/(1+2+3))×300=100px。

c 扩展值：(3/(1+2+3))×300=150px。

a、b、c 伸缩项目的实际宽度分别为 300px+50px=350px、200px+100px=300px、400px+150px=550px。

2）order 属性

order 属性定义伸缩项目的排列顺序，数值越小，排列越靠前，其默认为 0。

3）align-self 属性

视频讲解

align-self 属性允许单个伸缩项目自身可以有与其他伸缩项目不一样的对齐方式，其默认值为 auto，表示继承父元素的 align-items 属性，其他值与 align-items 属性完全一致。

例 9.9　CSS3(flex).html，说明了 flex 属性的用法，效果如图 9.18 所示。

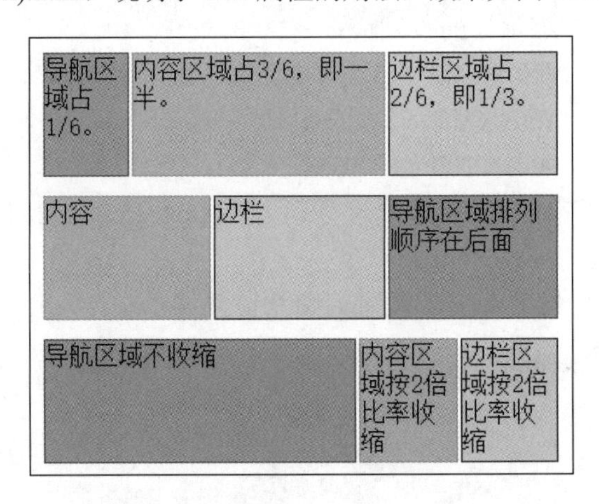

图 9.18　CSS3(flex).html 示意图

源代码如下：

```
<head>
    <title>CSS3 伸缩盒 flex 属性</title>
    <style>
        /*设置.article 元素的显示类型为 flex（伸缩盒），最大宽度为 960px，最小宽度为
        260px，宽度为 100%*/
        .article{
            display:-webkit-box;display:-ms-flexbox;
            display:flex;
            width:100%;max-width:960px; min-width:260px;margin: 10px auto;
            height:80px;
```

```
}
.nav{background:rgba(0,0,0,0.4);border: 1px solid #FF0000; margin: 1px;}
.section{background:rgba(0,0,0,0.3);border: 1px solid #00FF00; margin: 1px;}
.aside{background:rgba(0,0,0,0.2);border: 1px solid #0000FF; margin: 1px;}
/*给#article1 分配空间：#nav1 占 1/6，#section1 占 3/6，即一半，#aside1 占
2/6，即 1/3*/
#nav1{
    -webkit-box-flex:1;-ms-flex:1;
    flex:1;
}
#section1{
    -webkit-box-flex:3;-ms-flex:3;
    flex:3;
}
#aside1{
    -webkit-box-flex:2;-ms-flex:2;
    flex:2;
}
/*设置#nav2 区域的排列顺序在后面*/
#nav2{
    -webkit-box-flex:1;-ms-flex:1;
    flex:1;
    -webkit-box-ordinal-group: 2;-ms-flex-order: 1;
    order: 1;
}
#section2{
    -webkit-box-flex:1;-ms-flex:1;
    flex:1;
}
#aside2{
    -webkit-box-flex:1;-ms-flex:1;
    flex:1;
}
/*设置#nav3 区域不收缩*/
#nav3{
    -webkit-box-flex:1;-ms-flex:1 0 200px;
    flex:1 0 200px;
}
/*设置#section3 和#aside3 区域按 2 倍比率收缩*/
#section3{
    -webkit-box-flex:1;-ms-flex:1 2 200px;
    flex:1 2 200px;
}
#aside3{
    -webkit-box-flex:1;-ms-flex:1 2 200px;
```

```
            flex:1 2 200px;
        }
    </style>
</head>
<body>
<article class="article" id="article1">
    <nav class="nav" id="nav1">导航区域占 1/6。</nav>
    <section class="section" id="section1">内容区域占 3/6，即一半。</section>
    <aside class="aside" id="aside1">边栏区域占 2/6，即 1/3。</aside>
</article>
<article class="article" id="article2">
    <nav class="nav" id="nav2">导航区域排列顺序在后面</nav>
    <section class="section" id="section2">内容</section>
    <aside class="aside" id="aside2">边栏</aside>
</article>
<article class="article" id="article3">
    <nav class="nav" id="nav3">导航区域不收缩</nav>
    <section class="section" id="section3">内容区域按 2 倍比率收缩</section>
    <aside class="aside" id="aside3">边栏区域按 2 倍比率收缩</aside>
</article>
</body>
```

❷ 伸缩容器属性

1）flex-flow 属性

flex-flow 属性是 flex-direction 属性和 flex-wrap 属性的简写形式，默认值为 row nowrap。其语法如下：

```
flex-flow: <'flex-direction'> || <'flex-wrap'>
```

flex-direction 属性设置伸缩项目在主轴上的排列方向，它有 4 个值，见表 9.14。

表 9.14　flex-direction 属性值

值	描　　述
row	默认值，主轴为水平方向，起点在左端
row-reverse	主轴为水平方向，起点在右端
column	主轴为垂直方向，起点在上沿
column-reverse	主轴为垂直方向，起点在下沿

flex-wrap 属性设置伸缩容器是单行还是多行，在默认情况下，伸缩项目都排在一行上，它有 3 个值，见表 9.15。

表 9.15　flex-wrap 属性值

值	描　　述
nowrap	默认值，不换行
wrap	换行，第 1 行在上方
wrap-revers	换行，第 1 行在下方

例 9.10　CSS3(flex-flow).html，说明了 flex-flow 属性的用法，如图 9.19 所示。

视频讲解

图 9.19　CSS3(flex-flow).html 示意图

源代码如下：

```
<head>
    <title>CSS3 伸缩盒 flex-flow 属性</title>
    <style>
        .article{
            display:-webkit-box;display:-ms-flexbox;
            display:flex;width:100%;max-width:960px;  min-width:260px;margin:
            10px auto;height:100px;
        }
        .nav{background:rgba(0,0,0,0.4);}
        .section{background:rgba(0,0,0,0.3);}
        .aside{background:rgba(0,0,0,.2);}
        /*设置#article1 里的子元素伸缩项目在主轴上为水平方向，起点在右端*/
        #article1{
            -webkit-box-orient: horizontal;-webkit-box-direction: reverse;
            -ms-flex-flow: row-reverse;
            flex-flow: row-reverse;
        }
        /*设置#article2 里的子元素伸缩项目在主轴上为水平方向,起点在左端。当#article2
        宽度不够时换行，第 1 项在上方*/
        #article2{
            -webkit-box-orient:horizontal;-webkit-box-direction:normal;
            -ms-flex-flow:row wrap;
            flex-flow:row wrap;
        }
        #nav2{
            -webkit-box-flex:1;-ms-flex:1 1 260px;
            flex:1 1 260px;
        }
        #section2{
            -webkit-box-flex:1;-ms-flex:1 1 260px;
            flex:1 1 260px;
        }
        #aside2{
            -webkit-box-flex:1;-ms-flex:1 1 260px;
            flex:1 1 260px;
        }
```

```
    </style>
</head>
<body>
<article class="article" id="article1">
    <nav class="nav" id="nav1">导航</nav>
    <section class="section" id="section1">内容</section>
    <aside class="aside" id="aside1">边栏</aside>
</article>
<article class="article" id="article2">
    <nav class="nav" id="nav2">导航</nav>
    <section class="section" id="section2">内容</section>
    <aside class="aside" id="aside2">边栏</aside>
</article>
</body>
```

2）justify-content 属性

justify-content 属性定义了伸缩项目在主轴上的对齐方式，它有 5 个值（具体对齐方式与轴的方向有关，假设主轴为从左到右），见表 9.16。

表 9.16　justify-content 属性值

值	描　述
flex-start	默认值，左对齐
flex-end	右对齐
center	居中
space-between	两端对齐，伸缩项目之间间隔相等
space-around	伸缩项目两侧间隔相等。伸缩项目之间的间隔比伸缩项目与边框的间隔大一倍

例 9.11　CSS3(justify-content).html，说明了 justify-content 属性的用法，如图 9.20 所示。

源代码如下：

```
<head>
    <title>CSS3 伸缩盒 justify-
    content 属性    </title>
    <style>
        .box {
            display: -webkit-box;
            display: -ms-flexbox;
            display: flex;
            width:100%;max-width:9
            60px;min-width:260px;
            margin: 10px 0; height:
            50px;
```

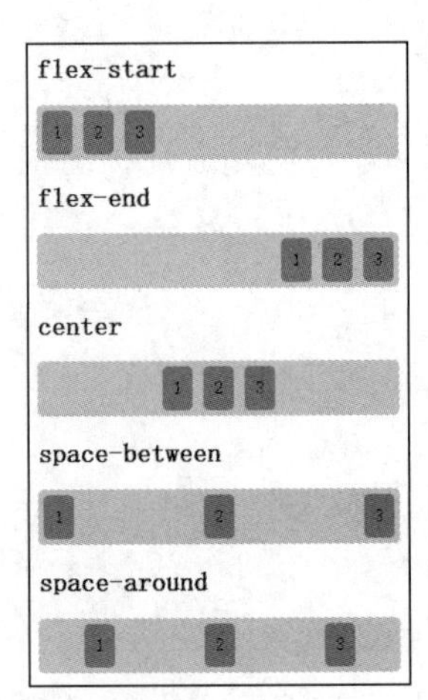

图 9.20　CSS3(justify-content).html 示意图

视频讲解

```
            border-radius: 5px;background-color:rgba(0,0,0,0.2);
        }
        .box div {
            margin: 5px;padding: 10px;text-align: center;
            border-radius: 5px; background: rgba(0,0,0,0.4);
        }
        #box1 {
            -webkit-box-pack: start; -ms-flex-pack: start;
            justify-content: flex-start;
        }
        #box2 {
            -webkit-box-pack: end; -ms-flex-pack: end;
            justify-content: flex-end;
        }
        #box3 {
            -webkit-box-pack: center; -ms-flex-pack: center;
            justify-content: center;
        }
        #box4 {
            -webkit-box-pack: justify; -ms-flex-pack: justify;
            justify-content: space-between;
        }
        #box5 {
            -ms-flex-pack: distribute;
            justify-content: space-around;
        }
    </style>
</head>
<body>
<h2>flex-start</h2>
<div id="box1" class="box">
    <div>1</div>
    <div>2</div>
    <div>3</div>
</div>
<h2>flex-end</h2>
<div id="box2" class="box">
    <div>1</div>
    <div>2</div>
    <div>3</div>
</div>
<h2>center</h2>
<div id="box3" class="box">
    <div>1</div>
    <div>2</div>
    <div>3</div>
</div>
<h2>space-between</h2>
<div id="box4" class="box">
    <div>1</div>
    <div>2</div>
```

```
        <div>3</div>
    </div>
    <h2>space-around</h2>
    <div id="box5" class="box">
        <div>1</div>
        <div>2</div>
        <div>3</div>
    </div>
    </body>
```

3）align-items 属性

align-items 属性定义伸缩项目在交叉轴上如何对齐，它有 5 个值（具体的对齐方式与交叉轴的方向有关，假设交叉轴从上到下），见表 9.17。

表 9.17　align-items 属性值

值	描　述
flex-start	默认值，交叉轴的起点对齐
flex-end	交叉轴的终点对齐
center	交叉轴的中点对齐
baseline	伸缩项目的第一行文字的基线对齐
stretch	默认值，如果伸缩项目未设置高度或设为 auto，将占满整个容器的高度

例 9.12　CSS3(align-items).html，说明了 align-items 属性的用法，如图 9.21 所示。

视频讲解

源代码如下：

```
    <head>
        <title>CSS3 伸缩盒 align-items 属性</title>
        <style>
            .box{
                display:    -webkit-box;display:
                 -ms-flexbox;
                display: flex;
                width:100%;max-width:960px;
                 min-width:260px;margin: 10px 0;
                 height:100px;
                border-radius:   5px;background-
                color:rgba(0,0,0,0.2);
            }
            .box div{
                margin: 5px;padding: 10px;text-
                align: center;
                border-radius: 5px; background:
                rgba(0,0,0,0.4);
            }
            .box .d1{padding-top: 10px;}
            .box .d2{padding-top: 20px;}
```

flex-start
1 2 3
flex-end
1 2 3
center
1 2 3
baseline
1 2 3
stretch
1 2 3

图 9.21　CSS3(align-items).html 示意图

```
        .box .d3{padding-top: 30px;}
        #box1{
            -webkit-box-align:start;-ms-flex-align:start;
            align-items:flex-start;
        }
        #box2{
            -webkit-box-align:end;-ms-flex-align:end;
            align-items:flex-end;
        }
        #box3{
            -webkit-box-align:center;-ms-flex-align:center;
            align-items:center;
        }
        #box4{
            -webkit-box-align:baseline;-ms-flex-align:baseline;
            align-items:baseline;
        }
        #box5{
            -webkit-box-align:stretch;-ms-flex-align:stretch;
            align-items:stretch;
        }
    </style>
</head>
<body>
<h2>flex-start</h2>
<div id="box1" class="box">
    <div class="d1">1</div>
    <div class="d2">2</div>
    <div class="d3">3</div>
</div>
<h2>flex-end</h2>
<div id="box2" class="box">
    <div class="d1">1</div>
    <div class="d2">2</div>
    <div class="d3">3</div>
</div>
<h2>center</h2>
<div id="box3" class="box">
    <div class="d1">1</div>
    <div class="d2">2</div>
    <div class="d3">3</div>
</div>
<h2>baseline</h2>
<div id="box4" class="box">
    <div class="d1">1</div>
```

```
    <div class="d2">2</div>
    <div class="d3">3</div>
</div>
<h2>stretch</h2>
<div id="box5" class="box">
    <div class="d1">1</div>
    <div class="d2">2</div>
    <div class="d3">3</div>
</div>
</body>
```

4）align-content 属性

align-content 属性定义了多根轴线（多行）的对齐方式。如果伸缩项目只有一根轴线，该属性不起作用，它有 6 个值，见表 9.18。

表 9.18　align-content 属性值

值	描　述
flex-start	与交叉轴的起点对齐
flex-end	与交叉轴的终点对齐
center	与交叉轴的中点对齐
space-between	与交叉轴的两端对齐，轴线之间的间隔平均分布
space-around	每根轴线两侧的间隔相等。轴线之间的间隔比轴线与边框的间隔大一倍
stretch	默认值，轴线占满整个交叉轴

例 9.13　CSS3(align-content).html，说明了 align-content 属性的用法，如图 9.22 所示。

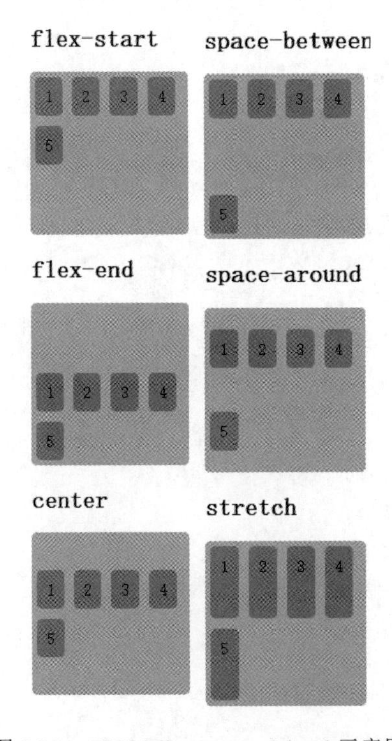

图 9.22　CSS3(align-content).html 示意图

源代码如下：

```
<head>
    <title>CSS3 伸缩盒 align-content 属性</title>
    <style>
        .box{
            display:-webkit-box;display:-ms-flexbox;
            display:flex;
            -ms-flex-flow: wrap;
            flex-flow: wrap;
            width:160px;height:160px;border-radius:5px;background-color:
            rgba(0,0,0,0.3);}
        .box div{margin:5px;padding:10px;border-radius:5px;background:
        rgba (0,0,0,0.4);text-align:center;}
        #box1{
            -ms-flex-line-pack:start;
            align-content:flex-start;
        }
        #box2{
            -ms-flex-line-pack:end;
            align-content:flex-end;
        }
        #box3{
            -ms-flex-line-pack:center;
            align-content:center;
        }
        #box4{
            -ms-flex-line-pack:justify;
            align-content:space-between;
        }
        #box5{-ms-flex-line-pack:distribute;
            align-content:space-around;
        }
        #box6{
            -ms-flex-line-pack:stretch;
            align-content:stretch;
        }
    </style>
</head>
<body>
<h2>flex-start</h2>
<div id="box1" class="box">
    <div>1</div>
    <div>2</div>
    <div>3</div>
```

```
    <div>4</div>
    <div>5</div>
</div>
<h2>flex-end</h2>
<div id="box2" class="box">
    <div>1</div>
    <div>2</div>
    <div>3</div>
    <div>4</div>
    <div>5</div>
</div>
<h2>center</h2>
<div id="box3" class="box">
    <div>1</div>
    <div>2</div>
    <div>3</div>
    <div>4</div>
    <div>5</div>
</div>
<h2>space-between</h2>
<div id="box4" class="box">
    <div>1</div>
    <div>2</div>
    <div>3</div>
    <div>4</div>
    <div>5</div>
</div>
<h2>space-around</h2>
<div id="box5" class="box">
    <div>1</div>
    <div>2</div>
    <div>3</div>
    <div>4</div>
    <div>5</div>
</div>
<h2>stretch</h2>
<div id="box6" class="box">
    <div>1</div>
    <div>2</div>
    <div>3</div>
    <div>4</div>
    <div>5</div>
</div>
</body>
```

9.2.3　CSS 浮动

元素在默认情况下是不浮动的，但可以用 CSS 定义为浮动。

❶ 定义浮动

浮动元素可以向左或向右移动，直到它的外边距边缘碰到包含元素内边距边缘或另一个浮动元素的外边距边缘为止，浮动元素不在文档流中，在 CSS 中通过 float 属性实现元素的浮动。float 属性定义元素在哪个方向浮动，任何元素都可以浮动，浮动元素会变成一个块状元素。表 9.19 列出了 float 属性值。

表 9.19　float 属性值

值	描　　述
left	元素向左浮动
right	元素向右浮动
none	默认值，元素不浮动，显示元素在文本中出现的位置

例 9.14　CSS(float).html，在该页面中建立一个包含元素<div id="include">，其中有 3 个<div>，在没有定义浮动样式前显示的文档流是符合块状元素特征的，如图 9.23 所示。

视频讲解

源代码如下：

```
<head>
    <title>float 浮动</title>
<style>
div div{
    border:1px solid #F00;
    width:80px;height:60px;
    margin:2px;
}
#include{
    border:1px #00F solid;height:194px;width:258px;}
</style>
</head>
<body>
<div id="include">
  <div id="div1">块 1</div>
  <div id="div2">块 2</div>
  <div id="div3">块 3</div>
</div>
</body>
```

块1
块2
块3

图 9.23　CSS(float).html 示意图 1

在内部样式表中添加样式，让<div id="div1">向右浮动，源代码如下：

```
#div1{float:right;}
```

当块 1 向右浮动时，它脱离文档流并且向右移动，直到它的外边距右边缘碰到包含元素的内边距右边缘，如图9.24所示。

改变样式，让<div id="div1">向左浮动，源代码如下：

```
#div1{float:left;}
```

当块1向左浮动时，它脱离文档流并且向左移动，直到它的外边距左边缘碰到包含元素的内边距左边缘。因为它不再处于文档流中，所以它不占据空间，块2占据了块1原先的位置，块1在块2的上面浮动，覆盖住了块2，感觉到块2消失了，如图9.25所示。

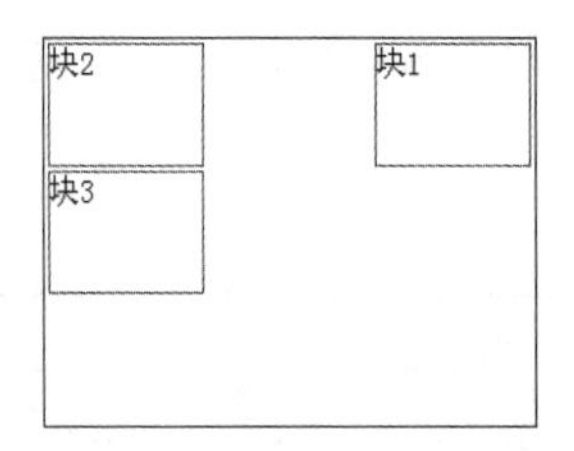

图9.24　CSS(float).html示意图2

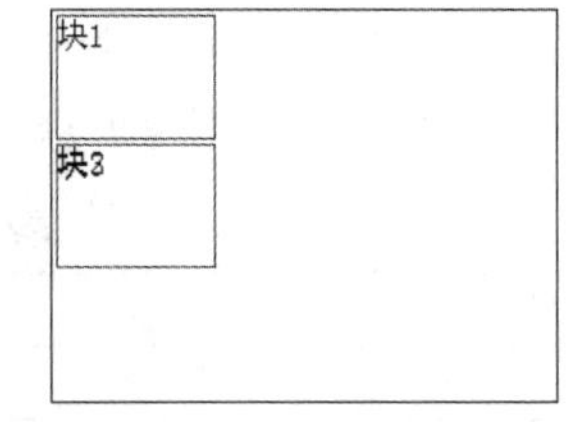

图9.25　CSS(float).html示意图3

改变样式，让3个块同时向左浮动，源代码如下：

```
div div{float:left;}
```

如果把3个块都向左浮动，那么块1向左浮动直到碰到包含元素，另外两个块向左浮动直到碰到前一个浮动块的外边距，如图9.26所示。

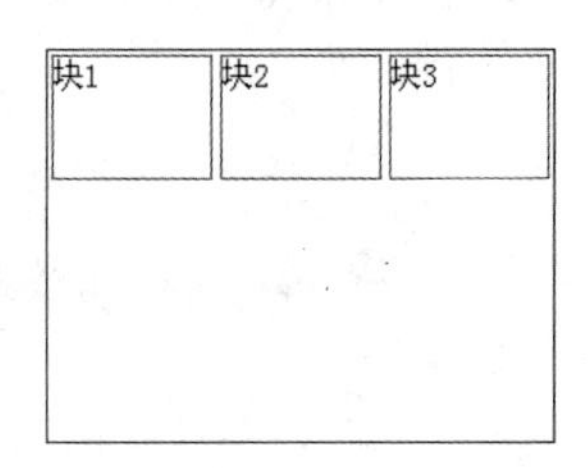

图9.26　CSS(float).html示意图4

减少包含元素的宽度，改动<div id="include">样式如下：

```
#include{
    border:1px #00F solid;
    height:194px;width:256px;
}
```

如果包含元素太窄，无法容纳水平排列的3个浮动元素，那么其他浮动块向下移动，直到有足够的空间，如图9.27所示。

添加样式，让<div id="div1">高度增加，源代码如下：

```
#div1{height:80px;}
```

如果浮动元素的高度不同，那么当它们向下移动时可能被其他浮动元素“挡住”，如图9.28所示。

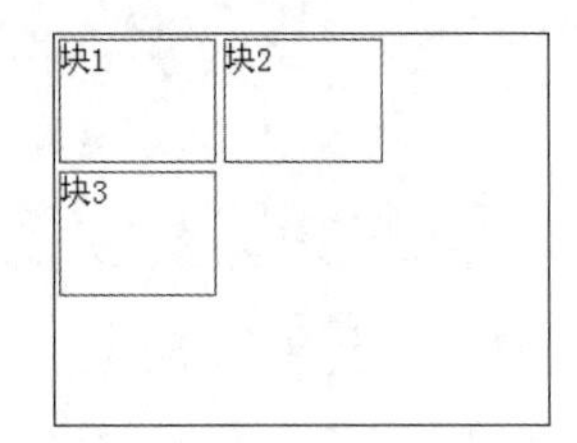

图9.27　CSS(float).html示意图5

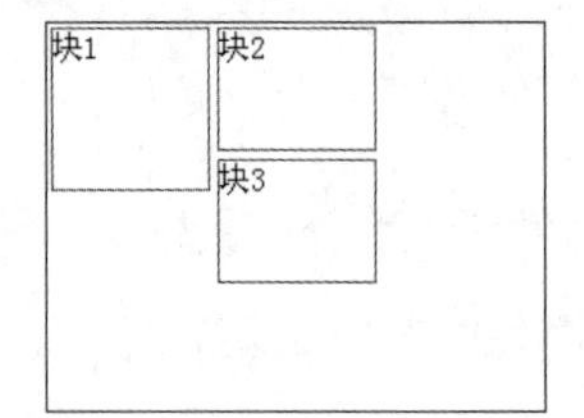

图9.28　CSS(float).html示意图6

❷ 浮动清除

clear 属性规定元素的哪一侧不允许有其他浮动元素，clear 属性值见表 9.20。

表 9.20　clear 属性值

值	描　述
left	在左侧不允许浮动元素。如果左边有浮动元素，则当前元素会在浮动元素底下显示
right	在右侧不允许浮动元素。如果右边有浮动元素，则当前元素会在浮动元素底下显示
both	在左、右两侧均不允许浮动元素。不管哪边存在浮动元素，当前元素都会在浮动元素底下显示
none	默认值，允许浮动元素出现在两侧

例 9.15　CSS(clear-1).html，说明 clear 属性的用法，如图 9.29 所示。

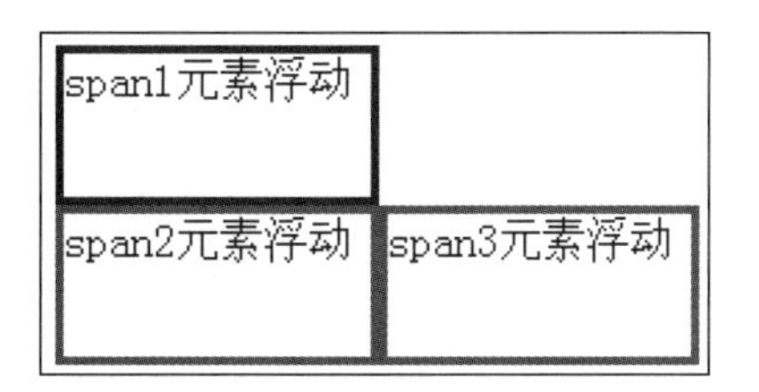

视频讲解

图 9.29　CSS(clear-1).html 示意图

源代码如下：

```
<head>
   <title>clear 清除</title>
<style>
span{width:110px;height:50px;}
#span1{
    float:left;
    border:solid blue 3px;
}
#span2{
    float:left;
    border:solid red 3px;
    clear:left; /*清除左侧浮动*/
}
#span3{float:left;border:solid green 3px;}
</style>
</head>
<body>
<span id="span1">span1 元素浮动</span> <span id="span2">span2 元素浮动</span>
<span id="span3">span3 元素浮动</span>
</body>
```

该清除只能用于浮动元素的清除，当一个浮动元素定义了 clear 属性时不会对其前面和后面的元素产生影响。

例 9.16　CSS(clear-2).html，在 CSS(clear-1).html 的基础上修改第 2 个 span 的样式，变为清除右侧浮动，如图 9.30 所示。

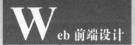

span1元素浮动 span2元素浮动 span3元素浮动

图 9.30　CSS(clear-2).html 示意图

样式如下：

```
#span2 {
    float:left;
    border:solid red 3px;
    clear:right; /*清除右侧浮动*/
}
```

第 2 个 span 元素定义了 clear:right，由于它的左、右没有向右浮动的元素，所以它依然与第 1 个 span 元素并列显示，同时第 3 个 span 元素不会受任何影响。

浮动清除不仅针对相邻浮动元素，只要在水平方向上有浮动元素都会实现清除操作。

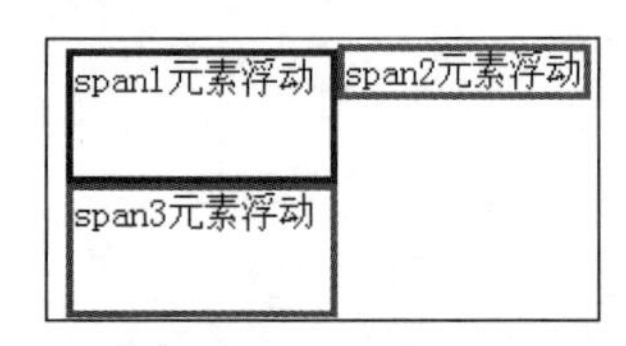

图 9.31　CSS(clear-3).html 示意图

例 **9.17**　CSS(clear-3).html，在 CSS(clear-2).html 的基础上清除第 2 个 span 元素向左浮动，为第 3 个 span 元素增加清除左侧浮动。显示效果如图 9.31 所示。

样式如下：

```
#span2{border:solid red 3px;}
#span3{
    float:left;border:solid green 3px;
    clear:left; /*清除左侧浮动*/
}
```

虽然第 1 个 span 元素与第 3 个 span 元素并不相邻，中间隔着第 2 个 span 元素，但在显示时它们依然水平相邻，所以当定义第 3 个 span 元素清除属性时自动在第 1 个 span 元素底部显示。

9.2.4　可见与溢出

❶ visibility 属性

visibility 属性规定元素是否可见。表 9.21 列出了 visibility 属性值。

表 9.21　visibility 属性值

值	描　述
visible	默认值。元素是可见的
hidden	元素不可见
collapse	当在表格元素中使用时，此值可删除一行或一列，不会影响表格的布局，被行或列占据的空间会留给其他内容使用。如果此值被用在其他的元素上，同 hidden

即使不可见的元素也会占据页面上所在位置的空间，用户可以使用 display 属性来创建不占据页面空间的不可见元素。

例如使 h2 元素不可见：

```
h2{visibility:hidden;}
```

❷ 溢出

overflow 属性设置元素内容溢出时的处理方式，也可以使用 overflow-x 和 overflow-y 分别设置横向和纵向内容溢出时的处理方式。表 9.22 列出了 overflow 属性值。

表 9.22　overflow 属性值

值	描　述
visible	默认值。溢出内容不做处理，内容可能会超出容器
hidden	隐藏溢出内容
scroll	隐藏溢出内容，溢出内容将以拖动滚动条的方式呈现
auto	当内容没有溢出时不出现滚动条，当内容溢出时出现滚动条，按需出现滚动条

例 9.18　CSS3(overflow).html，说明了 overflow 属性的用法，如图 9.32 所示。

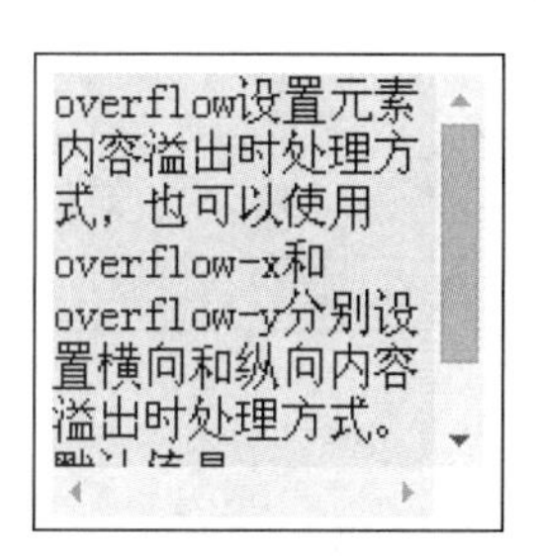

图 9.32　CSS3(overflow)示意图

源代码如下：

```
<head>
    <title>overflow 溢出</title>
    <style>
        div {background-color:hsla(120,60%,80%,1); width:150px;height:
        150px;overflow: scroll;}
    </style>
</head>
<body>
<div>
overflow 设置元素内容溢出时处理方式，也可以使用 overflow-x 和 overflow-y 分别设置横
向和纵向内容溢出时处理方式。默认值是 visible。
</div>
</body>
```

❸ 光标显示类型

cursor 属性规定要显示的光标的类型。该属性定义了鼠标指针放在一个元素边界范围内时所用的光标形状。表 9.23 列出了常用光标的类型。

表 9.23　cursor 属性值

值	描　　述
url	使用自定义光标的 URL
default	默认光标（通常是一个箭头）
auto	默认值。浏览器设置的光标
crosshair	十字线
pointer	指示链接的指针（一只手）
move	指示某对象可被移动
e-resize	指示矩形框的边缘可被向右（东）移动
ne-resize	指示矩形框的边缘可被向上及向右移动（北/东）
nw-resize	指示矩形框的边缘可被向上及向左移动（北/西）
n-resize	指示矩形框的边缘可被向上（北）移动
se-resize	指示矩形框的边缘可被向下及向右移动（南/东）
sw-resize	指示矩形框的边缘可被向下及向左移动（南/西）
s-resize	指示矩形框的边缘可被向下移动（南）
w-resize	指示矩形框的边缘可被向左移动（西）
text	指示文本
wait	指示程序正忙（通常是沙漏）
help	指示可用的帮助（通常是一个问号或一个气球）

下面的样式使用了一些不同的光标指针：

```
span.crosshair{cursor:crosshair;}
span.help{cursor:help;}
span.wait{cursor:wait;}
```

9.3　CSS 定位

CSS 定位属性允许用户对元素进行定位。表 9.24 列出了 CSS 的定位属性。

表 9.24　CSS 定位属性

属　　性	描　　述
position	规定元素的定位类型
top	定义了定位元素的上外边距边界与其包含块上边界之间的偏移
right	定义了定位元素的右外边距边界与其包含块右边界之间的偏移
bottom	定义了定位元素的下外边距边界与其包含块下边界之间的偏移
left	定义了定位元素的左外边距边界与其包含块左边界之间的偏移
z-index	设置元素的堆叠顺序

9.3.1　position 属性

position 属性规定元素的定位类型，position 属性值见表 9.25。这个属性定义建立元素布局所用的定位机制，任何元素都可以定位。

表 9.25　position 属性值

值	描　　述
absolute	绝对定位，相对于最近定位的祖先元素进行定位，元素的定位位置通过 left、top、right 和 bottom 属性值确定
fixed	固定定位，相对于浏览器窗口进行定位，元素的定位位置通过 left、top、right 和 bottom 属性值确定
relative	相对定位，相对于其正常位置进行定位，元素的定位位置通过 left、top、right 和 bottom 属性值确定
static	默认值。没有定位，元素出现在正常的流中，忽略 top、bottom、left、right 或者 z-index 声明

❶ CSS 相对定位

设置为相对定位的元素会相对于这个元素的起点偏移某个距离，元素仍然保持其未定位前的形状，这个元素原本所占的空间仍保留。

视频讲解

例 9.19　CSS(position-relative).html，在该页面中定义了一个<div>，包含 3 个块，将 id="box-relative"块设为相对定位，如果将 top 设置为 20px，那么这个块会在原位置向下移动 20 像素，如果将 left 设置为 30 像素，那么这个块会在原位置向右移动 30 像素，如图 9.33 所示。

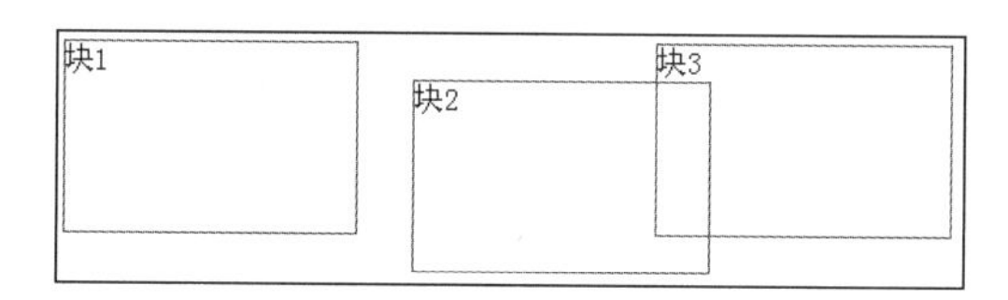

图 9.33　CSS(position-relative).html 示意图

源代码如下：

```
<head>
    <title>相对定位</title>
<style>
div div{
    border:1px solid #F00;
    width:160px;height:100px;float:left;
}
#box-relative{
    position:relative;
    left:30px;top:20px;}
</style>
</head>
<body>
<div>
  <div>块 1</div>
  <div id="box-relative">块 2</div>
  <div>块 3</div>
</div></body>
```

❷ CSS 绝对定位

设置为绝对定位的元素从文档流中完全删除，元素的位置与文档流无关，不占据文档流空间，元素定位后变成一个块状元素，元素的位置相对于最近的已定位的祖先元素，如果元素没有已定位的祖先元素，那么它的位置相对于 body。

例 9.20 CSS(position-absolute).html，在该页面中定义了<div>，包含 3 个块，如果将 id="box-absolute"块设为绝对定位，那么这个块会脱离文档流，相对于 body 元素定位，因为这个元素没有已定位的祖先元素，如图 9.34 所示。

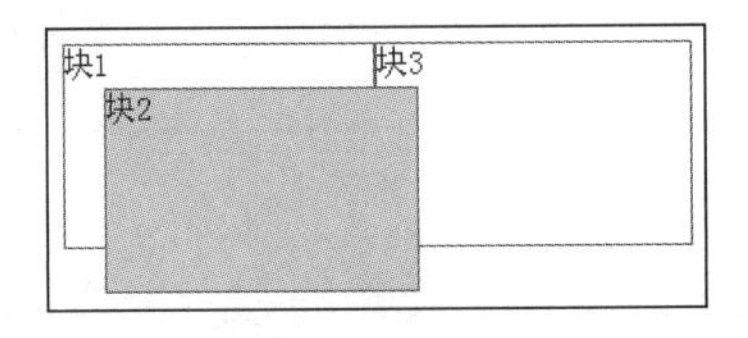

图 9.34 CSS(position-absolute).html 示意图

视频讲解

源代码如下：

```
<head>
<title>绝对定位</title>
<style>
div div{
    border:1px solid #F00;width:160px;height:100px;float:left;
}
#box-absolute{
    position:absolute;
    left:30px;top:30px;
    background-color:#FC0;}
</style>
</head>
<body>
<div>
  <div>块 1</div>
  <div id="box-absolute">块 2</div>
  <div>块 3</div>
</div></body>
```

对于定位，用户要理解每种定位的意义：相对定位是“相对于”元素在文档中的初始位置，而绝对定位是“相对于”最近的已定位祖先元素，如果不存在已定位的祖先元素，那么最近的已定位祖先元素是 body。

❸ 包含块

包含块是标准布局中的一个重要概念，它是绝对定位的基础，包含块是为绝对定位元素提供坐标偏移和显示范围的参照物。在默认状态下，body 元素是一个大的包含块，所有绝对定位的元素都是根据 body 来确定自己所处的位置的。但是如果定义了包含元素（指元素内容包含其他元素）为包含块，对于被包含的绝对定位元素来说，就会根据最近的包含块来决定自己的显示位置。

用户可以用 position 属性来定义任意包含元素成为包含块，position 属性的有效取值包括 absolute、fixed 和 relative。

例 9.21　CSS(include_block).html，在该页面中定义了包含元素<div id="a">和<div id="b">，<div id="c">和<div id="d">是被包含元素，将<div id="b">定义为相对定位，确定它为包含块，如图 9.35 所示。

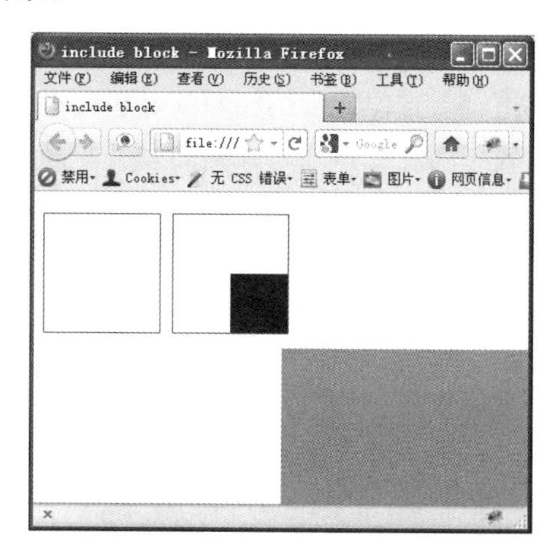

图 9.35　CSS(include.block).html 示意图

源代码如下：

```
<head>
<title>包含块</title>
<style>
/* 定义包含元素的共同属性 */
#a, #b{
    width:100px;height:100px;float:left;
    margin-top:10px;              /* 拉开与窗口顶部的距离 */
    border:solid 1px red;         /* 定义红色边框线，以便于识别 */
}
/* 定义包含元素 b 为相对定位，确定它为包含块 */
#b{
    position:relative;margin-left:10px;/*拉开与 b 包含元素的距离*/}
/* 定义被包含元素绝对定位，并进行偏移 */
#c, #d{
    width:50%;height:50%;
    position:absolute;
    left:50%; /* 与包含块左侧边框的距离为 50% */
    top:50%; /* 与包含块顶部边框的距离为 50% */
}
#c{background-color:#0F0;}
#d{background-color:#00F;}
</style>
</head>
```

```
<body>
<div id="a">
  <div id="c"></div>
</div>
<div id="b">
  <div id="d"></div>
</div></body>
```

在一般情况下，包含块是绝对定位元素的相邻的父级元素。

绝对定位的元素应该显式声明定位方式、元素的宽度和高度，绝对定位元素本身是一个包含块，一个绝对定位元素将为它包含的任何元素建立一个包含块。

例 **9.22** CSS(include).html，在该页面中定义了 3 个不同的包含元素，观察不同包含元素与它们的子元素的位置关系，如图 9.36 所示。

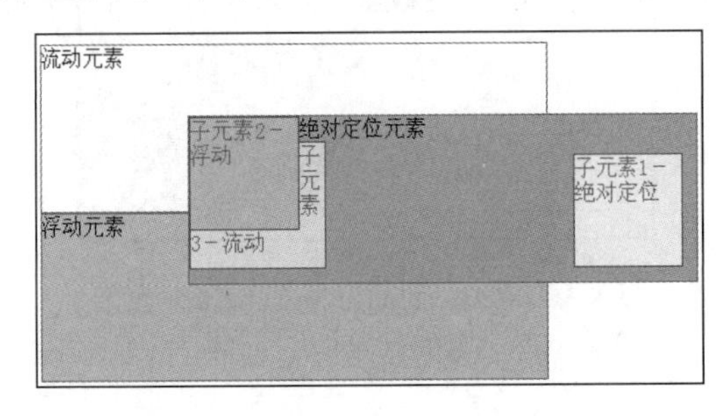

图 9.36　CSS(include).html 示意图

源代码如下：

```
<head>
<title>包含元素</title>
<style>
#contain1,#contain2,#contain3{
    width:380px;height:120px;
    border:solid 1px #666;
}
#contain2{/*定义第 2 个 div 元素为绝对定位*/
    position:absolute;left:120px;top:60px;background:#F08080;
}
#contain3{/*定义第 3 个 div 元素为浮动>*/
    float:left;background:#D2B48C;
}
#contain2 div{color:#993399;border:solid 1px #FF0000;}
#sub-div1{/*定义绝对定位包含块内的第 1 个元素为绝对定位>*/
    width:80px;height:80px;position:absolute;
    right:10px;bottom:10px;background:#FEF68F;
}
#sub-div2{/*定义绝对定位包含块内的第 2 个元素为浮动布局*/
    width:80px;height:80px;float:left;background:#DDA0DD;
```

```
}
#sub-div3{width:100px;height:90px;background:#CCFF66;}
</style>
</head>
<body>
<div id="contain1">流动元素</div>
<div id="contain2">绝对定位元素
  <div id="sub-div1">子元素1一绝对定位</div>
  <div id="sub-div2">子元素2一浮动</div>
  <div id="sub-div3">子元素3一流动</div>
</div>
<div id="contain3">浮动元素</div>
</body>
```

把相对定位和绝对定位结合起来，形成混合定位，混合定位是利用相对定位的流动优势和绝对定位的布局优势实现网页定位的灵活性和精确性优势互补。

9.3.2 z-index 属性

因为绝对定位的元素与文档流无关，所以它们可以覆盖页面上的其他元素。可以通过设置 z-index 属性来控制这些块的堆叠顺序。z-index 属性用于设置元素的堆叠顺序，拥有更高堆叠顺序的元素总是会处于堆叠顺序较低的元素的前面。

z-index 的值默认为“auto”，表示堆叠顺序与父元素相同，可以设置具体的值，也可以为负数。

把 CSS(position-absolute).html 中绝对定位的 id="box-absolute"块的 z-index 属性设为-1，则块 1 和块 3 在绝对定位块的上面显示，如图 9.37 所示。

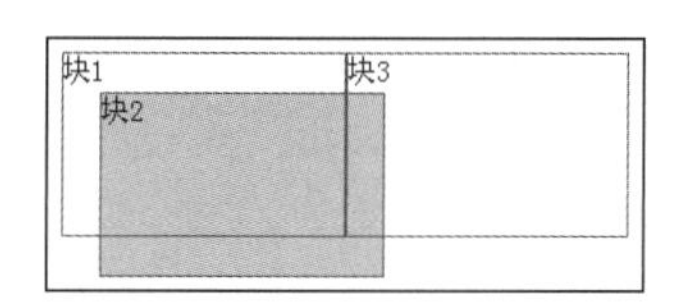

图 9.37　CSS(position-absolute).html 示意图 2

```
#box-absolute{
    position:absolute;
    left:30px;top:30px;
    background-color:#FC0;
    z-index:-1;
}
```

提示： z-index 值后面没有单位，如果写成“z-index:1px”将是错误的。

9.4 基本布局模板

CSS 网页布局千变万化，用户应该掌握 CSS 基本布局类型，常见的 CSS 布局类型主要有固定（液态）布局和弹性伸缩布局。

9.4.1 固定（液态）布局

视频讲解

固定是指列宽以像素指定，列的宽度不会根据浏览器的大小或站点访问者的设置来 调整。

例 **9.23** CSS(layout-1).html，以 3 列显示内容，带有标题和脚注，说明了固定布局的基本思想。

源代码如下：

```
<head>
    <title>固定布局</title>
    <style>
        .container { width: 960px; background: #FFFFFF;margin: 0 auto; }
        header {background: #ADB96E; height: 30px; }
        .sidebar1 {width: 170px;height: 100px; background: #EADCAE; display:
        inline-block; }
        article {width: 600px;height: 120px;background-color: #99CC33;
        margin:0px 10px;display: inline-block;}
        .sidebar2 {width: 170px;height: 100px;background: #EADCAE;display:
        inline-block;}
        footer {background: #CCC49F;height: 20px;}
    </style>
</head>
<body>
<div class="container">
    <header>标题</header>
    <aside class="sidebar1">边栏</aside>
    <article><h2>内容</h2></article>
    <aside class="sidebar2">边栏</aside>
    <footer>脚注</footer>
</div>
</body>
```

由于是固定列宽，所以样式宽度均以像素表示。该页面在浏览器中的显示如图 9.38 所示。

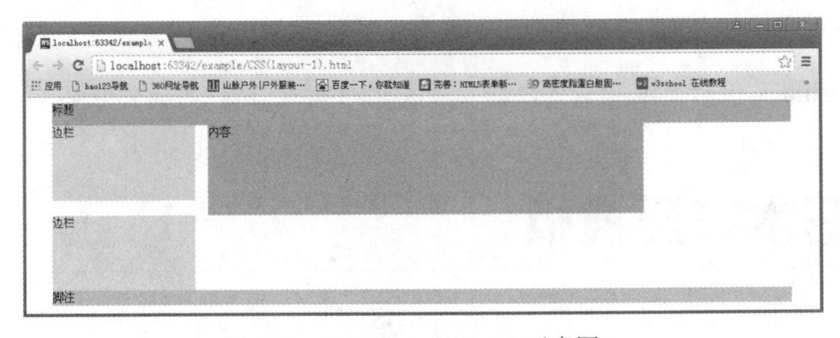

图 9.38　CSS(layout-1).html 示意图 1

提示：“margin: 0 auto;” 是设定<div class="container">左、右外边距为自动调整，即左、右外边距是相等的，由于<div class="container">的包含元素是<body>，而且<body>里只有这个元素，所以可以将<div class="container">在<body>里居中对齐。

可以看到右边的边栏并没有显示在内容的右边，而是显示在左边栏和内容的下面，这是由于使用了 inline-block 水平呈现元素，元素标签代码之间换行会有空格呈现的间距，因此去掉标签代码之间的空格就没有间距了。

将需要水平呈现的 3 个标签写在一行上，源代码如下：

```
<aside class="sidebar1">边栏</aside><article><h2>内容</h2></article><aside
class="sidebar2">边栏</aside>
```

或去掉结束标记和开始标记的换行符，源代码如下：

```
<aside class="sidebar1">边栏</aside><article>
<h2>内容</h2></article><aside class="sidebar2">
边栏</aside>
```

这样问题就解决了，如图 9.39 所示。

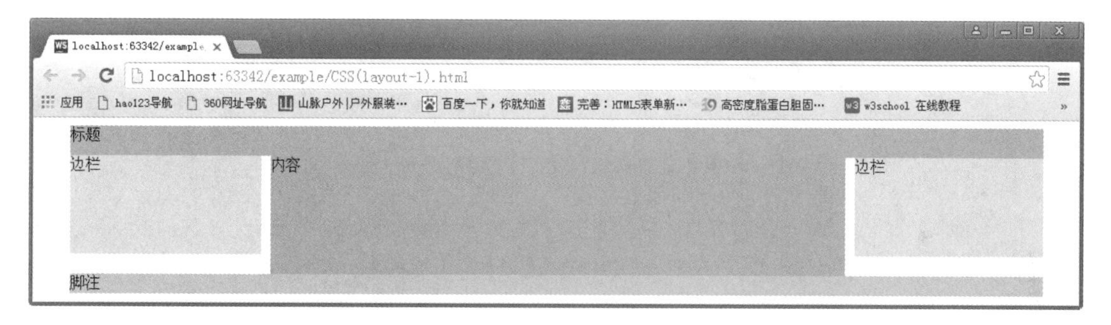

图 9.39　CSS(layout-1).html 示意图 2

液态是指列宽以站点访问者的浏览器宽度的百分比形式指定，如果站点访问者将浏览器变宽或变窄，列宽将会自动进行调整。

例 9.24　CSS(layout-2).html，该页面与 CSS(layout-1).html 的内容结构一样，不同的是所有宽度以百分比表示，因此将随浏览器的宽度缩放，如图 9.40 所示。

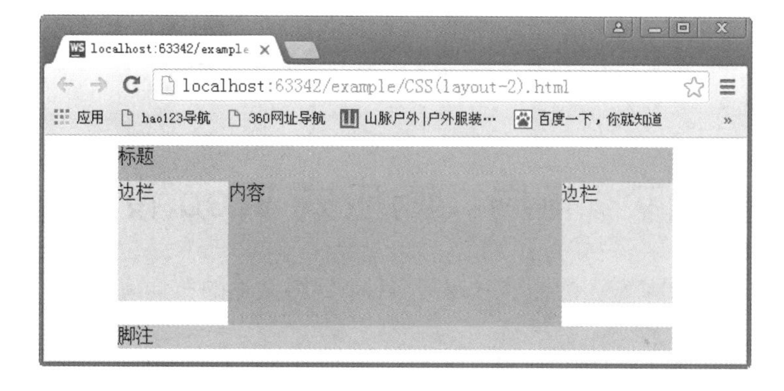

图 9.40　CSS(layout-2).html 示意图

样式如下：

```
<head>
    <style>
        .container {
           width: 80%; background: #FFFFFF; margin: 0 auto;
           max-width: 960px; /*最大宽度，防止布局在大型显示器上过宽*/
           min-width: 480px; /*最小宽度，防止布局过窄*/
        }
        header {background: #ADB96E; height: 30px;}
        .sidebar1 {
           width: 20%; height: 100px; background: #EADCAE;
           display: inline-block;
        }
        article {
           width: 60%; height: 120px; background-color: #99CC33;
           display: inline-block;
        }
        .sidebar2 {
           width: 20%; height: 100px; background: #EADCAE;
           display: inline-block;
        }
        footer {background: #CCC49F; height: 20px;}
    </style>
</head>
<body>
<div class="container">
    <header>标题</header>
    <aside class="sidebar1">边栏</aside><article><h2>内容</h2>    </article>
    <aside class="sidebar2">边栏
    </aside>
    <footer>脚注</footer>
</div>
</body>
```

固定（液态）布局主要使用了行内块（inline-block），这种布局方式的最大问题是会在 HTML5 元素间渲染空格，在行内块中内容想垂直居中也不容易做到，而且行内块也做不到让两个相邻的元素一个宽度固定，另一个填充剩余空间。

9.4.2 弹性伸缩布局（响应式 Web 设计）

视频讲解

弹性伸缩布局使用 CSS3 的伸缩盒布局属性，使得常见的布局模式（例如三列布局）变得非常简单。

例 9.25 CSS3(layout).html，以 3 列显示内容，带有标题和脚注，说明了弹性伸缩布局的基本思想，如图 9.41 所示。

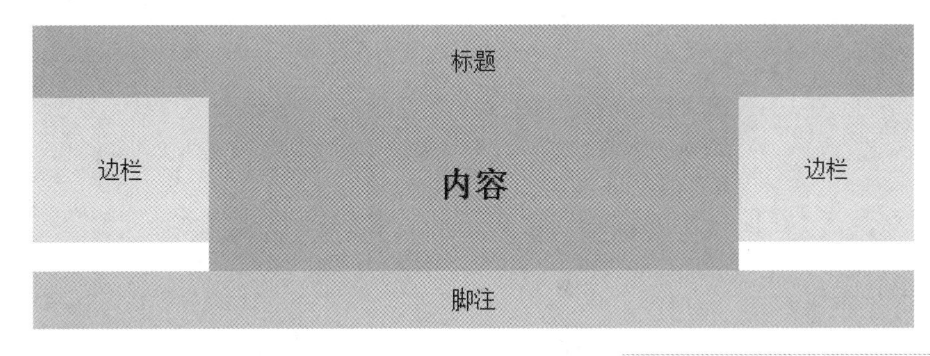

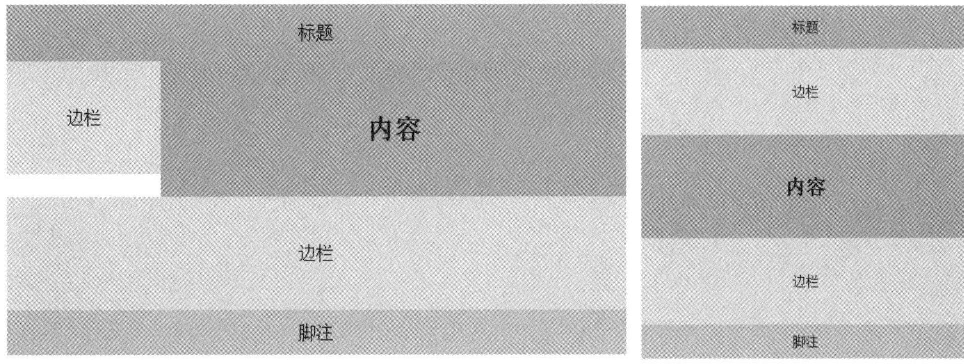

图 9.41　CSS3(layout).html 示意图

源代码如下：

```
<head>
    <title>弹性伸缩布局</title>
    <style>
        /* .container 在垂直方向上排列伸缩*/
        .container {
            display: -webkit-box;display: -ms-flexbox;
            display: flex;
            -webkit-box-orient: vertical;-webkit-box-direction: normal;-ms-
            flex-flow: column nowrap;
            flex-flow: column nowrap;
            width:100%; background: #FFFFFF; margin: 0 auto;
            max-width: 960px; /*最大宽度，防止布局在大型显示器上过宽*/
            min-width: 260px; /*最小宽度，防止布局过窄*/
        }
        header {background: #ADB96E; height: 50px;}
        /**#content 在水平方向上排列伸缩，使用 flex: 1 1 125px 的伸缩基准值在缩小时
        换行*/
        #content{
            display: -webkit-box;display: -ms-flexbox;
            display: flex;
            -webkit-box-orient:horizontal;-webkit-box-direction:normal;
            -ms-flex-flow:row wrap;
```

```
            flex-flow:row wrap;
        }
        .sidebar1 {
            -webkit-box-flex: 1;-ms-flex: 1 1 125px;
            flex: 1 1 125px;
            height: 100px; background: #EADCAE;
        }
        article {
            -webkit-box-flex:3;-ms-flex:3 1 375px;
            flex:3 1 375px;
            height: 120px;background-color: #99CC33;
        }
        .sidebar2 {
            -webkit-box-flex:1;-ms-flex:1 1 125px;
            flex:1 1 125px;
            height: 100px;background: #EADCAE;
        }
        /*内容水平、垂直居中*/
        header,.sidebar1,article, .sidebar2,footer {
            display: -webkit-box;display: -ms-flexbox;
            display: flex;
            -webkit-box-align: center;-ms-flex-align: center;
            align-items: center;
            -webkit-box-pack: center;-ms-flex-pack: center;
            justify-content: center;
        }
        footer {background: #CCC49F;height: 40px;}
    </style>
</head>
<body>
<div class="container">
    <header>标题</header>
    <div id="content">
        <aside class="sidebar1">边栏</aside>
        <article><h2>内容</h2></article>
        <aside class="sidebar2">边栏</aside>
    </div>
    <footer>脚注</footer>
</div>
</body>
```

这种布局方式能够适应当浏览器窗口宽度变化时布局自动跟着变化，当宽度比较大时显示 3 列，当宽度逐渐变小时显示两列，当宽度更小时（跟移动设备屏幕宽度相当）则以

1 列显示，这实际上就是响应式 Web 设计（布局）的基本思想。

在没有 CSS3 伸缩盒之前，响应式 Web 设计的核心技术之一是将固定大小（宽度）转换为比例大小，CSS3 伸缩盒彻底解决了这一问题。

响应式 Web 设计的另一核心技术是使用媒体查询相对于视口大小应用不同的 CSS 规则。本书案例全部采用了基于 HTML5 和 CSS3 的响应式 Web 设计。

9.5 叮叮书店首页的布局样式设计

启动 WebStorm，打开叮叮书店项目首页 index.html（在第 7 章的 7.4 节建立）。新建外部样式表文件 style.css（操作见第 8 章的 8.6 节）。

视频讲解

将光标定位到“<title>叮叮书店</title>”的后面，按回车键，输入下面的代码：

```
<link href="style.css" rel="stylesheet">
```

index.html 通过链接方式使用外部样式表。

打开样式表文件 style.css，进入编辑区，按下面的步骤设计样式。

（1）设计通用样式。

```
/*公共*/
/*清除所有元素默认的内、外边距，默认字体是微软雅黑*/
*{padding: 0px; margin: 0px;font-family:"微软雅黑", Verdana, Arial, Helvetica, sans-serif;}
/*图像宽度设为百分比，可以自动调整宽度，适应响应式 Web 设计*/
img{width: 100%;border: 0px;}
/*目前移动设备屏幕的最小宽度为 260px，所以设 min-width 为 260px。margin: 0 auto 表示整个页面内容自动居中*/
.container{width:100%;max-width:1260px;min-width:260px;margin: 0 auto;}
/*屏幕宽度大于 420px，页面显示宽度设为 80%*/
@media screen and (min-width: 420px) {
    .container{width:80%;}
}
```

（2）进行整体布局。

整个页面基于弹性伸缩盒，采用响应式 Web 设计进行布局，主要是内容区以两列显示。

```
/*布局*/
/*内容区水平方向伸缩，当到达最小宽度时换行。左边内容区的宽度是右边边栏区的两倍*/
#content-wrapper{display: flex;flex-flow: row wrap;}
main{flex:2;margin: 0.5rem; min-width: 260px;}
aside{flex:1;margin: 0.5rem; min-width: 260px;}
```

在浏览器中的显示效果如图 9.42 所示，可以看到左边内容区和右边边栏区并列显示。

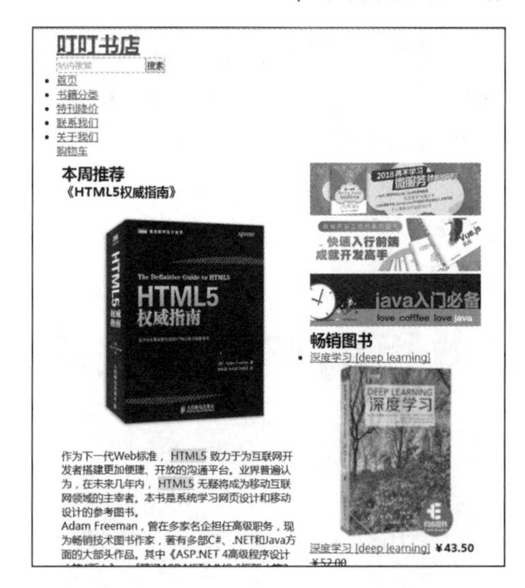

图 9.42　叮叮书店首页布局示意图 1

（3）进行局部布局。

设置样式，让本周推荐图书的封面图像和文字内容并列显示。

```
/*本周推荐、最近新书、最近促销水平方向伸缩，当到达最小宽度时换行*/
.recommend-book .content,#new .content,#sales .content{display:flex;
flex-flow: row wrap;}
/*本周推荐图书封面和内容布局的空间分配*/
.recommend-book .content .cover{flex: 1; min-width: 260px;}
.recommend-book .content .description{flex: 2;margin-right: 1rem;}
```

在浏览器中的显示效果如图 9.43 所示，可以看到本周推荐图书的封面图像和文字内容已经并列显示。

图 9.43　叮叮书店首页布局示意图 2

设置样式，让最近新书和最近促销里每本书的内容介绍按列顺序显示。

```
/*最近新书、最近促销内容按列方向伸缩*/
.book{flex:1;min-width: 260px;margin: 0.5rem;}
.effect-1{display: flex;flex-flow: column;}
```

在浏览器中的显示效果如图 9.44 所示，可以看到每本书的内容介绍已经按列显示。

图 9.44　叮叮书店首页布局示意图 3

设置样式，让图书分类和合作伙伴内容并列显示。

```
/*图书分类和合作伙伴水平方向伸缩*/
#classify-partner{display:flex;}
#classify{flex: 1;}
#partner{flex: 1;}
```

在浏览器中的显示效果如图 9.45 所示，可以看到图书分类和合作伙伴内容已经并列显示。

图 9.45　叮叮书店首页布局示意图 4

设置样式，让最近新书和最近促销里的图像、“加入购物车详细内容”链接居中，让显示版权信息的文字内容居中，当宽度大于 640px 时才显示版权信息。

```
/*最近新书和最近促销里的图像、“加入购物车详细内容”链接居中*/
.effect-1 .image-box,.cart-more{display: flex;justify-content: center;}
/*显示版权信息的文字内容居中*/
#copyright{height: 90px;display: none; flex-flow:column;justify-content:
center;align-items: center;font-size: 1.1rem;}
/*宽度大于 640px 时显示版权信息*/
@media screen and (min-width: 640px) {
    #copyright{display:flex;}
}
```

设置样式，让本周推荐里图书的下边框为实线，本周推荐、最近新书、最近促销、边栏广告、图书分类和合作伙伴的下边框为虚线。

```
/*定义本周推荐里图书的下边框为实线*/
.recommend-book{border-bottom:hsl(0,0%,80%) solid 1px; padding-bottom: 1rem;}
/*定义本周推荐、最近新书、最近促销、边栏广告、图书分类和合作伙伴的下边框为虚线*/
#recommend,#new,#sales,#best-selling,#classify-partner,#about,#advert{
border-bottom:hsl(0,0%,80%) dashed 1px;margin-bottom:1rem; padding-bottom: 1rem;}
```

在浏览器中的显示效果如图 9.46 所示，可以看到实线边框和虚线边框。

图 9.46　叮叮书店首页布局示意图 5

9.6　小结

本章介绍了 CSS 盒模型的概念和 CSS 盒模型的基本属性，详细介绍了 CSS 定位元素，分析了常见的 CSS 基本布局模型，最后详细介绍了叮叮书店首页的布局过程和操作。

9.7 习题

❶ 选择题

（1）HTML 中的元素可分为块状元素和行内元素，其中（ ）是块状元素。

A．<p> B．<b> C．<a> D．<span>

（2）在下列标签中不属于块状元素的是（ ）。

A．
 B．<p> C．<div> D．<hr>

（3）关于浮动，下列样式规则中不正确的是（ ）。

A．img{float:left;margin:20px;}

B．img{float:right;right:30px;}

C．img{float:right;width:120px;height:80px;}

D．img{float:left;margin-bottom:2em;}

（4）在以下代码片段中，属于绝对定位的是（ ）。

A．#box{width:100px;height:50px;}

B．#box{width:100px;height:50px;position:absolute;}

C．#box{width:100px;height:50px;position:static;}

D．#box{width:100px;height:50px;position:relative;}

（5）一个盒模型由 4 个部分组成，其中不包括（ ）。

A．padding B．width C．border D．margin

（6）下面关于盒模型定位的说法中错误的是（ ）。

A．静态定位表示块状元素保持在标准文档流中原来的位置，不做任何移动

B．相对定位是相对于元素的原有位置进行偏移，不会脱离标准文档流，也不会对其他元素产生任何影响

C．绝对定位以最近的一个已定位的父级元素为基准，若无父级元素或父级元素未定位，则以浏览器窗口为基准

D．绝对定位不会脱离标准文档流，也不影响同一级元素的位置

（7）下面的代码中包含（ ）个 BOX。

```
<div>
请查看<span>我的 BLOG</span>，网址如下：<p>blog.163.com</p>
</div>
```

A．3 B．4 C．1 D．2

（8）阅读下列代码片段，关于元素<div id="b">定位的说法正确的是（ ）。

```
<style>
#a{ width:400px;height:300px;border:1px solid red;float:right;}
#b{
    width:100px;height:100px;border:1px solid blue;
```

```
    position:absolute;left:10px;top:10px;
}
</style>
<body>
<div id="a">
    <div id="b"></div>
</div>
</body>
```

A．相对于浏览器窗体的右上角进行位置偏移
B．相对于浏览器窗体的左上角进行位置偏移
C．相对于自身的位置进行位置偏移
D．相对于元素 a 的左上角位置进行位置偏移

（9）（　　）盒模型显示方式是弹性伸缩盒。

A．display:flex　　B．display:block
C．display:inline　　D．display:inline-block

（10）以下关于包含块的说法中正确的是（　　）。

A．包含块的作用是为绝对定位的元素提供定位基准
B．包含块指的是绝对定位的父级容器
C．包含块指的是相对定位的父级容器
D．包含块指设置了 float 属性的元素

❷ 简答题

（1）构成 CSS 盒模型的属性有哪些？
（2）CSS 定位方式有几种？各有什么特点？
（3）如何定义包含块？为什么使用包含块？
（4）弹性伸缩盒模型有哪些优势？如何计算弹性伸缩盒元素的宽度？
（5）响应式 Web 设计核心技术有哪些？

第10章

元素外观属性

页面上所有的元素都可以通过CSS属性设定自己的外观，包括文本、背景、列表、字体、尺寸、表格等。本章首先详细介绍CSS常用属性，接下来讨论如何使用CSS表格样式属性，最后介绍叮叮书店首页元素外观的具体设置。

本章要点：

- CSS常用属性。
- CSS表格属性。

10.1 背景

10.1.1 CSS背景

CSS允许应用颜色作为背景，也可以使用图像作为背景。表10.1列出了CSS的背景属性。

表10.1 CSS背景属性

属　性	描　述
background	简写属性，在一个声明中设置背景属性
background-color	设置背景颜色
background-image	设置背景图像
background-attachment	设置背景图像是否固定或者随着页面滚动
background-position	设置背景图像的起始位置
background-repeat	设置背景图像是否重复以及如何重复

❶ background属性

background属性可以在一个声明中设置所有的背景属性。背景属性出现的顺序无关紧要，如果用户不设置其中的某个值，也不会出问题。所有背景属性都不能继承。

如果设置元素背景，最好使用这个属性，而不是分别使用单个属性。例如：

```
body{background:#00FF00 url(bg.jpg) no-repeat fixed top;}
```

❷ **背景色**

background-color 属性为元素设置背景色。例如把元素的背景设置为灰色：

```
p{background-color:gray;}
```

用户可以为所有元素设置背景色。background-color 属性不能继承，默认值是 transparent，如果一个元素没有指定背景色，那么背景就是透明的。

如果同时定义了背景颜色和背景图像，背景图像将覆盖背景颜色。

❸ **背景图像**

background-image 属性可以把图像作为背景，默认值是 none，表示背景上没有放置任何图像。其语法如下：

```
background-image: <bg-image> [ , <bg-image> ]
```

如果需要设置一个背景图像，必须为这个属性设置一个 URL 值。例如：

```
body{background-image:url(bg.jpg);}
```

CSS3 允许使用多个背景图像，如果定义了多个背景图像，并且背景图像之间有重叠，写在前面的将会覆盖写在后面的图像。

❹ **背景的重复**

当背景图像的大小小于元素区域时，可以使用 background-repeat 属性设置是否重复以及如何重复背景图像。其语法如下：

```
background-repeat: <repeat-style> [ , <repeat-style> ]
```

这里可以使用两个参数，第 1 个用于横向，第 2 个用于纵向，如果只有一个参数，则用于横向和纵向。repeat-x 相当于 repeat no-repeat，repeat-y 相当于 no-repeat repeat。表 10.2 列出了 background-repeat 属性值。

表 10.2　background-repeat 属性值

值	描　　述
repeat	默认值，背景图像将在垂直方向和水平方向重复
repeat-x	背景图像将在水平方向重复
repeat-y	背景图像将在垂直方向重复
no-repeat	背景图像将仅显示一次，不允许图像在任何方向上重复
round	背景图像自动缩放直到填充满整个容器
space	背景图像以相同的间距平铺填充满整个容器或某个方向

例如让背景图像仅在垂直方向上重复：

```
body{background-image:url(bg.jpg);background-repeat:repeat-y;}
```

❺ 背景的定位

background-position 属性用来设置图像在背景中的位置。其语法如下：

```
background-position: <position> [ ,<position> ]*
```

用户可以为多个背景图像指定位置，位置使用两个参数，表 10.3 列出了 background-position 属性值。

表 10.3 background-position 属性值

值	描　述
top left、top center、top right center left、center center、center right bottom left、bottom center、bottom right	默认值：0% 0% 如果仅规定了一个关键词，那么第 2 个值将是“center”
percentage(x% y%)	x%是水平位置，y%是垂直位置。左上角是 0% 0%，右下角是 100% 100%。如果仅规定了一个值，另一个值将是 50%
length (xpos ypos)	xpos 是水平位置，ypos 是垂直位置。左上角是 0 0，单位是像素或其他 CSS 单位。如果仅规定了一个值，另一个值将是 50%。另外，用户可以混合使用%和值

下面的例子在 body 元素中将一个背景图像居中放置：

```
body{
    background-image:url(bg.jpg);
    background-repeat:no-repeat;background-position:center;
}
```

1）关键字

根据规范，关键字可以按任何顺序出现，只要保证不超过两个关键字即可，一个对应水平方向，另一个对应垂直方向。如果只出现一个关键字，则认为另一个关键字是 center。

2）百分数值

百分数值同时应用于元素和图像。也就是说，图像中描述为 50% 50%的点与元素中描述为 50% 50%的点对齐。如果想把一个图像放在水平方向 2/3、垂直方向 1/3 处，可以如下声明：

```
body{
    background-image:url('bg.jpg');
    background-repeat:no-repeat;background-position:66% 33%;
}
```

3）长度值

长度值是元素内边距左上角的偏移，偏移点是图像的左上角。这一点与百分数值不同，图像的左上角与 background-position 声明中指定的点对齐。

如果设置值为 50px 100px，图像的左上角将在元素内边距左上角的向右 50 像素、向下 100 像素的位置上：

```
body{
    background-image:url('bg.jpg');
    background-repeat:no-repeat;background-position:50px 100px;
```

```
}
```

在 CSS3 中位置可以使用 4 个值，如果提供 4 个值，在每个 percentage 或 length 前都必须有一个关键字（left、center、right、top 或 bottom），表示相对于关键字位置进行偏移的值。

❻ 背景的关联

如果页面文档或元素内容比较多，当文档或元素内容向下滚动时，背景图像也会随之滚动，如果文档或者元素内容滚动到超过图像的位置，图像就会消失，用户可以通过设置 background-attachment 属性防止这种滚动。表 10.4 列出了 background-attachment 属性值。

表 10.4　background-attachment 属性值

值	描　　述
scroll	默认值，背景图像会随着页面的滚动而移动
fixed	背景图像相对于窗体固定
local	背景图像相对于元素内容固定

background-attachment 属性的默认值是 scroll，在默认情况下，背景会随文档滚动。如果声明图像相对于可视区是固定的，则不会受到滚动的影响，例如：

```
body{background-image:url(bg.jpg);background-attachment:fixed}
```

10.1.2　CSS3 背景

CSS3 增加了 3 个背景属性。表 10.5 列出了 CSS3 增加的背景属性。

表 10.5　CSS3 背景属性

属　　性	描　　述
background-origin	设置背景图像显示原点位置
background-clip	设置背景图像向外裁剪的区域
background-size	设置背景图像的尺寸大小

❶ background-origin 属性

background-origin 属性设置背景图像显示原点位置。表 10.6 列出了 background-origin 属性值。

表 10.6　background-origin 属性值

值	描　　述
padding-box	默认值，从 padding 区域（含 padding）开始显示背景图像
border-box	从 border 区域（含 border）开始显示背景图像
content-box	从 content 区域开始显示背景图像

❷ background-clip 属性

background-clip 属性设置背景图像向外裁剪的区域。表 10.7 列出了 background-clip 属性值。

表 10.7　background-clip 属性值

值	描　　述
border-box	默认值，从 border 区域（不含 border）开始向外裁剪背景
padding-box	从 padding 区域（不含 padding）开始向外裁剪背景
content-box	从 content 区域开始向外裁剪背景

❸ background-size 属性

background-size 属性设置背景图像的尺寸大小，可以设置两个参数（cover 和 contain 除外）。第 1 个用于定义背景图像的宽度，第 2 个用于定义背景图像的高度。如果只有一个值，将用于定义背景图像的宽度，高度为 auto，背景图像以提供的宽度作为参照来进行等比缩放。表 10.8 列出了 background-size 属性值。

表 10.8　background-size 属性值

值	描　　述
length	用长度值指定背景图像大小，不允许为负值
percentage	用百分比指定背景图像大小，不允许为负值
auto	默认值，背景图像的真实大小
cover	将背景图像等比缩放到覆盖容器
contain	将背景图像等比缩放到宽度或高度与容器的宽度或高度相等，背景图像始终被包含在容器内

例 10.1　CSS3(background-image).html，使用了 CSS3 背景属性，如图 10.1 所示。

视频讲解

图 10.1　CSS3(background-image).html 示意图

源代码如下：

```
<head>
    <title>背景图像</title>
    <style>
        div{width: 300px; height: 100px; border: 10px dotted #FF0000;padding:
        40px;margin-bottom: 10px; }
        /*#div1 设置两个背景图像，从内容区域开始显示背景图像，background-origin:
        content-box*/
        #div1 {
            background: url("images/border-image.png") bottom 20px right
            20px no-repeat content-box,url("images/background-image-1.jpg")
            top 0px left 0px no-repeat  content-box #B4B4B4;
            opacity: 0.5;
        }
        /*#div2 背景图像从内容区域开始向外裁剪，background-clip:content-box*/
        #div2 {
            background: url("images/border-image.png") content-box,url("images/
            background-image-1.jpg") content-box #B4B4B4;
        }
        /*把#div3 背景图像等比缩放到整个内边距和内容区域，background-size:cover*/
        #div3 {
            background: url("images/background-image-1.jpg") no-repeat  #B4B4B4;
            background-size:cover;
        }
    </style>
</head>
<body>
<div id="div1">多个背景图像</div>
<div id="div2">背景图像向外裁剪</div>
<div id="div3">背景图像等比缩放</div>
</body>
```

提示：如果设置多个背景图像，background-color 只能设置一次，背景颜色要求定义在最后的图像上。

10.1.3 CSS3 透明度

在 CSS3 中 opacity 属性用于设置整个对象的不透明度，属性值使用浮点数，取值为 0.0～1.0。例如：

```
#div1{
    background-color: #B4B4B4;
    background-image: url("images/border-image.png")
    opacity: 0.5;
}
```

10.2　字体

CSS 字体属性定义文本中的字体。表 10.9 列出了 CSS 字体属性。

表 10.9　CSS 字体属性

属　　性	描　　述
font	简写属性，在一个声明中设置所有字体属性
font-family	字体系列
font-size	字体尺寸
font-size/line-height	字体尺寸和行高
font-style	字体风格
font-weight	字体粗细

10.2.1　指定字体

用于可以使用 font-family 属性定义文档采用的优先字体系列。

❶ 通用字体系列

CSS 主要有以下 3 种通用字体系列。

（1）serif 字体系列：字体成比例，而且有上、下短线。成比例是指字体中的所有字符根据其不同大小有不同的宽度，例如小写 i 和小写 m 的宽度就不同。上、下短线是每个字符笔画末端的装饰，例如大写 A 两条腿底部的短线。serif 字体系列包括 Times、Georgia 和 New Century Schoolbook。

（2）sans-serif 字体系列：字体是成比例的，没有上、下短线，包括 Helvetica、Geneva、Verdana、Arial 或 Univers。

（3）monospace 字体系列：字体并不是成比例的，通常用于打印机输出。这些字体每个字符的宽度都必须完全相同，所以小写的 i 和小写的 m 有相同的宽度。monospace 字体系列包括 Courier、Courier New 和 Andale Mono。

如果希望文档使用一种 sans-serif 字体，但并不关心是哪一种字体：

```
body{font-family:sans-serif;}
```

这样就会从 sans-serif 字体系列中选择一种字体（例如 Arial）应用到 body。

❷ 指定字体系列

除了通用字体系列以外，用户还可以设置更具体的字体。例如文档中的所有元素使用“微软雅黑”字体：

```
body{font-family:微软雅黑;}
```

指定字体会产生一个问题，如果用户没有安装这种字体，则只能使用默认字体来显示。此时可以通过指定字体和通用字体系列相结合来解决这个问题，例如：

```
body{font-family:微软雅黑,sans-serif;}
```

如果用户没有安装“微软雅黑”字体，但安装了 Times 字体（serif 字体系列中的一种），元素会使用 Times 字体。

提示：最好在所有 font-family 属性值中都提供一个通用字体系列。

如果字体名称中有一个或多个空格（例如 New York），需要在声明中加引号。

为了保证在浏览者的计算机上能正确地显示字体，提倡使用系统默认字体，例如中文宋体或新宋体，英文 Arial。

10.2.2 指定大小

font-size 属性设置元素的字体大小，其实它设置的是字体中字符框的高度，实际的字符字形可能比这些框高或矮（通常会矮）。表 10.10 列出了 font-size 属性值。

表 10.10 font-size 属性值

值	描述
xx-small、x-small、small medium large、x-large、xx-large	把字体的尺寸设置为从 xx-small 到 xx-large 默认值为 medium
smaller	设置为比父元素更小的尺寸
larger	设置为比父元素更大的尺寸
length	设置为一个固定的值
%	设置为基于父元素的一个百分比值

例如设置 HTML 元素的字体尺寸：

```
h2{font-size:200%;}
p{font-size:100%;}
```

10.2.3 字体风格

font-style 属性定义字体的风格。表 10.11 列出了 font-style 属性值。

表 10.11 font-style 属性值

值	描述
normal	默认值，标准字体样式
italic	斜体
oblique	倾斜

例如为段落设置不同的字体风格：

```
p.italic{font-style:italic;}
p.oblique{font-style:oblique;}
```

10.2.4 字体粗细

font-weight 属性设置文本字体的粗细。表 10.12 列出了 font-weight 属性值。

表 10.12　font-weight 属性值

值	描　　述
normal	默认值，标准字符
bold	粗体
bolder	更粗
lighter	更细
100、200、300、400、500、600、700、800、900	定义由细到粗的字符。400 为 normal，700 为 bold

例如设置段落字体的粗细：

```
p.thick{font-weight:bold;}
p.thicker{font-weight:900;}
```

例 10.2　CSS(font).html，使用了常用的字体属性，如图 10.2 所示。

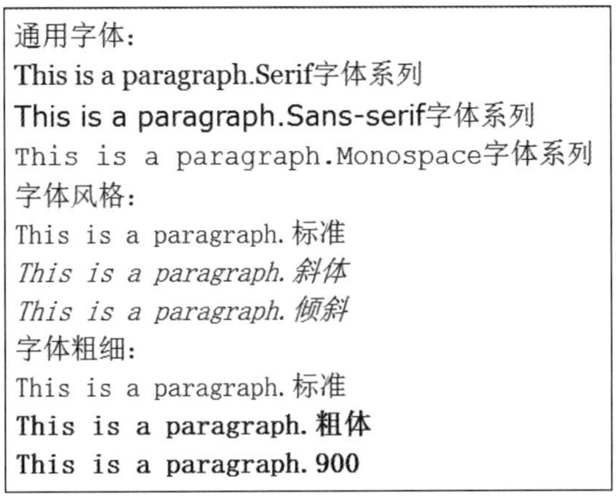

通用字体：
This is a paragraph.Serif字体系列
This is a paragraph.Sans-serif字体系列
This is a paragraph.Monospace字体系列
字体风格：
This is a paragraph. 标准
This is a paragraph. 斜体
This is a paragraph. 倾斜
字体粗细：
This is a paragraph. 标准
This is a paragraph. 粗体
This is a paragraph. 900

图 10.2　CSS(font).html 示意图

源代码如下：

```
<head>
   <title>font 字体</title>
   <style>
      p {font-size: 1.5rem; margin: 5px 0;}
      .ff1 {font-family: Georgia, "Times New Roman", Times, serif;}
      .ff2 {font-family: Verdana, Geneva, sans-serif;}
      .ff3 {font-family: "Courier New", Courier, monospace;}
      .fs1 {font-style: normal;}
      .fs2 {font-style: italic;}
      .fs3 {font-style: oblique;}
      .fw1 {font-weight: normal;}
      .fw2 {font-weight: bold;}
      .fw3 {font-weight: 900;}
   </style>
</head>
<body>
```

```
<p>通用字体：</p>
<p class="ff1">This is a paragraph.Serif 字体系列</p>
<p class="ff2">This is a paragraph.Sans-serif 字体系列</p>
<p class="ff3">This is a paragraph.Monospace 字体系列</p>
<p>字体风格：</p>
<p class="fs1">This is a paragraph.标准</p>
<p class="fs2">This is a paragraph.斜体</p>
<p class="fs3">This is a paragraph.倾斜</p>
<p>字体粗细：</p>
<p class="fw1">This is a paragraph.标准</p>
<p class="fw2">This is a paragraph.粗体</p>
<p class="fw3">This is a paragraph.900</p>
</body>
```

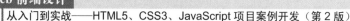

10.2.5 CSS3 服务器端字体

在 CSS3 之前，Web 设计师必须使用已在计算机上安装好的字体。现在通过 CSS3 @font-face，Web 设计师可以使用他们喜欢的任意字体，并将该字体文件存放到 Web 服务器上，用户在访问页面时，字体会在需要时被自动下载到用户的计算机上。

字体格式类型主要有 TrueType、EOT、OpenType、WOFF、SVG。

- TrueType：Windows 和 Mac 系统使用的字体格式，由数学模式定义基于轮廓的字体。
- EOT（Embedded Open Type，.eot）：EOT 是嵌入式字体，由微软公司开发，允许 OpenType 字体用@font-face 嵌入到网页。
- OpenType（.otf）：OpenType 由微软和 Adobe 公司共同开发，微软公司的 IE 浏览器全部采用这种字体，其致力于替代 TrueType 字体。
- WOFF（WebOpen Font Format，.woff）：WOFF 是专门为 Web 设计的字体格式标准，实际上是对 TrueType 和 OpenType 等字体格式的封装，字体文件被压缩，以便于网络传输。
- SVG（Scalable Vector Graphics，.svg）：SVG 是 W3C 制定的开放标准的图形格式。SVG 字体使用 SVG 技术来呈现，另外还有一种 gzip 压缩格式的 SVG 字体。

表 10.13 列出了@font-face 规则中定义的描述符。

表 10.13　@font-face 描述符

描　述　符	值	描　　述
font-family	name	必需。规定字体的名称
src	url	必需。定义字体文件的 URL
font-stretch	normal condensed ultra-condensed extra-condensed semi-condensed	可选。定义如何拉伸字体，默认为"normal"

续表

描 述 符	值	描　　述
font-stretch	expanded semi-expanded extra-expanded ultra-expanded	可选。定义如何拉伸字体，默认为"normal"
font-style	ormal italic oblique	可选。定义字体的样式，默认为"normal"
font-weight	normal bold 100 200 300 400 500 600 700 800 900	可选。定义字体的粗细，默认为"normal"
unicode-range	unicode-range	可选。定义字体支持的 UNICODE 字符范围，默认为"U+0-10FFFF"

如果使用服务器端字体，必须首先在@font-face 规则中定义字体的名称和位置，然后在 HTML 元素中通过 font-family 来引用服务器端字体。

在引用字体@font-face 时，一般会把 WOFF、EOT 和 SVG 引用进去，浏览器根据需要下载不同类型的字体。IE 浏览器一般使用 EOT，其他浏览器使用 WOFF，移动设备使用 TTF。

目前网络上有很多 Web 字体资源，有的免费，有的需要付费。例如谷歌免费的 Web 字体（http://www.google.com/webfonts）；第一中文 Web font 服务平台——有字库提供的中文在线云字体（https://www.youziku.com/onlinefont/index）；Font Awesome（http://www.fontawesome. com.cn/）提供的可缩放矢量图标。

如果用户需要自己制作字体，可以使用 FontCreator 软件，这是一款专业的字体制作、字体设计软件，可以用来制作、编辑和修改 TTF、OTF、TTC 等格式的字体文件，生成标准的字体文件，是编辑、制作字体的必备软件。

例 **10.3**　CSS3(@font-face).html，说明了如何使用服务器端字体，如图 10.3 所示。

图 10.3　CSS3(@font-face).html 示意图

视频讲解

源代码如下：

```
<head>
    <title>服务器端字体</title>
    <style>
        @font-face {
            font-family:"jpzk";
            src: url("fonts/jpzk.otf");
        }
        @font-face {
            font-family:"qtgg";
            src: url("fonts/qtgg.otf");
        }
        /*引用多种字体格式，满足不同设备和浏览器的需要*/
        @font-face {
            font-family: 'FontAwesome';
            src: url('fonts/fontawesome-webfont.eot?v=4.7.0');
            src: url('fonts/fontawesome-webfont.eot?#iefix&v=4.7.0')
            format ('embedded-opentype'), url('fonts/fontawesome-webfont.woff2?v=
             4.7.0')  format('woff2'),  url('fonts/fontawesome-webfont.woff?v=
             4.7.0') format('woff'), url('fonts/fontawesome-webfont.ttf?v=
             4.7.0')  format('truetype'),  url('fonts/fontawesome-webfont.
             svg?v=4.7.0#fontawesomeregular') format('svg');
            font-weight: normal;
            font-style: normal;
        }
        #div1 {
            font-family: jpzk;
            font-size: 4rem;
        }
        #div2 {
            font-family: qtgg;
            font-size: 3rem;
        }
        #div3 {
            font-family: FontAwesome;
            font-size: 2rem;
        }
    </style>
</head>
<body>
<div id="div1">12345</div>
<div id="div2">1234567890</div>
<!--用字符实体引用 -->
<div id="div3">&#xF000; &#xF001; &#xF002; &#xF003; &#xF004;</div>
```

```
</body>
```

提示：如果用户不知道引用字符实体的名称或编号，可以使用 FontCreator 软件打开字体文件查看。

10.3　文本与修饰

10.3.1　文本

CSS 文本属性可用来定义文本的外观，包括改变文本的颜色和字符间距、文本对齐、文本装饰和文本缩进等。表 10.14 列出了 CSS 文本属性。

表 10.14　CSS 文本属性

属　　性	描　　述
line-height	行高
text-align	水平对齐
text-align-last	设置块内最后一行（包括仅有一行文本）或者被强制打断换行的对齐方式
text-decoration	文本修饰
text-indent	缩进文本首行
text-transform	处理文本的大小写
white-space	空白处理方式
letter-spacing	字母间隔
text-overflow	截短文本，设置是否使用一个省略标记来标示对象内文本溢出的部分。clip：截短文本；ellipsis：显示省略符号来表示被截短的文本；string：使用给定的字符串来表示被截短的文本

❶ 缩进文本

把段落的首行缩进是一种最常用的文本格式化，使用 text-indent 属性可以方便地实现文本缩进，该长度可以是负值。例如下面的样式会使所有段落的首行缩进 2rem：

```
p{text-indent:2rem;}
```

这里可以为所有块状级元素应用 text-indent，但不能将其应用于行内元素。如果想把一个行内元素的第 1 行“缩进”，可以用左内边距或外边距创造这种效果。另外，text-indent 属性可以继承。

1）使用负值

text-indent 可以设置为负值。利用这种方式可以实现很多有趣的效果，例如“悬挂缩进”，即第 1 行悬挂在元素中余下部分的左边：

```
p{text-indent:-2rem;}
```

如果将 text-indent 设置为负值，那么首行的某些文本可能会超出浏览器窗口的左边界。为了避免出现这种问题，最好针对负缩进再设置外边距或内边距，例如：

```
p{text-indent:-2rem; margin-left:2rem;}
```

例 **10.4**　CSS(text-indent).html，实现了“首行缩进”和“悬挂缩进”，如图 10.4 所示。

视频讲解

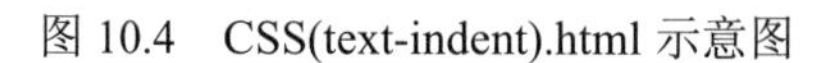

图 10.4　CSS(text-indent).html 示意图

源代码如下：

```
<head>
    <title>text-indent</title>
    <style>
        .p1 {text-indent: 2rem;}
        .p2 {text-indent: -2rem;margin-left: 2rem;}
    </style>
</head>
<body>
<p class="p1">首行缩进。这是一个段落，这是一个段落，这是一个段落，这是一个段落，这是一个段落，这是一个段落。</p>
<p class="p2">悬挂缩进。这是一个段落，这是一个段落，这是一个段落，这是一个段落，这是一个段落，这是一个段落。</p>
</body>
```

2）使用百分比值

百分数相对于缩进元素父元素的宽度。换句话说，如果将缩进值设置为 20%，所影响元素的第 1 行会缩进其父元素宽度的 20%。

❷ 水平对齐

text-align 属性规定元素中文本的水平对齐方式。表 10.15 列出了 text-align 属性值。

表 10.15　text-align 属性值

值	描　述
left	默认值，把文本排列到左边
right	把文本排列到右边
center	把文本排列到中间
justify	两端对齐，对于强制打断的行及最后一行（包括仅有一行文本）不做处理

left、right 和 center 会导致元素中的文本分别左对齐、右对齐和居中。justify 是两端对齐，文本行的左、右两端都放在父元素的内边界上，然后调整单词和字母间的间隔，使各行的长度恰好相等。

将元素内容居中，也可以通过设置左、右外边距来实现。

text-align-last 属性设置块内最后一行（包括仅有一行文本）或者被强制打断换行的对齐方式。表 10.16 列出了 text-align-last 属性值。

表 10.16 text-align-last 属性值

值	描 述
auto	无特殊对齐方式
left	内容左对齐
right	内容右对齐
center	内容居中对齐
justify	内容两端对齐

例 10.5 CSS(text-align).html，说明了文本水平对齐方式属性的使用，如图 10.5 所示。

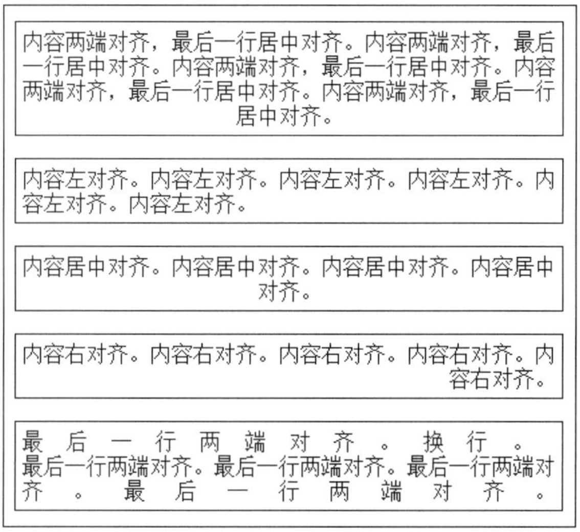

内容两端对齐，最后一行居中对齐。内容两端对齐，最后一行居中对齐。内容两端对齐，最后一行居中对齐。内容两端对齐，最后一行居中对齐。

内容左对齐。内容左对齐。内容左对齐。内容左对齐。内容左对齐。

内容居中对齐。内容居中对齐。内容居中对齐。内容居中对齐。

内容右对齐。内容右对齐。内容右对齐。内容右对齐。内容右对齐。

最 后 一 行 两 端 对 齐 。 换 行 。
最后一行两端对齐。最后一行两端对齐。最后一行两端对齐 。 最 后 一 行 两 端 对 齐 。

图 10.5 CSS(text-align).html 示意图

源代码如下：

```
<head>
    <title>text-align 水平对齐</title>
    <style>
        p{width: 400px; border: solid 1px #000000;padding: 5px;}
        .p1 {text-align:justify;text-align-last: center;}
        .p2 {text-align:left;}
        .p3 {text-align:center;}
        .p4 {text-align:right;}
        .p5 {text-align-last:justify;}
    </style>
</head>
<body>
<p class="p1">内容两端对齐，最后一行居中对齐。内容两端对齐，最后一行居中对齐。内容两端对齐，最后一行居中对齐。内容两端对齐，最后一行居中对齐。内容两端对齐，最后一行居中对齐。</p>
<p class="p2">内容左对齐。内容左对齐。内容左对齐。内容左对齐。内容左对齐。内容左对齐。</p>
<p class="p3">内容居中对齐。内容居中对齐。内容居中对齐。内容居中对齐。</p>
```

```
<p class="p4">内容右对齐。内容右对齐。内容右对齐。内容右对齐。内容右对齐。</p>
<p class="p5">最后一行两端对齐。换行。<br>最后一行两端对齐。最后一行两端对齐。最后一行两端对齐。最后一行两端对齐。</p>
</body>
```

❸ 字母间隔

letter-spacing 属性设定字母之间的间隔。该属性的值可以是任何长度单位的值，默认关键字是 normal，输入的长度值会使字母之间的间隔增加或减少。用户也可以使用百分比指定间隔，可以为负值。

例 10.6 CSS(letter-spacing).html，使用了字母间隔样式属性，如图 10.6 所示。

这 是 一 个 段 落

这是一个段落

图 10.6　CSS(letter-spacing).html 示意图

源代码如下：

```
<head>
    <title>letter-spacing 字母间隔</title>
    <style>
        p.spread {letter-spacing: 0.5rem;}
        p.tight {letter-spacing: -0.3rem;}
    </style>
</head>
<body>
<p class="spread">这是一个段落</p>
<p class="tight">这是一个段落</p>
</body>
```

❹ 字符转换

text-transform 属性处理文本的大小写。表 10.17 列出了 text-transform 属性值。

表 10.17　text-transform 属性值

值	描　述
none	默认值，定义带有小写字母和大写字母的标准文本
capitalize	文本中的每个单词以大写字母开头
uppercase	仅有大写字母
lowercase	仅有小写字母

❺ 处理空白符

white-space 属性设置如何处理元素内的空白。通过使用该属性，可以影响浏览器处理字之间和文本行之间的空白符的方式。表 10.18 列出了 white-space 属性值。

表 10.18　white-space 属性值

值	描　　述
normal	默认值，空白会被浏览器忽略
pre	空白会被浏览器保留。其行为方式类似 HTML 中的<pre>标签
nowrap	文本不会换行，文本会在同一行上继续，直到遇到 标签为止
pre-wrap	保留空白符序列，但是正常地进行换行
pre-line	合并空白符序列，但是保留换行符

HTML 默认把所有空白符合并为一个空格。用户可以用以下声明显式地设置这种默认行为：

```
p{white-space:normal;}
```

1）pre

如果将 white-space 设置为 pre，就像 HTML 的 pre 元素一样，空白符不会被忽略。

2）nowrap

如果将 white-space 设置为 nowrap，会防止元素中的文本换行，除非使用了一个 br 元素。

3）pre-wrap 和 pre-line

如果将 white-space 设置为 pre-wrap，文本会保留空白符序列，正常地换行，源文本中的换行符以及生成的自动换行符会保留。pre-line 和 pre-wrap 相反，会像正常文本中一样合并空白符序列，但保留换行符。

表 10.19 总结了 white-space 属性的行为。

表 10.19　white-space 属性的行为

值	空　白　符	换　行　符	自　动　换　行
pre-line	合并	保留	允许
normal	合并	忽略	允许
nowrap	合并	忽略	不允许
pre	保留	保留	不允许
pre-wrap	保留	保留	允许

例 10.7　CSS3(white-space).html，使用 white-space 属性实现了一个水平滚动面板，如图 10.7 所示。

视频讲解

图 10.7　CSS3(white-space).html 示意图

源代码如下：

```
<head>
    <title>white-space 空白符</title>
    <style>
        *{font-family: "微软雅黑";}
        /*设置.scroll-panel 元素内容不换行*/
        .scroll-panel{
            white-space: nowrap; width: 100%; overflow-x: auto; overflow-y: hidden;
            display: -webkit-box; display: -ms-flexbox;
            display: flex;
        }
        .item{white-space: normal; margin: 0 0.5rem;}
        .caption {font-size: 1.2rem;line-height: 1.2; text-align: center;}
    </style>
</head>
<body>
<h2>水平滚动面板</h2>
<nav class="scroll-panel">
    <section class="item">
        <h3 class="caption">HTML 权威指南</h3>
        <img src="images/prod1.jpg" alt="封面">
    </section>
    <section class="item">
        <h3 class="caption">HTML 权威指南</h3>
        <img src="images/prod1.jpg" alt="封面">
    </section>
    <section class="item">
        <h3 class="caption">HTML 权威指南</h3>
        <img src="images/prod1.jpg" alt="封面">
    </section>
    <section class="item">
        <h3 class="caption">HTML 权威指南</h3>
        <img src="images/prod1.jpg" alt="封面">
    </section>
    <section class="item">
        <h3 class="caption">HTML 权威指南</h3>
        <img src="images/prod1.jpg" alt="封面">
    </section>
</nav>
</body>
```

10.3.2　修饰

表 10.20 列出了 CSS 文本修饰属性。

表 10.20　CSS 文本修饰属性

属　　性	描　　述
text-decoration	复合属性，设置文本修饰
text-decoration-line	设置文本修饰线条的位置
text-decoration-color	设置文本修饰线条的颜色
text-decoration-style	设置文本修饰线条的形状

text-decoration 属性规定文本修饰，该属性允许对文本设置某种效果，例如加下画线。其语法如下：

```
text-decoration: <'text-decoration-line'> || <'text-decoration-style'> ||
<'text-decoration-color'>
```

text-decoration-line 设置文本修饰线条的位置，相当于 CSS2.1 中的 text-decoration 属性，表 10.21 列出了 text-decoration-line 属性值。

表 10.21　text-decoration-line 属性值

值	描　　述
none	默认值，定义标准的文本
underline	下画线
overline	上画线
line-through	穿过文本的一条线

underline 会对元素加下画线；overline 的作用恰好相反，会在文本的顶端画一条上画线；line-through 则在文本中间画一条穿越线；none 是无修饰。

text-decoration-style 设置文本修饰线条的形状，值包括 solid（实线）、double（双线）、dotted（点状线条）、dashed（虚线）和 wavy（波浪线）。text-decoration-color 设置文本修饰线条的颜色。

例 **10.8**　CSS3(text-decoration).html，使用了文本修饰样式属性，如图 10.8 所示。

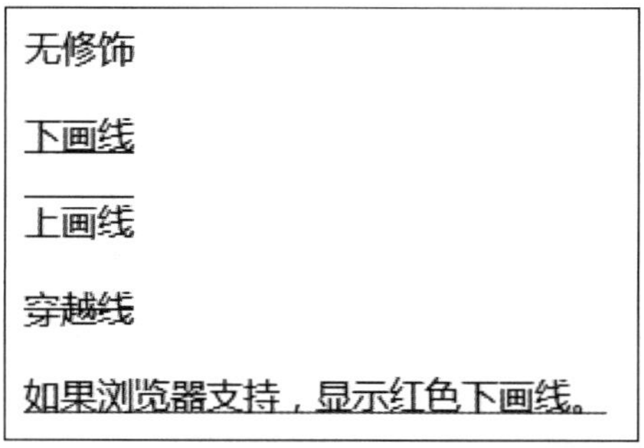

无修饰

下画线

上画线

穿越线

如果浏览器支持，显示红色下画线。

图 10.8　CSS3(text-decoration).html 示意图

源代码如下：

```
<head>
    <title>text-decoration 文本修饰</title>
    <style>
        p{margin-top:10px;}
        .none{text-decoration:none;}
        .underline{text-decoration:underline;}
        .overline{text-decoration:overline;}
        .line-through{text-decoration:line-through;}
        .text-decoration-css3{
            -webkit-text-decoration:#F00 solid underline;
            text-decoration:#F00 solid underline;
        }
    </style>
</head>
<body>
    <p class="none">无修饰</p>
    <p class="underline">下画线</p>
    <p class="overline">上画线</p>
    <p class="line-through">穿越线</p>
    <p class="text-decoration-css3">如果浏览器支持，显示红色下画线。</p>
</body>
```

10.4 CSS3 文本效果

10.4.1 阴影

在 CSS3 中可以用 text-shadow 属性给页面上的文字添加阴影效果。其语法如下：

```
text-shadow: h-shadow v-shadow blur color;
```

表 10.22 列出了 text-shadow 属性值。

表 10.22 text-shadow 属性值

值	描　述
h-shadow	必需。水平阴影的位置，允许为负值
v-shadow	必需。垂直阴影的位置，允许为负值
blur	可选。模糊的距离
color	可选。阴影的颜色

h-shadow、v-shadow 两个参数是阴影离开文字的横方向和纵方向的位移距离，在使用时必须指定。blur 参数是阴影模糊半径，代表阴影向外模糊时的模糊范围。color 是绘制阴

影时所使用的颜色，可以放在 3 个参数之前，也可以放在之后，当没有指定颜色值的时候会使用 color 的颜色值。

用户可以使用 text-shadow 属性来给文字指定多个阴影，并且针对每个阴影使用不同的颜色，在指定多个阴影的时候要使用逗号“,”将多个阴影进行分隔。

10.4.2　换行

❶ word-break

word-break 规定非中/日/韩文本自动换行的处理方法。表 10.23 列出了 word-break 属性值。

表 10.23　word-break 属性值

值	描　述
normal	使用浏览器默认的换行规则
break-all	允许在单词内换行
keep-all	只能在半角空格或连字符处换行

通过使用 word-break 属性可以让浏览器实现在任意位置换行。

❷ word-wrap

word-wrap 属性允许对长的不可分割的单词进行分割并换到下一行，例如长单词或 URL 地址等。

word-wrap 属性值有以下两个。

- normal：浏览器保持默认处理方式，只在半角空格或者连字符的地方换行。
- break-word：浏览器可以在长单词或 URL 地址内部进行换行。

10.5　CSS3 多列

CSS3 能够创建多列来显示文本，就像报纸、杂志的布局一样。表 10.24 列出了 CSS3 多列的常用属性。

表 10.24　CSS3 多列属性

属　性	描　述
columns	设置 column-width 和 column-count 的简写属性
column-count	设置分隔的列数
column-width	设置列的宽度
column-gap	设置列之间的间隔
column-rule	设置所有 column-rule-*的简写属性
column-rule-color	设置列之间分隔线的颜色
column-rule-style	设置列之间分隔线的样式
column-rule-width	设置列之间分隔线的宽度
column-span	设置元素应该横跨的列数

CSS3 创建多列一般使用 3 个属性，其中 column-count 设置元素应该被分隔的列数，column-gap 设置列之间的间隔，column-rule 设置列之间分隔线的宽度、样式和颜色。

例 10.9 CSS3(Multi-column).html，使用了多列属性，如图 10.9 所示。

新华社北京4月5日电：中共中央总书记、国家主席、中央军委主席习近平5日上午在参加首都义务植树活动时强调，中华民族伟大复兴要靠全体中华儿女共同奋斗。“十三五”时期既是全面建成小康社会的决胜阶段，也是生态文明建设的重要时期。发展林业是全面建成小康社会的重要内容，是生态文明建设的重要举措。各级领导干部要带头参加义务植树，身体力行在全社会宣传新发展理念，发扬前人栽树、后人乘凉精神，多种树、种好树、管好树，让大地山川绿起来，让人民群众生活环境美起来。

视频讲解

图 10.9 CSS3(Multi-column).html 示意图

源代码如下：

```
<head>
    <title>CSS3 多列</title>
    <style>
        *{margin: 0px;}
        div{border:1px solid #090;background:#EEE;width:600px;text-align:
        justify; padding: 5px 10px;}
        #Multi-column-1
        {
            -moz-column-count:3;
            -moz-column-gap:15px;     /*Firefox*/
            -moz-column-rule:1px solid #090;
            -webkit-column-count:3;  /*Safari 和 Chrome*/
            -webkit-column-gap:15px;
            -webkit-column-rule:1px solid #090;
            column-count:3;
            column-gap:15px;
            column-rule:1px solid #090;
        }
    </style>
</head>
<body>
<div id="Multi-column-1">
    <p>新华社北京 4 月 5 日电：中共中央总书记、国家主席、中央军委主席习近平 5 日上午在参
    加首都义务植树活动时强调，中华民族伟大复兴要靠全体中华儿女共同奋斗。“十三五”时期既
    是全面建成小康社会的决胜阶段，也是生态文明建设的重要时期。发展林业是全面建成小康社
    会的重要内容，是生态文明建设的重要举措。各级领导干部要带头参加义务植树，身体力行在
    全社会宣传新发展理念，发扬前人栽树、后人乘凉精神，多种树、种好树、管好树，让大地山
    川绿起来，让人民群众生活环境美起来。</p>
</div>
</body>
```

10.6　列表

CSS 列表属性允许用户设置、改变列表项标记，或者将图像作为列表项标记。表 10.25 列出了 CSS 列表属性。

表 10.25　CSS 列表属性

属　　性	描　　述
list-style	简写属性，在一个声明中设置所有列表属性
list-style-image	将图像设置为列表项标记
list-style-position	列表项标记的位置
list-style-type	列表项标记的类型

❶ 列表类型

list-style-type 属性用于设置列表项的标记类型。表 10.26 列出了 list-style-type 属性值。

表 10.26　list-style-type 属性值

值	描　　述
none	无标记
disc	默认值，实心圆
circle	空心圆
square	实心方块
decimal	数字
decimal-leading-zero	以 0 开头的数字（01、02、03 等）
lower-roman	小写罗马数字（i、ii、iii、iv、v 等）
upper-roman	大写罗马数字（I、II、III、IV、V 等）
lower-greek	小写希腊字母（α、β、γ等）
lower-latin	小写拉丁字母（a、b、c、d、e 等）
upper-latin	大写拉丁字母（A、B、C、D、E 等）
armenian	亚美尼亚编号方式
georgian	乔治亚编号方式（an、ban、gan 等）

例如设置列表项标记类型为空心圆：

```
ul.circle{list-style-type:circle;}
```

❷ 列表项图像

用户可以使用 list-style-image 属性将图像设置为列表项标记，例如：

ul li{list-style-image:url(images/bg.gif);}

❸ 列表项标记位置

list-style-position 属性设置在何处放置列表项标记，列表项标记是在列表项内容之外还是在列表项内容之内。表 10.27 列出了 list-style-position 属性值。

表 10.27　list-style-position 属性值

值	描　　述
inside	列表项标记放置在文本以内，且环绕文本根据标记对齐
outside	默认值，保持标记位于文本的左侧。列表项标记放置在文本以外，且环绕文本不根据标记对齐

用户可以在一个声明中设置以上 3 个列表样式属性，例如：

```
li{list-style:url(images/bg.gif) square inside;}
```

例 10.10　CSS(list).html，使用了 CSS 列表属性，如图 10.10 所示。

该列表的list-style-position的值是"inside"：

- XHTML
- CSS
- JavaScript

该列表的list-style-position的值是"outside"：

» XHTML
» CSS
» JavaScript

图 10.10　CSS(list).html 示意图

源代码如下：

```
<head>
    <title>list 列表</title>
    <style>
        ul.inside {list-style-position: inside;}
        ul.outside {list-style:outside url(images/left_menu_bullet.gif);}
    </style>
</head>
<body>
<p>该列表的 list-style-position 的值是"inside": </p>
<ul class="inside">
  <li>HTML</li><li>CSS</li>
  <li>JavaScript</li>
</ul>
<p>该列表的 list-style-position 的值是"outside": </p>
<ul class="outside">
  <li>HTML</li><li>CSS</li><li>JavaScript</li>
</ul>
</body>
```

10.7　尺寸

CSS 尺寸属性控制元素的高度、宽度和行间距。表 10.28 列出了 CSS 尺寸属性。

提示：如果 min-width 属性的值大于 max-width 属性的值，max-width 将会自动以 min-width 的值作为自己的值；如果 min-height 属性的值大于 max-height 属性的值，max-height 将会自动以 min-height 的值作为自己的值。

表 10.28　CSS 尺寸属性

属　性	描　述
width	元素宽度，对于 img，其 width 值将根据图片源尺寸等比例缩放 auto：无特定宽度值，取决于其他属性值 <length>：长度，不允许为负值 <percentage>：百分比，百分比参照父元素宽度，不允许为负值
height	元素高度
line-height	行高，值可以设置为数字，此数字会与当前的字体尺寸相乘来设置行间距；值可以是长度，设置固定的行间距
max-height	元素最大高度，默认值为 none，无最大高度限制，可以使用长度值和百分比，不允许为负值
max-width	元素最大宽度，默认值为 none，无最大宽度限制，可以使用长度值和百分比，不允许为负值
min-height	元素最小高度，默认值为 0，可以使用长度值和百分比，不允许为负值
min-width	元素最小宽度，默认值为 0，可以使用长度值和百分比，不允许为负值

例 10.11　CSS(dimension).html，说明了 CSS 尺寸属性的用法，如图 10.11 所示。

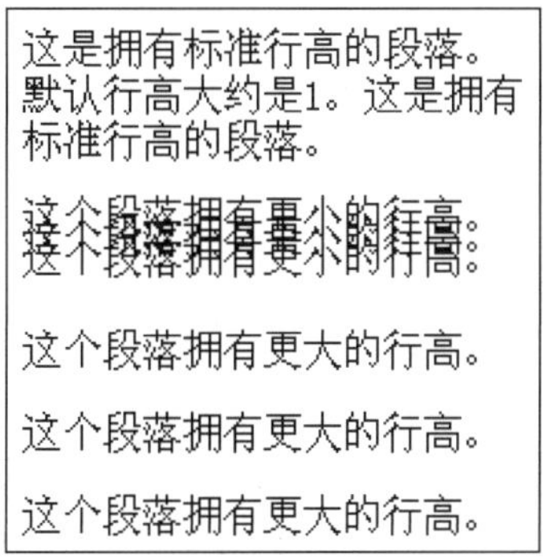

这是拥有标准行高的段落。
默认行高大约是1。这是拥有
标准行高的段落。

这个段落拥有更小的行高。
这个段落拥有更小的行高。
这个段落拥有更小的行高。

这个段落拥有更大的行高。

这个段落拥有更大的行高。

这个段落拥有更大的行高。

图 10.11　CSS(dimension).html 示意图

源代码如下：

```
<head>
    <title>Dimension 尺寸</title>
    <style>
        p {max-width: 200px;}
        p.small {line-height: 0.5;}
        p.big {line-height: 2;}
    </style>
</head>
<body>
<p>这是拥有标准行高的段落。默认行高大约是 1。这是拥有标准行高的段落。</p>
<p class="small">这个段落拥有更小的行高。这个段落拥有更小的行高。这个段落拥有更小的
行高。 </p>
<p class="big">这个段落拥有更大的行高。这个段落拥有更大的行高。这个段落拥有更大的行
高。</p>
</body>
```

通过设置图像宽度值为 100%，就可以让图像随容器宽度自动缩放。

例 **10.12**　CSS3(img-max-width).html，说明了图像随容器宽度自动缩放的用法，如图 10.12 所示。

视频讲解

图 10.12　CSS3(img-max-width).html 示意图

源代码如下：

```
<head>
    <title>图像自动缩放</title>
    <style>
        .big{width: 400px;height: 260px; border: 1px solid #000000;}
        .small{width: 200px;height: 130px; border: 1px solid #000000;
        margin-bottom: 5px;}
        img{width: 100%;}
    </style>
</head>
<body>
<div class="small">
    <img src="images/sara.jpg" alt="">
</div>
<div class="big">
    <img src="images/sara.jpg" alt="">
</div>
</body>
```

10.8　表格

10.8.1　表格的属性

表 10.29 列出了 CSS 表格属性。

表 10.29　CSS 表格属性

属　　性	描　　述
border-collapse	是否把表格边框和单元格边框合并为单一的边框
border-spacing	相邻单元格边框间的距离(用于 separated borders 模型)
caption-side	表格标题的位置
empty-cells	是否显示表格中的空单元格(用于 separated borders 模型)
table-layout	设置显示单元格、行和列的算法规则

❶ border-collapse 属性

border-collapse 属性设置表格的边框和单元格的边框是否被合并为一个单一的边框。表 10.30 列出了 border-collapse 属性值。

表 10.30　border-collapse 属性值

值	描　　述
separate	默认值，边框分离，不会忽略 border-spacing 和 empty-cells 属性
collapse	边框合并为一个单一的边框

例如为表格设置合并边框模型：

```
table{border-collapse:collapse;}
```

❷ border-spacing 属性

border-spacing 属性设置相邻单元格的边框间的距离。在指定的两个长度值中，第 1 个是水平间隔，第 2 个是垂直间隔，如果只有一个值，那么定义的是水平和垂直间距，注意不允许使用负值。

例如为表格设置 border-spacing：

```
table{border-collapse:separate;border-spacing:10px 50px;}
```

❸ table-layout 属性

table-layout 属性用来设置显示表格单元格、行和列的算法规则。表 10.31 列出了 table-layout 属性值。

表 10.31　table-layout 属性值

值	描　　述
automatic	默认值，列宽度由单元格内容设定
fixed	列宽由表格宽度和列宽度设定

- automatic（自动）：列的宽度是由列单元格中没有折行的最宽的内容设定的。此算法有时会较慢，因为在确定最终布局之前需要访问表格的所有内容。
- fixed（固定）：水平布局仅取决于表格宽度、列宽度、表格边框宽度和单元格间距，与单元格的内容无关。

固定算法比较快，但是不太灵活，而自动算法比较慢。

例如设置表格布局算法：

```
table{table-layout:fixed;}
```

10.8.2 表格的边框控制

用 CSS 控制表格的最大便利是能够灵活地控制表格的边框。

例 **10.13** CSS(table-1).html，列出了经常使用的各种边框，如图 10.13 所示。

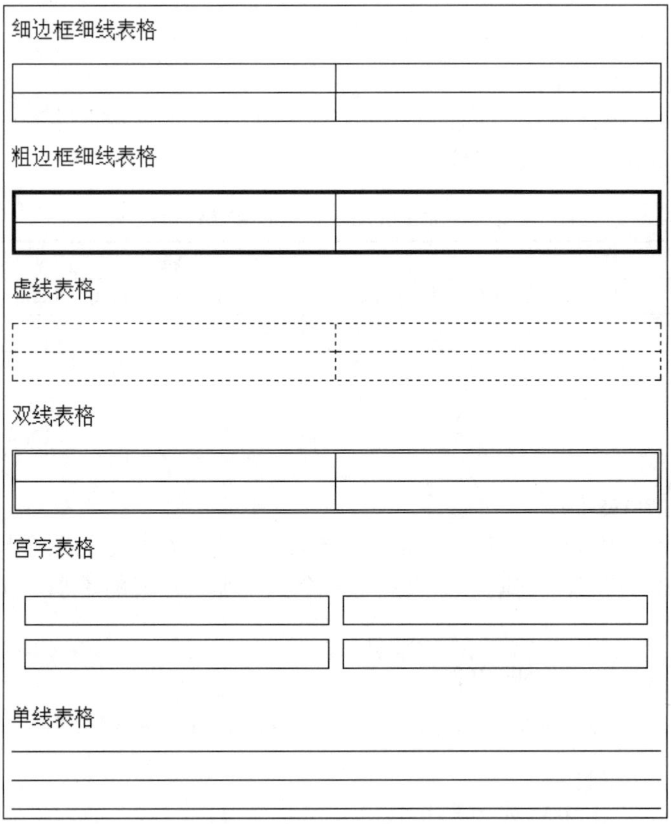

细边框细线表格

粗边框细线表格

虚线表格

双线表格

宫字表格

单线表格

图 10.13 CSS(table-1).html 示意图

源代码如下：

```
<head>
    <title>table 边框</title>
    <style>
        /*合并相邻边框*/
        table {border-collapse: collapse;width: 100%;}
        .table2 {border: #000 3px solid;}
        .table1 td, .table2 td, .table4 td, .table5 td {border: #000 1px solid;}
        .table3 td {border: #000 1px dashed;}
        .table4 {border: #000 3px double;}
        .table6 {border-top: #000 1px solid;}
        /*定义表格内单元格之间的间距*/
        .table5 {border-collapse: separate;border-spacing: 10px;}
```

```
        .table6 td {border-bottom: #000 1px solid;}
    </style>
</head>
<body>
<p>细边框细线表格</p>
<table class="table1">
    <tr>
        <td> </td>
        <td> </td>
    </tr>
    <tr>
        <td> </td>
        <td> </td>
    </tr>
</table>
<p>粗边框细线表格</p>
<table class="table2">
    <tr>
        <td> </td>
        <td> </td>
    </tr>
    <tr>
        <td> </td>
        <td> </td>
    </tr>
</table>
<p>虚线表格</p>
<table class="table3">
    <tr>
        <td> </td>
        <td> </td>
    </tr>
    <tr>
        <td> </td><td> </td>
    </tr>
</table>
<p>双线表格</p>
<table class="table4">
    <tr><td> </td><td> </td></tr>
    <tr><td> </td><td> </td></tr>
</table>
<p>宫字表格</p>
<table class="table5">
    <tr><td> </td><td> </td></tr>
    <tr><td> </td><td> </td></tr>
```

```
</table>
<p>单线表格</p>
<table class="table6">
    <tr><td> </td><td> </td></tr>
    <tr><td> </td><td> </td></tr>
</table>
</body>
</body>
```

10.8.3 改善表格的显示效果

用 CSS 来改善表格的显示样式，使其达到一定的效果，一般采用下列原则：

（1）标题行与数据行的区分可以通过不同背景色来实现。

（2）标题行与数据行文本的区分可以通过定义字体、大小和粗细等文本属性来实现。

（3）为了避免产生读错行现象，可以适当增加行高或交替定义不同背景色来实现。

例 **10.14** CSS(table-2).html，实现了上述原则的部分效果，如图 10.14 所示。

标题	标题
内容	内容
内容	内容
内容	内容
内容	内容

图 10.14　CSS(table-2).html 示意图

视频讲解

源代码如下：

```
<head>
    <title>table 显示效果</title>
    <style>
        /*合并相邻边框*/
        .table {border-collapse: collapse;width: 100%;}
        tr, td, th {border: 1px #000 solid;}
        .table th {background: #888;color: #FFF;}
        /*定义交替行为不同背景色*/
        .table .r1 {background: #AAA;}
        /*定义交替行为不同背景色*/
        .table .r2 {background: #CCC;}
        /*通过伪类定义 mouse 经过时行背景改变达到动态效果*/
        .table tr:hover {background: #EEE;}
    </style>
</head>
<body>
<table class="table">
    <tr>
        <th>标题</th>
```

```
            <th>标题</th>
        </tr>
        <tr class="r1">
            <td>内容</td>
            <td>内容</td>
        </tr>
        <tr class="r2"><td>内容</td><td>内容</td></tr>
        <tr class="r1"><td>内容</td><td>内容</td></tr>
        <tr class="r2"><td>内容</td><td>内容</td></tr>
    </table>
    </body>
    </body>
```

10.8.4　叮叮书店“购物车”页面的表格样式设计

启动 WebStorm，打开叮叮书店项目 cart1.html（在第 6 章的 6.3 节建立）。进入编辑区，在 head 元素里定义内部样式表，如图 10.15 所示。

购物车

名称		单价	数量	合计
	《深度学习》	100.00	1	100.00
	《Hadoop权威指南：大数据的存储与分析》	100.00	1	100.00
	《深度学习优化与识别》	100.00	1	100.00
3件商品总价（不含运费）：￥300.00　去结算				

图 10.15　cart1.html 示意图

源代码如下：

```
<style>
    .cart-table h2{margin: 1rem 0;}
    /*合并边框*/
    .cart-table table{font-size:1.2rem;width: 100%;border-collapse:collapse;
    margin: 10px 0px; color:hsl(0,0%,0%);}
    .cart-table tr,.cart-table td{border:1px solid hsl(20,30%,50%);}
    .cart-table td h3{font-size:1.2rem;color:hsl(0,0%,0%);}
    .cart-table img{width:60px;height:60px;}
    .cart-table td:first-child{text-align: center;}
    .cart-table  td:nth-child(5),.cart-table  td:nth-child(4),.cart-table
    td:nth-child(3){text-align: right;padding-right: 5px;}
    .cart-table  tr:last-child  a{color:hsl(0,20%,30%);font-size:  1.1rem;
    text-decoration: none;margin-left: 20px;}
    .cart-table tr:last-child a:hover{color:hsl(0,0%,100%);}
```

```
    /*第 1 行和最后一行背景色*/
    .cart-table tr:first-child,.cart-table tr:last-child{background-color:
    hsl(20,30%,50%);line-height: 40px; text-align: center;color:hsl(0,
    0%,100%);}
</style>
```

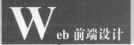

10.9 叮叮书店首页的外观样式设计

启动 WebStorm，打开叮叮书店项目首页 index.html 和外部样式表文件 style.css（在第 9 章的 9.5 节建立），定义外观样式。

视频讲解

打开样式表文件 style.css，进入编辑区，按下面的内容设计样式。

10.9.1 文本

h2 的字体大小设为 1.2rem；h3 的字体大小设为 1.1rem，居中对齐；p、a、span 的字体大小设为 1rem；段落首行缩进两个字，分散对齐；清除列表项目标记，页面显示效果如图 10.16 所示。

图 10.16　叮叮书店首页示意图（文本）

源代码如下：

```
/*文本*/
h2 {font-size:1.2rem; font-weight: normal;color: hsl(20,50%,30%);}
/*h3 标题内容居中*/
h3 {font-size:1.1rem; font-weight: normal;display: flex; justify-content:
center; margin: 0.5rem 0;color: hsl(20,50%,30%);}
.recommend-book h3{font-weight: bolder;}
p, a, span {font-size:1rem}
/*段落首行缩进两个字，分散对齐*/
p {text-indent:2rem;text-align: justify;}
/*清除列表项标记*/
ul{list-style-type: none;}
mark{background-color: hsl(20,30%,50%);color: hsl(0,0%,100%);}
```

10.9.2　背景

页眉背景图像设为“images/header.png”，导航菜单背景图像设为“images/navbg.jpg”，页脚导航背景图像设为“images/navbg.jpg”，页面显示效果如图 10.17 所示。

图 10.17　叮叮书店首页示意图（背景）

源代码如下：

```
/*页眉*/
header{height: 150px;background-image:url("images/header.png");position:
```

```
relative;}
/*导航菜单*/
#nav{ background-image:url("images/navbg.jpg");}
/*页脚导航*/
#footer-wrapper{ background-image:url("images/navbg.jpg");}
}
```

10.9.3 栏目标题图标

栏目标题图标使用服务器端字体方式，引用多种格式，以满足不同设备和浏览器的需要。

源代码如下：

```
/*栏目标题图标，引用多种格式，以满足不同设备和浏览器的需要*/
/*定义服务器端使用的图标字体*/
@font-face {
    font-family: 'FontAwesome';
    src: url('fonts/fontawesome-webfont.eot?v=4.7.0');
    src: url('fonts/fontawesome-webfont.eot?#iefix&v=4.7.0') format('embedded-
    opentype'), url('fonts/fontawesome-webfont.woff2?v=4.7.0') format('woff2'),
    url('fonts/fontawesome-webfont.woff?v=4.7.0') format('woff'), url('fonts/
    fontawesome-webfont.ttf?v=4.7.0') format('truetype'), url('fonts/
    fontawesome-webfont.svg?v=4.7.0#fontawesomeregular') format('svg');
    font-weight: normal;
    font-style: normal;
}
/*设置栏目标题图标样式*/
.icon-book,.icon-sale,.icon-new,.icon-sell,.icon-classify,.icon-partner,
.icon-about,.icon-cart,.icon-contact  {
    font-family: FontAwesome;font-size: 1.5rem;display: flex;align-items: center;
    float: left; margin-right: 0.5rem;font-weight: normal;color: hsl(20,50%,30%);
}
/*本周推荐标题图标*/
.icon-book:before {content: "\f02d";}
/*最近新书标题图标*/
.icon-new:before {content: "\f044";}
/*最近促销标题图标*/
.icon-sale:before {content: "\f295";}
/*畅销图书标题图标*/
.icon-sell:before {content: "\f073";}
/*图书分类标题图标*/
.icon-classify:before {content: "\f022";}
/*合作伙伴标题图标*/
.icon-partner:before {content: "\f2b5";}
```

```
/*关于书店标题图标*/
.icon-about:before {content: "\f143";}
/*联系我们标题图标，在 contact.html 页面上*/
.icon-contact:before {content: "\f199";}
```

打开叮叮书店项目首页 index.html，进入代码编辑区，将光标定位到<section id="recommend">后面按回车键，输入下面的标签，为本周推荐栏目添加标题图标。

```
<span class="icon-book"></span>
```

将光标定位到<section id="new">后面按回车键，输入下面的标签，为最近新书栏目添加标题图标。

```
<span class="icon-new"></span>
```

将光标定位到<section id="sales">后面按回车键，输入下面的标签，为最近促销栏目添加标题图标。

```
<span class="icon-sale"></span>
```

将光标定位到<section id="best-selling">后面按回车键，输入下面的标签，为畅销图书栏目添加标题图标。

```
<span class="icon-sell"></span>
```

将光标定位到<section id="classify">后面按回车键，输入下面的标签，为图书分类栏目添加标题图标。

```
<span class="icon-classify"></span>
```

将光标定位到<section id="partner">后面按回车键，输入下面的标签，为合作伙伴栏目添加标题图标。

```
<span class="icon-partner"></span>
```

将光标定位到<section id="about">后面按回车键，输入下面的标签，为关于书店栏目添加标题图标。

```
<span class="icon-about"></span>
```

将光标定位到<div id="cart">后面按回车键，输入下面的标签，为购物车添加标题图标。

```
<span class="icon-cart"></span>
```

10.9.4　其他

进入样式表文件 style.css 的编辑区，定义#logo 样式，使用绝对定位确定位置。

源代码如下：

```
/*网站 logo 使用绝对定位确定位置*/
```

```
#logo{position:absolute;top:30px;left:75px;}
#logo a{font-size:1.2rem;color: hsl(20,50%,30%);text-decoration:none;}
#logo a h1{font-weight: normal;}
/*边栏广告图像的最小宽度为 260px*/
#advert img{min-width: 260px;}
/*关于书店图像的最大宽度为 120px*/
#about img{max-width: 120px;margin-bottom: 1rem;}
#about .content{margin-top: 1rem;}
```

页面外观显示效果如图 10.18 所示。

图 10.18　叮叮书店首页示意图（其他）

10.10　小结

本章主要介绍了 CSS 的常用属性，包括文本、背景、列表、字体、尺寸、表格等，最后详细介绍了叮叮书店首页元素外观的设计和实现过程。

10.11　习题

❶ 选择题

（1）关于背景属性，下列说法中不正确的是（　　）。

A．可以通过背景相关属性改变背景图片的原始尺寸大小

B．可以对一个元素设置两张背景图片

C．可以对一个元素同时设置背景颜色和背景图片

D．在默认情况下背景图片会平铺，左上角对齐

（2）下列选项中不属于 CSS 文本属性的是（　　）。

A．font-size　　B．text-transform

C．text-align　　D．line-height

（3）以下样式属性可以控制字体大小的是（　　）。

A．text-size　　B．font-size　　C．text-style　　D．font-style

（4）下面不是 CSS3 增加的背景属性的是（　　）。

A．background-origin

B．background-clip

C．background-size

D．background-attachment

（5）以下关于 CSS 样式中文本属性的说法，错误的是（　　）。

A．font-size 用来设置文本的字体大小

B．font-family 用来设置文本的字体类型

C．color 用来设置文本的颜色

D．text-align 用来设置文本的字体形状

（6）定义外边框为双线表格，以下选项中正确的是（　　）。

A．table{border: #000 3px double;}

B．table{border: #000 3px solid;}

C．td{border: #000 3px double;}

D．td{border: #000 3px solid;}

（7）以下选项中，用来设置背景图像的起始位置的样式属性是（　　）。

A．background-image　　B．background-repeat

C．background-position　　D．background-url

（8）以下声明中，可以取消加粗样式的是（　　）。

A．font-weight:bolder;　　B．font-weight:bold;

C．font-weight:normal;　　D．font-weight:600;

（9）关于 text-indent，下列描述错误的是（　　）。

A．text-indent：20px;　　B．text-indent:−20px;

C．text-indent:left;　　D．text-indent:2em;

（10）以下声明中，可以隐藏对象的是（　　）。

A．display:block　　B．display:inline

C．display:none　　D．display:inline-block

❷ 简答题

（1）为什么使用 CSS3 服务器端字体？

（2）如果要使网页中的背景图片不随网页滚动，应设置 CSS 的什么属性？

（3）如何去掉列表中的标志？

（4）设定文本字体的一般性原则是什么？

（5）CSS3 如何创建多列来显示文本？

第 11 章

伪类和伪元素

伪类和伪元素也是一种选择器，在页面中根据元素的特殊状态来选取元素。伪类和伪元素是预定义的、独立于文档元素的。它们获取元素的途径不是基于 id、class 或属性这些基础的元素特征，而是根据元素是否处于特殊状态（伪类），或者是元素中特别的内容（伪元素）。本章主要介绍 CSS 伪类和伪元素。

本章要点：

- CSS 伪类。
- CSS 伪元素。

11.1　CSS 伪类

伪类是一种选择器，CSS 伪类用于向某些选择器添加特殊的样式效果，伪类选择元素基于当前元素处于的状态，或者说元素当前所具有的特性。伪类是 CSS 已经定义好的能够被支持 CSS 的浏览器自动识别的特殊选择器。其语法如下：

```
selector:pseudo-class{property:value}
```

pseudo-class 是伪类。

伪类经常与 CSS 类配合使用。例如一个超链接，类名为 red：

```
<a class="red" href="css(a).html">css(a).html</a>
```

对这个超链接设定样式：

```
a.red:visited{color:#FF0000;}
```

如果上面的超链接被访问过，那么它将显示为红色。

11.1.1　超链接伪类

超链接伪类是最常见的伪类选择器，在浏览器中，超链接的不同状态可以用不同的方式显示，这些状态包括未被访问状态、已被访问状态、鼠标悬停状态和活动状态，这些状态的显示方式可以用伪类来定义，例如：

```
a:link{color:#FF0000;}        /*未被访问超链接*/
a:visited{color:#00FF00;}     /*已被访问超链接*/
a:hover{color:#FF00FF;}       /*鼠标悬停*/
a:active{color:#0000FF;}      /*活动状态，鼠标单击后并未弹起*/
```

在 CSS 定义中，a:hover 必须被置于 a:link 和 a:visited 之后才有效，a:active 必须被置于 a:hover 之后才有效，超链接伪类定义的顺序简写为“LVHA”。

提示：:hover 和:active 也可以用在其他元素上。

例 11.1　CSS(a).html，通过超链接伪类对 4 个超链接定义了不同的状态样式，如图 11.1 所示。

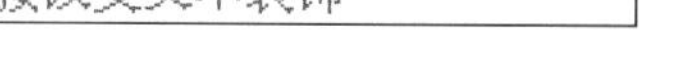

视频讲解

图 11.1　CSS(a).html 示意图

源代码如下：

```
<head>
    <title>超链接伪类</title>
    <style>
        a.one:link {color: #FF0000;}
        a.one:visited {color: #0000FF;}
        a.one:hover {color: #FFCC00;}
        a.two:link {color: #FF0000;}
        a.two:visited {color: #0000FF;}
        a.two:hover {font-size: 150%;}
        a.three:link {color: #FF0000;}
        a.three:visited {color: #0000FF;}
        a.three:hover {background: #66FF66;}
        a.four:link {color: #FF0000;text-decoration: none;}
        a.four:visited {color: #0000FF;text-decoration: none;}
        a.four:hover {text-decoration: underline;}
```

```
    </style>
</head>
<body>
<p>把鼠标移动到这些链接上查看效果：</p>
<p><a class="one" href="a.html">这个链接改变颜色</a></p>
<p><a class="two" href="a.html">这个链接改变字体大小</a></p>
<p><a class="three" href="a.html">这个链接改变背景颜色</a></p>
<p><a class="four" href="a.html">这个链接改变文本装饰</a></p>
</body>
```

11.1.2 结构性伪类

结构性伪类会在元素存在某种结构上的关系时选择相应的元素应用 CSS3 样式。CSS3 定义的结构性伪类选择器见表 11.1。

表 11.1 CSS3 结构性伪类选择器

伪　类	作　用
:root	选择文档的根元素，在 HTML 中，根元素永远是 HTML
:not(selector)	选择非 selector 元素的每个元素
:empty	选择没有任何子元素（包括 text 节点）的元素，即元素没有任何内容
:target	在链接中 URL 用锚点#可以指向文档内某个具体的元素，这个被链接的元素是目标元素（target element），:target 选择器用于选取当前活动的目标元素

例 11.2 CSS3(Structural).html，使用了结构性伪类，如图 11.2 所示。

图 11.2 CSS3(Structural).html 示意图

源代码如下：

```
<head>
    <title>结构性伪类</title>
    <style>
        *{margin: 0 auto;}
        /*html（不包括 body）背景色为深灰色*/
        :root{background-color: #B4B4B4;}
        body{background-color: #FFFFFF;margin: 20px;}
        /* body 里的子元素 p（但不是类名为.p1）的前景色为红色*/
        body>p:not(.p1){color: #FF0000;}
        div{width:200px;height:150px;}
        /*没有任何子元素（包括内容）的元素背景色为红色*/
        :empty{background-color: #FF0000;}
        /*当前活动的目标元素的背景色为黄色*/
        :target{background-color: #ffff00;}
        a{display: inline-block;margin-top: 20px;}
    </style>
</head>
<body>
<h1>结构性伪类 root</h1>
<p>选择文档的根元素。</p>
<p class="p1">选择文档的根元素。</p>
<p>选择文档的根元素。</p>
<div id="div"></div>
<a href="#d1">target</a>
<a href="#d2">target</a>
<div id="d1">
    <h1>empty</h1>
    <p>在链接中 URL 用锚点#可以指向文档内某个具体的元素，这个被链接的元素是目标元素
    (target element)。</p>
</div>
<div id="d2">
    <h1>target</h1>
    <p>:target 选择器用于选取当前活动的目标元素。</p>
</div>
</body>
</body>
```

11.1.3 子元素伪类

子元素伪类选择器也属于结构性伪类，只不过这些伪类大多数是选择元素里的子元素。子元素伪类选择器见表 11.2。

表 11.2　CSS3 子元素伪类选择器

伪　类	作　用
E:first-child	选择父元素的第 1 个子元素 E
E:last-child	选择父元素的最后一个子元素 E
E:only-child	选择父元素仅有的一个子元素 E
E:nth-child(n)	选择父元素的第 n 个子元素 E
E:nth-child(an+b)	选择父元素的第 b 个子元素 E，以它为起点每隔 a 个子元素选择一个子元素 E，若 a 为正数选择方向向下，若 a 为负数选择方向向上
E:nth-last-child(n)	选择父元素的倒数第 n 个子元素 E
E:first-of-type	选择同类型中的第 1 个同级兄弟元素 E
E:last-of-type	选择同类型中的最后一个同级兄弟元素 E
E:only-of-type	选择同类型中的唯一的一个同级兄弟元素 E
E:nth-of-type(n)	选择同类型中的第 n 个同级兄弟元素 E
E:nth-last-of-type(n)	选择同类型中的倒数第 n 个同级兄弟元素 E

例 **11.3**　CSS3(child).html，使用了子元素伪类，如图 11.3 所示。

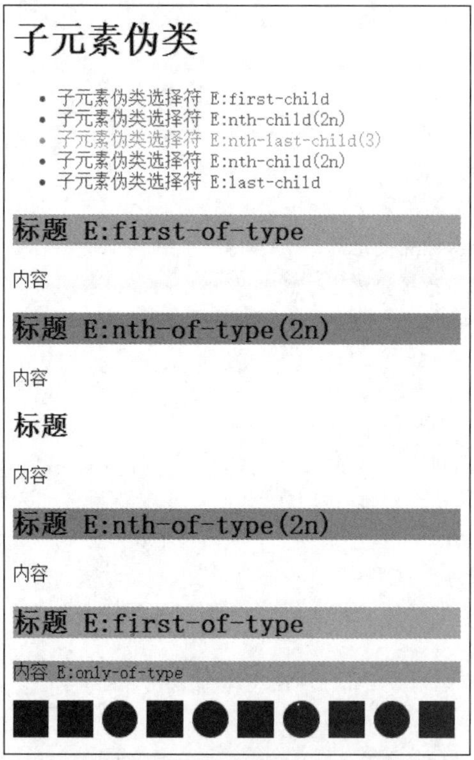

视频讲解

图 11.3　CSS3(child).html 示意图

源代码如下：

```
<head>
    <title>结构性伪类-子元素伪类</title>
    <style>
        div li:first-child{color: #009900;}
```

```
        div li:last-child {color: #FF0000;}
        div li:nth-child(2n){color: #3444FF;}
        div li:nth-last-child(1){color: #999999;}
        h2:first-of-type{background-color: #ACB451;}
        h2:nth-of-type(2n){background-color: #13B8BA;}
        p:only-of-type{background-color: #999999;}
        span{height: 2rem; width: 2rem; background-color: blue;display:
        inline-block;}
        /*从第 3 个 span 元素开始，每隔两个设定样式*/
        span:nth-child(2n+3) {color: #F90; border-radius: 50%;}
    </style>
</head>
<body>
<h1>子元素伪类</h1>
<div>
<ul>
    <li>子元素伪类选择符 E:first-child</li>
    <li>子元素伪类选择符 E:nth-child(2n)</li>
    <li>子元素伪类选择符 E:nth-last-child(3)</li>
    <li>子元素伪类选择符 E:nth-child(2n)</li>
    <li>子元素伪类选择符 E:last-child</li>
</ul>
</div>
<div>
    <h2>标题 E:first-of-type</h2>
    <p>内容</p>
    <h2>标题 E:nth-of-type(2n)</h2>
    <p>内容</p>
    <h2>标题</h2>
    <p>内容</p>
    <h2>标题 E:nth-of-type(2n)</h2>
    <p>内容</p>
</div>
<div>
    <h2>标题 E:first-of-type</h2>
    <p>内容 E:only-of-type</p>
</div>
<div>
    <span></span>
    <span></span>
    <span></span>
    <span></span>
    <span></span>
    <span></span>
    <span></span>
```

```
        <span></span>
        <span></span>
        <span></span>
    </div>
    </body>
```

11.1.4 UI 元素状态伪类

UI 元素状态（User Interface，用户界面）伪类是指当元素处于某种状态时选择该元素应用 CSS 样式，在默认状态下不起作用。CSS3 已经定义的 UI 元素状态伪类选择器共有 17 种，见表 11.3。

表 11.3 UI 元素状态伪类选择器

伪　类	作　用
E:hover	当鼠标指针移动到元素上面时元素所使用的样式
E:active	元素被激活（鼠标在元素上按下没有松开）时使用的样式
E:focus	元素获得焦点时使用的样式
E:enabled	当元素处于可用状态时的样式
E:disabled	当元素处于不可用状态时的样式
E:read-only	当元素处于只读状态时的样式。ff 需要加-moz-前缀
E:read-write	当元素处于读写状态时的样式。ff 需要加-moz-前缀
E:checked	表单的单选按钮或复选框处于选取状态时的样式。ff 需要加-moz-前缀
E:default	当页面打开时默认处于选取状态的单选按钮或复选框的样式。即使用户将默认设定为选取状态的单选按钮或者复选框修改为非选取状态，E:default 选择器设定的样式依然有效
E:indeterminate	当页面打开时，一组单选按钮中的任何一个单选按钮都没有设定为选取状态时的整组的单选按钮的样式，如果用户选中这组中的任何一个单选按钮，那么整组的单选按钮的样式被取消
E::selection	当元素处于选中状态时的样式。ff 需要加-moz-前缀
E:invalid	当元素内容不能通过元素的 required 等属性所指定的检查或元素内容不符合元素规定的格式（例如使用 type 属性值为 Email 的 input 元素，限定元素内容必须为有效的 Email 格式）时的样式
E:valid	当元素内容能通过元素的 required 等属性所指定的检查或元素内容符合元素规定的格式（例如使用 type 属性值为 Email 的 input 元素，限定元素内容必须为有效的 Email 格式）时的样式
E:required	指允许使用 required 属性，而且已经指定 required 属性的 input、select 及 textarea 元素的样式
E:optional	指允许使用 required 属性，而且未指定 required 属性的 input、select 及 textarea 元素的样式
E:in-range	指当元素的有效值被限定在一个范围之内，且实际的输入值在该范围之内时的样式
E:out-of-range	指当元素的有效值被限定在一个范围之内，但实际输入值超过时使用的样式

到目前为止，这 17 种选择器被浏览器支持情况如表 11.4 所示。

表 11.4　UI 元素状态伪类选择器被浏览器支持情况

选　择　器	Firefox	Safari	Opera	IE	Chrome
E:hover	√	√	√	√	√
E:active	√	√	√	×	√
E:focus	√	√	√	√	√
E:enabled	√	√	√	×	√
E:disabled	√	√	√	×	√
E:read-only	√	√	√	×	√
E:read-write	√	√	√	×	√
E:checked	√	√	√	×	√
E::selection	√	√	√	×	√
E:default	√	×	√	×	×
E:indeterminate	×	×	√	×	×
E:invalid	√	√	√	×	√
E:valid	√	√	√	×	√
E:required	√	√	√	×	√
E:optional	√	√	√	×	√
E:in-range	√	√	√	×	√
E:out-of-range	√	√	√	×	√

例 11.4　CSS3(UI).html，使用了 UI 元素状态伪类，如图 11.4 所示。

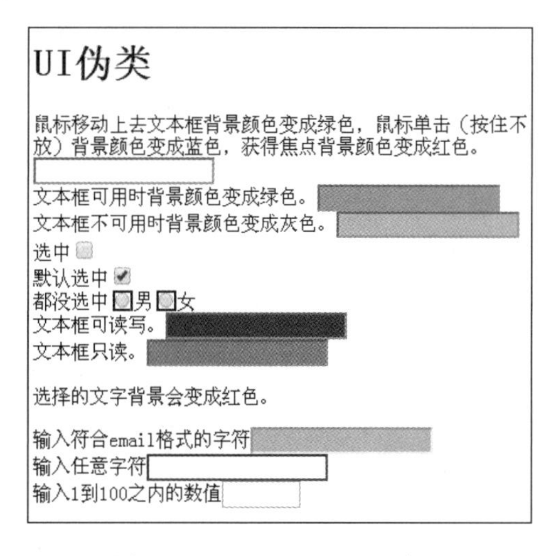

图 11.4　CSS3(UI).html 示意图

源代码如下：

```
<head>
    <title>UI 伪类</title>
    <style>
        #t1:hover{background-color:#00FF00;}
        /*不使用:focus 时可以看到效果*/
        #t1:active{background-color:#0000FF;}
        #t1:focus{background-color:#FF0000;}
```

```
        #t2:enabled{background-color:#00FF00;}
        #t3:disabled{background-color: #B4B4B4;}
        input[id^="c"]{width: 15px;height: 15px;}
        #c1:checked{outline: solid 2px #FF0000;}
        input[type="checkbox"]:default{outline:2px solid #FF0000;}
        input[type="radio"]:indeterminate{outline: solid 2px #0000FF;}
        #t4:-moz-read-write{background-color: #7014C6;}
        #t4:read-write{background-color: #7014C6;}
        #t5:-moz-read-only{background-color: #13B8BA;}
        #t5:read-only{background-color: #13B8BA;}
        p::-moz-selection{background-color: red;}
        p::selection{background-color: red;}
        input[type="email"]:valid{background-color: red;}
        input[type="email"]:invalid{background-color:#BBBBBB;}
        input[type="text"]:required{border-color: red;}
        input[type="text"]:optional{border-color:#00FF00;}
        input[type="number"]:in-range{background-color: white;}
        input[type="number"]:out-of-range{background-color: red;}
    </style>
</head>
<body>
<h1>UI 伪类</h1>
<form action="HTML5(form_action).html" method="get">
    <div><label>鼠标移动上去文本框背景颜色变成绿色，鼠标单击（按住不放）背景颜色变成
    蓝色，获得焦点背景颜色变成红色。<input type="text" id="t1" name="t1">
    </label></div>
    <div><label>文本框可用时背景颜色变成绿色。<input type="text" id="t2" name=
    "t2"></label></div>
    <div><label>文本框不可用时背景颜色变成灰色。<input type="text" id="t3" name=
    "t3" disabled></label></div>
    <div><label>选中<input type="checkbox" id="c1" name="c1"></label></div>
    <div><label>默认选中<input type="checkbox" id="c2" name="c2" checked>
    </label></div>
    <div><label>都没选中</label><label><input type="radio" name="radio"
    value="male" />男</label><label><input type="radio" name="radio" value=
    "female" />女</label></div>
    <div><label>文本框可读写。<input type="text" id="t4" name="t4"></label></div>
    <div><label>文本框只读。<input type="text" id="t5" name="t5" readonly>
    </label></div>
    <p>选择的文字背景会变成红色。</p>
    <div><label>输入符合 email 格式的字符<input type="email" required></label></div>
    <div><label>输入任意字符<input type="text" required></label></div>
    <div><label>输入 1 到 100 之内的数值<input type=number min=0 max=100>
    </label></div>
</form>
</body>
```

11.2　CSS 伪元素

伪元素是对元素中的特定内容进行操作，操作的层次比伪类更深一层。实际上，设计伪元素的目的是选取元素内容的第 1 个字（母）或第 1 行等，完成选取某些内容前面或后面这种普通的选择器无法完成的操作。其所控制的内容实际上和元素是相同的，但它本身只是基于元素的抽象，并不存在于文档中，所以叫伪元素。伪元素只应用于特定元素上。

❶ 语法

```
selector::pseudo-element{property:value;}
```

pseudo-element 是伪元素，CSS 定义的伪元素见表 11.5。

表 11.5　伪元素列表

伪　元　素	作　　用
E:first-letter/E::first-letter	将特殊的样式添加到文本的首字符
E:first-line/E::first-line	将特殊的样式添加到文本的首行
E:before/E::before	在元素之前插入某些内容，和 content 属性一起使用
E:after/E::after	在元素之后插入某些内容，和 content 属性一起使用

CSS3 将伪元素选择符前面的单个冒号（:）修改为双冒号（::）用于区别伪类选择器，但以前的写法仍然有效。

❷ ::first-line 伪元素

::first-line 用于向文本的首行添加特殊样式，但只能用于块状元素。属性 font、color、background、word-spacing、letter-spacing、text-decoration、vertical-align、text-transform、line-height 和 clear 可以应用于这个伪元素。

❸ ::first-letter 伪元素

::first-letter 伪元素用于向某个选择器中的文本首字母添加特殊的样式。属性 font、color、background、margin、padding、border、text-decoration、vertical-align（当 float 为 none 时）、text-transform、line-height、float、clear 可以应用于这个伪元素。

例 11.5　CSS(first).html，说明了:first-letter 和:first-line 伪元素的用法，如图 11.5 所示。

伪元素用于将特殊的效果添加到某些选择器。伪元素只应用特定对象上。

伪元素用于将特殊的效果添加到某些选择器。伪元素只应用特定对象上。

图 11.5　CSS(first).html 示意图

视频讲解

源代码如下：

```
<head>
    <title>first-letter、first-line 伪元素</title>
    <style>
        p.letter::first-letter {font-size: 200%;font-family: "黑体";color: #F00;}
```

```
        p.line::first-line {font-size: 200%;font-family: "黑体";color: #F00;}
    </style>
</head>
<body>
<p class="letter">伪元素用于将特殊的效果添加到某些选择器。伪元素只应用特定对象上。</p>
<p class="line">伪元素用于将特殊的效果添加到某些选择器。伪元素只应用特定对象上。</p>
</body>
```

❹ ::before 和::after 伪元素

::before 伪元素可用于在某个元素内容之前插入某些内容，::after 伪元素可用于在某个元素内容之后插入某些内容，注意必须和 content 属性一起使用。

11.3 CSS 内容

CSS 内容属性与::before 及::after 伪元素配合使用来插入生成内容，默认是行内内容。表 11.6 列出了 CSS 内容属性。

表 11.6 CSS 内容属性

属　　性	描　　述
content	用来和::after 及::before 伪元素一起使用，在元素前或后显示内容
counter-increment	设定计数器及增加的值，计数器可任意命名
counter-reset	将指定计数器复位
quotes	设置元素内使用的嵌套标记

❶ content

content 属性值除了使用文本以外，还可以使用方法等其他值。表 11.7 列出了 content 常用属性值。

表 11.7 content 常用属性值

值	描　　述
normal	默认值，与 none 值相同
none	不生成任何值
<attr>	插入标签属性值
<url>	插入一个外部资源（图像、视频或浏览器支持的其他任何资源）
<string>	插入字符串
counter(name)	使用已命名的计数器
counter(name,list-style-type)	使用已命名的计数器并使用 list-style-type 来指定编号的种类
close-quote	插入 quotes 属性的后标记
open-quote	插入 quotes 属性的前标记

❷ counter-increment

counter-increment 设定计数器及增加的值，计数器可任意命名，增加的值默认是 1，可以设为负值。例如：

```
li{counter-increment:ci1 2;}
```

❸ quotes

quotes 属性为 content 属性的 open-quote 和 close-quote 值定义标记，两个为一组。例如：

```
li{quotes:" (" ") ";}
```

例 11.6 CSS(content).html，说明了 content 属性和::after 与::before 伪元素的使用，如图 11.6 所示。

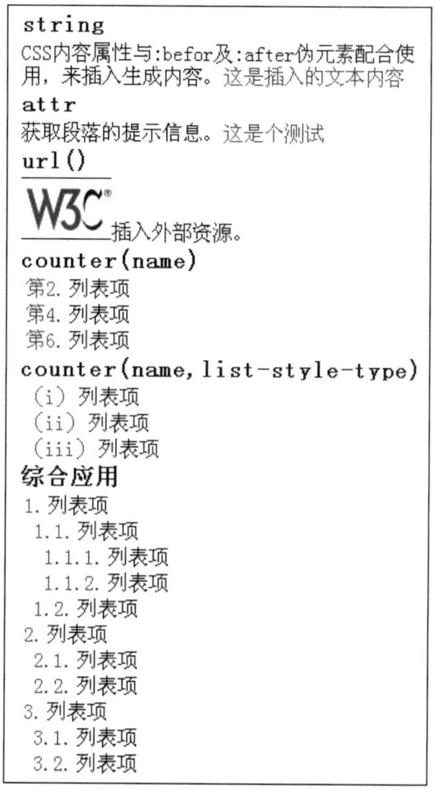

string
CSS内容属性与:befor及:after伪元素配合使用，来插入生成内容。这是插入的文本内容
attr
获取段落的提示信息。这是个测试
url()
W3C 插入外部资源。
counter(name)
第2. 列表项
第4. 列表项
第6. 列表项
counter(name, list-style-type)
(i) 列表项
(ii) 列表项
(iii) 列表项
综合应用
1. 列表项
1.1. 列表项
1.1.1. 列表项
1.1.2. 列表项
1.2. 列表项
2. 列表项
2.1. 列表项
2.2. 列表项
3. 列表项
3.1. 列表项
3.2. 列表项

图 11.6 CSS(content).html 示意图

视频讲解

源代码如下：

```
<head>
    <title>CSS 内容</title>
    <style>
        *{padding: 0px 2px; margin: 2px;}
        li{list-style-type: none;}
        .string p::after{background:#FFF;content:"这是插入的文本内容";color:#F00;}
        .attr p::after{content:attr(title);color:#F00;}
        .url p::before{content:url(images/w3c_home.png);}
        .l1 li{counter-increment:ci1 2;}
        .l1 li::before{content:"第"counter(ci1)".";color:#F00;padding-right:3px;}
        .l2 li{counter-increment:ci2;}
```

```
        .l2 li::before{content:open-quote counter(ci2,lower-roman) close-
        quote;color:#F00;padding-right:3px;}
        .l2 li{quotes:" (" ") ";}
        .l3 li{counter-increment:ci3;}
        .l3 li::before{content:counter(ci3,decimal)".";color:#F00;padding-
        right:3px;}
        .l3 li li{counter-increment:ci4;}
        .l3 li li::before{content:counter(ci3,decimal)"."counter(ci4,decimal)".";}
        .l3 li li li{counter-increment:ci5;}
        .l3 li li li::before{content:counter(ci3,decimal)"."counter(ci4,
         decimal)"."counter(ci5,decimal)".";}
    </style>
</head>
<body>
<ul>
    <li class="string">
        <h3>string</h3>
        <p>CSS 内容属性与::before 及::after 伪元素配合使用，来插入生成内容。</p>
    </li>
    <li class="attr">
        <h3>attr</h3>
        <p title="这是个测试">获取段落的提示信息。</p>
    </li>
    <li class="url">
        <h3>url()</h3>
        <p>插入外部资源。</p>
    </li>
    <li class="l1">
        <h3>counter(name)</h3>
        <ol>
            <li>列表项</li>
            <li>列表项</li>
            <li>列表项</li>
        </ol>
    </li>
    <li class="l2">
        <h3>counter(name,list-style-type)</h3>
        <ol>
            <li>列表项</li>
            <li>列表项</li>
            <li>列表项</li>
        </ol>
    </li>
    <li class="l3">
        <h3>综合应用</h3>
```

```
        <ol>
            <li>列表项
                <ol>
                    <li>列表项
                        <ol>
                            <li>列表项</li>
                            <li>列表项</li>
                        </ol>
                    </li>
                    <li>列表项</li>
                </ol>
            </li>
            <li>列表项
                <ol>
                    <li>列表项</li>
                    <li>列表项</li>
                </ol>
            </li>
            <li>列表项
                <ol>
                    <li>列表项</li>
                    <li>列表项</li>
                </ol>
            </li>
        </ol>
    </li>
</ul>
</body>
```

11.4　小结

本章主要介绍了 CSS 伪类和伪元素及其用法。

11.5　习题

❶ 选择题

（1）下面说法正确的是（　　）。

A．伪类可以直接定义并使用

B．伪类选择元素是基于当前元素的内容

C．伪元素可以对元素中的所有内容进行操作

D．伪元素只应用于特定元素上

（2）下面选择父元素的第 1 个子元素的是（　　）。

A．E:nth-last-child(1)　　B．E:nth-child(1)

C．E:last-child　　D．E:only-child

（3）以下关于::after 伪元素的说法正确的是（　　）。

A．::after 伪元素在元素之后添加内容

B．::after 伪元素只能应用于超链接标签

C．使用::after 伪元素可能导致浮动元素塌陷

D．: :after 不可以在元素之后添加指定链接的文件内容

❷ 简答题

（1）什么是伪类和伪元素？

（2）伪类:hover 可以应用在哪些元素上？

（3）如何在同一页面中对不同的超链接设置不同的样式？

第12章

CSS3 变换、过渡和动画

过去要在网页上实现一些动态和动画效果必须借助脚本或第三方插件才能做到，现在使用 CSS3 增加的变换、过渡和动画样式属性可以轻松实现。本章首先介绍 CSS3 变换、过渡和动画样式属性，然后完成叮叮书店首页超链接、伪类和动画的样式设计。

本章要点：

- CSS3 变换。
- CSS3 过渡。
- CSS3 动画。

12.1 变换

通过 CSS3 transform 能够对元素进行旋转、缩放、倾斜、移动这 4 种类型的变换处理。表 12.1 列出了 CSS3 变换属性。

表 12.1 CSS3 变换属性

属　性	描　述
transform	对元素应用 2D 或 3D 变换
transform-origin	改变被变换元素的原点位置
transform-style	被嵌套元素如何在 3D 空间中显示
perspective	定义 3D 元素距视图的距离，以像素计。当为元素定义 perspective 属性时，其子元素会获得透视效果，而不是元素本身
perspective-origin	3D 元素的底部位置
backface-visibility	元素在不面对屏幕时是否可见

❶ transform 坐标系统

HTML 元素是平面的，会有一个初始坐标系统，如图 12.1 所示。其中，原点位于元素的左上角，Z 轴指向浏览者，初始坐标系统的 Z 轴并不是三维空间，仅仅是 z-index 的参照，决定元素的堆叠顺序，堆叠靠前的元素将覆盖后面的。

使用 transform 所参照的并不是初始坐标系统，而是一个新的坐标系统，如图 12.2 所示。与初始坐标系统相比，X、Y、Z 轴的指向都不变，但原点位置是元素的中心。如果想要改变 transform 坐标系统的原点位置，可以使用 transform-origin，默认值是 50% 50% 0。

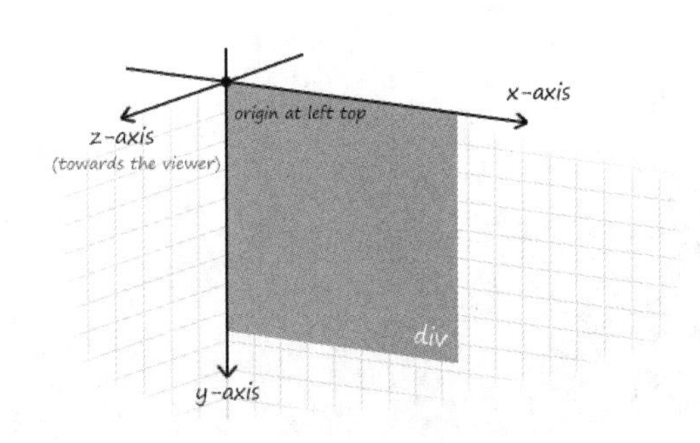

图 12.1　元素初始坐标系统示意图

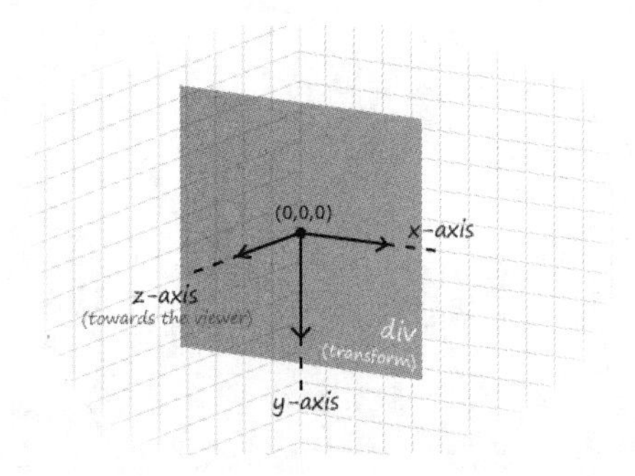

图 12.2　transform 坐标系统示意图

如果没有使用 transform-origin 改变元素的原点位置，CSS3 旋转、缩放、倾斜和移动的变形操作都是以元素的中心位置进行的。若使用 transform-origin 改变了元素的原点位置，CSS3 旋转、缩放和倾斜变形操作将以更改后的原点位置进行，但位移变形操作始终以元素的中心位置进行。

❷ transform

transform 设置元素的变换，其语法如下：

```
transform: none | <transform-function>+
```

transform-function 方法支持 2D 和 3D 变换。

表 12.2 列出了 2D 变换方法。

表 12.2　2D 变换方法

方　　法	描　　述
matrix(n,n,n,n,n,n)	以一个含 6 个值的变换矩阵形式指定 2D 变换
translate(x,y)	2D 移动，第 1 个参数对应 X 轴，第 2 个参数对应 Y 轴。如果第 2 个参数未指定，默认值为 0
translateX(n)	元素在 X 轴（水平方向）上移动
translateY(n)	元素在 Y 轴（垂直方向）上移动
rotate(angle)	2D 旋转，需先设置 transform-origin 属性
scale(x,y)	2D 缩放，第 1 个参数对应 X 轴，第 2 个参数对应 Y 轴。如果第 2 个参数未指定，默认取第 1 个参数的值
scaleX(n)	元素在 X 轴（水平方向）上缩放
scaleY(n)	元素在 Y 轴（垂直方向）上缩放
skew(x-angle,y-angle)	倾斜，第 1 个参数对应 X 轴，第 2 个参数对应 Y 轴。如果第 2 个参数未指定，默认值为 0
skewX(angle)	元素在 X 轴（水平方向）上倾斜
skewY(angle)	元素在 Y 轴（垂直方向）上倾斜

例 12.1　CSS3(2Dtransform).html，说明了 2D 变换方法的使用。

源代码如下：

```
<head>
    <title>CSS3 2D 变换</title>
    <style>
        .test{width:100px;height:100px;border:1px solid #000;margin: 0px 0px
        50px 20px;-webkit-box-sizing:content-box;box-sizing:content-box;}
        .test div{width:100px;height:100px;background:#BBB;word-wrap: break-word;}
        .test  .matrix{-webkit-transform:matrix(1,0,0,1,30,30);-ms-transfo
        rm:matrix(1,0,0,1,30,30);
            transform:matrix(1,0,0,1,30,30);}
        .test  .translate{-webkit-transform:translate(-10px,-10px);-ms-tra
        nsform:translate(-10px,-10px);
            transform:translate(-10px,-10px);}
        .test  .translateX{-webkit-transform:translateX(20px);-ms-transfor
        m:translateX(20px);
            transform:translateX(20px);}
        .test  .translateY{-webkit-transform:translateY(10px);-ms-transfor
        m:translateY(10px);
            transform:translateY(10px);}
        .test  .rotate1{-webkit-transform:rotate(45deg);-ms-transform:rota
        te(45deg);
            transform:rotate(45deg); }
        .test  .scale{-webkit-transform:scale(0.8,0.8);-ms-transform:
        scale (0.8,0.8);
            transform:scale(0.8,0.8);}
        .test  .scaleX{-webkit-transform:scaleX(1.2);-ms-transform:scaleX(1.2);
            transform:scaleX(1.2);}
        .test  .scaleY{-webkit-transform:scaleY(1.2);-ms-transform:scaleY(1.2);
            transform:scaleY(1.2);}
        .test  .skew{-webkit-transform:skew(10deg,10deg);-ms-transform:
        skew(10deg,10deg);
            transform:skew(10deg,10deg);}
        .test  .skewX{-webkit-transform:skewX(10deg);-ms-transform:skewX(10deg);
            transform:skewX(10deg);}
        .test  .skewY{-webkit-transform:skewY(10deg);-ms-transform:skewY(10deg);
            transform:skewY(10deg);
        }
    </style>
</head>
<body>
<h3>矩阵变换：matrix()</h3>
<div class="test">
```

```
    <div class="matrix">transform:matrix(0,1,1,1,10,10)</div>
</div>
<h3>移动：translate(), translateX(), translateY()</h3>
<div class="test">
    <div class="translate">transform:translate(-10px,-10px)</div>
</div>
<div class="test">
    <div class="translateX">transform:translateX(20px)</div>
</div>
<div class="test">
    <div class="translateY">transform:translateY(10px)</div>
</div>
<h3>旋转：rotate()</h3>
<div class="test">
    <div class="rotate1">transform:rotate(45deg)</div>
</div>
<h3>缩放：scale()</h3>
<div class="test">
    <div class="scale">transform:scale(0.8,0.8)</div>
</div>
<div class="test">
    <div class="scaleX">transform:scaleX(1.2)</div>
</div>
<div class="test">
    <div class="scaleY">transform:scaleY(1.2)</div>
</div>
<h3>倾斜：skew()</h3>
<div class="test">
    <div class="skew">transform:skew(10deg,10deg)</div>
</div>
<div class="test">
    <div class="skewX">transform:skewX(10deg)</div>
</div>
<div class="test">
    <div class="skewY">transform:skewY(10deg)</div>
</div>
</body>
```

视频讲解

例 12.2　CSS3(2Dtransform-transition).html，演示了 2D 变换方法的过程，如图 12.3 所示。

提示：变换是在文档流外发生的，一个变换的元素不会影响它附近未变换的元素的位置。

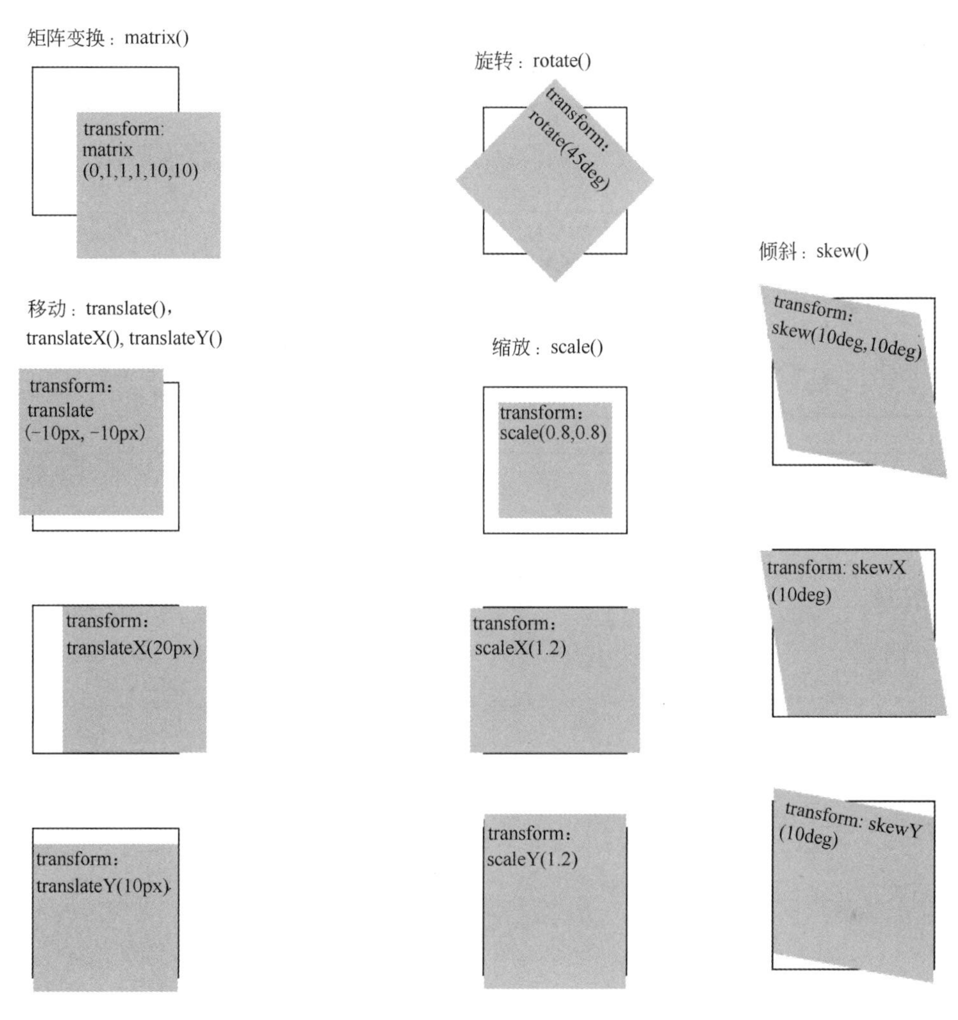

图 12.3　CSS3(2Dtransform-transition).html 示意图

matrix(n,n,n,n,n,n)变换矩阵不好理解，如果需要创建变换矩阵，可以访问网站“http://www.useragentman.com/matrix/”，精确地拖放元素，然后自动生成矩阵变换代码。

表 12.3 列出了 3D 变换方法。

表 12.3　3D 变换方法

方　法	描　述
matrix3d(n,n,n,n,n,n,n,n,n,n,n,n,n,n,n,n)	以一个 4×4 矩阵的形式指定一个 3D 变换
translate3d(x,y,z)	3D 移动，第 1 个参数对应 X 轴，第 2 个参数对应 Y 轴，第 3 个参数对应 Z 轴，参数不允许省略
translateX(x)	元素在 X 轴上移动
translateY(y)	元素在 Y 轴上移动
translateZ(z)	元素在 Z 轴上移动
scale3d(x,y,z)	3D 缩放，第 1 个参数对应 X 轴，第 2 个参数对应 Y 轴，第 3 个参数对应 Z 轴，参数不允许省略
scaleX(x)	元素在 X 轴上缩放
scaleY(y)	元素在 Y 轴上缩放

续表

方　法	描　述
scaleZ(z)	元素在 Z 轴上缩放
rotate3d(x,y,z,angle)	3D 旋转，其中前 3 个参数分别表示旋转的方向，第 4 个参数表示旋转的角度，参数不允许省略
rotateX(angle)	元素以 X 轴水平线进行旋转。angle 值为正，表示顺时针方向；angle 值为负，表示逆时针方向
rotateY(angle)	元素以 Y 轴水平线进行旋转。angle 值为正，表示顺时针方向；angle 值为负，表示逆时针方向
rotateZ(angle)	元素以 Z 轴水平线进行旋转。angle 值为正，表示顺时针方向；angle 值为负，表示逆时针方向，看上去好像沿中心点进行旋转
perspective(n)	透视距离

例 12.3　CSS3(3Dtransform).html，说明了 3D 变换方法的使用。

源代码如下：

```
<head>
    <title>CSS3 3D 变换</title>
    <style>
        /*"perspective:100px";为浏览者距离.test 平面 100px*/
        .test{width:100px;height:100px;border:1px solid #000;margin: 0px 0px
         50px 40px;-webkit-box-sizing:content-box;box-sizing:content-box;
            -webkit-perspective:100px;perspective:100px;}
        .test div{width:100px;height:100px;background:#BBB;word-wrap: break-word;}
        .test  .translate3d{-webkit-transform:translate3d(10px,10px,10px);
           transform:translate3d(10px,10px,10px);}
        .test  .translateX{-webkit-transform:translateX(10px);-ms-transfor
         m:translateX(10px);
           transform:translateX(10px);}
        .test  .translateY{-webkit-transform:translateY(10px);-ms-transfor
         m:translateY(10px);
           transform:translateY(10px);}
        .test .translateZ{-webkit-transform:translateZ(10px);
           transform:translateZ(10px);}
        div[class^="perspective"]{background-color: red;position: absolute;
        text-align: center;}
        .test .perspective1{-webkit-transform:translateZ(-20px);
           transform:translateZ(-20px);opacity: 0.2;}
        .test .perspective2{-webkit-transform:translateZ(-40px);
           transform:translateZ(-40px);opacity: 0.4;}
        .test .perspective3{-webkit-transform:translateZ(-60px);
           transform:translateZ(-60px);opacity: 0.6;}
        .test .rotate3d{-webkit-transform:rotate3d(1,1,1,45deg);
           transform:rotate3d(1,1,1,45deg);}
        .test .rotateX{-webkit-transform:rotateX(45deg);
```

```
            transform:rotateX(45deg);}
        .test .rotateY{-webkit-transform:rotateY(45deg);
            transform:rotateY(45deg);}
        .test .rotateZ{-webkit-transform:rotateZ(45deg);-ms-transform:rot
        ate(45deg);
            transform:rotateZ(45deg);}
        .test .scale{-webkit-transform:scale3d(0.8,0.8,0.8);
            transform:scale3d(0.8,0.8,0.8);}
        .test .scaleX{-webkit-transform:scaleX(1.2);-ms-transform:scaleX(1.2);
            transform:scaleX(1.2);}
        .test .scaleY{-webkit-transform:scaleY(1.2);-ms-transform:scaleY(1.2);
            transform:scaleY(1.2);}
        .test .scaleZ{-webkit-transform:scaleZ(1.2);
            transform:scaleZ(1.2);}
    </style>
</head>
<body>
<h3>移动：translate3d()</h3>
<div class="test">
    <div class="translate3d">translate3d(10px,10px,5px)，字好像大了些，因为往
    Z 轴方向移动 10px，即浏览者方向。</div>
</div>
<div class="test">
    <div class="translateX">translateX(10px)，字大小一样。</div>
</div>
<div class="test">
    <div class="translateY">translateX(10px)，字大小一样。</div>
</div>
<div class="test">
    <div class="translateZ">translateZ(10px)，字大小不一样。</div>
</div>
<h3>移动：指定透视</h3>
<div class="test">
    <div class="perspective1">translateZ(-20px)，字大小变化</div>
    <div class="perspective2">translateZ(-40px)，字大小变化</div>
    <div class="perspective3">translateZ(-60px)，字大小变化</div>
</div>
<h3>旋转：rotate3d()</h3>
<div class="test">
    <div class="rotate3d">rotate3d(1,1,1,45deg)</div>
</div>
<div class="test">
    <div class="rotateX">rotateX(45deg)</div>
</div>
<div class="test">
```

```
    <div class="rotateY">rotateY(45deg)</div>
</div>
<div class="test">
    <div class="rotateZ">rotateZ(45deg)</div>
</div>
<h3>缩放：scale3d()</h3>
<div class="test">
    <div class="scale">scale3d(0.8,0.8,0.8)，字大小变化</div>
</div>
<div class="test">
    <div class="scaleX">scaleX(1.2)，字大小变化</div>
</div>
<div class="test">
    <div class="scaleY">scaleY(1.2)，字大小变化</div>
</div>
<div class="test">
    <div class="scaleZ">scaleZ(1.2)，字大小变化</div>
</div>
</body>
```

例 12.4　CSS3(3Dtransform-transition).html，演示了 3D 变换方法的过程，如图 12.4 所示。

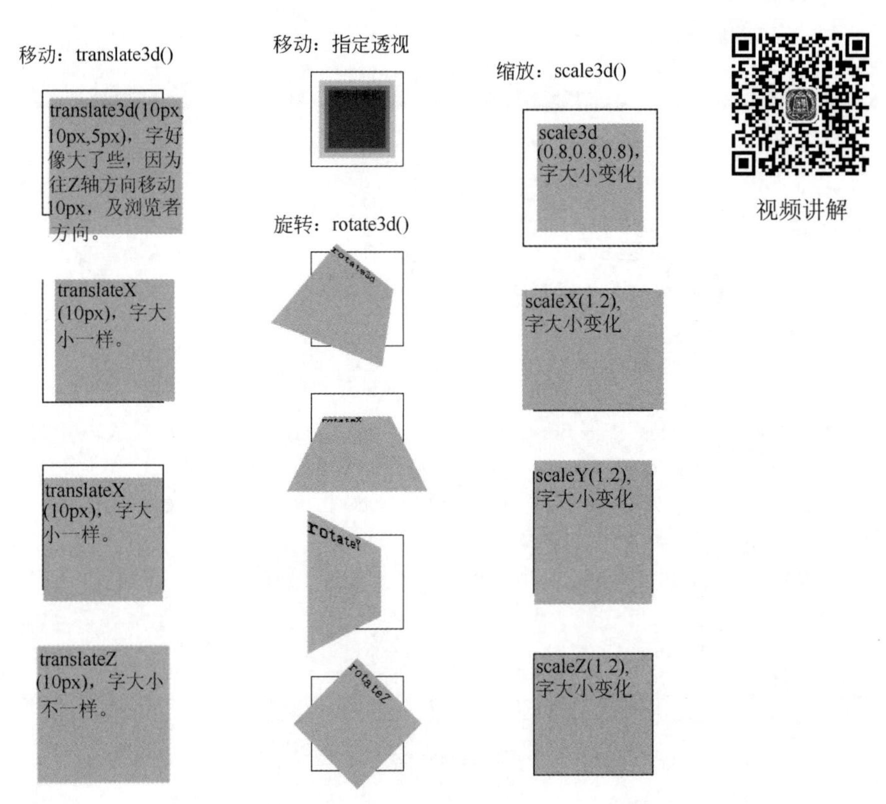

图 12.4　CSS3(3Dtransform).html 示意图

❸ transform-origin

transform-origin 设置元素以某个原点进行转换。其语法如下：

```
transform-origin: x-axis y-axis z-axis
```

transform-origin 属性值可以使用关键字、长度和百分比。表 12.4 列出了 transform-origin 属性常用值。

表 12.4　transform-origin 属性常用值

值	描　　述
x-axis	定义视图被置于 X 轴的何处 left、center、right | length | %
y-axis	定义视图被置于 Y 轴的何处 top、center、bottom | length | %
z-axis	定义视图被置于 Z 轴的何处 length

2D 变换的 transform-origin 属性可以是一个参数值，也可以是两个参数值。如果是两个参数值，第 1 个值设置水平方向（X 轴）的位置，第 2 个值设置垂直方向（Y 轴）的位置。如果只提供一个，该值将用于横坐标，纵坐标将默认为 50%。其默认值为 50% 50%，效果等同于 center center。

视频讲解

3D 变换的 transform-origin 属性还包括了 Z 轴的第 3 个值——z-axis，用来设置 3D 变换中 transform-origin 远离用户眼睛视点的距离，默认值为 0，其取值可以为<length>，不过<%>在这里无效。

12.5　CSS3(transform-origin).html，说明了 transform-origin 属性的使用，如图 12.5 所示。

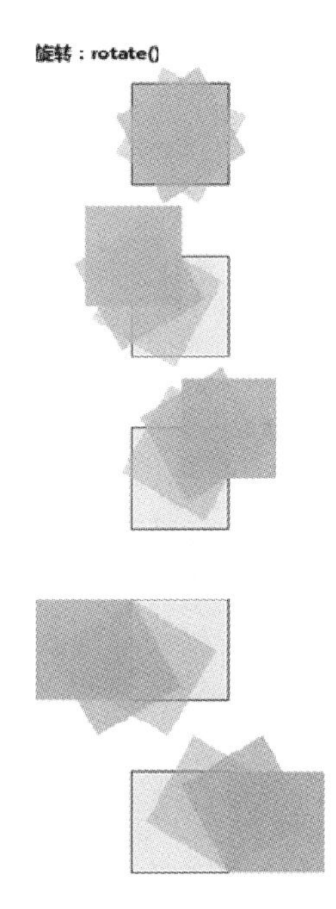

图 12.5　CSS3(transform-origin).html 示意图

源代码如下：

```
<head>
    <title>transform 坐标系统</title>
    <style>
        .test{width:100px;height:100px; border:1px solid #000;margin:0px 0px
        70px 100px;
            -webkit-box-sizing:content-box;
            box-sizing:content-box;}
        .test div{width:100px;height:100px; background:#DDD;word-wrap: break-word;}
        .test div[class^="rotate1"]{position:absolute;}
        .test div[class^="rotate11"]{-webkit-transform-origin:center center;
        -ms-transform-origin:center center;
            transform-origin:center center;}
        .test div[class^="rotate12"]{-webkit-transform-origin:top center;
```

```
        -ms-transform-origin:top center;
           transform-origin:top center;}
        .test div[class^="rotate13"]{-webkit-transform-origin:right center;
        -ms-transform-origin:right center;
           transform-origin:right center;}
        .test div[class^="rotate14"]{-webkit-transform-origin:left top;
        -ms-transform-origin:left top;
           transform-origin:left top;}
        .test div[class^="rotate15"]{-webkit-transform-origin:right bottom;
        -ms-transform-origin:right bottom;
           transform-origin:right bottom;}
        .rotate111,.rotate121,.rotate131,.rotate141,.rotate151{-webkit-tr
        ansform:rotate(0deg);-ms-transform:rotate(0deg);
           transform:rotate(0deg);opacity: 0.5}
        .rotate112,.rotate122,.rotate132,.rotate142,.rotate152{-webkit-tr
        ansform:rotate(30deg);-ms-transform:rotate(30deg);
           transform:rotate(30deg);opacity: 0.6}
        .rotate113,.rotate123,.rotate133,.rotate143,.rotate153{-webkit-tr
        ansform:rotate(60deg);-ms-transform:rotate(60deg);
           transform:rotate(60deg);opacity: 0.7}
        .rotate114,.rotate124,.rotate134,.rotate144,.rotate154{-webkit-tr
        ansform:rotate(90deg);-ms-transform:rotate(90deg);
           transform:rotate(90deg);opacity: 0.8}
    </style>
</head>
<body>
<h3>旋转：rotate()</h3>
<div class="test">
   <div class="rotate111"></div>
   <div class="rotate112"></div>
   <div class="rotate113"></div>
   <div class="rotate114"></div>
</div>
<div class="test">
   <div class="rotate121"></div>
   <div class="rotate122"></div>
   <div class="rotate123"></div>
   <div class="rotate124"></div>
</div>
<div class="test">
   <div class="rotate131"></div>
   <div class="rotate132"></div>
   <div class="rotate133"></div>
   <div class="rotate134"></div>
</div>
```

```
<div class="test">
    <div class="rotate141"></div>
    <div class="rotate142"></div>
    <div class="rotate143"></div>
    <div class="rotate144"></div>
</div>
<div class="test">
    <div class="rotate151"></div>
    <div class="rotate152"></div>
    <div class="rotate153"></div>
    <div class="rotate154"></div>
</div>
</body>
```

❹ transform-style

transform-style 指定某元素的子元素是位于三维空间内，还是在该元素所在的平面内被扁平化。其语法如下：

```
transform-style: flat|preserve-3d
```

transform-style 的默认值是 flat，当值为 preserve-3d 时元素将会创建局部堆叠上下文，如果要保证变换元素处在三维空间内，需要在变换元素的父元素上定义 transform-style 属性。

如果父元素定义了 transform-style: preserve-3d 属性，则所有子元素都处于同一个三维空间内。

例 **12.6**　CSS3(transform-style).html，说明了 transform-style 属性的使用，如图 12.6 所示。

图 12.6　CSS3(transform-style).html 示意图

源代码如下：

```
<head>
    <title>正方体</title>
    <style>
        .cube{position: absolute; margin: 60px 50px;
            -webkit-transform-style: preserve-3d;
            transform-style: preserve-3d;
```

```
            -webkit-transform:rotateX(-30deg) rotateY(30deg);
            transform:rotateX(-30deg) rotateY(30deg);}
        .cube .surface{
            position: absolute;
            width: 120px;height: 120px;border: 1px solid #CCC;
            background: rgba(255,255,255,0.7);
            -webkit-box-shadow: inset 0 0 20px rgba(0,0,0,0.3);
            box-shadow: inset 0 0 20px rgba(0,0,0,0.3);/*内阴影，模糊值为 20*/
            line-height: 120px;text-align: center;color: #333;font-size: 100px;
        }
        .cube .surface1 {-webkit-transform: translateZ(60px);
            transform: translateZ(60px);}
        .cube .surface2 {-webkit-transform: rotateY(90deg) translateZ(60px);
            transform: rotateY(90deg) translateZ(60px);}
        .cube .surface3 {-webkit-transform: rotateX(90deg) translateZ(60px);
            transform: rotateX(90deg) translateZ(60px);}
        .cube .surface4 {-webkit-transform: rotateY(180deg) translateZ(60px);
            transform: rotateY(180deg) translateZ(60px);}
        .cube .surface5 {-webkit-transform: rotateY(-90deg) translateZ(60px);
            transform: rotateY(-90deg) translateZ(60px);}
        .cube .surface6 {-webkit-transform: rotateX(-90deg) translateZ(60px);
            transform: rotateX(-90deg) translateZ(60px);}
    </style>
</head>
<body>
<div class="cube">
    <div class="surface surface1">1</div>
    <div class="surface surface2">2</div>
    <div class="surface surface3">3</div>
    <div class="surface surface4">4</div>
    <div class="surface surface5">5</div>
    <div class="surface surface6">6</div>
</div>
</body>
```

如果像“transform:rotateX(-30deg) rotateY(30deg);”这样使用多个变换函数，需要注意变换函数的顺序。因为每一个变换函数不仅改变了元素，而且改变了和元素关联的 transform 坐标。当变换函数依次执行时，后一个变换函数总是基于前一个变换后的新的 transform 坐标。

12.2　过渡

CSS3 过渡是元素从一种样式逐渐改变为另一种样式时的效果。通过 CSS3 过渡，可以不使用 JavaScript 脚本，为元素从一种样式变换为另一种样式时添加效果。表 12.5 列出了 CSS3 过渡属性。

表 12.5 CSS3 过渡属性

属　　性	描　　述
transition	简写属性，在一个属性中设置 4 个过渡属性
transition-property	规定应用过渡的 CSS 属性名称
transition-duration	规定过渡效果持续时间，默认是 0
transition-timing-function	规定过渡效果时间曲线，默认是"ease"
transition-delay	规定过渡效果何时开始，默认是 0

在 CSS3 中，transition 允许 CSS 的属性值在一定的时间内平滑的过渡，这种效果可以在鼠标单击、获得焦点、被单击或对元素的任何改变中触发，并平滑地以动画效果改变 CSS 的属性值。transition 的语法如下：

```
transition:[<'transition-property'>||<'transition-duration'>||<'transit
ion-timing-function'>||<'transition-delay'>[,[<'transition-property'>||
<'transition-duration'>||<'transition-timing-function'>||<'transition-d
elay'>]]*
```

transition 主要有 4 个属性值，下面分别介绍。

❶ transition-property

执行过渡的属性，属性规定应用过渡效果的 CSS 属性名称（当指定的 CSS 属性改变时过渡效果将开始），有以下 3 个值。

- none：没有属性会获得过渡效果。
- all：所有属性都将获得过渡效果。
- ident：指定要进行过渡的 CSS 属性列表，列表以逗号分隔。表 12.6 列出了有过渡效果的属性。

表 12.6 有过渡效果的属性

属 性 名 称	类　　型
background-color	color
background-image	only gradients
background-position	percentage、length
border-bottom-color	color
border-bottom-width	length
border-color	color
border-left-color	color
border-left-width	length
border-right-color	color
border-right-width	length
border-spacing	length
border-top-color	color
border-top-width	length
border-width	length

续表

属 性 名 称	类　型
bottom	length、percentage
color	color
crop	rectangle
font-size	length、percentage
font-weight	number
height	length、percentage
left	length、percentage
letter-spacing	length
line-height	number、length、percentage
margin-bottom	length
margin-left	length
margin-right	length
margin-top	length
max-height	length、percentage
max-width	length、percentage
min-height	length、percentage
min-width	length、percentage
opacity	number
outline-color	color
outline-offset	integer
outline-width	length
padding-bottom	length
padding-left	length
padding-right	length
padding-top	length
right	length、percentage
text-indent	length、percentage
text-shadow	shadow
top	length、percentage
vertical-align	keywords、length、percentage
visibility	visibility
width	length、percentage
word-spacing	length、percentage
z-index	integer

❷ transition-duration

变换持续的时间，规定完成过渡效果需要花费的时间（以秒或毫秒计），默认值 0 表示没有效果。

❸ transition-timing-function

在持续时间内变换的速率，它有以下 6 个值。

- ease：默认值，逐渐变慢。ease 函数等同于贝塞尔曲线(0.25,0.1,0.25,1.0)。
- linear：匀速。linear 函数等同于贝塞尔曲线(0.0,0.0,1.0,1.0)。

- ease-in：加速。ease-in 函数等同于贝塞尔曲线(0.42,0,1.0,1.0)。
- ease-out：减速。ease-out 函数等同于贝塞尔曲线(0,0,0.58,1.0)。
- ease-in-out：加速然后减速。ease-in-out 函数等同于贝塞尔曲线(0.42,0, 0.58,1.0)。
- cubic-bezier：允许自定义一个时间曲线，特定的 cubic-bezier 曲线。 (x1, y1, x2, y2)中的 4 个值特定于曲线上的点 P1 和点 P2。另外，所有值需要在[0,1]区域内，否则无效。

这 6 个值本质上是缓动函数，是过渡在数学上的描述。用户在“https://easings.net/zh-cn”网站上可以对比各种缓动函数，查看它们之间的区别，用鼠标悬停在每条线上可以观看相应的演示效果。

除非有特殊需求，使用 1s 和默认过渡效果(ease)往往是最好的。

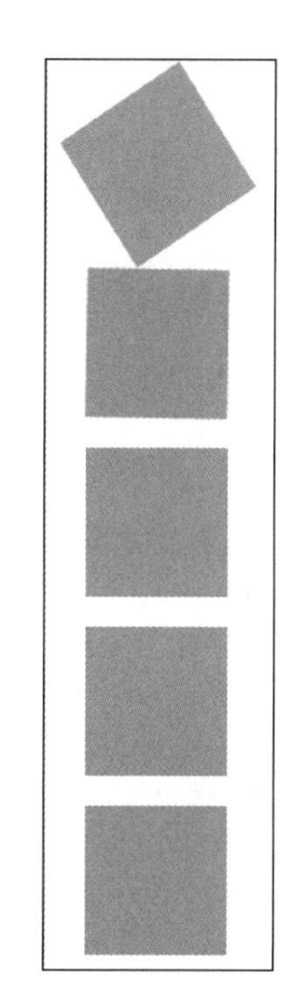

图 12.7 CSS3(transition).html 示意图

❹ transition-delay

transition-delay（变换延迟时间）用来指定一个动画开始执行的时间，也就是说当改变元素属性值后多长时间开始执行 transition 效果，值<time>为数值，单位为 s（秒）或者 ms（毫秒）。

如果要实现 transition，必须规定两项内容：一是希望把效果添加到哪个 CSS 样式属性上，二是效果的持续时间。

例 12.7 CSS3(transition).html，说明了 transition 属性的使用，如图 12.7 所示。

源代码如下：

视频讲解

```
<head>
    <title>transform 过渡</title>
    <style>
        div[id^="transition"]{
            width: 100px;height:100px;
            background-color: #8FB432;
            margin: 20px;
        }
        #transition-ease{
            transition:transform 1s ease,background-color 1s ease;
        }
        #transition-linear{
            transition:transform 1s linear,background-color 1s linear;
        }
        #transition-ease-in{
            transition:transform 1s ease-in,background-color 1s ease-in;
        }
```

```
        #transition-ease-out{
            transition:transform 1s ease-out,background-color 1s ease-out;
        }
        #transition-ease-in-out{
            transition:transform 1s ease-in-out,background-color 1s ease-in-out;
        }
        div[id^="transition"]:hover{
            transform:rotate(90deg);
            background-color: #ACB451;
        }
    </style>
</head>
<body>
<div id="transition-ease"></div>
<div id="transition-linear"></div>
<div id="transition-ease-in"></div>
<div id="transition-ease-out"></div>
<div id="transition-ease-in-out"></div>
</body>
```

提示：不能从 display:none 状态开始过渡。当某个元素被设为 display:none 的时候，事实上它没在屏幕上，所以没有状态让用户进行过渡。

12.3 动画

CSS3 能够创建动画，可以在网页中取代动画图片、Flash 动画以及 JavaScript。动画是使元素从一种样式逐渐变化为另一种样式的效果。表 12.7 列出了 CSS3 动画属性。

表 12.7 CSS3 动画属性

属　性	描　述
@keyframes	创建动画
animation	所有动画属性的简写属性，除了 animation-play-state 属性以外
animation-name	规定@keyframes 动画的名称
animation-duration	规定动画完成一个周期所花费的秒或毫秒。默认值是 0
animation-timing-function	规定动画的速度曲线。默认值是"ease"
animation-delay	规定动画何时开始。默认值是 0
animation-iteration-count	规定动画被播放的次数。默认值是 1
animation-direction	规定动画是否在下一周期逆向地播放。默认值是"normal"
animation-play-state	规定动画是否正在运行或暂停。默认值是"running"
animation-fill-mode	规定对象动画时间之外的状态

❶ CSS3 @keyframes 规则

@keyframes 规则用于创建动画。在@keyframes 中规定某项 CSS 样式就能创建由当前样式逐渐改为新样式的动画效果。其语法如下：

```
@keyframes animationname{keyframes-selector {css-styles;}}
```

例如，创建一个 myfirst 动画。

```
@keyframes myfirst
{
from {background:red;}
to {background:yellow;}
}
```

表 12.8 列出了@keyframes 属性值。

表 12.8 @keyframes 属性值

值	描　述
animationname	必需。定义动画的名称
keyframes-selector	必需。关键帧 合法的值：0%～100%、from（与 0%相同）、to（与 100%相同）
css-styles	必需。关键帧时一个或多个合法的 CSS 样式属性

关键帧用百分比来规定变化发生的时间，或用关键字 from 和 to，等同于 0%和 100%。0%是动画的开始，100%是动画的完成。

❷ animation

在@keyframes 中创建动画后，必须在元素样式中通过 animation 属性使用该动画，否则不会产生动画效果，animation 属性至少需要规定动画的名称和动画的时间。

例如把"myfirst"动画捆绑到 div 元素，时间为 5s。

```
div{animation: myfirst 5s;}
```

用户可以通过 animation-timing-function 来定义动画的速度曲线，使用 3 次贝塞尔（Cubic Bezier）数学函数生成速度曲线，主要值如下。

- linear：动画从头到尾的速度是相同的。
- ease：默认。动画以低速开始，然后加快，在结束前变慢。
- ease-in：动画以低速开始。
- ease-out：动画以低速结束。
- ease-in-out：动画以低速开始和结束。
- cubic-bezier(n,n,n,n)：用户在 cubic-bezier 函数中自己设定值，可能的值是 0～1 的数值。

使用 animation-delay 属性可以定义动画何时开始，值以秒或毫秒计。

使用 animation-iteration-count 属性定义动画的播放次数，默认值是 1，关键字 infinite 规定动画无限次播放。

animation-direction 属性定义是否可以轮流反向播放动画，默认值是 normal，表示动画应该正常播放。如果 animation-direction 的值是"alternate"，则动画会在奇数次（1、3、5 等）正常播放，而在偶数次（2、4、6 等）反向播放。

视频讲解

例 12.8 CSS3(animation).html，说明了 animation 属性的使用，如图 12.8 所示。

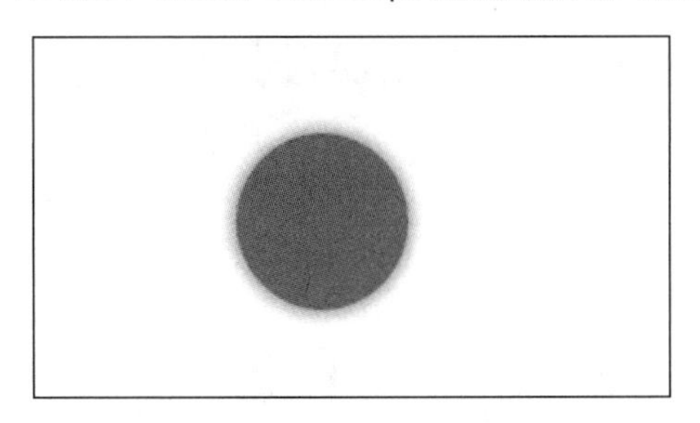

图 12.8　CSS3(animation).html 示意图

源代码如下：

```
<head>
    <title>animation 动画</title>
    <style>
        div{width:60px;height:60px;padding:10px;margin-top: 100px;
            border-radius:40px;background: #E54D26;
            -webkit-box-shadow:0 0 10px rgba(204, 39, 52, 0.8);
            box-shadow:0 0 10px rgba(204, 39, 52, 0.8);
            -webkit-animation:move 4s linear infinite;
            animation:move 4s linear infinite;
            -webkit-animation-direction: alternate;
            animation-direction: alternate;
        }
        @keyframes move{
            0%{-webkit-transform:translate(0,0);
                transform:translate(0,0);}
            25%{-webkit-transform:translate(100px,-50px);
                transform:translate(100px,-50px);}
            50%{-webkit-transform:translate(200px,0px);
                transform:translate(200px,0px);}
            75%{-webkit-transform:translate(100px,50px);
                transform:translate(100px,50px);}
            100%{-webkit-transform:translate(0,0);
                transform:translate(0,0);}
        }
    </style>
</head>
<body>
<div></div>
</body>
```

❸ transition 和 animation 的区别

transition 只能指定属性的开始值与结束值，通过在两属性值之间进行平滑过渡的方式来实现动画效果，所以 transition 不能实现复杂的动画；而 animation 允许用户创建多个关键帧，通过对每个关键帧设置不同的属性值可以实现更为复杂的动画效果。

12.4　叮叮书店首页的超链接、伪类和动画样式设计

启动 WebStorm，打开外部样式表文件 style.css（在第 10 章的 10.9 节建立），定义叮叮书店首页的超链接、伪类和动画外观样式。

❶ 购物车超链接

定义#nav nav 为包含块，#cart 为绝对定位，位置在#nav nav 块的右边，如图 12.9 所示。

视频讲解

图 12.9　购物车超链接

```
/*购物车菜单的定位*/
#nav nav{position: relative;}
#cart{position:    absolute;    right:0px;top:    10px;background-color:
#F3F3F3;line-height: 40px;min-width: 120px;display: none;justify-content:
center;}
/*购物车标题图标*/
.icon-cart:before {content: "\F07A";}
/*屏幕大于 560px 宽度时显示购物车*/
@media screen and (min-width: 560px) {
    #cart{display:flex;}
}
/*购物车超链接样式*/
# cart a,.icon-cart{color: hsl(20,50%,30%);text-decoration: none; font-size:
1.2rem;font-weight: normal;}
# cart a:hover{color:hsl(20,30%,50%);}
```

❷ 站内搜索

定义#search 绝对定位，设置位置坐标，定义 input[type="search"]和 input[type="submit"]样式，如图 12.9 所示。

```
/*站内搜索*/
#search{position:absolute;top:114px;right:0px;}
#search input[type="search"] {background: hsl(0,0%,95%);border: solid 1px
hsl(0,0%,85%);min-width: 260px;font-size:1.1rem;}
#search   input[type="submit"]   {background-color:   hsl(0,0%,85%);color:
hsl(20,50%,30%);border: solid 1px hsl(0,0%,85%);font-size:1.1rem; padding:
0 10px;}
```

❸ 本周推荐图书封面图像

定义.recommend img 的不透明度为 0.6，当鼠标悬停在其上时经过 2s 不透明度变为 1。

```
/*本周推荐图像样式*/
#recommend img{opacity: 0.6;}
#recommend img:hover{opacity: 1; transition: 2s;}
```

❹ 本周推荐、最近新书、最近促销加入购物车、详细内容超链接

本周推荐、最近新书、最近促销加入购物车、详细内容超链接使用了 opacity 样式属性，当鼠标悬停在超链接上时背景颜色有个透明度的变化，如图 12.10 所示。

加入购物车 详细内容

图 12.10　透明度发生变化

```
/*本周推荐、最近新书、最近促销加入购物车、详细内容超链接样式*/
.cart{text-decoration:none;background: hsl(20,30%,50%); color: hsl(0,0%,
100%);min-width:120px;opacity: 0.7;display: flex;justify-content: center;
height: 30px; align-items: center;padding-bottom: 2px;margin-right: 2px;}
.cart:hover {text-decoration:none;opacity: 1;}
.more{text-decoration:none;background: hsl(20,30%,50%); color: hsl (0, 0%,
100%);min-width:120px;opacity: 0.7;display: flex;justify-content: center;
height: 30px; align-items: center;padding-bottom: 2px;}
.more:hover {text-decoration:none;opacity: 1;}
```

❺ 图书分类和合作伙伴超链接

定义#classify 样式，超链接文本没有下画线，文字颜色为 hsl(0,0%,0%)，当鼠标悬停在超链接上时文字颜色变为 hsl(20,30%,50%)。

```
/*图书分类和合作伙伴超链接样式*/
#classify li a,#partner li a{text-decoration:none;color: hsl(0,0%,0%);}
#classify a:hover,#partner a:hover {text-decoration:none;color:hsl(20,30%,50%);}
#classify ul,#partner ul{margin: 0.5rem 1rem;}
```

❻ 页脚超链接

定义 footer a 和#copyright a 样式，如图 12.11 所示。

首页 关于我们 服务条款 隐私策略 联系我们

图 12.11　页脚超链接

```
/*页脚超链接样式*/
footer ul{display: flex; flex-flow: row wrap;justify-content:center;}
footer ul li{min-width: 130px;}
footer a {color: hsl(0,0%,100%);text-decoration:none;font-size: 1.2rem;
```

```
    display: flex;height:60px;justify-content:center;align-items:center;}
    footer a:hover{background-color: hsl(20,50%,30%);}
    #copyright a {text-decoration:none;color:hsl(0,0%,0%);font-size: 1.1rem;
    margin: 0 0.5rem;}
    #copyright a:hover {text-decoration:none;color:hsl(20,30%,50%);}
```

❼ 最近新书

定义.text-desc 文字块绝对定位，位置在左上角，将 z-index 设为-1 表示文字层在图像的下面，不透明度为 0。

设.effect-1 为包含块，透视距离为 800px，当鼠标悬停在.effect-1 上时.image-box 元素在 X 轴上旋转 75deg，旋转中心点为底部中间位置，过渡时间为 1s，同时.text-desc 块的不透明度为 1，过渡时间为 2s，如图 12.12 所示。

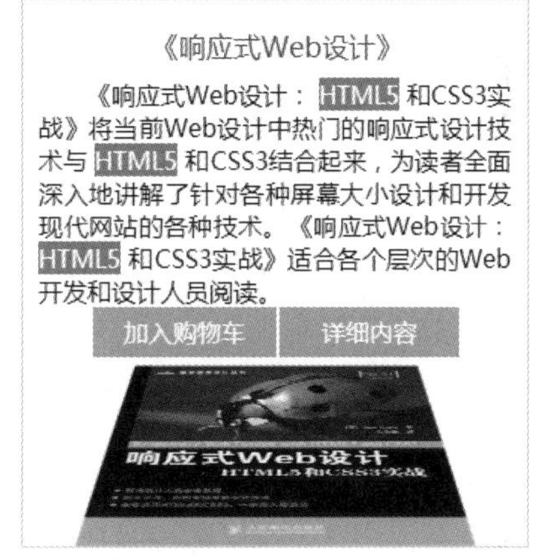

图 12.12 旋转效果（X 轴）

```
    /*最近新书变换样式*/
    #new .effect-1{position: relative; overflow: hidden;border: 1px solid hsl(0,
    0%,80%); perspective: 800px;}
    #new .effect-1:hover .image-box{transform: rotateX(75deg);transition: 1s;
    transform-origin: center bottom;}
    #new .text-desc{position: absolute;left: 0px; top:0px;margin-bottom:25px;
    padding: 10px;opacity: 0; z-index:-1;}
    #new .effect-1:hover .text-desc{opacity: 1;transition: 2s;}
```

❽ 最近促销

定义.text-desc 文字块绝对定位，位置在左上角，将 z-index 设为-1 表示文字层在图像的下面，不透明度为 0。

设.effect-1 为包含块，透视距离为 800px，当鼠标悬停在.effect-1 上时.image-box 元素在 Y 轴上旋转 180deg，过渡时间为 1s，不透明度为 0.2，同时.text-desc 块的不透明度为 1，过渡时间为 2s，如图 12.13 所示。

《HTML5和CSS3实例教程》　　《JavaScript权威指南》

图 12.13　旋转效果（Y 轴）

```
/*最近促销变换样式*/
#sales .text-desc{position: absolute;left: 0px; top:0px;margin-bottom:
25px;padding: 10px;opacity: 0; z-index:-1;}
#sales .effect-1{position: relative; overflow: hidden;border: 1px solid
hsl(0,0%,80%); perspective: 800px;}
#sales .effect-1:hover .image-box{transform: rotateY(180deg);transition:
1s;opacity: 0.2;}
#sales .effect-1:hover .text-desc{opacity: 1;transition: 2s;}
```

⑨ 畅销图书

首先对#best-selling li 列表项添加序号并设定样式，然后对畅销图书列表项图像#best-selling .curr .p-img 和文字#best-selling .curr .p-name 进行样式设置，最后设定当鼠标悬停在#best-selling li 上时的样式效果，如图 12.14 所示。

畅销图书

1 深度学习 [deep learning]
¥43.50
¥52.00

2 Hadoop权威指南：大数据的存储与分析(第...

3 和秋叶一起学PPT 第3版

4 深度学习优化与识别

5 区块链原理、设计与应用

图 12.14　畅销图书变换样式

```
/*畅销图书变换样式*/
#best-selling ul{margin-top: 1rem;}
#best-selling li:before{content: counter(listxh);background:hsl(20,30%,
```

```
50%);padding: 2px 5px;color: hsl(0,0%,100%);margin-right: 5px;vertical-
align: top;float: left;}
/*当行距长时,overflow: hidden 为隐藏,white-space: nowrap 为不换行,text-overflow:
ellipsis 为多的部分显示省略号*/
#best-selling li{
   counter-increment: listxh;overflow: hidden;white-space: nowrap;
   text-overflow: ellipsis;margin-top: 8px;
   transition:text-shadow 1s linear;
   border-bottom:hsl(0,0%,80%) dashed 1px;
   max-width: 420px;
}
.p-img img{width:80px;height:80px;}
#best-selling .curr .p-img{float: left;}
#best-selling .curr .p-name strong{display: block; color:hsl(0,100%,50%);
font-size: 1rem;}
#best-selling .curr .p-name del{display: block;font-size: 1rem;}
#best-selling .curr{display: none;}
#best-selling a{color: hsl(0,0%,0%);text-decoration: none; font-size: 1rem;}
#best-selling li:hover{text-shadow: 1px 4px 4px hsl(0,0%,0%);white-space: normal;}
#best-selling li:hover .selling{display:none;}
#best-selling li:hover .curr{display:block;}
```

12.5 小结

本章首先介绍了 CSS3 变换、过渡和动画样式属性，然后详细介绍了叮叮书店首页超链接、伪类和动画的样式设计过程。

12.6 习题

❶ 选择题

（1）transform 默认坐标系统的原点位置是（　　）。

A．0% 0%　　B．0% 50%

C．50% 50%　　D．50% 0%

（2）transform 不能够对元素进行变换的是（　　）。

A．旋转　　B．缩放　　C．移动　　D．背景

（3）（　　）CSS 属性不能过渡。

A．background-color　　B．border-color

C．p　　D．text-shadow

（4）要实现 transition 效果，下面说法中错误的是（　　）。

A．必须确定效果添加到哪个 CSS 样式属性上

B．必须声明效果的持续时间

C．必须定义什么时候触发

D．不能同时对多个 CSS 样式属性进行效果过渡

（5）关于 animation，下面说法中错误的是（　　）。

A．用@keyframes 创建动画

B．必须在元素样式中通过 animation 属性使用@keyframes 创建动画，否则不会产生动画效果

C．关键帧的合法值是 0～100

D．animation 属性至少需要规定动画的名称和动画的时间

❷ 简答题

（1）在进行变换时如何改变 transform 元素的原点位置？

（2）transform-function 方法支持的 2D 和 3D 变换有什么区别？

（3）什么是过渡？如果要实现 transition，必须规定什么？

（4）如果一个元素的显示类型为“display:none;”，能否实现过渡？

（5）CSS3 实现 animation 的主要步骤是什么？

第13章 默认样式和页面内容样式设计

在页面布局完成后，制作网页的主要任务是设计导航和显示的内容，利用 CSS 可以方便地实现导航菜单，也可以把文字和图像组织起来用于显示内容。本章首先介绍 HTML 默认样式，接下来讨论如何建立导航菜单，最后介绍图文混排的一般方法。

本章要点：

- HTML 默认样式。
- 导航菜单。
- 图文混排。

13.1 默认样式

HTML 标签即使没有定义样式，在浏览器中显示时也会具有各种样式属性，这是因为它们有自己的默认样式，或者是浏览器给它们定义了默认样式。不同的浏览器定义的默认样式有所差别。

13.1.1 HTML 默认样式

```
html,address,blockquote,body,dd,div,dl,dt,fieldset,form,h1,h2,h3,h4,h5,
h6,ol,p,ul,center,dir,hr,menu,pre{display:block}/*均以块状元素显示，未列出的
以行内元素显示*/
li{display:list-item}                    /*默认以列表显示*/
head{display:none}                       /*默认不显示*/
table{display:table}                     /*默认以表格显示*/
tr{display:table-row}                    /*默认以表格行显示*/
thead{display:table-header-group}        /*默认以表格头部分组显示*/
tbody{display:table-row-group}           /*默认以表格行分组显示*/
```

```
tfoot{display:table-footer-group}        /*默认以表格底部分组显示*/
col{display:table-column}                /*默认以表格列显示*/
colgroup{display:table-column-group}     /*默认以表格列分组显示*/
td,th{display:table-cell;}               /*默认以单元格显示*/
caption{display:table-caption}           /*默认以表格标题显示*/
th{font-weight:bolder;text-align:center} /*默认以表格标题显示，呈现加粗、居中状态*/
caption{text-align:center}               /*默认以表格标题显示，呈现居中状态*/
body{margin:8px;line-height:1.12}
h1{font-size:2em;margin:0.67em 0}
h2{font-size:1.5em;margin:0.75em 0}
h3{font-size:1.17em;margin:0.83em 0}
h4,p,blockquote,ul,fieldset,form,ol,dl,dir,menu{margin:1.12em 0}
h5{font-size:0.83em;margin:1.5em 0}
h6{font-size:0.75em;margin:1.67em 0}
h1,h2,h3,h4,h5,h6,b,strong{font-weight:bolder}
blockquote{margin-left:40px;margin-right:40px}
i,cite,em,var,address{font-style:italic}
pre,tt,code,kbd,samp{font-family:monospace}
pre{white-space:pre}
button,textarea,input,object,select{display:inline-block;}
big{font-size:1.17em}
small,sub,sup{font-size:0.83em}
sub{vertical-align:sub}          /*定义 sub 元素默认以下标显示*/
sup{vertical-align:super}        /*定义 sub 元素默认以上标显示*/
table{border-spacing:2px;}
thead,tbody,tfoot{vertical-align:middle}/*定义表头、主体表、表脚元素默认为垂直对齐*/
td,th{vertical-align:inherit}/*定义单元格、列标题默认为垂直对齐，继承*/
s,strike,del{text-decoration:line-through}/*定义 s、strike 和 del 元素默认以删
除线显示*/
hr{border:1pxinset}/*定义分隔线默认为 1px 宽的 3D 凹边效果*/
ol,ul,dir,menu,dd{margin-left:40px}
ol{list-style-type:decimal}
olul,ulol,ulul,olol{margin-top:0;margin-bottom:0}
u,ins{text-decoration:underline}
br:before{content:"A"}/*定义换行元素的伪元素内容样式*/
:before,:after{white-space:pre-line}/*定义伪元素空格字符的默认样式*/
center{text-align:center}
abbr,acronym{font-variant:small-caps;letter-spacing:0.1em}
:link,:visited{text-decoration:underline}
:focus{outline:thin dotted invert}
BDO[DIR="ltr"]{direction:ltr;unicode-bidi:bidi-override}/*定义 BDO 元素当其
属性为 DIR="ltr"时的默认文本读写显示顺序*/
BDO[DIR="rtl"]{direction:rtl;unicode-bidi:bidi-override}/*定义 BDO 元素当其
属性为 DIR="rtl"时的默认文本读写显示顺序*/
*[DIR="ltr"]{direction:ltr;unicode-bidi:embed}/*定义任何元素当其属性为
DIR="ltr"时的默认文本读写显示顺序*/
```

```
*[DIR="rtl"]{direction:rtl;unicode-bidi:embed}/*定义任何元素当其属性为
DIR="rtl"时的默认文本读写显示顺序*/
@mediaprint{/*定义标题和列表默认的打印样式*/
    h1{page-break-before:always}
    h1,h2,h3,h4,h5,h6{page-break-after:avoid}
    ul,ol,dl{page-break-before:avoid}
}
```

13.1.2 浏览器默认样式

❶ 页边距

IE 默认为 10px，通过 body 的 margin 属性设置；FF 默认为 8px，通过 body 的 padding 属性设置。如果要清除页边距，一定要清除这两个属性值，例如：

```
body{margin:0;padding:0;}
```

❷ 段间距

IE 默认为 19px，通过 p 的 margin-top 属性设置；FF 默认为 1.12em，通过 p 的 margin-bottom 属性设置。如果要清除段间距，一般可以设置：

```
p{margin-top:0;margin-bottom:0;}
```

❸ 标题样式

h1～h6 默认加粗显示，字体大小为：

```
h1{font-size:xx-large;};
h2{font-size:x-large;};
h3{font-size:large;};
h4{font-size:medium;};
h5{font-size:small;};
h6{font-size:x-small;}。
```

浏览器默认字体大小为 16px，即等于 medium。如果要清除标题样式，一般可以设置：

```
hx{font-weight:normal;font-size:value;}
```

❹ 列表样式

IE 默认为 40px，通过 ul、ol 的 margin 属性设置；FF 默认为 40px，通过 ul、ol 的 padding 属性设置，dl 无缩进，但说明元素 dd 默认缩进 40px，而 dt 没有缩进。如果要清除列表样式，一般可以设置：

```
ul,ol,dd{list-style-type:none;margin-left:0;padding-left:0;}
```

❺ 元素居中

IE 默认为“text-align:center”；FF 默认为“margin-left:auto;margin-right:auto”。

❻ 超链接样式

a 样式默认带有下画线，显示颜色为蓝色，被访问过的超链接变紫色。如果要清除超链接样式，一般可以设置：

```
a{text-decoration:none;color:#colorname;}
```

❼ 鼠标样式

IE 默认为“cursor:hand”；FF 默认为“cursor:pointer”。

❽ 图片链接样式

IE 默认为紫色、2px 的边框线；FF 默认为蓝色、2px 的边框线。如果要清除图片链接样式，一般可以设置：

```
img{border:0;}
```

13.2 页面内容样式设计

13.2.1 导航菜单

视频讲解

通常用 ul（无序列表）来构建导航菜单，每个 li（列表项）是一个菜单项，当然也可以使用 ol、dl 实现。导航菜单形式多样，基本上可以概括为 3 类，即水平菜单、垂直菜单和多级菜单。

下面以叮叮书店首页为例说明导航菜单的建立过程。启动 WebStorm，打开叮叮书店项目首页 index.html 和外部样式表文件 style.css（在第 12 章的 12.4 节建立），定义叮叮书店首页导航菜单的设计。

❶ 水平菜单

1）内容结构

在 index.html 文件<nav class="container">包含元素里，用<ul>构建菜单内容结构。

```
<ul>
<li><a href="index.html">首页</a></li>
<li><a href="category.html">书籍分类</a></li>
<li><a href="specials.html">特刊降价</a></li>
<li><a href="contact.html">联系我们</a></li>
<li><a href="about.html">关于我们</a></li>
</ul>
```

2）样式设计

切换到 style.css 编辑区，定义样式。

定义 nav ul 列表项水平显示，nav ul a 内容通过伸缩盒水平和垂直居中对齐，当鼠标悬停在 nav ul a 超链接上时改变背景颜色。

```
/*水平导航菜单*/
nav ul {display: flex; flex-flow: row wrap;justify-content:center;}
/*目前移动设备的最小屏幕宽度为 320px，将菜单项最小宽度设为 160px，能够保证在移动设备
```

```
上一行最少显示两个菜单项*/
nav ul li{min-width: 160px;}
nav ul a{height: 60px;display: flex;align-items: center;justify-content: center;
    color:  hsl(0,0%,100%);text-decoration:  none;font-size:1.3rem;font-
    weight: normal;
    transition:background 0.5s linear;
}
nav ul a:hover{background-color: hsl(20,50%,30%);}
/*Apple iPhone 6 plus 的宽度为 414px，大于这个宽度时菜单项将从左开始对齐*/
@media screen and (min-width: 414px) {
    nav ul{justify-content:flex-start;}
}
```

切换到 index.html 编辑区，将光标定位到“<link href="style.css" rel="stylesheet">”后面，按回车键，输入内部样式。

```
<style>
    nav ul li:first-child{background-color: hsl(20,50%,30%);}
    footer ul li:first-child{background-color: hsl(20,50%,30%);}
</style>
```

水平菜单效果如图 13.1 所示。

首页　书籍分类　特刊降价　联系我们　关于我们

图 13.1　水平菜单示意图

❷ 垂直菜单

垂直菜单的内容结构与水平菜单一样，不同的是在样式设计上不需要将无序列表项水平呈现，不在一行上显示。

```
nav ul {display: flex; justify-content:center; flex-flow: column; width: 160px;}
```

❸ 多级菜单

1）内容结构

切换到 index.html 编辑区，在书籍分类菜单项里增加下拉菜单，将光标定位到“<li><a href="category.html">书籍分类</a>”后面，按回车键，输入下面的代码：

```
<ul>
    <li><a href="#">编程语言</a></li>
    <li><a href="#">数据库</a></li>
    <li><a href="#">图形图像</a></li>
</ul>
```

也就是在 li 元素里超链接元素的下面嵌入了一个菜单作为下拉菜单。多级菜单的内容结构如下：

```
<ul>
```

```
    <li><a href="index.html">首页</a></li>
    <li><a href="category.html">书籍分类</a>
        <ul>
            <li><a href="#">编程语言</a></li>
            <li><a href="#">数据库</a></li>
            <li><a href="#">图形图像</a></li>
        </ul>
    </li>
    <li><a href="specials.html">特刊降价</a></li>
    <li><a href="contact.html">联系我们</a></li>
    <li><a href="about.html">关于我们</a></li>
</ul>
```

2）样式设计

切换到 style.css 编辑区，在水平菜单样式的基础上定义下拉菜单样式#nav nav ul ul，由于下拉菜单开始时是不可见的，所以将 visibility 属性设为隐藏，下拉菜单通过绝对定位方式显示在菜单项的下面；定义#nav nav ul li:hover ul 样式，当鼠标悬停在菜单项（即 li 元素）上时，li 元素里的 ul（下拉菜单）的 visibility 属性应为可见的。同样，当下拉菜单显示时应在最前面，将 z-index 值设为 100。菜单显示效果如图 13.2 所示。

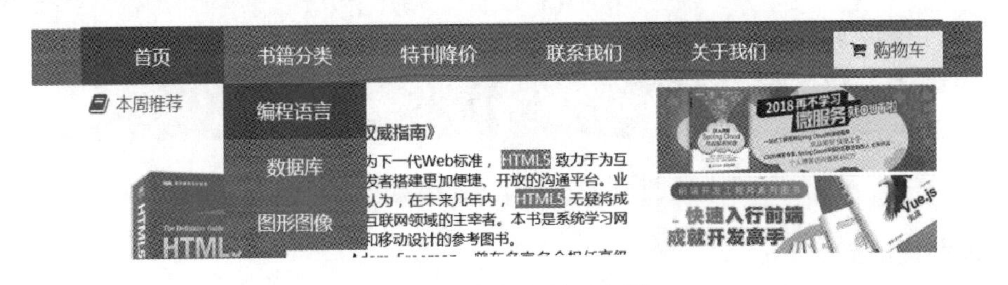

图 13.2　多级菜单示意图

```
/*多级菜单*/
#nav nav ul li{position: relative;}
#nav nav ul ul li{background-image:url("images/navbg.jpg");}
/*#nav nav ul ul li a{border-left: solid 1px hsl(20,50%,30%);border-right:
solid 1px hsl(20,50%,30%);border-bottom: solid 1px hsl(20,50%,30%)}*/
#nav nav ul ul{visibility: hidden;position: absolute;left:-1px;background-
image:url("images/navbg.jpg");}
#nav nav ul li:hover ul{visibility: visible; z-index: 100;}
```

❹ 导航菜单资源

CSS Tab Designer 是一款专供用户使用 CSS 设计导航菜单的可视化工具，而且是免费的，可以从“http://css-tab-designer.en.softonic.com/”下载。

13.2.2　图文混排

图文混排是制作精美页面必须使用的技术，通过将适当的图像与文字有效地排列在一起可以大大丰富版面内容。图文混排的结构没有统一的标准，一般做法是把图像和文本信息同时封装在一个包含元素内，再嵌入其他布局元素或修饰元素。

例 **13.1**　CSS(article).html，实现了一个图文混排单元模块，如图 13.3 所示。

图 13.3　CSS(article).html 示意图

源代码如下：

```
<head>
    <title>图文混排</title>
    <style>
        #content {font-family: 微软雅黑,sans-serif;}
        .article  {display:inline-block;background-color:#000;color:#FFF;
        width:200px;padding:5px;position:relative;opacity:0.9;}
        #content  h2  {height:20px;width:60px;background-color:#F00;font-
        weight:bolder;text-align:center;font-size:14px;position:absolute;
        top:20px;right:0px;z-index: 1;}
        .article h3 {font-size:12px; text-align: center;}
        .article p {font-size:12px; text-indent: 2em;}
        @keyframes move {
            0%{-webkit-transform:scale(1);
                transform:scale(1);}
            25%{-webkit-transform:scale(0.8);
                transform:scale(0.8);}
            50%{-webkit-transform:scale(0.6);
                transform:scale(0.6);}
            60%{-webkit-transform:rotate(90deg);
                transform:rotate(90deg);}
            70%{-webkit-transform:rotate(180deg);
                transform:rotate(180deg);}
            80%{-webkit-transform:rotate(270deg);
                transform:rotate(270deg);}
            100%{-webkit-transform:rotate(360deg);
                transform:rotate(360deg);}
        }
        #photo:hover img{-webkit-animation: move 2s linear infinite;
            animation: move 2s linear infinite;}
```

```
    </style>
</head>
<body>
<article id="content">
  <div class="article">
     <h2>7 月</h2>
    <div id="photo"> <a href="#"><img src="images/sara.jpg" alt="" >
    </a></div>
    <h3>萨拉——年度最热的女人</h3>
    <p>萨拉——年度最热的女人，没有你不能做到的。</p>
  </div>
</article>
</body>
</body>
```

13.3　小结

本章简要介绍了 HTML 默认样式和浏览器默认样式，通过叮叮书店首页详细介绍了 CSS 导航菜单的设计过程，最后介绍了页面图文混排的一般规律。

13.4　习题

❶ 选择题

（1）下面说法中正确的是（　　）。

A．HTML 标签即使没有定义样式，也会呈现一定的样式

B．HTML 没有设定默认样式

C．不同的浏览器定义的默认样式没有差别

D．li 默认以 block 显示

（2）浏览器默认的字体大小是（　　）。

A．12px　　B．14px　　C．16px　　D．18px

（3）导航菜单一般来说有（　　）类。

A．1　　B．2　　C．3　　D．4

❷ 简答题

（1）如何清除浏览器默认的页边距？

（2）FF 默认元素居中的样式是什么？

（3）菜单的内容结构一般用什么元素实现？

（4）图文混排的一般做法是什么？

（5）如何建立一个具有多级结构的导航菜单？

第14章

网站制作流程与发布

网站开发是一个比较大的软件工程，要符合软件工程的要求和规律，同时它也是一个复杂的系统工程，涉及许多相关知识。本章首先简要介绍网站制作流程的步骤，接下来介绍模板的基本概念和操作，然后详细介绍叮叮书店模板的创建过程和基于模板创建叮叮书店其他页面的过程，最后简要介绍网站的发布过程。

本章要点：

- 网站制作流程。
- 模板和基于模板创建页面。
- 网站发布过程。

14.1 网站制作流程

网站开发大致需要以下 4 个步骤。

❶ 需求分析

在接到网站设计任务后，首先要了解客户的业务背景、目标和需求，这样才能针对客户提供有效的网站功能。在建网站之前最好要明确建立网站的目的、网站的规模、网站的主要用户、投入预算以及如何经营等问题，这是网站生存发展的关键。

其次确定网站类型。按照网站主体的性质不同，网站可分为政府网站、企业网站、商业网站、教育科研机构网站、个人网站、其他非营利机构网站以及其他类型等网站。

再次确定网站内容。网站内容主要是确定网站的栏目结构和网站导航，不同类型的网站栏目结构是不一样的，一般绝大多数的政府网站都要提供“政府职能/业务介绍”“政府新闻”“办事指南/说明”“通知/公告”“便民生活/住行信息”“企业/行业经济信息”和“重要网站链接”等栏目，绝大部分企业网站都提供“企业介绍”“产品/服务介绍”“企业动态”“在线招聘”“用户咨询/投诉”和“行业新闻”等栏目。

然后根据需求、类型和内容设计网站需形成的风格。风格体现在网站名称、标志(logo)、广告语、标准色彩和标准字体等方方面面。

最后和客户一起确认需求。在此期间形成需求规格文档，最好给客户提供设计样板（可用 Photoshop、Fireworks 制作），和用户共同商量确认需求。

❷ 网站制作

1）创建站点

创建站点主要是确定站点文件的存放位置和目录结构，用户要合理安排文件的目录，不要将所有文件都存放在根目录下，要按栏目内容建立子目录，目录的层次不要太多，一般不要超过 5 层，目录名不要使用中文。

2）首页设计

首页设计得好坏是一个网站成功与否的关键。首先确定首页的功能模块，然后进行页面布局。常见的布局如下。

（1）“同”字形布局：所谓“同”字形布局，就是指页面顶部为主菜单，下方左侧为二级栏目条，右侧为链接栏目条，中间显示具体内容的布局。这种布局的优点是页面结构清晰，左右对称，主次分明，“同”字形布局的网页得到非常普遍的运用；缺点是太规矩呆板，如果细节色彩上缺少变化，容易让人感到单调乏味。

（2）“国”字形布局：“国”字形布局是在“同”字形布局的基础上演化而来的，在“同”字形布局的下方增加一横条状的菜单或广告。这种布局的优点是充分利用版面，信息量大，与其他页面链接方便；缺点是页面拥挤，四面封闭。

（3）自由式布局：自由式布局打破了“同”字形和“国”字形布局的结构，布局像一张宣传海报，以一张精美图片作为页面的中心，菜单栏目自由地摆放在页面上，常用于时尚类网站。其优点是漂亮，吸引人；缺点是显示速度慢，文字信息量少。这种布局适合于以图像为主要内容的站点。

（4）左右对称布局：顾名思义，这是采取左右分隔屏幕的办法形成的对称布局，在左右部分内自由安排文字、图像和链接，一般是单击左边的链接时在右边显示链接的内容。其优点是可以显示较多的文字、图像；缺点是将两部分有机结合比较困难，不适于信息量大的网站。

3）图像设计

设计制作网站需要使用的图像，包括 logo 图像、背景图像、栏目图像和一些修饰图像等。

4）样式规划

用 CSS 实现布局和外观，最好使用外部样式文件。

5）使用模板

通过首页创建模板，确定页面中的固定部分。

6）分页设计

其他页面通过模板生成后再进行设计。

❸ 测试网站

网站的所有页面首先要保证在 Internet Explorer 和 Mozilla Firefox 浏览器里能比较好地呈现，如果需要，在更多的浏览器里进行测试。

❹ 发布网站

制作好的网站，经测试之后就可以在服务器上发布。

14.2　模板

视频讲解

模板是一种特殊类型的文档，用于设计“固定内容”，这些“固定内容”是每个页面都有的，没有必要在每个页面都重复建立，把这些内容放在模板里，然后可以基于模板创建文档。

❶ 基于 index.html 创建叮叮书店模板

启动 WebStorm，打开叮叮书店项目首页 index.html 和外部样式表文件 style.css（在第 13 章的 13.2 节建立）。

选择【文件】|【新建】命令，打开【新建】列表框，单击【编辑文件模板】，出现【文件和代码模板】对话框，如图 14.1 所示。单击左上角的【+】创建模板，在【名称】文本框中输入“bookstore”，在【扩展】文本框中输入“html”，去掉【按样式重新格式化】复选框，选中【启用实时模板】复选框，然后将 index.html 文件的全部代码复制，粘贴到【名称】文本框下面的多行文本框中，接着删除<main>和</main>标签之间的代码，将光标定位到<main>后面，按回车键，输入下面的代码：

```
<!--面包屑导航-->
<section class="crumb-nav">您现在的位置：<a href="index.html">首页</a>
&gt;&gt;</section>
```

如图 14.2 所示，单击【确定】按钮。

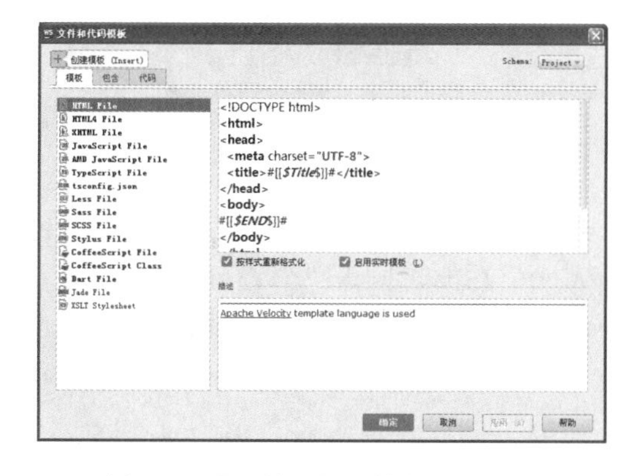

图 14.1　【文件和代码模板】对话框

图 14.2　【文件和代码模板】对话框

❷ 修改样式文件 style.css

切换到样式文件 style.css 的编辑区，定义面包屑导航样式。

```
/*面包屑导航*/
.crumb-nav{font-size: 1rem; margin: 5px 0px;}
.crumb-nav a{text-decoration:none;font-size: 1em;color: hsl(0,0%,0%); }
.crumb-nav a:hover {color:hsl(20,30%,50%);}
```

14.3 基于模板建立叮叮书店的其他页面

启动 WebStorm，打开叮叮书店项目及外部样式表文件 style.css（在第 14 章的 14.2 节建立）。

视频讲解

14.3.1 书籍分类

选择【文件】|【新建】命令，打开【新建】列表框，如图 14.3 所示。在【新建】列表框中单击 bookstore 模板，出现【新建 bookstore】对话框，在【文件名称】文本框中输入“category”，如图 14.4 所示，然后单击【确定】按钮，进入 category.html 编辑区。

图 14.3 【新建】列表框

图 14.4 【新建 bookstore】列表框

将光标定位到“<title>”后面，选中“叮叮书店”4 个字，替换为“书籍分类”，再将光标移动到“<a href="index.html">首页</a> >>”后面，插入“书籍分类”文本，然后将光标移动到“>>书籍分类</section>”后面，按回车键，输入下面的代码。

```
<section class="list">
    <h2>编程语言</h2>
    <ul>
        <li><a href="details.html"><img src="images/prod1.jpg"></a></li>
        <li><a href="details.html"><img src="images/prod2.jpg"></a></li>
        <li><a href="details.html"><img src="images/prod3.jpg"></a></li>
    </ul>
    <ul>
        <li><a href="details.html"><img src="images/selling2.jpg"></a></li>
        <li><a href="details.html"><img src="images/selling4.jpg"></a></li>
        <li><a href="details.html"><img src="images/selling5.jpg"></a></li>
```

```
        </ul>
        <div id="bar">
            <a href="#" class="arrow">&lt;</a>
            <a href="#">1</a>
            <a href="#">2</a>
            <a href="#">3</a>
            <a href="#">4</a>
            <a href="#">5</a>
            <a href="#">6</a>
            <a href="#">7</a>
            <a href="#">8</a>
            <a href="#">9</a>
            <a href="#">10</a>
            <a href="#" class="arrow">&gt;</a>
        </div>
    </section>
```

将光标定位到“<link href="style.css" rel="stylesheet">”后面，按回车键，输入内部样式。

```
    <style>
        nav ul li:nth-child(2){background-color: hsl(20,50%,30%);}
    </style>
```

切换到样式文件 style.css 的编辑区，定义下面的样式，页面效果如图 14.5 所示。

图 14.5　category.html 示意图

```
    /*书籍分类页面 category.html*/
    .list h2{margin: 20px 0px;}
    .list ul{display: flex;flex-flow: row wrap;}
    .list li {flex: 1; min-width: 160px;margin:10px;}
    .list li img{border-radius: 5px;transition:all 1s ease; border: 1px solid
```

```
hsl(20,50%,30%);}
.list li:hover img{transform:scale(1.1);}
/*分页导航样式*/
#bar {display: flex;justify-content: center;margin-top: 10px;}
#bar  a  {font-size:1rem;text-decoration:none;color:hsl(0,0%,100%);background-color: hsl(20,50%,30%);display:inline-block;width:25px;height:25px; text-align: center;color:hsl(0,0%,100%);transition:all 0.5s ease;padding-top: 3px;margin-right: 5px;}
#bar a:hover {z-index:100;opacity:0.5;transform:scale(1.1);}
```

14.3.2　特刊降价

视频讲解

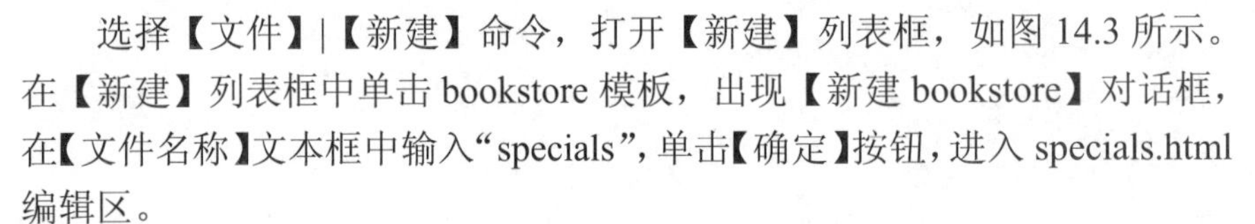

选择【文件】|【新建】命令，打开【新建】列表框，如图14.3所示。在【新建】列表框中单击bookstore模板，出现【新建bookstore】对话框，在【文件名称】文本框中输入“specials”，单击【确定】按钮，进入specials.html编辑区。

将光标定位到“<title>”后面，选中“叮叮书店”4个字，替换为“特刊降价”，再将光标移动到“<a href="index.html">首页</a> >>”后面，插入“特刊降价”文本，然后将光标移动到“>>特刊降价</section>”后面，按回车键，输入下面的代码。

```
<section>
    <h2>特刊降价</h2>
    <section class="specials">
        <a href="details.html"><img src="images/selling1.jpg" alt="HTML5
        和CSS3实例教程"></a>
        <div>
            <h3>《HTML5和CSS3实例教程》</h3>
            <p>作者：霍根(Brian P. Hogan)(作者)，柳靖(合著者)，李杰(译者)，刘晓娜
            (译者)，朱嵬(译者)</p>
            <p>出版社:人民邮电出版社；第1版 (2012年1月1日)</p>
            <p>《HTML5和CSS3实例教程》共分3部分，集中讨论了HTML5和CSS3规范及其
            技术的使用方法。《HTML5和CSS3实例教程》适合所有使用HTML和CSS的Web开
            发人员学习参考。</p>
            <p><strong>现价：￥43.50</strong>  原价<del>￥52.00
            </del></p>
        </div>
    </section>
    <section class="specials">
        <a href="details.html"><img src="images/selling2.jpg" alt=
        "JavaScript权威指南"></a>
        <div>
            <h3>《JavaScript权威指南》</h3>
            <p>作者：(美)弗拉纳根,李强(译者)</p>
            <p>出版社:机械工业出版社；第1版 (2007年1月1日)</p>
            <p>总体上分为“基础知识点介绍”和“参考指南”两部分，这是本书的一大特色。</p>
```

```
                <p><strong>现价：￥43.50</strong>  原价<del>￥52.00
                </del></p>
            </div>
        </section>
        <section class="specials">
            <a href="details.html"><img src="images/selling3.jpg" alt="HTML5
            权威指南"></a>
            <div>
                <h3>《HTML5 权威指南》</h3>
                <p>作者：霍根(Brian P. Hogan)(作者)，柳靖(合著者)，李杰(译者)，刘晓娜
                (译者)，朱嵬(译者)</p>
                <p>出版社:人民邮电出版社；第 1 版 (2012 年 1 月 1 日)</p>
                <p>本书是系统学习网页设计和移动设计的参考图书。</p>
                <p><strong>现价：￥43.50</strong>  原价<del>￥52.00
                </del></p>
            </div>
        </section>
    </section>
```

将光标定位到“<link href="style.css" rel="stylesheet">”后面，按回车键，输入内部样式。

```
    <style>
        nav ul li:nth-child(3){background-color: hsl(20,50%,30%);}
    </style>
```

切换到样式文件 style.css 的编辑区，定义下面的样式，页面效果如图 14.6 所示。

图 14.6　specials.html 示意图

```
/*特刊降价页面 specials.html*/
.specials{border-bottom:hsl(0,0%,80%) dashed 1px;border-top:hsl(0,0%,80%)
```

```
dashed 1px;margin: 10px 0px;display: flex;flex-flow: row wrap; padding: 10px;
transition:background-color 1s ease;}
.specials a{flex:1;display: block;vertical-align:bottom;min-width: 160px;}
.specials img{width:100%;}
.specials div{flex:3;min-width: 260px;}
.specials div h3{text-align: center;}
.specials div strong{color:hsl(0,100%,50%);}
.specials:hover{background-color:hsl(20,30%,50%);}
.specials:hover div,.specials:hover div h3{color: hsl(0,0%,100%);}
```

14.3.3 联系我们

视频讲解

选择【文件】|【新建】命令，打开【新建】列表框，如图 14.3 所示。在【新建】列表框中单击 bookstore 模板，出现【新建 bookstore】对话框，在【文件名称】文本框中输入“contact”，单击【确定】按钮，进入 contact.html 编辑区。

将光标定位到“<title>”后面，选中“叮叮书店”4 个字，替换为“联系我们”，再将光标移动到“<a href="index.html">首页</a> >>”后面，插入“联系我们”文本，然后将光标移动到“>>联系我们</section>”后面，按回车键。

打开叮叮书店项目文件 contact1.html（在第 7 章的 7.3 节建立），进入代码编辑区，将 contact1.html 页面中 body 里的内容复制到 contact.html 编辑区的光标位置。

将光标定位到“<link href="style.css" rel="stylesheet">”后面，按回车键，输入内部样式。

```
<style>
    nav ul li:nth-child(4){background-color: hsl(20,50%,30%);}
    footer ul li:last-child{background-color: hsl(20,50%,30%);}
</style>
```

切换到样式文件 style.css 的编辑区，定义下面的样式，页面效果如图 14.7 所示。

图 14.7 contact.html 示意图

```
/*联系我们页面 contact.html*/
.contacts{margin-top: 1rem;}
.contacts p{padding:10px;}
.contact-form {border:hsl(20,50%,30%) 1px dashed;font-size:1.1rem; margin:
0 10px;}
.form-subtitle {background:hsl(20,50%,30%);color:hsl(0,0%,100%);padding:
2px 5px;}
.contact-input {width:300px;border:hsl(0,0%,80%) 1px solid;}
.form-row {padding:2px 10px;font-size: 1rem;}
.form-row-button {margin:5px;}
.send {color:hsl(0,0%,100%);height:30px;width:60px;text-align:center; background-
color:hsl(20,50%,30%);border: 0px;font-size:1rem;}
```

14.3.4　关于我们

视频讲解

选择【文件】|【新建】命令，打开【新建】列表框，如图 14.3 所示。在【新建】列表框中单击 bookstore 模板，出现【新建 bookstore】对话框，在【文件名称】文本框中输入“about”，单击【确定】按钮，进入 about.html 编辑区。

将光标定位到“<title>”后面，选中“叮叮书店”4 个字，替换为“关于我们”，再将光标移动到“<a href="index.html">首页</a> >>”后面，插入“关于我们”文本，然后将光标移动到“>>关于我们</section>”后面，按回车键，输入下面的代码。

```
<section id="video">
    <h2>关于我们</h2>
    <p>叮叮书店成立于 1980 年 6 月，是由教育部主管、清华大学主办的综合出版单位，植根于
    “清华”这座久负盛名的高等学府，秉承清华人“自强不息，厚德载物”的人文精神。</p>
    <div class="video">
    <video controls="controls" autoplay="autoplay">
        <source src="images/book-store.mp4" type="video/mp4">
        <source src="images/book-store.webm" type="video/webm">
        <source src="images/book-store.ogv" type="video/ogg">
        <p>您的浏览器不支持 video 元素。</p>
    </video>
    </div>
</section>
```

将光标定位到“<link href="style.css" rel="stylesheet">”后面，按回车键，输入内部样式。

```
<style>
    nav ul li:last-child{background-color: hsl(20,50%,30%);}
    footer ul li:nth-child(2){background-color: hsl(20,50%,30%);}
</style>
```

切换到样式文件 style.css 的编辑区，定义下面的样式，页面效果如图 14.8 所示。

图 14.8　about.html 示意图

```
/*关于我们页面 about.html*/
/*HTML5 视频变成响应式*/
video{max-width: 100%; height: auto;}
#video p{margin: 10px 10px}
.video{text-align: center;}
```

14.3.5　详细内容

视频讲解

选择【文件】|【新建】命令，打开【新建】列表框，如图 14.3 所示。在【新建】列表框中单击 bookstore 模板，出现【新建 bookstore】对话框，在【文件名称】文本框中输入“details”，单击【确定】按钮，进入 details.html 编辑区。

将光标定位到“<title>”后面，选中“叮叮书店”4 个字，替换为“详细内容”，再将光标移动到“<a href="index.html">首页</a> >>”后面，插入“详细内容”文本，然后将光标移动到“>>详细内容</section>”后面，按回车键，输入下面的代码。

```
<section>
    <section class="title-bar">
        <p>分享到：</p>
        <div class="bdsharebuttonbox"><a href="#" class="bds_more" data-
        cmd="more"></a><a href="#" class="bds_qzone" data-cmd="qzone"></a>
        <a href="#" class="bds_tsina" data-cmd="tsina"></a><a href="#"
        class="bds_tqq" data-cmd="tqq"></a><a href="#" class="bds_renren"
        data-cmd="renren"></a><a href="#" class="bds_weixin" data-cmd=
        "weixin"></a></div>
        <script>window._bd_share_config={"common":{"bdSnsKey":{},"bdText":
        "","bdMini":"2","bdPic":"","bdStyle":"0","bdSize":"16"},"share":
        {},"image":{"viewList":["qzone","tsina","tqq","renren","weixin"],
        "viewText":"分享到：","viewSize":"16"},"selectShare":
        {"bdContainerClass":null,"bdSelectMiniList":["qzone","tsina",
```

```
        "tqq","renren","weixin"]}};with(document)0[(getElementsByTagName
        ('head')[0]||body).appendChild(createElement('script')).src=
        'http://bdimg.share.baidu.com/static/api/js/share.js?v=89860593.
        js?cdnversion='+~(-new Date()/36e5)];</script>
    </section>
    <section class="information">
        <img src="images/prod2.jpg" alt="">
        <div class="information-title">
            <h3>《HTML5 权威指南》</h3>
            <ul>
                <li>叮叮价：￥63.00</li>
                <li>定价：<del>￥75.00</del></li>
                <li>库存：<strong>暂时缺货</strong></li>
                <li>作者：(美) 穆西亚诺 著，张洪涛，邢璐 译</li>
                <li>出版社：清华大学出版社</li>
                <li>出版时间：2007-4-1</li>
                <li>页数：661，字数：920000</li>
                <li>纸张：胶版纸</li>
                <li>ISBN：9787302146933</li>
                <li>包装：平装</li>
            </ul>
            <div class="cart-more"><a href="accordion.html" class="more">
            试读</a> <a href="cart.html" class="cart">加入购物车</a></div>
        </div>
    </section>
    <section class="information-content">
        <h4>编辑推荐</h4>
        <p>本书的读者对象是任何对学习 Web 语言感兴趣的读者，包括一般的使用者和专业网页
        设计人员。</p>
        <h4>内容简介</h4>
        <p>作为一本权威指南，本书涵盖了最完整的指南和实践经验。本书是最新的第 6 版，新
        增加了对 XHTML2 和 CSS3 的介绍。</p>
        <h4>作者简介</h4>
        <p>穆西亚诺，Chuck Musciano，在 1982 年从佐治亚理工学院计算机科学系获得了学
        士学位。在 1997 年，他荣升为 American Kennel Club 的首席。</p>
    </section>
</section>
<section class="information-context">
    <h4>相关阅读</h4>
    <div>
        <div>上一篇：<a href="#">《JavaScript 权威指南》</a></div>
        <div>下一篇：<a href="#">《HTML5+CSS3 从入门到精通》</a></div>
```

```
    </div>
</section>
```

<section class="title-bar">是一个分享插件，可以将页面内容分享到 QQ、微信、博客等社交平台上。

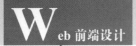

切换到样式文件 style.css 的编辑区，定义下面的样式，页面效果如图 14.9 所示。

图 14.9　details.html 示意图

```
/*详细内容页面 details.html*/
.information{display: flex;flex-flow: row wrap; padding: 10px;border: 1px
solid hsl(20,50%,30%);border-radius: 5px; margin: 10px 0px;}
.information img{flex:1;border: solid 1px hsl(0,0%,80%);min-width: 260px;}
.information .information-title{flex:1;margin-left: 20px;}
.information .information-title ul{margin: 10px 0px;}
.information .information-title div{flex-flow: row wrap;}
.information-content{border-radius: 5px;transition:all 1s ease; border:
1px solid hsl(20,50%,30%); padding: 10px;}
/*分享工具栏样式*/
.title-bar{display: flex;flex-flow: row wrap;justify-content: flex-end;
padding:2px 0px;}
.title-bar p{padding-top: 3px;}
.title-bar{background-color: hsl(0,0%,95%);}
/*相关阅读样式*/
.information-context{margin-top: 10px;}
.information-context>div{display:  flex;flex-flow:  row  wrap;justify-
```

```
content: space-between;font-size: 1em;background-color: hsl(0,0%,90%);
margin-top: 10px;padding: 6px 5px;}
.information-context a {text-decoration:none;color:hsl(0,0%,0%);background-color:
hsl(0,0%,95%);}
.information-context a:hover {text-decoration:none;color:hsl(20,30%,50%);}
```

14.3.6 购物车

视频讲解

选择【文件】|【新建】命令，打开【新建】列表框，如图 14.3 所示。在【新建】列表框中单击 bookstore 模板，出现【新建 bookstore】文本框，在【文件名称】文本框中输入“cart”，单击【确定】按钮，进入 cart.html 编辑区。

将光标定位到“<title>”后面，选中“叮叮书店”4 个字，替换为“购物车”，再将光标移动到“<a href="index.html">首页</a> >>”后面，插入“购物车”文本，然后将光标移动到“>> 购物车</section>”后面，按回车键。

打开叮叮书店项目文件 cart1.html（在第 10 章的 10.8 节建立），进入代码编辑区，将 cart1.html 页面中 body 里的内容复制到 cart.html 编辑区的光标位置。

切换到样式文件 style.css 的编辑区，将 cart1.html 页面中<style>标签里的内容复制到 style.css 文件下面。页面效果如图 14.10 所示。

您现在的位置：首页 >>购物车

购物车

	名称	单价	数量	合计
	《深度学习》	100.00	1	100.00
	《Hadoop权威指南：大数据的存储与分析》	100.00	1	100.00
	《深度学习优化与识别》	100.00	1	100.00

3件商品总价（不含运费）：¥300.00 去结算

图 14.10 cart.html 示意图

14.4 网站发布

在网站做好了之后，需要将网站的内容发布到 Web 服务器上。Apache Tomcat 可以构建 Web 服务器，属于轻量级应用服务器，在中小型系统和并发访问用户不是很多的场合下被普遍使用，Tomcat 是 Apache 软件基金会的一个免费开源的项目。

14.4.1 Tomcat 服务器的安装与使用

Tomcat 目前最高的版本是 Tomcat 9.0.8，需要 Java8 及以上版本支持。

❶ 安装 jdk

从“http://www.oracle.com/technetwork/java/javase/downloads/jdk8-downloads-2133151.html”页面上下载 jdk8，如果是 Windows 32 位操作系统，下载 jdk-8u171-windows-i586.exe 文件，如果是 64 位操作系统，下载 jdk-8u171-windows-x64.exe 文件。双击下载的安装文件，按照安装向导提示步骤进行安装，系统默认的安装目录是“C:\Program Files\Java\jdk1.8.0_171\”，用户一般不需要更改，如图 14.11 所示。

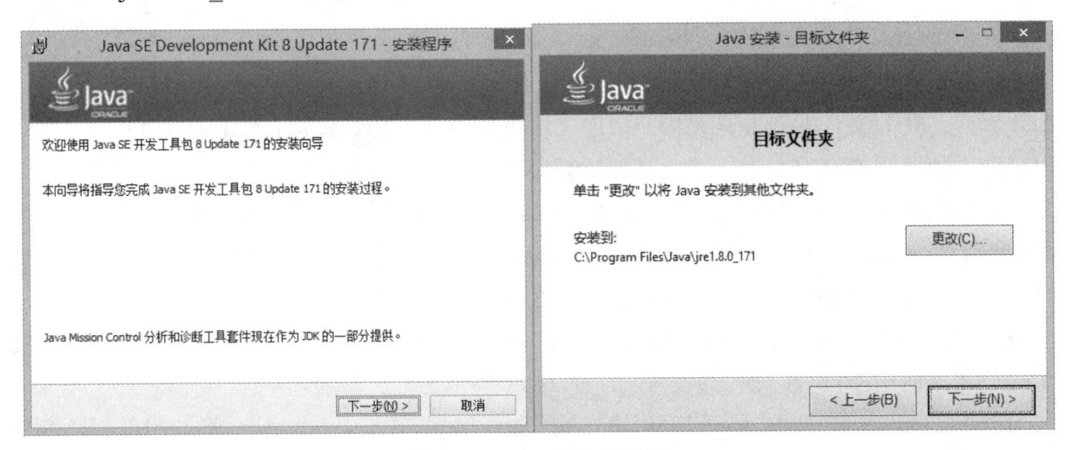

图 14.11　jdk 安装示意图

❷ 安装 Tomcat

从“https://tomcat.apache.org/download-90.cgi”页面上选择“32-bit/64-bit Windows Service Installer (pgp, sha1, sha512)”安装版文件“apache-tomcat-9.0.8.exe”下载 Tomcat，然后双击下载的安装文件，按照安装向导提示步骤进行安装。

系统默认的“HTTP/1.1 Connector Port”为“8080”，如图 14.12 所示。

系统默认的安装目录是“C:\Program Files\Apache Software Foundation\Tomcat 9.0”，如图 14.13 所示。

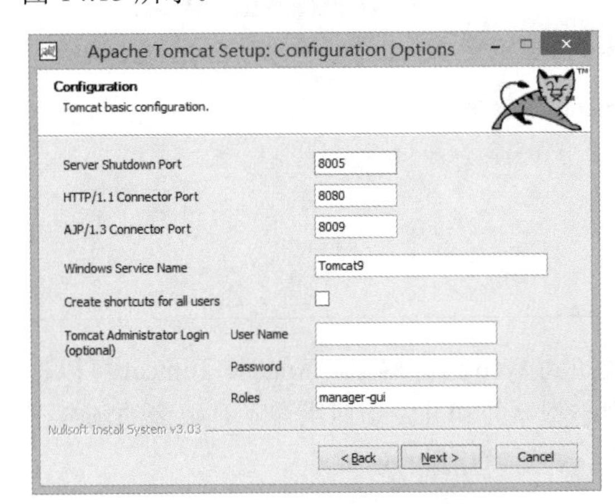

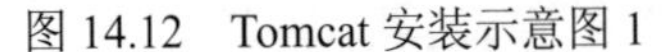
图 14.12　Tomcat 安装示意图 1

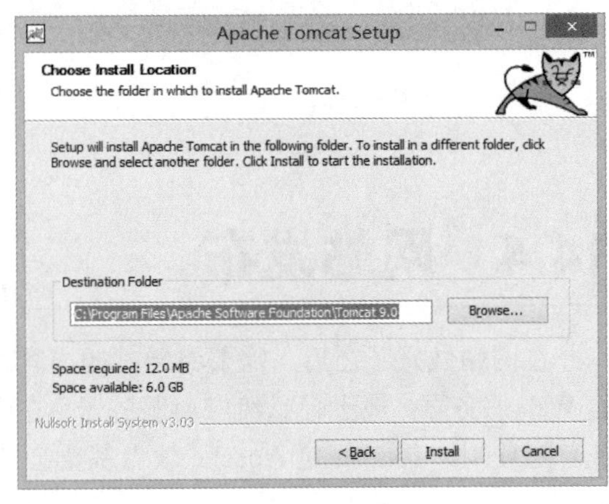

图 14.13　Tomcat 安装示意图 2

Tomcat 在安装过程中会自动匹配 jdk 所在的目录，如果目录不对需用手工方式修改，这个目录必须和安装 jdk 所在的目录一样，如图 14.14 所示。

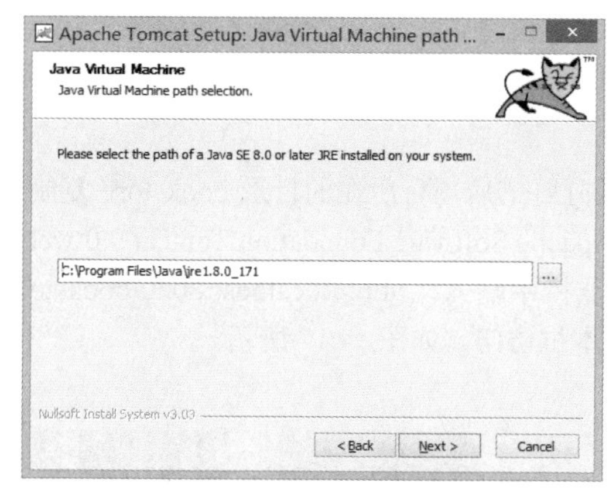

图 14.14　Tomcat 安装示意图 3

最后单击 Finish 按钮，启动 Tomcat，启动成功后在任务栏中可以看到 Tomcat 运行图标，如图 14.15 所示。

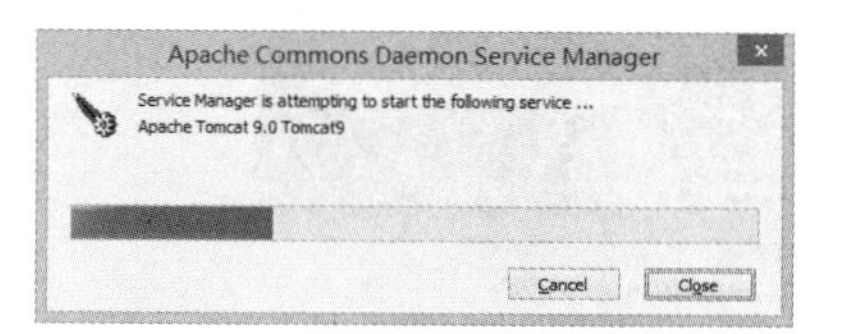

图 14.15　Tomcat 启动示意图

❸ 测试

打开浏览器，在地址栏中输入“http://localhost:8080/”或“http://127.0.0.1:8080/”(localhost 被占用时需要输入 IP 地址)，如果出现图 14.16 所示的界面，则表示 Tomcat 启动成功。

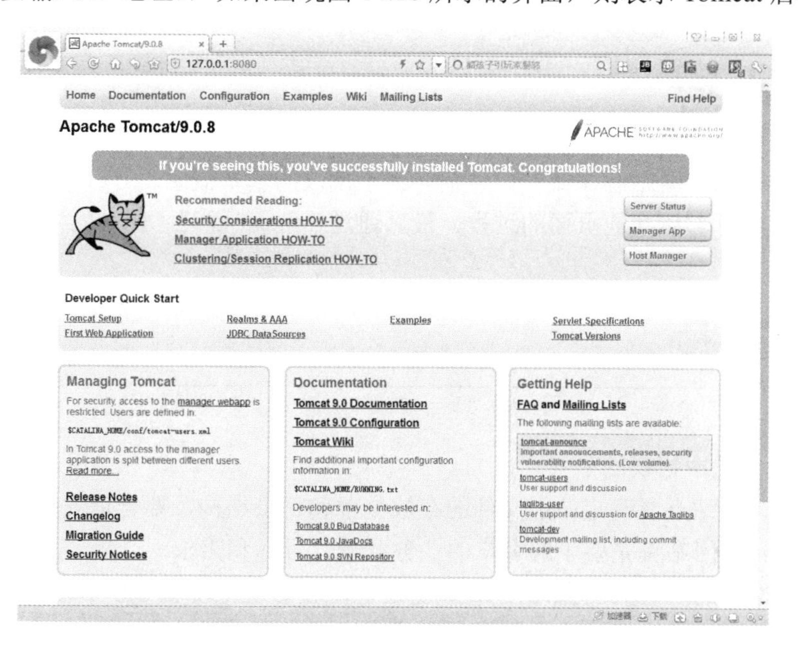

图 14.16　Tomcat 界面图

14.4.2 发布

将 WebStorm 建立的叮叮书店项目所在的目录 bookstore 复制到 Tomcat 站点所在的根目录“C:\Program Files\Apache Software Foundation\Tomcat 9.0\webapps\ROOT”下。

打开浏览器，在地址栏中输入“http://localhost:8080/bookstore/”或“http://127.0.0.1:8080/bookstore/”即可在本机访问，如图 14.17 所示。

图 14.17　叮叮书店首页示意图

14.5 小结

本章简要介绍了网站制作流程，详细介绍了模板的基本概念、叮叮书店模板的建立和基于模板建立叮叮书店其他页面的过程，最后通过 Tomcat 说明了网站的发布过程。

14.6 习题

❶ 选择题

（1）下面说法中错误的是（　　）。

A．创建站点要确定站点文件的存放位置和目录结构，要合理安排文件的目录

B．建立网站首先要了解客户的业务背景、目标和需求

C．网站的所有页面保证在 IE 浏览器里能较好地呈现就可以了

D．首页设计先要确定功能模块，然后进行页面布局

（2）下列关于模板的说法错误的是（　　）。

A．模板是一种特殊类型的文档，用于设计“固定内容”

B．一个站点建立一个模板就可以了

C．可以基于模板创建站点的页面

D．使用模板是为了方便建立每个页面都重复的内容

（3）Tomcat 默认的 HTTP 协议端口是（　　）。

A．80　　B．8080　　C．86　　D．8086

❷ 简答题

（1）网站开发大致需要哪些步骤？

（2）为什么要使用模板？

（3）安装 Tomcat 服务器的主要步骤有哪些？

第 15 章

JavaScript 和 ECMAScript 基础

JavaScript 是 Web 浏览器上最流行的脚本语言，能够增强用户与 Web 站点和 Web 应用程序之间的交互，使用 JavaScript 能够通过浏览器对网页中的所有元素进行控制。本章首先介绍 JavaScript 的基本组成和使用方法，然后介绍 ECMAScript 的语法基础和运算符。

本章要点：

- JavaScript 基础。
- ECMAScript 基础。
- ECMAScript 运算符。

15.1 JavaScript 基础

15.1.1 JavaScript 的历史和主要功能

❶ JavaScript 的历史

1992 年，Nombas 公司开发了 Cmm（C-minus-minus，简称 C 减减）嵌入式脚本语言，后来把名字改成了 ScriptEase。当 Netscape Navigator 崭露头角时，Nombas 开发了一个可以嵌入网页中的 CEnvi 版本，这是第 1 个在 Web 上使用的客户端脚本语言。

1995 年，Netscape 公司的 Brendan Eich 为将要发布的 Netscape Navigator 2.0 开发了一个称为 LiveScript 的脚本语言，在 Netscape Navigator 2.0 正式发布前，Netscape 将其更名为 JavaScript，目的是为了利用“Java”这个时髦词汇。

JavaScript 于 1996 年 3 月在 Netscape Navigator 2.0 和 Internet Explorer 2.0 中发布为 1.0 版。

JavaScript 1.1 发布于 1996 年 8 月 19 日，在 Netscape Navigator 3.0 中使用。1997 年，JavaScript 1.1 作为一个草案提交给欧洲计算机制造商协会（ECMA）第 39 技术委员会（TC39），TC39 在此基础上颁布了 ECMA-262，该标准定义了名为 ECMAScript 的全新脚本语言，随后国际标准化组织及国际电工委员会（ISO/IEC）采纳了 ECMAScript 作为标准（ISO/IEC-16262），所有浏览器将 ECMAScript 作为脚本语言实现的基础。

JavaScript 1.3 发布于 1998 年 10 月 19 日，符合 ECMA-262 第 1 版和第 2 版的标准。

JavaScript 1.5 发布于 2000 年 11 月 14 日，该版本在 Netscape Navigator 6.0 和 Firefox 1.0 中使用，符合 ECMA-262 第 3 版的标准。

JavaScript 1.8.5 发布于 2010 年 7 月 27 日，包括符合 ECMA-262 第 5 版的许多新功能。这是最后一个 JavaScript 版本。

2008 年，Chrome 浏览器开始使用 V8 引擎，使得 JavaScript 脚本语言的执行速度大幅提升。

2009 年，Ryan Dahl 发布 Node.js，Node.js 是对 V8 引擎进行了封装，使得 V8 在非浏览器环境下运行得更好，用于方便地搭建响应速度快、易于扩展的网络应用。

❷ JavaScript 的主要功能

JavaScript 提供了一种编程工具。JavaScript 是一种拥有极其简单语法的脚本语言，几乎每个人都有能力将短小的代码嵌入到页面中。从技术上讲，JavaScript 是一种解释性编程语言，其源程序（脚本）由浏览器内置的 JavaScript 解释器动态处理成可执行代码。

JavaScript 可以响应事件。用户可以将 JavaScript 设置为当某事件发生时才会被执行，例如页面载入完成或者当用户单击某个 HTML 元素时，JavaScript 可以读取及改变 HTML 元素的内容。

JavaScript 可以被用来验证数据。在表单数据被提交到服务器之前，JavaScript 可以被用来验证这些数据。

15.1.2　JavaScript 的组成

如果从 Web 标准行为角度看，一个完整的 JavaScript 由以下 3 个部分组成。

- 核心（ECMAScript）；
- 文档对象模型（DOM）；
- 浏览器对象模型（BOM）。

❶ ECMAScript

ECMAScript 与任何浏览器无关，在 ECMA-262 标准中描述为“ECMAScript 可以为不同种类的宿主环境提供核心的脚本编程能力，因此核心的脚本语言是与任何特定的宿主环境分开进行规定的”。Web 浏览器对于 ECMAScript 来说只是一个宿主环境，且不是唯一的宿主环境，还有其他各种宿主环境，例如 Adobe Flash 中的 ActionScript。

ECMAScript 仅仅是一个描述，定义了脚本语言的所有属性、方法和对象，其他脚本语言可以基于 ECMAScript 作为功能的基准来实现并允许进行扩充，如图 15.1 所示。

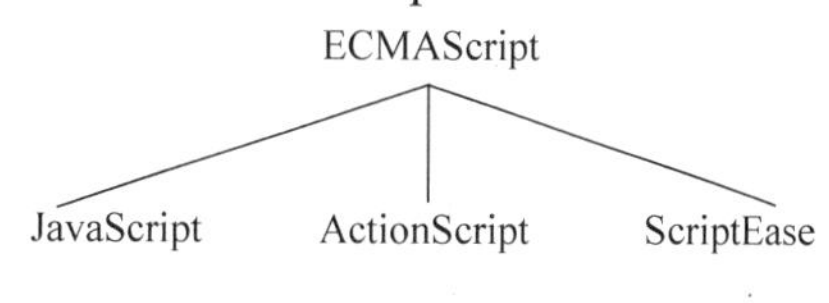

图 15.1　ECMAScript 基准示意图

ECMAScript 有不同的版本，ECMA-262 第 3

版提供了对字符串处理、错误定义和数值输出的更新，增加了正则表达式、新的控制语句和 try…catch 异常处理的支持，以及一些为使标准国际化而做的改动，所有主流的 Web 浏览器脚本语言都遵守 ECMA-262 第 3 版。目前 ECMAScript 最新的版本是 ECMA-262 第 8 版。

❷ DOM

DOM（文档对象模型）是 HTML 和 XML 的应用程序接口（API）。DOM 把整个页面看成由节点层级构成的文档，称为文档树，HTML 或 XML 页面的每个部分都是一个节点的衍生物。下面的代码用 DOM 绘制成的节点层次图如图 15.2 所示。

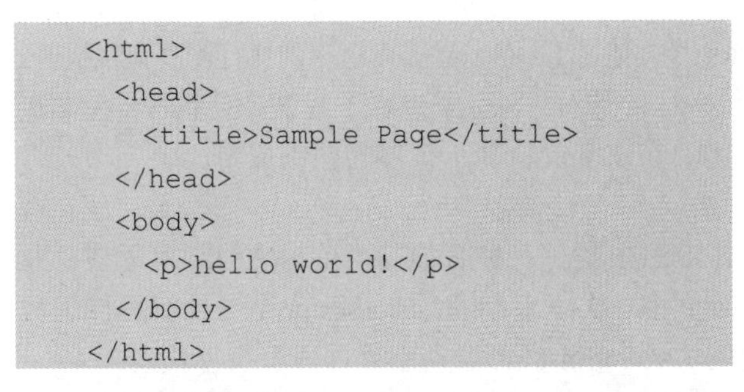

```
<html>
  <head>
    <title>Sample Page</title>
  </head>
  <body>
    <p>hello world!</p>
  </body>
</html>
```

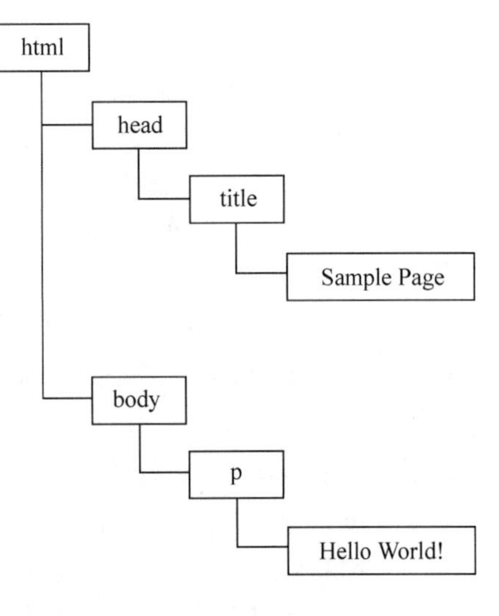

图 15.2　用 DOM 绘制的节点层次图

DOM 通过创建树来表示文档，从而使开发者对文档的内容和结构进行控制，用 DOM 可以轻松地删除、添加和替换节点。

❸ BOM

IE 3.0 和 Netscape Navigator 3.0 开始提供了 BOM（浏览器对象模型），可以对浏览器窗口进行访问和操作，使用 BOM 可以移动窗口、改变状态栏中的文本以及执行其他与页面内容不直接相关的动作。由于没有相关的 BOM 标准，每种浏览器都有自己的 BOM 实现。

15.1.3　JavaScript 的使用

❶ <script>标签

<script>标签用于定义客户端脚本。在 HTML 中，使用的 JavaScript 代码必须放在<script>中。script 元素既可以包含脚本语句，也可以通过 src 属性指向外部脚本文件。表 15.1 列出了 script 标签属性。

表 15.1　script 标签属性

属　性	值	描　述
type	MIME-type	脚本 MIME 类型，HTML5 不再是必需的，可以省略
charset	charset	外部脚本文件使用的字符编码
src	url	外部脚本文件的 URL
async	async	异步执行脚本（仅适用于外部脚本）
defer	defer	是否对脚本的执行进行延迟，直到页面加载为止

把 JavaScript 代码插入到 HTML 页面需要使用<script>标签，用 type 属性来定义脚本语言。

例 15.1　js(script).html，使用了 JavaScript 脚本语句 document.write 向页面输出文本“Hello World!”。

视频讲解

源代码如下：

```
<head>
<title>JavaScript</title>
<script>
document.write("Hello World!");
</script>
</head>
<body></body>
```

❷ JavaScript 脚本程序的位置

页面中的 JavaScript 脚本程序会在页面载入浏览器后立即执行，如果希望浏览者触发某个事件时才执行脚本程序，应该使用函数。JavaScript 脚本代码可以放在页面内，也可以放在独立的外部文件中。

1）使用内部 JavaScript

在网页文件的<script></script>标签中直接编写 JavaScript 脚本代码，这是用得最多的情况，<script></script>标签的位置不是固定的，可以出现在<head></head>或<body></body>的任何位置。在一个 HTML 文档中可以有多段 JavaScript 代码，每段代码可以相互访问。

（1）位于 head 脚本。

把脚本放到<head></head>中，可以确保在需要使用脚本之前它已经被载入了。

```
<head>
<script>
…
</script>
</head>
```

（2）位于 body 脚本。

```
<body>
<script>
…
</script>
</body>
```

2）使用外部 JavaScript

如果在若干个页面中运行同样的 JavaScript 脚本程序，可以将 JavaScript 脚本代码写入一个外部文件之中，用.js 扩展名保存文件。页面通过<script>标签中的 src 属性来使用外部 JavaScript 文件。

例 15.2　js(script-src).html，在该页面中使用了外部 JavaScript。

源代码如下：

视频讲解

```
<head>
```

```
<title>外部 JavaScript</title>
<script src="js/external.js"></script>
</head>
<body></body>
```

外部 JavaScript 文件 js/external.js 的源代码如下：

```
document.write("Hello World!");
```

提示：外部脚本文件不能包含<script>标签。

❸ 脚本载入和延迟执行

在 HTML5 之前，当浏览器加载页面时，如果 script 引用了一个外部 JavaScript 脚本文件，则浏览器在读取时将暂停页面的加载工作，发出一个下载 JavaScript 脚本文件的请求，然后开始下载脚本文件，脚本文件下载完成后继续执行页面的加载工作。如果脚本文件比较大，则会成为页面加载时间的一个瓶颈。

为了解决这个问题，在 HTML5 中 script 元素新增了 async 属性与 defer 属性，它们的作用都是加快页面的加载速度，使脚本代码的读取不再影响页面上其他元素的加载。当使用这两个属性时，在浏览器发出下载脚本文件的请求，开始脚本文件的下载工作后，立即继续执行页面的加载工作。脚本文件下载完成时触发 onload 事件，可以通过监听该事件及指定事件处理函数来指定当脚本文件下载完成时所需要执行的一些处理。

这两个属性的区别仅在于何时执行 onload 事件处理函数，当使用 async 属性时，脚本文件下载完成后立即执行该事件处理函数，所以如果页面中使用了多个外部脚本文件，且均为这些外部脚本文件使用 async 属性，则这些外部脚本文件的 onload 事件处理函数的执行顺序并不与页面代码中这些外部脚本文件的引用顺序保持一致，一旦某个外部脚本文件下载完成，立刻执行该脚本文件的 onload 事件处理函数。

当使用 defer 属性时，脚本文件下载完成后并不立即执行该脚本文件的 onload 事件处理函数，而是等到页面全部加载完成后才执行该脚本文件的 onload 事件处理函数，所以如果页面中使用了多个外部脚本文件，且均为这些外部脚本文件使用 defer 属性，则在页面加载完成后按这些外部脚本文件的引用顺序来执行这些外部脚本文件的 onload 事件处理函数。

15.1.4 JavaScript 消息框

用 JavaScript 脚本可以在浏览器窗口中创建 3 种消息框，即：警告框、确认框和提示框。

❶ 警告框

警告框经常用于提供某些信息给用户。当警告框出现后，用户需要单击【确定】按钮才能继续进行操作。其语法如下：

```
window.alert("文本")或 alert("文本")
```

❷ 确认框

确认框经常用于让用户验证或者接受某些信息。当确认框出现后，用户需要单击【确定】或者【取消】按钮才能继续进行操作，如果用户单击【确定】按钮，那么返回值为 true；

如果用户单击【取消】按钮，那么返回值为 false。其语法如下：

```
window.confirm("文本")或 confirm("文本")
```

❸ 提示框

提示框经常用于提示用户在进入页面前输入某个值。当提示框出现后，用户需要输入某个值，然后单击【确定】或【取消】按钮才能继续操作。如果用户单击【确定】按钮，那么返回值为输入的值；如果用户单击【取消】按钮，那么返回值为 null。其语法如下：

视频讲解

```
window.prompt("文本","默认值")或 prompt("文本","默认值")
```

例 15.3 js(alert).html，在该页面中使用了 3 种消息框，警告框如图 15.3 所示，确认框如图 15.4 所示，提示框如图 15.5 所示。

图 15.3 警告框

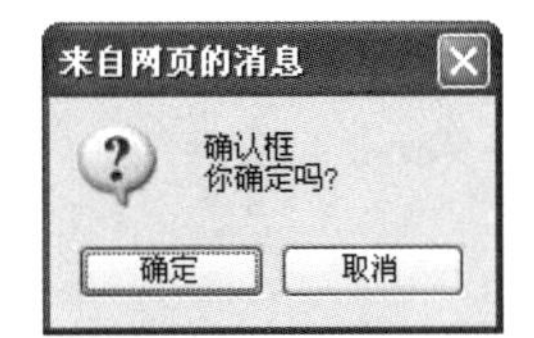

图 15.4 确认框

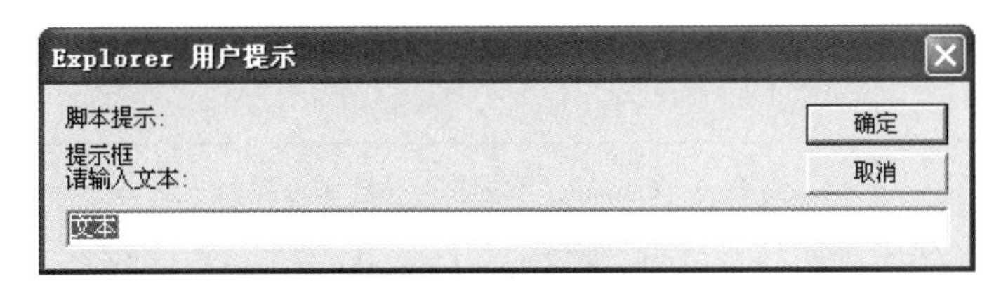

图 15.5 提示框

源代码如下：

```
<head>
<title>提示框</title>
<script>
alert("警告框\nHello World!");
if(confirm("确认框\n 你确定吗?")){
    document.write("确定!");}
else{
    document.write("不确定!");}
document.write(prompt("提示框\n 请输入文本:","文本"));
</script>
</head>
<body>
</body>
```

15.1.5 开发者工具 Console

视频讲解

用户可以在 Chrome 浏览器提供的开发者工具 Console 控制台上输入

JavaScript 脚本语句并执行，具体操作如下：打开 Chrome 浏览器，按 F12 键进入开发者工具界面，单击 Console，或直接按 Ctrl+Shift+J 组合键，在“>”符号后面输入语句并按回车键直接执行，按向上或向下的方向键可以选择重复执行刚刚输入过的语句或命令，如图 15.6 所示。

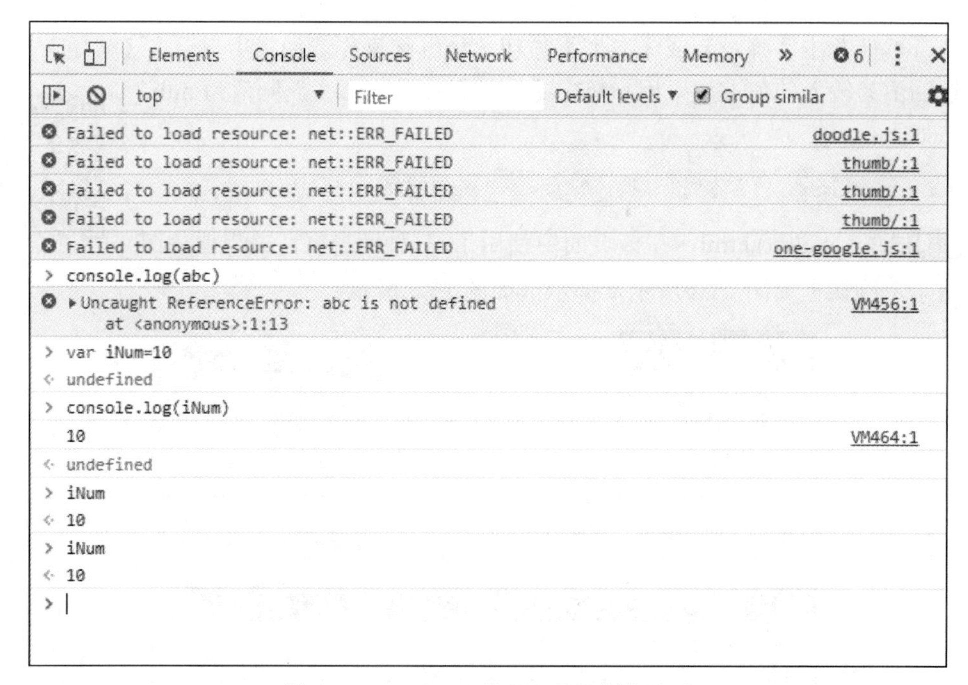

图 15.6　Chrome 开发者工具控制台界面

在 Console 中右击，在快捷菜单中选择 Clear Console 命令可以清除 Console 的历史记录。

15.2　ECMAScript 基础

15.2.1　ECMAScript 语法基础

❶ 区分大小写

ECMAScript 的变量、函数名、运算符等区分大小写。

❷ 弱类型变量

ECMAScript 中的变量无特定的类型，在定义变量时只用 var 运算符，可以初始化为任意值，随时改变变量所存数据的类型。例如：

```
var sColor="red";
var iNum=25;
```

❸ 每行结尾的分号可有可无

ECMAScript 用分号表示结束一行代码，如果没有分号，ECMAScript 就把换行代码的结尾看作该语句的结尾，最好的代码编写习惯是加入分号。

❹ 注释

注释有以下两种类型：

（1）单行注释以双斜杠开头（//）。

（2）多行注释以单斜杠和星号开头（/*），以星号和单斜杠结尾（*/）。

❺ 代码块

代码块表示一系列按顺序执行的语句，这些语句被封装在“{”和“}”之间。例如：

```
if (sTest=="red") {
    sTest="blue";
    alert(sTest);
}
```

15.2.2 ECMAScript 变量

❶ 声明变量

ECMAScript 中的变量用 var 运算符加变量名定义，语法如下：

```
var 变量名[=初值][,…];
```

其中，关键字 var 可省略，结尾处的分号可用空白符代替。例如：

```
var sTest="测试";
```

以上声明了一个变量 sTest，初始化值为字符串“测试”。

用户可以用一个 var 语句定义两个或多个变量，变量类型不必相同，例如：

```
var sTest="测试", iAge=25;
```

声明变量并不一定要初始化。例如：

```
var sTest;
```

变量可以存放不同类型的值，例如可以把变量初始化为字符串类型的值，然后设置为数字类型。

```
var sTest="测试";
sTest=55;
```

在使用变量时，好的编码习惯是始终存放相同类型的值。另外，变量声明不是必需的。

❷ 命名变量

变量的命名需要遵守以下两条简单的规则：

（1）第 1 个字符必须是字母、下画线（_）或美元符号（$）。

（2）余下的字符可以是下画线、美元符号、任何字母或数字字符。

下面的变量名都是合法的：

```
var test;
var $test;
```

在定义变量进行命名时经常使用以下方法：

1）Camel 标记法

首字母小写，接下来的单词首字母都以大写字符开头。例如：

```
var myTestValue=0, mySecondValue="测试";
```

2）Pascal 标记法

首字母大写，接下来的单词首字母都以大写字符开头。例如：

```
var MyTestValue=0, MySecondValue="测试";
```

3）匈牙利类型标记法

在以 Pascal 标记法命名的变量前附加一个小写字母，说明该变量的类型，如 i 表示整数，s 表示字符串等，见表 15.2。例如：

```
var iMyTestValue=0, sMySecondValue="测试";
```

表 15.2　变量名前缀示意表

类　型	前　缀	示　例
数组	a	aValues
布尔型	b	bFound
浮点型（数字）	f	fValue
函数	fn	fnMethod
整型（数字）	i	iValue
对象	o	oType
正则表达式	re	rePattern
字符串	s	sValue
变型（可以是任何类型）	v	vValue

15.2.3　ECMAScript 关键字和保留字

❶ ECMAScript 关键字

ECMA-262 定义了 ECMAScript 关键字（keyword），这些关键字标识了 ECMAScript 语句的开头或结尾。关键字是保留的，不能用作变量名或函数名。下面是 ECMAScript 关键字：

```
break、case、catch、continue、default、delete、do、else、finally、for、function、
if、in、instanceof、new、return、switch、this、throw、try、typeof、var、void、
while 和 with
```

如果把关键字用作变量名或函数名，可能得到诸如"Identifier Expected"（应该有标识符或期望标识符）这样的错误消息。

❷ ECMAScript 保留字

ECMA-262 定义了 ECMAScript 保留字（reserved word），保留字一般指为将来的关键字而保留的单词，保留字不能被用作变量名或函数名。ECMA-262 第 3 版中的保留字如下：

```
abstract、boolean、byte、char、class、const、debugger、double、enum、export、
extends、final、float、goto、implements、import、int、interface、long、native、
package、private、protected、public、short、static、super、synchronized、throws、
transient 和 volatile
```

如果把保留字用作变量名或函数名，那么除非将来的浏览器实现了该保留字，否则很可能收不到任何错误消息。

15.2.4 ECMAScript 基本数据类型

ECMAScript 有 5 种基本数据类型，即 Undefined、Null、Boolean、Number 和 String。

❶ Undefined 类型

Undefined 类型只有一个值——undefined。当声明的变量未初始化时，变量的默认值是 undefined。例如：

```
var oTemp;
```

声明的变量 oTemp 没有初始值，将被赋予值 undefined。用户可以在 Chrome 浏览器开发者工具控制台上输入并验证。

❷ Null 类型

Null 类型只有一个值——null。值 undefined 实际上是从 null 派生而来的，因此 ECMAScript 把它们定义为相等的。例如：

```
null==undefined;      //结果为 true
```

尽管这两个值相等，但含义不同。undefined 是声明了变量但未对其初始化时赋予变量的值，null 则用于表示尚未声明的变量。

❸ Boolean 类型

Boolean 类型有 true 和 false 两个值。

❹ Number 类型

Number 类型既可以表示 32 位的整数，也可以表示 64 位的浮点数，直接输入的任何数字都被看作 Number 类型。例如下面代码声明了存放整数值的变量：

```
var iNum=86;
```

1）八进制数和十六进制数

整数也可以表示为八进制或十六进制，八进制数的首数字必须是 0，其后的数字可以是任何八进制数字（0～7），例如：

```
var iNum=070;   //070 等于十进制的 56
```

十六进制数的前两位数字必须为 0x，然后是任意的十六进制数字（0～9 和 A～F），字母不区分大小写。例如：

```
var iNum=0x1f; //0x1f 等于十进制的 31
```

所有数学运算返回的结果都是十进制。

2）浮点数

浮点值必须包括小数点和小数点后的一位数字。例如：

```
var fNum=5.0;
```

3）科学记数法

对于非常大或非常小的数，可以用科学记数法表示浮点数，即把一个数表示为数字（包括十进制数字）加 e（或 E），后面加乘以 10 的倍数。例如：

```
var fNum=5.618e7;
```

把科学记数法转化成计算式就可以得到该值，即 5.618×10^7=56180000。非常小的数常常用科学记数法表示，例如 0.00000000000000008 可以表示为 8−e17。ECMAScript 默认把 6 个和 6 个以上前导 0 的浮点数转换成科学记数法。

4）特殊 Number 值

NaN 是一个特殊值，表示非数（Not a Number）。这种情况一般发生在数据类型转换失败时。例如把单词 blue 转换成数值就会失败，因为没有与之等价的数值。NaN 不能用于算术计算。

isNaN()函数能够判断一个数是不是非数。例如：

```
isNaN("测试");        //结果为 true
isNaN("666");         //结果为 false
```

❺ String 类型

String 类型是没有固定大小的数据类型，可以用字符串存储零或更多的字符。字符串中的每个字符都有特定的位置，首字符从位置 0 开始，第 2 个字符在位置 1，依此类推。字符串中最后一个字符的位置一定是字符串的长度减 1。

字符串必须由双引号（"）或单引号（'）括起来声明。例如：

```
var sColor1="red";
var sColor2='red';
```

使用反斜杠可以向字符串添加换行符、引号和其他特殊字符。表 15.3 列出了常用的特殊字符。

表 15.3　常用的特殊字符

字　面　量	含　　义	字　面　量	含　　义
\n	换行	\f	换页符
\t	制表符	\\	反斜杠
\b	空格	\'	单引号
\r	回车	\"	双引号

用户可以使用 typeof 运算符来判断一个值的基本数据类型，typeof 运算符有一个参数，即要检查的变量或值。例如：

```
var sTemp="测试";
typeof sTemp;        //结果为"string"
```

```
typeof 86;                    //结果为"number"
```

typeof 运算符将返回下列值之一。

（1）undefined：如果变量是 Undefined 类型的。

（2）boolean：如果变量是 Boolean 类型的。

（3）number：如果变量是 Number 类型的。

（4）string：如果变量是 String 类型的。

（5）object：如果变量是引用类型或 Null 类型的。

15.2.5　ECMAScript 类型转换

程序设计语言最重要的特征之一是具有数据类型转换的能力，ECMAScript 提供了简单的类型转换方法。

❶ 转换成字符串

基础数据类型 Boolean 和 Number 都有 toString()方法，可以把它们的值转换成字符串。

Boolean 类型的 toString()方法只能输出“true”或“false”，结果由变量的值决定。例如：

```
var bFound=false;
bFound.toString();            //结果为 false
```

Number 类型的 toString()方法有两种模式——默认模式和基模式。在默认模式中，无论最初采用什么表示法声明数字，toString()返回的都是数字的十进制表示。例如：

```
var iNum=10;
var fNum=10.0;
iNum.toString();              //结果为 10
fNum.toString();              //结果为 10
```

基模式可以用不同的基输出数字，二进制的基是 2，八进制的基是 8，十六进制的基是 16，基是 toString()方法的参数。例如：

```
var iNum=10;
iNum.toString(2);             //结果为 1010
iNum.toString(8);             //结果为 12
iNum.toString(16);            //结果为 A
```

❷ 转换成数字

ECMAScript 提供了两种把非数字的原始值转换成数字的方法，即 parseInt()和 parseFloat()，前者把值转换成整数，后者把值转换成浮点数，只有对 String 类型调用这些方法才能正确运行，其他类型调用返回的值是 NaN。

1）parseInt()

parseInt()方法首先查看位置 0 处的字符，判断它是否为一个有效数字，如果不是，返回 NaN，不再继续执行其他操作。但如果该字符是有效数字，该方法将查看位置 1 处的字符，进行同样的测试。这一过程持续到发现非有效数字的字符为止，parseInt()将把该字符之前的字符串转换成数字。例如：

```
var iNum=parseInt("12345red");              //返回 12345
var iNum=parseInt("0xA");                   //返回 10
var iNum=parseInt("56.9");                  //返回 56
var iNum=parseInt("red");                   //返回 NaN
```

提示：对于整数来说，小数点是无效字符。

2）parseFloat()

parseFloat()方法和 parseInt()方法的处理方式相似，从位置 0 开始查看每个字符，直到找到第 1 个非有效的字符为止，然后把该字符之前的字符串转换成整数。parseFloat()方法规定第 1 个出现的小数点是有效字符，如果有多个小数点，从第 2 个小数点起将被看作是无效的，parseFloat()会把第 2 个小数点之前的字符转换成数字。例如：

```
var fNum=parseFloat("12345red");            //返回 12345
var fNum=parseFloat("11.2");                //返回 11.2
var fNum=parseFloat("11.22.33");            //返回 11.22
var fNum=parseFloat("red");                 //返回 NaN
```

❸ 强制类型转换

用户可以使用强制类型转换（type casting）来处理转换值的类型，在 ECMAScript 中可以使用下面 3 种强制类型转换。

- Boolean(value)：把给定的值转换成 Boolean 型。
- Number(value)：把给定的值转换成数字（可以是整数或浮点数）。
- String(value)：把给定的值转换成字符串。

1）Boolean()函数

当要转换的值至少有一个字符的字符串、非 0 数字或对象时，Boolean()函数将返回 true。如果该值是空字符串、数字 0、undefined 或 null，将返回 false。例如：

```
var bBoolean=Boolean("hello");              //返回 true-非空字符串
var bBoolean=Boolean(50);                   //返回 true-非零数字
var bBoolean=Boolean(null);                 //返回 false-null
var bBoolean=Boolean(0);                    //返回 false-零
var bBoolean=Boolean("");                   //返回 false-空字符串
```

2）Number()函数

Number()函数与 parseInt()和 parseFloat()方法的功能相似，但它转换的是整个值，而不是部分值。parseInt()和 parseFloat()方法只转换第 1 个无效字符之前的字符串，因此“1.2.3”将分别被转换为“1”和“1.2”。用 Number()进行强制类型转换，“1.2.3”将返回 NaN，因为整个字符串值不能转换成数字。表 15.4 列出了不同值调用 Number()函数的结果。

3）String()函数

String()强制类型转换可以把任何值转换成字符串。String()与 toString()唯一不同的是对 null 和 undefined 值强制类型转换可以生成字符串而不引发错误。例如：

表 15.4 不同值调用 Number()函数的结果表

用　　法	结　　果	用　　法	结　　果
Number(false)	0	Number("1.2")	1.2
Number(true)	1	Number(“12”)	12
Number(undefined)	NaN	Number(50)	50
Number(null)	0		

```
var sTest=String(null);          //返回"null"
var oNull=null;
var sTest=oNull.toString();      //会引发"oNull is null"错误
```

15.3 ECMAScript 运算符

15.3.1 一元运算符

一元运算符只有一个参数，即要操作的对象或值。

❶ void

void 运算符对任何值都返回 undefined。

❷ 前增量/前减量运算符

所谓前增量运算符，就是在数值类型变量原值的基础上加 1，形式是在变量前放两个加号（++）。例如：

```
var iNum=10;
++iNum;
```

第 2 行代码把 iNum 值增加到了 11，实质上等价于：

```
var iNum=10;
iNum=iNum + 1;
```

前减量运算符是在数值类型变量原值的基础上减 1，形式是在变量前放两个减号（--）。例如：

```
var iNum=10;
--iNum;
```

在算术表达式中，前增量和前减量运算符的优先级是相同的，因此要按照从左到右的顺序计算，无论是前增量还是前减量运算符都发生在计算表达式之前。例如：

```
var iNum1=2;
var iNum2=20;
var iNum3=--iNum1 + ++iNum2;          //等于 22
var iNum4=iNum1 + iNum2;              //等于 22
```

iNum3 等于 22，因为表达式要计算的是 1 + 21。变量 iNum4 也等于 22，也是 1 + 21。

提示：在计算表达式--iNum1 + ++iNum2 之前，iNum1 已经减 1，iNum2 已经加 1。

❸ 后增量/后减量运算符

后增量运算符也是给数值类型变量在原值的基础上加 1，形式是在变量后放两个加号（++）。例如：

```
var iNum=10;
iNum++;
```

后减量运算符也是从数值类型变量在原值的基础上减 1，形式为在变量后加两个减号（--）。例如：

```
var iNum=10;
iNum--;
```

与前增量和前减量运算符不同的是，后增量和后减量运算符是在计算过包含它们的表达式后才进行增量或减量运算的。考虑以下的例子：

```
var iNum=10;
iNum--;
iNum;                                     //输出 9
iNum--;                                   //输出 9
iNum;                                     //输出 8
```

第 4 行代码输出 iNum--的值，由于减量运算发生在计算过表达式之后，所以输出的数是"9"。第 5 行代码输出的数是"8"，因为在执行第 4 行代码之后和执行第 5 行代码之前执行了后减量运算。

在算术表达式中，后增量和后减量运算符的优先级是相同的，要按照从左到右的顺序计算。例如：

```
var iNum1=2;
var iNum2=20;
var iNum3=iNum1-- + iNum2++;             //等于 22
var iNum4=iNum1 + iNum2;                 //等于 22
```

iNum3 等于 22，因为表达式要计算的是 2 + 20。变量 iNum4 也等于 22，不过计算的是 1 + 21，因为增量和减量运算都在给 iNum3 赋值后才发生。

❹ 一元加法和一元减法

一元加法本质上对数字无任何影响。一元减法就是对数值求负。例如：

```
var iNum=20;
iNum=-iNum;
iNum;                                     //结果为-20
```

15.3.2 算术运算符

算术运算符用于执行变量之间的算术运算。表 15.5 列出了算术运算符。

表 15.5 算术运算符

运算符	描述	运算符	描述
+	加	/	除
-	减	%	求余数（保留整数）
*	乘		

❶ **加法运算符**

加法运算符用加号（+）表示。如果某个运算数是字符串，那么采用下列规则：

（1）如果两个运算数都是字符串，把第 2 个字符串连接到第 1 个上。

（2）如果只有一个运算数是字符串，则把另一个运算数转换成字符串，结果是两个字符串连接成的字符串。例如：

```
var iResult=5 + 5;           //两个数字
iResult;                     //结果为 10
var sResult=5 + "5";         //一个数字和一个字符串
sResult;                     //结果为"55"
```

❷ **减法运算符**

减法运算符用减号（-）表示。如果运算符不是数字，那么结果为 NaN；如果运算数都是数字，那么执行常规的减法运算，并返回结果。

❸ **乘法运算符**

乘法运算符用星号（*）表示，用于两数相乘。如果运算数是数字，那么执行常规的乘法运算，即两个正数或两个负数，结果为正数，两个运算数符号不同，结果为负数；如果某个运算数是 NaN，结果为 NaN。

❹ **除法运算符**

除法运算符用斜杠（/）表示，用第 2 个运算数除第 1 个运算数。如果运算数是数字，那么执行常规的除法运算，即两个正数或两个负数，结果为正数，两个运算数符号不同，结果为负数；如果某个运算数是 NaN，结果为 NaN。0 除任何一个非无穷大的数字，结果为 NaN。

❺ **取模运算符**

取模（余数）运算符用百分号（%）表示。例如：

```
var iResult=26%5;            //等于 1
```

如果运算数是数字，那么执行常规的算术除法运算，返回除法运算得到的余数。如果被除数为 0，结果为 0。

15.3.3 关系运算符

关系运算符执行的是比较运算。每个关系运算符都返回一个 Boolean 值。表 15.6 列出了关系运算符。

❶ **常规比较方式**

关系运算符小于、大于、小于等于和大于等于执行的是两个数的比较运算，比较方式与算术比较运算相同。每个关系运算符都返回一个 Boolean 值。例如：

```
var bResult1=2 > 1 //返回 true
var bResult2=2 < 1 //返回 false
```

表 15.6　关系运算符

运　算　符	描　　述	运　算　符	描　　述
==	等于	<	小于
===	全等（值和类型）	>=	大于或等于
!=	不等于	<=	小于或等于
>	大于		

对于字符串，第 1 个字符串中每个字符的代码都会与第 2 个字符串中对应位置的字符的代码进行数值比较，完成这种比较操作后，返回一个 Boolean 值。大写字母的代码小于小写字母的代码，例如：

```
var bResult="Blue" < "alpha";
bResult;                    //结果为 true
```

如果要强制性得到按照真正的字母顺序比较的结果，必须把两个字符串转换成相同的大小写形式，然后再进行比较。例如：

```
var bResult="Blue".toLowerCase() < "alpha".toLowerCase();
bResult;                    //结果为 false
```

❷ 比较数字和字符串

无论何时比较一个数字和一个字符串，ECMAScript 都会把字符串转换成数字，然后按照数字顺序比较它们。例如：

```
var bResult="25" < 3;
bResult;                    //结果为 false
```

字符串“25”将被转换成数字 25，然后与数字 3 进行比较。

任何包含 NaN 的关系运算符都要返回 false。

```
var bResult="a" >= 3;
bResult;                    //结果为 false
```

❸ 等于和不等于

等于用双等号（==）表示，当且仅当两个运算数相等时返回 true。不等于用感叹号加等号（!=）表示，当且仅当两个运算数不相等时返回 true。为确定两个运算数是否相等，这两个运算符都会进行类型转换。执行类型转换的规则如下：

（1）如果一个运算数是 Boolean 值，在检查相等性之前转换成数字。其中值 false 为 0，true 为 1。

（2）如果一个运算数是字符串，另一个是数字，在检查相等性之前尝试把字符串转换成数字。

（3）如果一个运算数是对象，另一个是字符串，在检查相等性之前尝试把对象转换成字符串。

(4) 如果一个运算数是对象，另一个是数字，在检查相等性之前尝试把对象转换成数字。

在比较时，遵守下列规则：

(1) 值 null 和 undefined 相等。

(2) 在检查相等性时不能把 null 和 undefined 转换成其他值。

(3) 如果某个运算数是 NaN，等于返回 false，不等于返回 true。

(4) 如果两个数都是 NaN，等于返回 false，因为根据规则，NaN 不等于 NaN。

❹ 全等和非全等

全等用 3 个等号表示（===），非全等用感叹号加两个等号（!==）表示，在检查相等性前不执行类型转换，只有在无须类型转换运算数就相等的情况下才返回 true。例如：

```
var sNum="66";
var iNum=66;
sNum==iNum;          //结果为 true
sNum===iNum;         //结果为 false
```

使用等于来比较字符串“66”和数字 66，输出 true，因为字符串“66”将被转换成数字 66，然后与另一个数字 66 进行比较。全等在没有类型转换的情况下比较字符串和数字，所以输出 false。

15.3.4 逻辑运算符

表 15.7 列出了逻辑运算符。

表 15.7 逻辑运算符

运 算 符	描 述
&&	AND
||	OR
!	NOT

❶ NOT 运算符

NOT 运算符用感叹号（!）表示，NOT 运算返回的是 Boolean 值。NOT 运算的行为如下：

(1) 如果运算数是对象，返回 false。

(2) 如果运算数是数字 0，返回 true。

(3) 如果运算数是 0 以外的任何数字，返回 false。

(4) 如果运算数是 null，返回 true。

(5) 如果运算数是 NaN，返回 true。

(6) 如果运算数是 undefined，发生错误。

❷ AND 运算符

AND 运算符用双和号（&&）表示。AND 运算在两个运算数都是 true 的情况下结果才等于 true。

AND 运算的运算数可以是任何类型的，不仅仅是 Boolean 值。如果某个运算数不是

Boolean 值，AND 运算并不一定返回 Boolean 值。其规则如下：

（1）如果一个运算数是对象，另一个是 Boolean 值，返回该对象。

（2）如果两个运算数都是对象，返回第 2 个对象。

（3）如果某个运算数是 null，返回 null。

（4）如果某个运算数是 NaN，返回 NaN。

（5）如果某个运算数是 undefined，发生错误。

AND 运算是简便运算，即第 1 个运算数就决定了结果。如果第 1 个运算数是 false，那么无论第 2 个运算数的值是什么，结果都不可能等于 true。

例如下面的例子：

```
var bTrue=true;
var bResult=(bTrue && bUnknown);                //bUnknown 没有定义
```

因为变量 bUnknown 是未定义的，bResult 的值是 undefined。

修改这个例子，把第 1 个数设为 false 就不会发生错误，因为第 1 个运算数的值是 false。

```
var bFalse=false;
var bResult=(bFalse && bUnknown);
bResult;                                        //结果为 false
```

❸ OR 运算符

OR 运算符用双竖线（||）表示，OR 运算在两个运算数有一个是 true 的情况下结果就是 true。

与 AND 运算符相似，如果某个运算数不是 Boolean 值，OR 运算并不一定返回 Boolean 值。其规则与 AND 运算符不同的是，如果两个运算数都是对象，返回第 1 个对象。

OR 运算也是简便运算。对于逻辑 OR 运算符来说，如果第 1 个运算数的值为 true，就不再计算第 2 个运算数。

15.3.5 其他运算符

❶ 条件运算符

条件运算符是三元运算符，有 3 个参数，语法如下：

```
variable=(boolean_expression) ? true_value : false_value;
```

条件运算符是根据 boolean_expression 的计算结果有条件地为变量赋值。如果 Boolean_expression 为 true，就把 true_value 赋给变量；如果它是 false，就把 false_value 赋给变量。例如：

```
var iNum1=3;
var iNum2=5;
var iMax=(iNum1 > iNum2) ? iNum1 : iNum2;
iMax;                                           //结果为 5
```

❷ 赋值运算符

简单赋值运算用等号（=）表示，是把等号右边的值赋予等号左边的变量。例如：

```
var iNum=10;
```

复合赋值运算用算术运算符加等号（=）表示。例如语句：

```
iNum=iNum + 10;
```

可以用复合赋值运算符代替：

```
iNum+=10;
```

表 15.8 列出了使用的主要赋值运算符。

表 15.8 赋值运算符

运 算 符	例 子	等 价
=	x=y	
+=	x+=y	x=x+y
-=	x-=y	x=x-y
*=	x*=y	x=x*y
/=	x/=y	x=x/y
%=	x%=y	x=x%y

❸ 逗号运算符

用逗号运算符可以在一条语句中执行多个赋值。例如：

```
var iNum1=1, iNum=2, iNum3=3;
```

15.4 小结

本章简要介绍了 JavaScript 的基本组成和使用方法，详细介绍了 ECMAScript 的语法基础和运算符。

15.5 习题

❶ 选择题

（1）运行下面的 JavaScript 代码，sM 的值为（ ）。

```
iNum=11;
sStr="number";
sM=iNum+sStr;
```

A．11number B．Number C．11 D．程序报错

（2）在 HTML 页面中使用外部 JavaScript 文件的正确语法是（ ）。

A．<language="JavaScript" src="sf.js">

B．<script src="sf.js"></script>

C．<script language="JavaScript"=sf.js></script>

D．<language src="sf.js">

（3）运行下面的 JavaScript 代码，警告框中显示（　　）。

```
x=3;
y=2;
z=(x+2)/y;
alert(z);
```

A．2　　B．2.5　　C．32/2　　D．16

（4）分析如下的 JavaScript 代码片段，*b* 的值为（　　）。

```
var a=1.5,b;
b=parseInt(a);
```

A．2　　B．0.5　　C．1　　D．1.5

（5）若定义 var iX=10，则（　　）语句执行后变量 iX 的值不等于 11。

A．iX++;　　B．iX=11;　　C．iX==11;　　D．iX+=1;

❷ 简答题

（1）JavaScript 是一种什么样的语言？与 Java 语言有什么关系？

（2）在 HTML 文档中如何定义和使用脚本语言？

（3）ECMAScript 有哪些数据类型？

（4）变量说明语法“var 变量名[=初值][,…];”中的关键字“var”和分号“;”可以省略吗？省略后有没有什么影响？

（5）ECMAScript 提供了哪些数据类型转换方法？

第16章

算法和ECMAScript语句

算法可以理解为由基本运算及规定的运算顺序所构成的完整的解题步骤。程序是为实现特定目标或解决特定问题而用计算机语言编写的语句（命令）序列集合，这些语句序列的先后是由算法决定的。本章首先介绍算法的基本概念，接下来详细介绍实现算法的ECMAScript基本语句，然后简单介绍使用WebStorm和Chrome调试JavaScript脚本程序的方法和步骤。

本章要点：

- 算法的概念。
- ECMAScript语句。
- 使用WebStorm和Chrome调试JavaScript脚本程序。

16.1 算法

16.1.1 算法的概念

算法是对操作的描述，即操作步骤，做任何事情都有一定的步骤。为解决一个问题而采取的方法和步骤称为算法。计算机算法是指计算机能够执行的算法。

计算机算法可分为两大类，即数值运算算法和非数值运算算法。数值运算算法的目的是求数值解，例如求方程的根等都属于数值运算范畴。非数值运算包括的范畴更广，最常见的是用于管理领域，例如图书检索和工资管理等。在现实生活中计算机在非数值运算方面的应用远远超过数值运算方面。由于数值运算有现成的数值模型，可以运用数值分析方法或者采用近似方法求解，因此对数值运算的研究比较深入，算法比较成熟。非数值运算的种类比较多，问题千差万别，相应的算法也是千变万化，难以规范化。

一个完整的算法应包括设计算法和实现算法两个部分。在用计算机解题时根据事先设计好的算法写出程序，然后运行此程序实现算法。

16.1.2 简单算法举例

如果求 1×2×3×4×5，如何描述算法？

❶ 原始方法

步骤 1：先求 1×2，得到结果 2。

步骤 2：将步骤 1 得到的乘积 2 乘以 3，得到结果 6。

步骤 3：将 6 再乘以 4，得 24。

步骤 4：将 24 再乘以 5，得 120。

这样的算法虽然正确，但太烦琐，倘若求更多数的阶乘，描述算法的步骤更多。

❷ 改进算法

步骤 1：使 t=1。

步骤 2：使 i=2。

步骤 3：使 t×i，乘积仍然放在变量 t 中，可表示为 t×i→t。

步骤 4：使 i 的值+1，即 i+1→i。

步骤 5: 若 i≤5，返回重新执行步骤 3 以及其后的步骤 4 和步骤 5，否则算法结束。

如果计算 100!，只需将步骤 5 的 i≤5 改成 i≤100 即可。

如果求 1×3×5×7×9×11，算法也只需做很少的改动。

步骤 1：1→t。

步骤 2：3→i。

步骤 3：t×i→t。

步骤 4：i+2→i。

步骤 5：若 i≤11，返回步骤 3，否则算法结束。

算法不仅正确，而且是计算机能够实现的比较好的算法。

16.1.3 算法的特性

算法具有以下特性。

（1）有穷性：一个算法应包含有限的操作步骤而不能是无限的。

（2）确定性：算法中的每一个步骤应当是确定的，不能是含糊、模棱两可的。

（3）有零个或多个输入。

（4）有一个或多个输出。

（5）有效性：算法中的每一个步骤应当能有效地执行，并得到确定的结果。

16.1.4 算法与程序

程序是为实现特定目标或解决特定问题而用计算机语言编写的语句（命令）序列集合，所有的程序都是用某一种计算机语言的语句按照算法进行设计实现的，程序有 3 种基本结构，即顺序结构、选择结构和循环结构。

对于程序员来说，必须会设计算法，并根据算法用计算机语言写出程序。

16.2 ECMAScript 语句

16.2.1 条件语句

❶ if 语句

1）单个 if 语句

其语法如下：

```
if(condition){
    statement1
    }
else{
    statement2
    }
```

其中，condition 可以是任何表达式，计算的结果如果不是 Boolean 值，ECMAScript 会把它转换成 Boolean 值。如果 condition 的计算结果为 true，则执行 statement1，如果 condition 的计算结果为 false，则执行 statement2。

例 16.1 js(if1).html，输出两个数的最大者。

```
var fNum1=parseFloat(prompt("请输入第 1 个数: "));
var fNum2=parseFloat(prompt("请输入第 2 个数: "));
document.write("你输入了两个数, 分别是: "+fNum1+"和"+fNum2+"<br />")
if(fNum1>fNum2){
    document.write("两个数中最大者是"+fNum1);
    }
else{
    document.write("两个数中最大者是"+fNum2);
    }
```

提示：prompt()接收的是 String 类型数据，所以必须转换成数值类型。

视频讲解

另外，if 语句可以嵌套。

例 16.2 js(if2).html，把 3 个数按从大到小的顺序显示输出。

```
var fNum1=parseFloat(prompt("请输入第 1 个数: "));
var fNum2=parseFloat(prompt("请输入第 2 个数: "));
var fNum3=parseFloat(prompt("请输入第 3 个数: "));
document.write("你输入了 3 个数, 分别是: "+ fNum1 +", "+ fNum2 +", "+ fNum3 +"<br />");
//3 个数的最大者互换到 fNum1 中
if(fNum1<fNum2){
```

```
        //嵌套 if 语句
        if(fNum2<fNum3){
            fTemp=fNum1;
            fNum1=fNum3;
            fNum3=fTemp;
        }
        else{
            fTemp=fNum1;
            fNum1=fNum2;
            fNum2=fTemp;
        }
    }
    if(fNum2<fNum3){
        fTemp=fNum2;
        fNum2=fNum3;
        fNum3=fTemp;
        }
    document.write("3 个数从大到小分别是: "+ fNum1 +", "+ fNum2 +", "+ fNum3);
```

2）多个 if 语句

if 语句可以串联多个使用。其语法如下：

```
if(condition1){
    statement1
}else if(condition2){
    statement2
}else{
    statement3
}
```

如果 condition1 的计算结果为 true，则执行 statement1，如果 condition2 的计算结果为 true，则执行 statement2，否则执行 statement3。

例 **16.3** js(if3).html，输入学生成绩并判断数据的合理性，如果合理，给出对应考查成绩。

```
var fScore=parseFloat(prompt("请输入学生成绩: "));
if(fScore<0){
    document.write("数据输入错误! ");
}else if(fScore<60){
    document.write("不及格");
}else if(fScore<70){
    document.write("及格");
}else if(fScore<80){
    document.write("中等");
}else if(fScore<90){
    document.write("良好");
```

```
}else if(fScore<=100){
    document.write("优秀");
}else{
    document.write("数据输入错误！");
}
```

❷ switch 语句

switch 语句的语法如下：

```
switch(expression){
  case value:{statement};
    break;
  case value:{statement};
    break;
  case value:{statement};
    break;
  case value:{statement};
    break;
  …
  case value:{statement};
    break;
  default:{statement};
}
```

switch 语句为表达式提供一系列情况(case)，每个情况(case)都是表示"如果 expression 等于 value，就执行 statement"。关键字 break 会使代码跳出 switch 语句，如果没有关键字 break，代码的执行就会继续进入下一个 case。关键字 default 说明了表达式的结果不等于任何一种情况时执行的操作。

switch 语句可以替代串联多个 if 语句，特别是当条件比较多并且值比较单一的情况。

例 16.4　js(switch).html，日期对象的 getDay()方法返回的是星期中的某天，值是 0～6 的整数，可以用 switch 语句把对应的整数变成中文显示。

```
var oDt=new Date();
var iWeekDay=oDt.getDay();
switch(iWeekDay){
case 0:
    document.write("今天是星期日");
    break;
case 1:
    document.write("今天是星期一");
    break;
case 2:
    document.write("今天是星期二");
    break;
case 3:
    document.write("今天是星期三");
```

```
    break;
case 4:
    document.write("今天是星期四");
    break;
case 5:
    document.write("今天是星期五");
    break;
case 6:
    document.write("今天是星期六");
    break;
default:
    document.write("数据错误！");
}
```

16.2.2 循环语句

循环语句又叫迭代语句，用于声明一组需要重复执行的命令，直到满足某些条件为止。

❶ while 语句

while 语句是前测试循环，循环退出的条件是在执行循环内部代码之前计算的，因此循环主体可能根本不被执行。其语法如下：

```
while(expression){
    statement
    }
```

当 expression 的结果为真时执行 statement，直到 expression 的结果为假时退出循环。

视频讲解

例 16.5 js(while1).html，求 1×2×3×4×5 的积。其中，变量 iResult 存放结果，iCv 为循环变量，用于控制循环执行有限次数。

```
var iResult=1;
var iCv=2;
while(iCv<=5){
    iResult=iResult*iCv;
    iCv++;
    }
document.write("5!是："+iResult);
```

例 16.6 js(while2).html，求 1+2+3+…+100 的和。

```
var iResult=0;
var iCv=1;
while(iCv<=100){
    iResult=iResult+iCv;
    iCv++;
    }
document.write("1-100 的和是："+iResult);
```

❷ do-while 语句

do-while 语句是后测试循环，即退出条件在执行循环内部的代码之后计算。这意味着在计算表达式之前至少会执行循环主体一次。其语法如下：

```
do{
    statement
}while(expression)
```

首先执行 statement，然后计算 expression，如果结果为真，重复执行 statement，直到 expression 的结果为假时退出循环。

例 16.7　js(do while1).html，求 1×2×3×4×5 的积。

```
var iResult=1;
var iCv=2;
do{
    iResult=iResult*iCv;
    iCv++;
}while(iCv<=5)
document.write("5!是："+iResult);
```

例 16.8　js(do while2).html，求 1+2+3+…+100 的和。

```
var iResult=0;
var iCv=1;
do{
    iResult=iResult+iCv;
    iCv++;
}while(iCv<=100)
document.write("1-100 的和是："+iResult);
```

❸ for 语句

for 语句是前测试循环，而且在进入循环之前能够初始化变量，并定义循环后要执行的代码。其语法如下：

```
for(initialization;expression;post-loop-expression){
    statement
    }
```

其中，initialization 定义循环变量并初始化，expression 定义循环控制表达式，post-loop-expression 定义循环变量值变化的表达式，之后不能写分号，否则将无法运行。

例 16.9　js(for1).html，求 1×2×3×4×5 的积。

```
var iResult=1;
for (iCv=2;iCv<=5;iCv++){
    iResult=iResult*iCv;
    }
document.write("5!是："+iResult);
```

例 16.10　js(for2).html，求 1+2+3+…+100 的和。

视频讲解

```
var iResult=0;
for (iCv=1;iCv<=100;iCv++){
    iResult=iResult+iCv;
    }
document.write("1-100 的和是: "+iResult);
```

❹ for-in 语句

for-in 语句用于枚举（一一列举）对象的属性或集合中的元素。其语法如下：

```
for(property in expression){
    statement
    }
```

其中，property 定义对象属性或集合元素的循环控制变量，expression 定义对象或集合。

视频讲解

例 16.11　js(for-in).html，在该页面中用 for-in 语句显示全局对象的所有隐式或显式声明的全局变量属性，这里的全局对象指的是 window 对象，显示的是 window 对象的所有属性和方法，如图 16.1 所示。

源代码如下：

```
    <head>
    <title>for-in 循环</title>
    <script>
        for (oProp in this) {
            document.write(oProp + "<br />");
        }
    </script>
</head>
<body>
</body>
```

图 16.1　js(for-in).html 示意图

16.2.3　break 和 continue 语句

❶ break 语句

break 语句可以立即退出循环，阻止再次反复执行任何代码。

例 16.12　js(break).html，在循环执行的过程中根据条件退出循环。

```
var iNum = 0;
for (var iCv=1; iCv<10; iCv++){
  if (iCv % 5==0){
    break;
  }
  iNum++;
}
document.write(iNum);        //输出 4
```

视频讲解

在以上代码中，for 循环从 1 到 10 迭代变量 iCv。在循环主体中，if 语句将检查 iCv 的值是否能被 5 整除。如果能被 5 整除，执行 break 语句，输出显示“4”，即退出循环前执行循环的次数。

❷ **continue 语句**

continue 语句退出当前循环，根据控制表达式继续进行下一次循环。

视频讲解

例 **16.13** js(continue).html，在循环执行的过程中根据条件退出当前循环，进行下一次循环。

```
var iNum=0;
for (var iCv=1; iCv<10; iCv++){
  if (iCv % 5==0){
    continue;
  }
  iNum++;
}
document.write(iNum);   //输出 8
```

输出显示“8”，即执行循环的次数。可能执行的循环总数为 9，不过当 iCv 的值为 5 时将执行 continue 语句，会使循环跳过表达式 iNum++，返回循环开头。

16.3 WebStorm 和 Chrome 协作调试 JavaScript 脚本程序

如果要使用 WebStorm 和 Google Chrome 共同协作调试 JavaScript 程序，必须在 Google Chrome 安装 JetBrains IDE Support 扩展程序，由于这个扩展程序不能直接在 Google Chrome 安装，所以需要事先下载，可以从插件网（http://www.cnplugins.com/devtool/jetbrains-ide-support/）下载，文件为“www.cnplugins.com_hmhgeddbohgjknpmjagkdomcpobmllji_2_0_7_.crx”。

❶ **安装 JetBrains IDE Support 扩展程序**

打开 Google Chrome 浏览器，在地址栏中输入“chrome://extensions/”，进入 Chrome 扩展程序，将下载的“www.cnplugins.com_hmhgeddbohgjknpmjagkdomcpobmllji_2_0_7_.crx”文件拖到 Chrome 扩展程序窗口里，安装完成后如图 16.2 所示。

❷ **使用 WebStorm 调试 JavaScript 程序**

启动 WebStorm，打开需要调试的带有 JavaScript 脚本程序的页面，单击行序号后面可以设置断点，然后在编辑区中右击，弹出快捷菜单，选择【调试】命令，如图 16.3 所示，进入到调试状态，如果脚本程序执行，到设置的第 1 个断点处停下来，如图 16.4 所示。同时 Google Chrome 浏览器打开这个页面，并显示“‘JetBrains IDE Support’正在调试此标签页”消息，用户在调试期间不要单击【取消】按钮，如图 16.5 所示。

在 WebStorm 编辑区中按 F9 键，程序可以运行到下一个断点，按 Ctrl+F2 组合键将停止调试。

图 16.2　Chrome 扩展程序窗口示意图

图 16.3　调试 JavaScript 程序

对于 WebStorm 编辑区中代码的任何修改，Google Chrome 浏览器会自动实时同步，不需要再刷新。

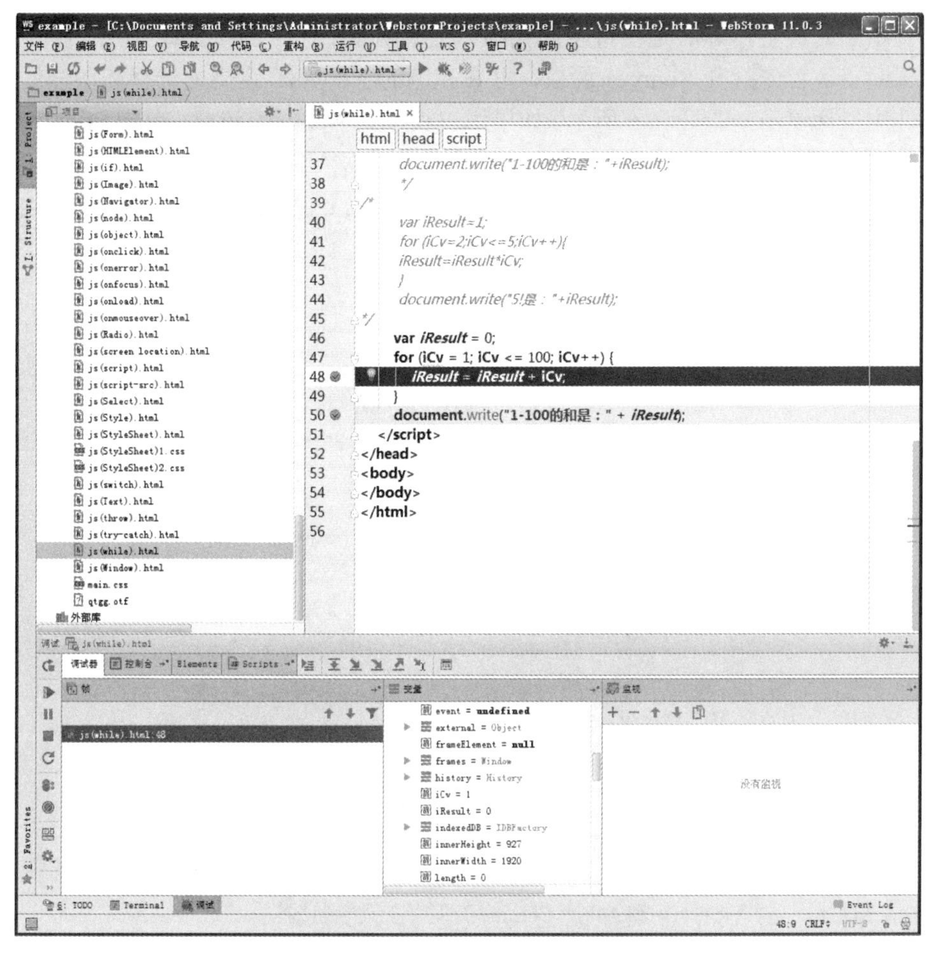

图 16.4　WebStorm 窗口示意图

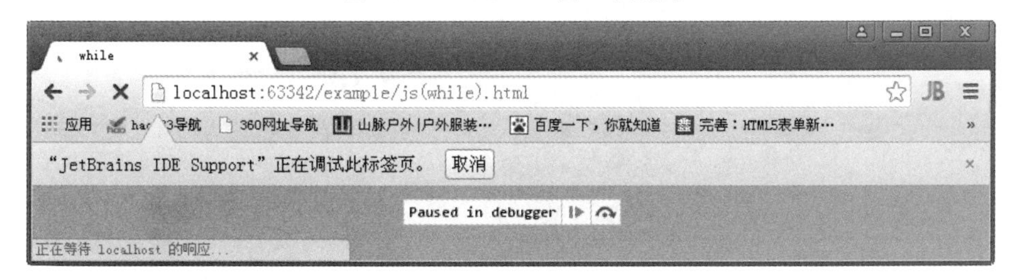

图 16.5　Chrome 窗口示意图

16.4　使用 Sources 调试 JavaScript 脚本程序

视频讲解

在 Google Chrome 开发者工具 Sources 面板中使用断点来暂停 JavaScript 代码，审查变量的值和在特定时刻所调用的堆栈，进行调试。

设置断点的最基本方法是在特定的代码行上手动添加一个断点。如果要在特定的代码行上设置断点，首先打开 Sources 面板，并在左侧的 Network 窗格中选择需调试的页面或脚本文件用鼠标单击，如图 16.6 所示。如果用户找不到 Network 窗格，单击 Show navigator 按钮，如图 16.7 所示。

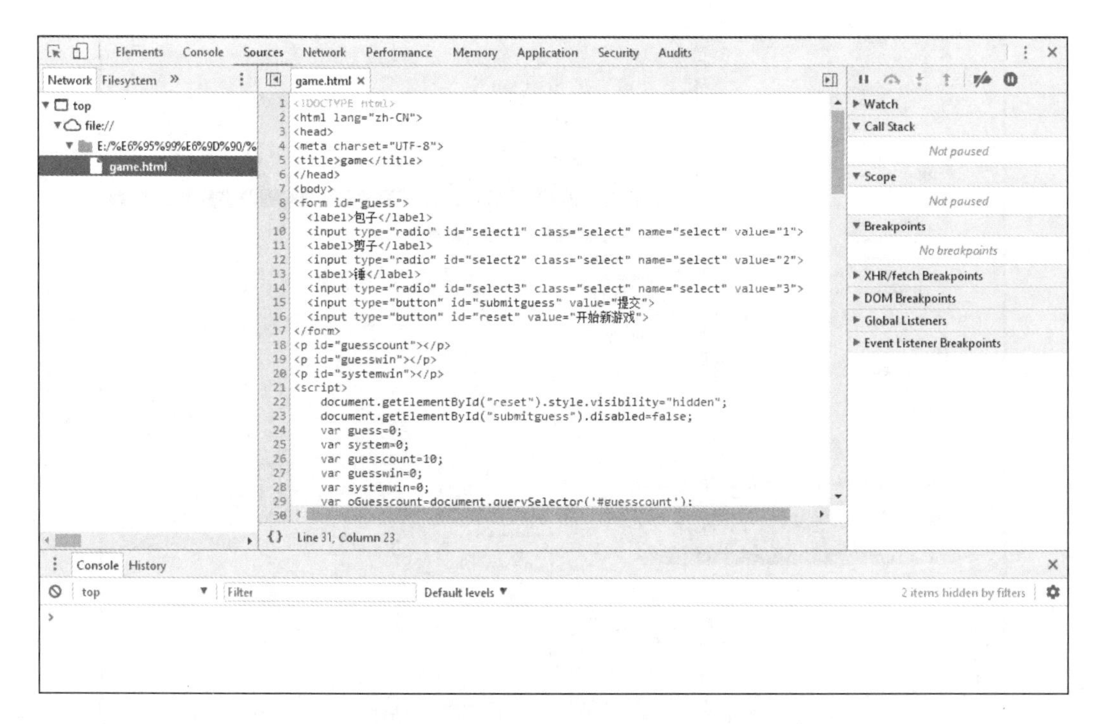

图 16.6　Chrome 开发者工具示意图

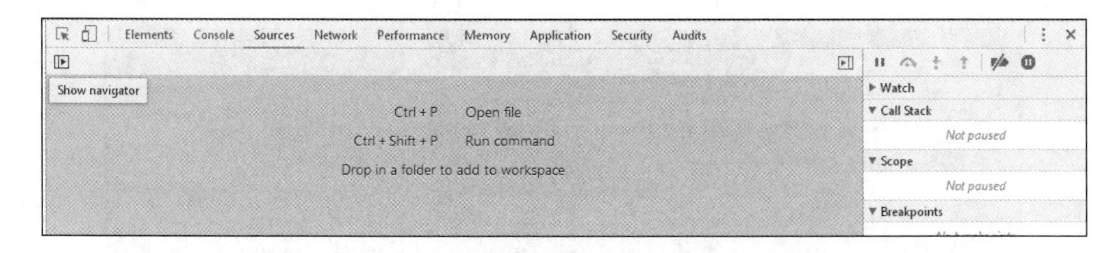

图 16.7　单击 Show navigator 按钮

在源代码的左侧可以看到行号，单击行号，就会在该行代码上添加一个断点。如果想临时忽略一个断点，指向断点行号右击，在快捷菜单中选择 Disable breakpoint 命令。如果想删除一个断点，指向断点行号右击，在快捷菜单中选择 Remove breakpoint 命令。当代码执行时到断点处暂停，如果继续执行，单击 Resume script execution 按钮，如图 16.8 所示。

Chrome 开发者工具还可以设置监测网页元素变化时的断点（DOM 断点）。在指定的元素上右击，在快捷菜单中选择【审查检查】命令，将这个元素节点突出显示为蓝色，然后右击突出显示的这个元素节点，在快捷菜单中选择 Break on|Subtree Modifications 命令，在元素节点左侧出现了蓝色图标，表示这个节点设置了 DOM 断点，如图 16.9 所示。

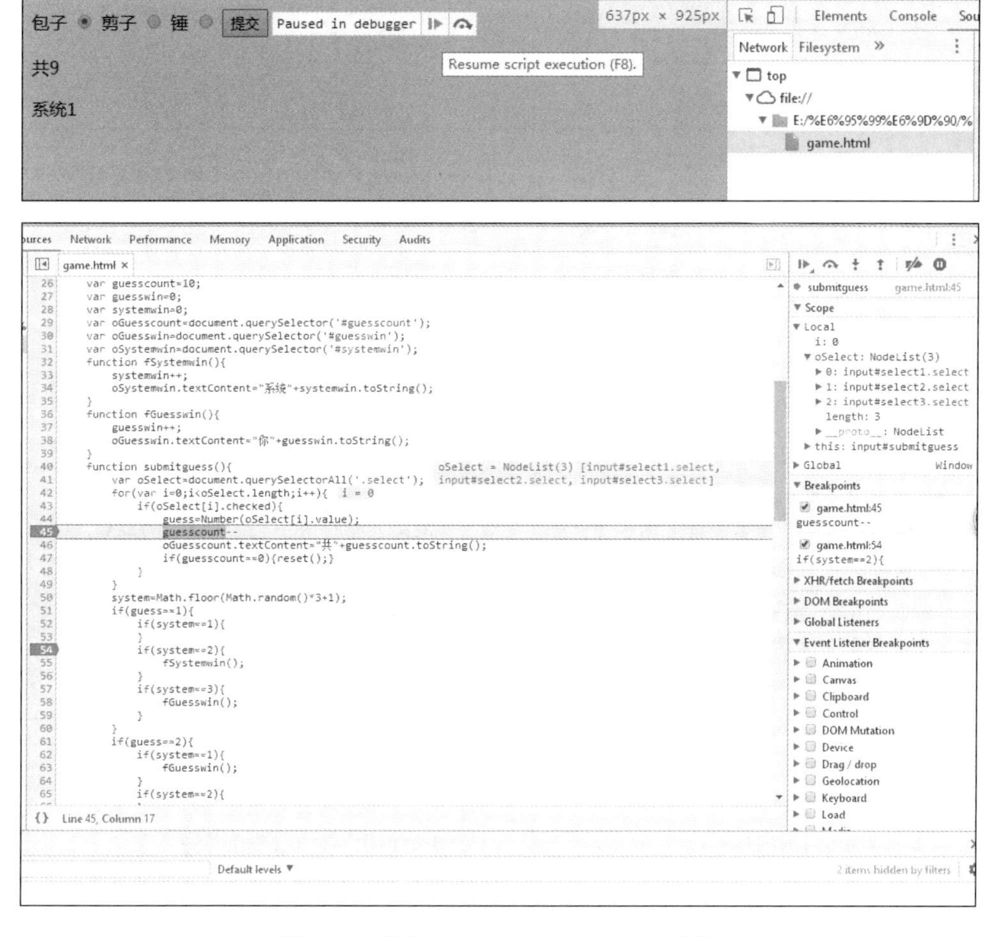

图 16.8　单击 Resume script execution 按钮

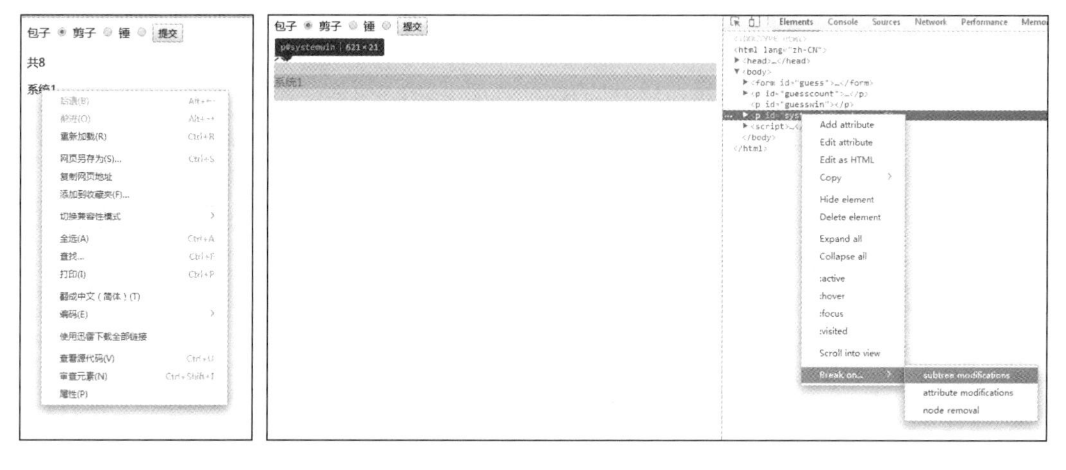

图 16.9　设置 DOM 断点

当这个元素节点发生变化时页面暂停，转到 Sources 面板突出显示脚本中导致这个元素节点发生更改的代码行。单击 Resume script execution 按钮，恢复脚本的执行。

16.5　小结

本章简要介绍了算法、程序和语句的基本概念及相互关系，详细介绍了 ECMAScript 条件和循环语句，并介绍了使用 WebStorm 和 Google Chrome 调试 JavaScript 脚本程序的方法和步骤。

16.6　习题

❶ 选择题

（1）作为 if 语句，下面（　　）是正确的。

A．if(x=2)　　B．if(y<7){}　　C．else　　D．if(x==2&&){}

（2）下列关于循环语句的描述中，（　　）是错误的。

A．循环体内可以包含有循环语句

B．循环体内必须同时出现 break 和 continue 语句

C．循环体内可以出现 if 语句

D．循环体可以是空语句

（3）下列 JavaScript 循环语句中（　　）是正确的。

A．if(i<10;i++)　　B．for(i=0;i<10)

C．for i=1 to 10　　D．for(i=0;i<=10;i++)

（4）下面语句中要使 while 循环体执行 10 次，在空白处应填写（　　）。

```
var iCv=0;
while(    ){
    iCv+=2;}
```

A．iCv<10　　B．iCv<=10　　C．iCv<20　　D．iCv<=20

（5）循环语句 for(var i=0;i=1;i++){}的循环次数是（　　）。

A．　0　　B．1　　C．2　　D．无限

❷ 简答题

（1）ECMAScript 条件语句有哪些？区别是什么？

（2）ECMAScript 循环语句有哪些？区别是什么？

（3）编写程序，计算 1!+2!+3!+…+10!。

（4）在页面上输出如下数字图案。

```
1
1 2
1 2 3
1 2 3 4
1 2 3 4 5
```

（5）求三位数，被 4 除余 2，被 7 除余 3，被 9 除余 5。

第 17 章

行为与对象

JavaScript 是基于对象的语言，但同时也可以创建对象，所以也是面向对象的语言。JavaScript 支持事件驱动，完成行为操作。本章首先介绍 JavaScript 行为的构成，包括 ECMAScript 函数和 HTML 事件，接下来讨论 ECMAScript 引用类型对象，ECMAScript 如何进行错误处理，最后详细介绍 ECMAScript 内置对象和本地对象。

本章要点：

- ECMAScript 函数。
- HTML 事件。
- ECMAScript 对象概述。
- ECMAScript 错误处理。
- ECMAScript 内置对象和本地对象。

17.1 行为

行为是某个事件和由该事件触发的动作的组合。实际上，事件是 HTML 元素的事件属性，通过浏览器生成消息，指示该页的访问者对某个元素已执行了某种操作，例如当访问者将鼠标指针移到某个超链接上时，浏览器将为该链接生成一个 onMouseOver 事件，然后浏览器检查是否应该执行动作进行响应操作，动作是预先编写的 JavaScript 函数（一段程序）。

17.1.1 ECMAScript 函数

❶ 函数的定义

函数是一组可以根据需要随时运行的语句，函数是 ECMAScript 的核心。在函数定义中包括关键字 function、函数名、一组形参和执行的代码块。函数的基本语法如下：

```
function functionName(parameter0,parameter1,…,parameterN){
  statements
}
```

例如：

```
function fnSay(sName,sMessage){
  alert("你好" + sName + sMessage);
}
```

其中，parameter0，parameter1，…，parameterN 是形式参数。

提示：形参其实就是变量，具体值还不知道，需要调用函数时传递的实际参数才能确定。

❷ 函数的调用

函数必须通过名字加上括号中的实际参数进行调用才能执行或者通过响应事件运行。调用形式如下：

```
functionName(argument0,argument1,…,argumentN);
```

其中，argument0，argument1，…，argumentN 是实参，在调用函数时为形参传递的实际值。

如果想调用 fnSay()函数，可以使用如下的代码：

```
fnSay("张三","欢迎你!");
```

fnSay()函数会生成一个警告消息框，显示信息“你好张三欢迎你!”。

当使用多个参数时，函数调用的各个实参按照其排列的先后顺序依次传递给函数定义中的形参。

❸ 函数的返回值

如果函数需要返回值，不必明确地声明它，直接在 return 语句后面将返回值返回。例如：

```
function fnSum(iNum1, iNum2){
  return iNum1 + iNum2;
}
```

下面的代码把 fnSum()函数返回的值进行输出：

```
fnSum(1,1); //输出 2
```

函数在执行 return 语句后立即停止运行，return 语句后的代码都不会被执行。如果函数没有返回值或调用了没有参数的 return 语句，那么返回值是 undefined。

❹ 函数的嵌套

如果在一个函数定义的函数体语句中出现了对另一个函数的调用，称为函数嵌套调用。当一个函数调用另一个函数时，应该在定义调用函数之前先定义被调用函数。

视频讲解

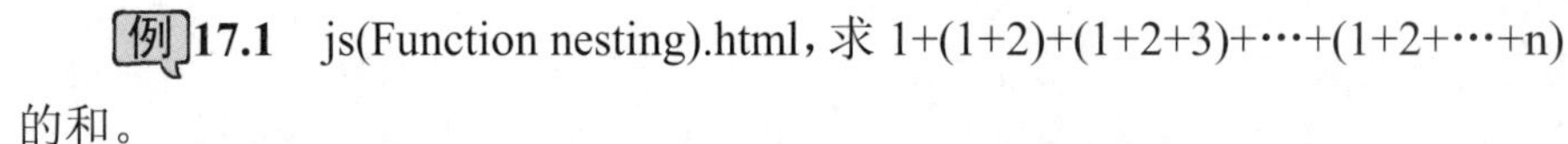
例 17.1 js(Function nesting).html，求 1+(1+2)+(1+2+3)+…+(1+2+…+n)的和。

首先定义一个求 1+2+⋯+n 和的函数 fnSum(iNum)。

```
//求 1+2+⋯+n
function fnSum(iNum) {
    var iSum=0, iCv;
    for (iCv=1; iCv<=iNum; iCv++) {
        iSum+=iCv;
    }
    return iSum;
}
```

然后定义求整个和的函数 fnAll(iNum)，在函数 fnAll(iNum)中调用函数 fnSum(iNum)。

```
//求 1+(1+2)+(1+2+3)+⋯+(1+2+⋯+n)
function fnAll(iNum) {
    var iSum=0, iCv;
    for (iCv=1; iCv<=iNum; iCv++) {
        iSum+=fnSum(iCv);
    }
    return iSum;
}
```

如果在一个函数定义的函数体中出现了对自身函数的直接（或间接）调用，称为递归函数。

在实现递归的函数中必须满足以下两点：一是要有测试是否继续递归调用的条件，保证递归不能被无限执行；二是要有递归调用的语句，保证递归必须被执行。

例 17.2 js(recursive function).html，在下面求 *n*! 的阶乘例子中，阶乘函数 fnFactorial(iNum)自己调用自己，满足了以上两点条件，完成了递归。

```
//求 n!的阶乘
function fnFactorial(iNum) {
    var iResult;
    if (iNum<=1)
        iResult=1;                                  //不再递归
    else
        iResult=iNum * fnFactorial(iNum - 1);       //递归调用
    return iResult;
}
```

❺ 变量的作用域

变量的作用域是指变量起作用的范围。在 ECMAScript 中变量的作用域分为全局作用域和函数作用域，定义在任何函数外部的变量是全局作用域变量，在函数内部不使用 var 关键字定义的变量也是全局作用域变量，在函数内部使用 var 关键字定义的变量才是函数作用域变量，函数作用域变量会覆盖同名的全局作用域变量。全局作用域变量的可见区域是整个脚本（除了被同名函数作用域变量覆盖的区域），函数作用域变量的可见区域是函数内部（除了被内部嵌套函数中同名函数作用域变量覆盖的区域）。

一般来说，在函数内部尽量使用函数作用域变量，不使用全局作用域变量。为了避免混淆，全局作用域变量和函数作用域变量最好不要同名。

视频讲解

【例】17.3　js(scope).html，在该例中 sName 既是全局作用域变量，又是函数作用域变量，各自独立存在于自己的作用域中。

```
var sName="Microsoft";
function fnA(){
  var sName="Google";
  return sName;
}
document.write(fnA());                        //输出"Google"
document.write(sName);                        //输出"Microsoft"
```

17.1.2　ECMAScript 闭包

闭包指的是在函数内可以使用不需要被计算的变量，也就是说，函数可以直接使用在此函数之外定义的变量。闭包就是能访问另一个函数作用域中变量的函数。

【例】17.4　js(Closure1).html，该例首先定义全局变量 sStr，然后在 fnSay()函数内直接使用这个变量。

```
var sStr="你好";
function fnSay() {
  alert(sStr);
}
fnSay();
```

在上面这段代码中，脚本被载入内存后并没有为函数 fnSay()计算变量 sStr 的值。

在一个函数中定义一个闭包函数会使闭包变得更加复杂。

【例】17.5　js(Closure2).html，该例在函数 fnAddNum()内部定义了一个函数 fnDoAdd()。

```
var iNum=10;
function fnAddNum(iNum1,iNum2){
  function fnDoAdd(){
    return iNum1 + iNum2 + iNum;
  }
  return fnDoAdd();
}
document.write(fnAddNum(20,30));         //输出 60
```

视频讲解

函数 fnAddNum()定义的内部函数 fnDoAdd()是一个闭包，因为它需要获取外部函数的参数 iNum1 和 iNum2 以及全局变量 iNum 的值。闭包最重要的概念是 fnDoAdd()函数根本没接收参数，它使用的变量值是从执行环境中获取的。

在 ECMAScript 中闭包非常强大，可用于执行复杂的计算。

17.1.3　HTML 事件

事件是可以被 JavaScript 侦测到的某种操作，页面中的每个元素都可以产生某些事件，事件可以触发调用 JavaScript 函数来完成某种功能。例如可以在用户单击按钮时产生一个 onclick 事件来触发某个函数。

事件通常与函数配合使用，当事件发生时函数才会执行。

视频讲解

例 17.6　js(onclick).html，该例中的 alert() 语句被写入函数 fnDisplayMessage()，那么当用户单击按钮时，通过按钮的 onclick 事件函数才会执行。当页面载入时，通过 window.onload 事件定义 id="btn"按钮的单击事件行为，“document.getElementById("btn")”是获得按钮对象。

源代码如下：

```
<head>
    <title>onclick 事件</title>
    <script>
        window.onload=function(){
            document.getElementById("btn").onclick=function(){
                displaymessage();
            }
        }
        function displaymessage() {
            alert("你好！");
        }
    </script>
</head>
<body>
<input type="button" value="单击我" name="btn" id="btn">
</body>
```

事件在 HTML 页面中定义，表 17.1 列出了 HTML 事件的属性。

表 17.1　HTML 事件的属性

属　　性	当以下情况发生时出现此事件	属　　性	当以下情况发生时出现此事件
onabort	图像加载被中断	onmousedown	鼠标按键被按下
onblur	元素失去焦点	onmousemove	鼠标被移动
onchange	改变域的内容	onmouseout	鼠标从元素移开
onclick	鼠标单击某个对象	onmouseover	鼠标被移到元素之上
ondblclick	鼠标双击某个对象	onmouseup	鼠标按键被松开
onerror	加载文档或图像时发生错误	onreset	重置按钮被单击
onfocus	元素获得焦点	onresize	窗口或框架被调整尺寸
onkeydown	键盘的键被按下	onselect	文本被选定
onkeypress	键盘的键被按下或按住	onsubmit	提交按钮被单击
onkeyup	键盘的键被松开	onbeforeunload	用户退出页面之前
onload	页面或图像被完成加载	onunload	用户退出页面

HTML 事件触发浏览器中的动作，然后启动函数来响应这个事件，执行特定的功能，完成一个行为。一个完整的行为是这样定义的：

对象或元素.事件=函数

❶ onload、onbeforeunload 和 onresize

当用户进入或离开页面时会触发 onload 和 onbeforeunload 事件，调整窗口或框架大小时会触发 onresize 事件。

onload 事件常用来在页面加载到窗口时定义元素的行为，整个页面在浏览器显示时被视为窗口对象。

例 17.7 js(onload).html，该例说明了 3 个事件，注意 onbeforeunload 和 onresize 两个事件及行为是在 onload 事件里定义的。

源代码如下：

```
<head>
<title>onload、onbeforeunload 和 onresize 事件</title>
<script>
window.onload=function(){
    alert("欢迎！");
    window.onbeforeunload=function(){
        alert("再见！");
        }
    window.onresize=function(){
        alert("你调整了窗口的大小！");
        }
    }
</script>
</head>
<body>
</body>
```

❷ onfocus、onblur 和 onchange

onfocus 是元素获得焦点时被触发的事件，onblur 是元素失去焦点时被触发的事件，onchange 是当用户改变域的内容时被触发的事件。

例 17.8 js(onfocus).html，其中的表单元素有 3 个文本框，当 id="name"文本框失去焦点时弹出消息框显示输入的姓名，当 id="age"文本框的值改变时弹出警告框进行提示，当 id="address"文本框获得焦点时文本框的背景色变为红色，失去焦点时文本框的背景色又变为白色。

源代码如下：

```
<head>
<title>onfocus、onblur 和 onchange 事件</title>
<script>
window.onload=function(){
    document.getElementById("name").focus();
```

```
        document.getElementById("name").onblur=function(){
            alert("姓名: "+document.getElementById("name").value);
            }
        document.getElementById("age").onchange=function(){
            alert("你修改了年龄！");
            }
        document.getElementById("address").onfocus=function(){
        document.getElementById("address").style.backgroundColor="#FF0000";
            }
        document.getElementById("address").onblur=function(){
        document.getElementById("address").style.backgroundColor="#FFFFFF";
            }
        }
    </script>
    </head>
    <body>
    <form id="form1" method="post" action="">
      <label for="name">姓名</label>
      <input type="text" name="name" id="name" /><br />
      <label for="age">年龄</label>
      <input name="age" type="text" id="age" value="18" /><br />
      <label for="address">地址</label>
      <input type="text" name="address" id="address" /><br />
      <input type="submit" name="btn" id="btn" value="提交" />
    </form>
    </body>
```

❸ onmouseover 和 onmouseout

onmouseover 是鼠标移到元素之上时被触发的事件，onmouseout 是鼠标从元素移开时被触发的事件。

例 17.9　js(onmouseover).html，当<a>元素的 onmouseover 事件被触发时会改变元素显示的内容，当 onmouseout 事件被触发时又恢复原内容。

源代码如下：

```
    <head>
    <title>onmouseover 和 onmouseout 事件</title>
    <script>
    window.onload=function(){
        document.getElementById("tsinghua").onmouseover=function(){
        document.getElementById("tsinghua").innerHTML="http://www.tsinghua.
        edu.cn/";
            }
        document.getElementById("tsinghua").onmouseout=function(){
            document.getElementById("tsinghua").innerHTML="清华大学";
            }
```

```
    }
</script>
</head>
<body>
<a href="http://www.tsinghua.edu.cn/" id=" tsinghua">清华大学</a>
</body>
```

❹ onerror

onerror 事件会在文档或图像加载过程中发生错误时被触发。支持该事件的 HTML 标签有<img>、<object>和<style>，支持该事件的 JavaScript 对象有 window 和 image。

例如通过该方法可以使得当前图片载入失败时显示默认图片。

```
<img src="test.jpg" onerror="fnImage(this)" />
function fnImage(oImage){
    oImage.src="images/about.gif";
    oImage.onerror=null;
    }
```

当图片 test.jpg 不在时触发 onerror 事件，调用 fnImage(this)函数，用默认图片 images/about.gif 替代。

另外，如果页面中出现脚本错误，也会产生 onerror 事件，可以用来协助处理页面中的 JavaScript 错误。利用 onerror 事件进行错误处理必须创建一个处理错误的函数，称为 onerror 事件处理器，事件处理器允许使用 onerror 事件的 3 个参数，即 msg（错误消息）、url（发生错误的页面的 url）和 line（发生错误的代码行）。其语法如下：

```
window.onerror=handleErr;
function handleErr(msg,url,line){
    //错误处理代码
    return true or false;
    }
```

在 IE 浏览器中返回值决定是否在浏览器上显示标准的错误信息。如果返回 false，浏览器显示错误信息；如果返回 true，浏览器不显示错误信息，显示的错误信息在状态栏中进行提示。

例 17.10 js(onerror).html，说明了如何使用 onerror 事件来捕获 JavaScript 的错误。例中由于“addlert("欢迎！")”方法不存在，在脚本执行时会捕获到错误，如图 17.1 所示。

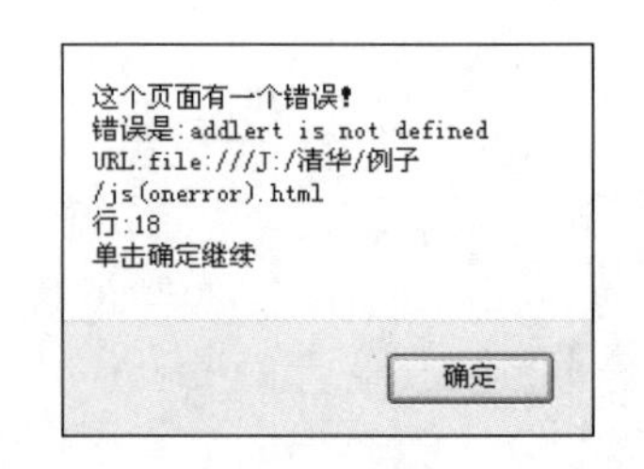

图 17.1　js(onerror).html 示意图

源代码如下：

```
<head>
<title>onerror 事件</title>
<script>
```

```
window.onerror=handleErr;
function handleErr(msg,url,line){
    var sTxt="";
    sTxt="这个页面有一个错误！\n";
    sTxt+="错误是:" + msg + "\n";
    sTxt+="URL:" + decodeURI(url) + "\n";
    sTxt+="行:" + line + "\n";
    sTxt+="单击确定继续\n";
    alert(sTxt);
    return true;
}
addlert("欢迎！");  //这个语句不存在
</script>
</head>
<body>
</body>
```

17.2　ECMAScript 对象

17.2.1　对象和类

❶ 对象

ECMA-262 把对象（object）定义为“属性的无序集合，每个属性存放一个原始值、对象或函数”。这意味着对象是无特定顺序的值的数组。

❷ 类

每个对象都由类定义，可以把类看作对象的“配方”，类不仅要定义对象的接口（属性和方法），还要定义对象的内部工作（使属性和方法发挥作用的代码）。ECMAScript 并没有类的概念，但对象本身可以用来创建新对象，而对象也可以继承其他对象。

❸ 实例

在使用类创建对象时，生成的对象叫作类的实例（instance），由类创建对象实例的过程叫作实例化（instantiation）。在 ECMAScript 中，任何一个函数都可以被实例化一个对象。

❹ 对象的构成

在 ECMAScript 中，对象是属性的无序集合，属性可以是基本数据类型，也可以是引用类型。如果属性存放的是函数，它将被看作对象的方法（method），否则被看作对象的属性（property）。

1）属性

属性指与对象有关的值。

在下面的例子中，使用字符串对象的长度属性来计算字符串中的字符数目。

```
var sTxt="Hello World!";
sTxt.length;    //输出 12
```

2）方法

方法指对象可以执行的操作。

在下面的例子中，使用字符串对象的 toUpperCase()方法来显示大写字母。

```
var sStr="Hello world!"
sStr.toUpperCase(); //输出"HELLO WORLD!"
```

❺ 作用域

作用域指的是变量的适用范围。ECMAScript 中对象的所有属性和方法都是公用的。

17.2.2 创建和使用对象

❶ 创建类

在现代 JavaScript 中，一般通过构造函数的形式来创建类。例如：

```
function Person(name){
  this.name=name;
  this.greeting=function(){
    return '嗨，你好！我是'+this.name+'。';
  };
}
```

这个构造函数是 JavaScript 版本的类，它定义了 Person 类的属性和方法。

这里使用了 this 关键字，在 ECMAScript 中，关键字 this 常用在构造函数中，关键字 this 指向了当前代码运行时的对象，即无论是该对象的哪个实例被这个构造函数创建，它的 name 属性就是传递到构造函数形参 name 的值。

提示：一个构造函数通常是以大写字母开头，这样便于区分构造函数和普通函数。

❷ 声明和实例化

对象的声明是关键字 new 后面跟上实例化的类的名字。例如：

```
var oPerson=new Person('张三');
```

这行代码创建了 Person 类的一个实例，并把它存储到变量 oPerson 中，这样就可以像对象一样访问它的属性和方法了。例如：

```
oPerson.name
oPerson['name']
oPerson.greeting()
```

❸ 创建对象实例的其他方式

1）Object()构造函数

用户可以使用 Object()构造函数来创建一个新对象。例如：

```
var oPerson=new Object();
```

这样 oPerson 变量中存储了一个空对象，然后根据需要，使用点或括号表示法向此对象添加属性和方法。例如：

```
oPerson.name='';
oPerson.greeting=function(){
  return '嗨，你好！我是'+this.name+'。';
}
```

2）使用 create()方法

JavaScript 有个内嵌的方法——create()，它允许基于现有对象创建新的对象实例。例如：

```
var oPerson1=Object.create(oPerson);
```

oPerson1 是基于 oPerson 创建的，它们具有相同的属性和方法。这样做无须定义构造函数就可以创建新的对象实例。

❹ 删除对象

ECMAScript 拥有无用存储单元收集程序（garbage collection routine），也就是说用户不必专门删除对象来释放内存。

把对象变量的值设置为 null，可以强制性地删除对象。例如：

```
oPerson=null;
```

当将变量 oPerson 设置为 null 后，oPerson 对象就不存在了，该对象将被删除。

每用完一个对象后就将其删除，从而释放内存，这是个好习惯。

17.2.3　ECMAScript 引用类型

在 ECMAScript 中变量可以存放两种类型的值，即原始类型值和引用类型值。原始类型值直接存储变量访问的位置，引用类型值存储的是一个指针（point），指向存储对象的内存。

引用类型通常叫作类，也就是说，引用类型所处理的是对象。

❶ Object 对象

ECMAScript 中的所有对象都由 Object 对象继承而来，Object 对象中的所有属性和方法都会出现在其他对象中。

1）Object 对象的属性

（1）constructor 属性：返回对创建此对象的数组函数的引用，constructor 属性始终指向创建当前对象的构造函数。例如：

```
var test=new Array();
test.constructor==Array;                  //输出 true
```

（2）prototype 属性：返回对象类型原型的引用。

JavaScript 被称为基于原型的语言，每个对象都拥有一个原型对象，对象以原型为模板，继承方法和属性，原型对象也可能拥有原型，从中继承方法和属性，一层一层，依此类推，这种关系常被称为原型链。这样可以解释为何一个对象会拥有定义在其他对象中的属性和方法。

视频讲解

准确地说，这些属性和方法定义在 Object 对象的 prototype 属性上，而非对象实例本身。原型最简单的用法是动态扩展类的方法和属性。

例 **17.11** js(oPerson).html，在该例中创建 Person 类并扩充 Person 类的方法。

源代码如下：

```
//创建 Person 类
function Person(name){
    this.name=name;
    this.greeting=function(){
        return '嗨，你好！我是'+this.name+'。';
    };
}
//基于 Person 类创建实例对象 oPerson
var oPerson=new Person('张三');
//为 Person 类扩建方法 bye()
Person.prototype.bye=function() {
    return '我是'+this.name+'跟大家拜拜了！';
}
//实例对象 oPerson 使用 Person 类方法 bye()输出“我是张三跟大家拜拜了!”
oPerson.bye();
```

2）Object 对象的常用方法

（1）hasOwnProperty(property)方法：判断对象是否有某个特定的属性，必须用字符串指定该属性。例如：

```
oPerson.hasOwnProperty("name");                    //输出 true
```

（2）isPrototypeOf(object)方法：判断该对象是否为另一个对象的原型，该方法可以用于确定对象的类。例如：

```
var o=new Object();
Object.prototype.isPrototypeOf(o);                 //输出 true
Array.prototype.isPrototypeOf(o);                  //输出 false
Object.prototype.isPrototypeOf(Array.prototype);   //输出 true
```

（3）toString()方法：返回对象的字符串表示。

（4）valueOf()方法：返回的是与对象相关的原始值（如果这样的值存在）。对于类型为 Object 的对象来说，由于它们没有原始值，所以该方法返回的是这些对象自身。例如：

```
iNum=1;
sStr="1";
bBoo=true;
function fnFun(){};
aArr=new Array(1,2);
oObj=new Object();

iNum.valueOf();                                    //输出 1
```

```
sStr.valueOf();                                    //输出"1"
bBoo.valueOf();                                    //输出 true
fnFun.valueOf();                                   //返回函数本身
aArr.valueOf();                                    //输出数组
oObj.valueOf();                                    //返回对象自身
```

❷ Boolean 对象

Boolean 对象表示两个值，即 true 和 false。创建 Boolean 对象的语法如下：

```
var oBooleanObject=new Boolean(value);        //实例化
var oBooleanObject=Boolean(value);            //转换函数
```

当带有运算符 new 时，Boolean()将把它的参数转换成一个布尔值，并且返回一个包含该值的 Boolean 对象。如果作为一个函数调用，Boolean()只把它的参数转换成一个基本数据类型的布尔值。

如果省略 value 参数，或者设置为 0、null、""、false、undefined 或 NaN，则该对象设置为 false，否则设置为 true（即使 value 参数是字符串"false"）。

在 ECMAScript 中很少使用 Boolean 对象。

❸ Number 对象

Number 对象是基本数据类型数值的包装对象。创建 Number 对象的语法如下：

```
var oNum=new Number(value);
var oNum=Number(value);
```

当 Number()和运算符 new 一起使用时，它返回一个新创建的 Number 对象。如果不用 new 运算符，把 Number()作为一个函数来调用，它将把自己的参数转换成一个基本数据类型的数值，并且返回这个值（如果转换失败，则返回 NaN）。虽然 Number 对象很重要，但用户应该少用这种对象，以避免产生潜在的问题。

1）Number 对象的属性

表 17.2 列出了 Number 对象的常用属性。

表 17.2 Number 对象的常用属性

属　　性	描　　述
MAX_VALUE	表示的最大数
MIN_VALUE	表示的最小数
NaN	非数字值
NEGATIVE_INFINITY	负无穷大，溢出时返回该值
POSITIVE_INFINITY	正无穷大，溢出时返回该值

2）Number 对象的方法

表 17.3 列出了 Number 对象的常用方法。

toFixed()方法可以把 Number 四舍五入为指定小数位数的数字。例如：

```
var oNum=new Number(13.37);
oNum.toFixed(1);     //输出 13.4
```

表 17.3　Number 对象的常用方法

方　法	描　述
toLocaleString	把数字转换为字符串，使用本地数字格式顺序
toFixed(num)	把 Number 四舍五入为指定小数位数的数字。num 规定小数的位数，是 0～20 的值，包括 0 和 20。如果省略了该参数，将用 0 代替。返回 Number 对象的字符串表示，不采用指数记数法，小数点后有固定的 num 位数字

❹ String 对象

String 对象是 String 基本数据类型的对象表示法，String 对象是 ECMAScript 中比较复杂的引用类型之一。创建 String 对象的语法如下：

```
var oStr=new String(s);
var oStr=String(s);
```

当 String()和运算符 new 一起使用时，它返回一个新创建的 String 对象，存放的是字符串 s 或 s 的字符串表示。当不用 new 运算符调用 String()时，它只把 s 转换成基本数据类型的字符串，并返回转换后的值。

字符串是不可变的，String 类定义的方法都不能改变字符串的内容。例如 String.toUpperCase()方法，返回的是全新的字符串，而不是修改原始字符串。

1）String 对象的常用属性

String 对象的常用属性只有 length，用于返回 String 对象的字符数目。例如下面的代码输出 5，返回的是字符串 sStr 的字符数目。

```
var sStr=new String("abcde");
sStr.length;                    //输出 5
```

提示：即使字符串包含双字节的字符，每个字符也只算一个字符。

2）String 对象的常用方法

表 17.4 列出了 String 对象的常用方法。

表 17.4　String 对象的常用方法

方　法	描　述
anchor(anchorname)	创建 HTML 锚。anchorname 为锚定义名称
big()	用大号字体显示字符串
blink()	显示闪动的字符串
bold()	使用粗体显示字符串
charAt(index)	返回指定位置的字符。index 表示字符串中某个位置的数字
charCodeAt(index)	返回指定位置的字符的 Unicode 编码。index 表示字符串中某个位置的数字
concat(stringX)	连接字符串。stringX 是将被连接为一个字符串的一个或多个字符串对象
fixed()	以打字机文本显示字符串
fontcolor(color)	使用指定的颜色来显示字符串。color 为字符串规定字体颜色
fontsize(size)	使用指定的尺寸来显示字符串。size 必须是从 1 到 7 的数字
fromCharCode(numX,numX,…,numX)	从字符编码创建一个字符串。numX 是一个或多个 Unicode 值

续表

方　　法	描　　述
indexOf(searchvalue,fromindex)	检索字符串，返回一个指定的字符串值在字符串中首次出现的位置。searchvalue 为必需参数，规定需要检索的字符串值。fromindex 为可选参数，规定在字符串中开始检索的位置，取值为 0 到 stringObject.length – 1，如果省略，则从字符串的首字符开始检索
italics()	使用斜体显示字符串
lastIndexOf(searchvalue,fromindex)	从后向前搜索字符串，返回一个指定的字符串值最后出现的位置。searchvalue 为必需参数，规定需要检索的字符串值。fromindex 为可选参数，规定在字符串中开始检索的位置，取值为 0 到 stringObject.length – 1，如果省略，则从字符串的最后一个字符处开始检索
link(url)	将字符串显示为链接。url 规定要链接的 URL
localeCompare(target)	用本地特定的顺序来比较两个字符串。target 为要以本地特定的顺序与 stringObject 进行比较的字符串
match(searchvalue||regexp)	在字符串内检索指定的值，或者找到一个或多个正则表达式的匹配，类似 indexOf()，但是它返回指定的值，而不是字符串的位置。searchvalue 规定要检索的字符串值。regexp 规定要匹配的模式的 RegExp 对象
replace(regexp/substr,replacement)	在字符串中用一些字符替换另一些字符，或替换一个与正则表达式匹配的子串。regexp/substr 规定子字符串或要替换的模式的 RegExp 对象。replacement 规定了替换文本或生成替换文本的函数
search(regexp)	检索字符串中指定的子字符串，或检索与正则表达式相匹配的子字符串，返回 stringObject 中第 1 个与 regexp 相匹配的子串的起始位置。regexp 可以是在 stringObject 中检索的子串，也可以是检索的 RegExp 对象
slice(start,end)	提取字符串的片段，并在新的字符串中返回被提取的部分。start 为起始下标，如果是负数，则规定的是从字符串的尾部开始算起的位置，也就是说，-1 指字符串的最后一个字符，-2 指倒数第 2 个字符，依此类推。end 为结束下标，若未指定，则要提取的子串包括 start 到原字符串结尾的字符串
small()	使用小字号来显示字符串
split(separator,howmany)	把字符串分割为字符串数组。separator 必需，从该参数指定的地方分割 stringObject。howmany 可选，指定返回数组的最大长度，如果没有设置该参数，整个字符串都会被分割，不考虑它的长度
strike()	使用删除线来显示字符串
sub()	把字符串显示为下标
substr(start,length)	从起始索引号提取字符串中指定数目的字符。start 必需，是要提取子串的起始下标。length 可选，是子串中的字符数
substring(start,stop)	提取字符串中两个指定的索引号之间的字符。start 必需，规定要提取子串的第 1 个字符在 stringObject 中的位置。stop 可选，比要提取的子串的最后一个字符在 stringObject 中的位置多 1。返回的子串包括 start 处的字符，但不包括 stop 处的字符

续表

方　法	描　述
sup()	把字符串显示为上标
toLocaleLowerCase()	把字符串转换为小写
toLocaleUpperCase()	把字符串转换为大写
toLowerCase()	把字符串转换为小写
toUpperCase()	把字符串转换为大写
toSource()	代表对象的源代码

（1）charAt()和 charCodeAt()方法：charAt()和 charCodeAt()方法访问的是字符串中的单个字符。这两个方法都有一个参数，即要操作的字符的位置。charAt()方法返回的是包含指定位置处的字符的字符串，如果想得到的不是字符，而是字符编码，那么可以调用 charCodeAt()方法。例如：

```
var oStringObject=new String("hello world");
oStringObject.charAt(1);              //输出"e"
oStringObject.charCodeAt(1);          //输出 101
```

在字符串“hello world”中，位置 1 处的字符是“e”。“101”是小写字母“e”的字符编码。

（2）indexOf()和 lastIndexOf()方法：indexOf()和 lastIndexOf()方法返回的都是指定的子串在另一个字符串中的位置，如果没有找到子串，则返回–1。这两个方法的不同之处在于，indexOf()方法是从字符串的开头（位置 0）开始检索子串，而 lastIndexOf()方法则是从字符串的结尾开始检索子串。例如：

```
var oStringObject=new String("hello world!");
oStringObject.indexOf("o");           //输出 4
oStringObject.lastIndexOf("o");       //输出 7
```

第 1 个“o”字符出现在位置 4，最后一个“o”出现在位置 7。

（3）slice()和 substring()：ECMAScript 提供了两种方法从字符串中创建子串，即 slice()和 substring()。这两种方法返回的都是要处理的字符串的子串，都接受一个或两个参数。第 1 个参数是要获取的子串的起始位置，第 2 个参数（如果使用）是要获取子串终止前的位置（也就是说，获取终止位置处的字符不包括在返回的值内）。如果省略第 2 个参数，默认到终止位置。

slice()和 substring()方法都不改变 String 对象自身的值。它们只返回基本的 String 值，保持 String 对象不变。例如：

```
var oStringObject=new String("hello world");
oStringObject.slice("3");             //输出"lo world"
oStringObject.substring("3");         //输出"lo world"
oStringObject.slice("3,7");           //输出"lo w"
oStringObject.substring("3,7");       //输出"lo w"
```

在第 1 个参数为负数时，这两个方法的处理方式稍有不同。对于负数参数，slice()方法会用字符串的长度加上参数，substring()方法则将其作为 0 处理。例如：

```
var oStringObject=new String("hello world");
oStringObject.slice("-3");
oStringObject.substring("-3");
```

当只有参数-3 时，slice()返回“rld”，substring()则返回“hello world”。这是因为对于字符串“hello world”，slice("-3")将被转换成 slice("8")，而 substring("-3") 将被转换成 substring("0")。

（4）toLowerCase()和 toUpperCase()方法：这两个方法用于字符串的大小写转换，toLowerCase()方法用于把字符串全部转换成小写，toUpperCase()方法用于把字符串全部转换成大写。例如：

```
var oSO=new String("Hello World");
oSO.toUpperCase();                    //输出"HELLO WORLD"
oSO.toLowerCase();                    //输出"hello world"
```

❺ instanceof 运算符

instanceof 运算符与 typeof 运算符相似，用于识别正在处理的对象的类型。与 typeof 不同的是，instanceof 能够确认对象为某种特定类型。例如：

```
var oStringObject=new String("hello world");
oStringObject instanceof String;    //输出 true
```

变量 oStringObject 的确是 String 对象的实例，因此结果为“true”。

17.2.4　ECMAScript 对象类型

一般来说，可以创建并使用的对象类型有 3 种，即本地对象、内置对象和宿主对象。

❶ 本地对象

ECMA-262 把本地对象（native object）定义为“独立于宿主环境的 ECMAScript 实现提供的对象”。本地对象是 ECMA-262 定义的类（引用类型），包括 Object、Function、Array、String、Boolean、Number、Date、RegExp、Error、EvalError、RangeError、ReferenceError、SyntaxError、TypeError 和 URIError。

❷ 内置对象

ECMA-262 把内置对象（built-in object）定义为“由 ECMAScript 实现提供的、独立于宿主环境的所有对象，在 ECMAScript 程序开始执行时出现”，这意味着不必实例化内置对象就可以直接使用。ECMA-262 只定义了两个内置对象，即 Global 和 Math。根据定义，内置对象也是本地对象。

❸ 宿主对象

所有非本地对象都是宿主对象，即由 ECMAScript 实现的宿主环境提供的对象。BOM 和 DOM 对象是宿主对象。

17.3 错误处理

❶ try…catch…finally 语句

try…catch…finally 是 ECMAScript 提供的异常处理机制，作用是测试代码中的错误。其语法如下：

```
try{
    //这段代码从上往下运行，其中任何一个语句抛出异常该代码块就结束运行
    }
catch(e){
    //如果 try 代码块中抛出了异常，catch 代码块中的代码就会被执行
    //e 是一个局部变量，用来指向 Error 对象或者其他抛出的对象
    }
finally{
    //无论 try 中的代码是否有异常抛出，finally 代码块始终会被执行
    }
```

try…catch…finally 语句中除了 try 以外 catch 和 finally 都是可选的（两者必须要有一个）。

提示：try…catch…finally 使用小写字母，使用大写字母会出错。

在 ECMAScript 中，异常是作为 Error 对象出现的。Error 对象有两个属性，其中 name 属性表示异常的类型，message 属性表示异常的含义。根据这些属性的取值可以决定处理异常的方式。

Error.name 的取值一共有 6 种。

（1）EvalError：eval()的使用与定义不一致。

（2）RangeError：数值越界。

（3）ReferenceError：非法或不能识别的引用数值。

（4）SyntaxError：发生语法解析错误。

（5）TypeError：操作数类型错误。

（6）URIError：URI 处理函数使用不当。

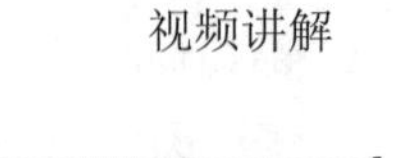
视频讲解

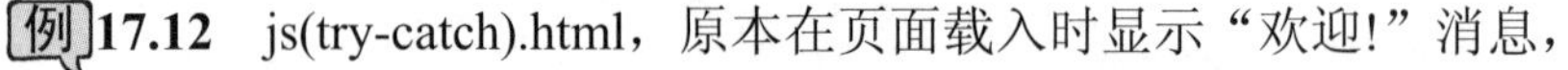

例 17.12 js(try-catch).html，原本在页面载入时显示“欢迎!”消息，不过 alert()被误写为 addlert()，当用 IE 浏览器打开时错误发生了，如图 17.2 左下角所示的黄色警示图标。

图 17.2 js(try-catch).html 示意图

```
<head>
<title>try-catch 异常处理</title>
<script>
addlert("欢迎!") //语句错误
</head>
<body>
</body>
```

双击黄色警示图标显示错误信息提示，如图 17.3 所示。

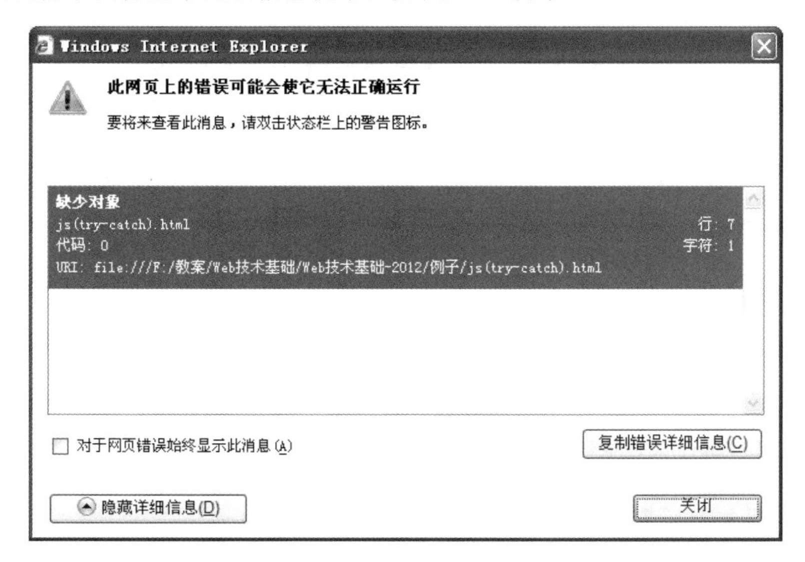

图 17.3　js(try-catch).html 错误提示

用 try…catch…finally 语句重新修改脚本，由于误写了 alert()，所以错误发生了，不过 catch 捕获到了错误，并用一段准备好的代码来处理这个错误。这段代码会显示一个出错信息来告知用户所发生的事情，并让用户选择在发生错误时单击【确定】按钮继续浏览网页，还是单击【取消】按钮返回到首页，如图 17.4 所示。

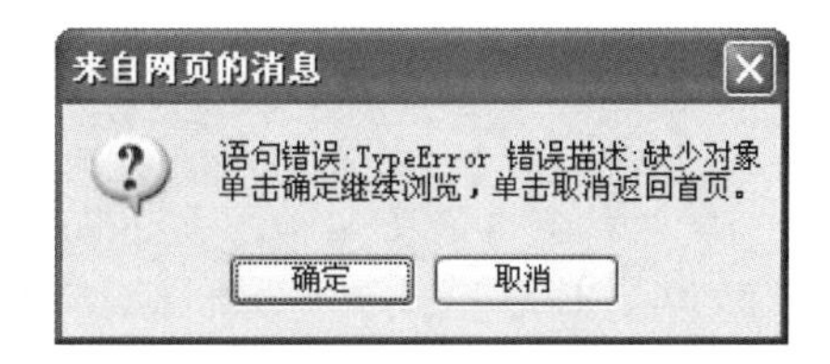

图 17.4　js(try-catch).html 信息框

源代码如下：

```
<head>
  <title>try-catch 异常处理</title>
  <script>
  var sTxt="";
  try {
     addlert("欢迎!");
     }
  catch(e){
     sTxt+="语句错误:" + e.name + " 错误描述:" + e.message + "\n";
     sTxt+="单击确定继续浏览，单击取消返回首页。\n";
     if(!confirm(sTxt)) {
          document.location.href=" http://www.tsinghua.edu.cn/";
          }
     }
  </script>
  </head>
  <body>
</body>
```

❷ throw 声明

throw 声明的作用是创建 exception（异常）。用户可以把这个声明与 try…catch…finally 配合使用，以达到控制程序流并产生精确错误消息的目的。其语法如下：

```
throw(exception)
```

其中，expression 可以是任何一种类型，也就是说 throw("There is a error")或者 throw(1001) 都是正确的，但通常会抛出一个 Error 对象。

例 **17.13** js(throw).html，该页面用于测定变量 iNum 的值。如果 iNum 的值大于 10 或者小于 0，异常就会被抛出，异常被 catch 的参数捕获后会显示出自定义的出错信息。

源代码如下：

```
<head>
<title>throw 异常抛出</title>
<script>
var iNum=parseInt(prompt("输入 0～10 的数:",""))
try{
    if(iNum>10){
        throw("Err1")
    }else if(iNum<0){
        throw("Err2")
        }
    }
catch(e){
    if(e=="Err1"){
        alert("错误!这个数太大了。")
    }
    if(e=="Err2"){
        alert("错误!这个数太小了。")
        }
    }
</script>
</head>
<body>
</body>
```

17.4 内置对象和本地对象

17.4.1 Math 对象

Math 对象用于执行数学任务。Math 是内置对象，无须创建或实例化，通过把 Math 作为对象使用就可以调用其所有属性和方法。例如：

```
var fPi = Math.PI;
fPi;     //输出 3.1415926
```

❶ Math 对象的属性

表 17.5 列出了 Math 对象的常用属性。

表 17.5　Math 对象的属性

属　性	描　述
E	返回算术常量 e，即自然对数的底数（约等于 2.718）
LN2	返回 2 的自然对数（约等于 0.693）
LN10	返回 10 的自然对数（约等于 2.302）
LOG2E	返回以 2 为底的 e 的对数（约等于 1.414）
LOG10E	返回以 10 为底的 e 的对数（约等于 0.434）
PI	返回圆周率（约等于 3.14159）
SQRT2	返回 2 的平方根（约等于 1.414）

❷ Math 对象的方法

表 17.6 列出了 Math 对象的常用方法。

表 17.6　Math 对象的方法

方　法	描　述
abs(*x*)	返回数的绝对值
acos(*x*)	返回数的反余弦值
asin(*x*)	返回数的反正弦值
atan(*x*)	用-PI/2～PI/2 弧度的数值来返回 x 的反正切值
cos(*x*)	返回数的余弦
exp(*x*)	返回 e 的指数
floor(*x*)	返回小于等于 x 且与 x 最接近的整数
log(*x*)	返回数的自然对数（底为 e）
max(*x*,*y*)	返回 x 和 y 中的最大值
min(*x*,*y*)	返回 x 和 y 中的最小值
pow(*x*,*y*)	返回 x 的 y 次幂
random()	返回 0～1 的随机数
round(*x*)	把数四舍五入为最接近的整数
sin(*x*)	返回数的正弦
sqrt(*x*)	返回数的平方根
tan(*x*)	返回角的正切
toSource()	返回该对象的源代码

17.4.2　全局对象

全局对象是内置对象，通过使用全局对象可以访问所有其定义的对象、函数和属性。全局对象不是任何对象的属性，所以它没有名称。例如 JavaScript 代码使用 parseInt()函数时，它使用的是全局对象的 parseInt()。

ECMAScript 标准没有规定全局对象的类型，全局对象通常与脚本的环境相关。JavaScript 可以把任意类型的对象作为全局对象，只要该对象定义了全局属性和函数。一般在客户端 JavaScript 中全局对象是 Window 对象。

全局对象属性和函数（方法）可用于所有内建的 JavaScript 对象。

❶ 全局对象函数（方法）

表 17.7 列出了常用的全局对象函数（方法）。

表 17.7　全局对象函数（方法）

函数（方法）	描　　述
decodeURI(URIstring)	解码 URIstring 字符串某个编码的 URI
encodeURI(URIstring)	把 URIstring 字符串编码为 URI
eval(string)	计算字符串中表达式的值，并执行其中的 JavaScript 代码
isFinite(number)	检查某个值是否为有穷大的数
isNaN(*x*)	检查某个值是否为数字
Number(object)	把对象的值转换为数字
parseFloat(string)	解析一个字符串并返回一个浮点数
parseInt(string)	解析一个字符串并返回一个整数
String(object)	把对象的值转换为字符串

函数 encodeURI()的目的是给 URI 进行编码。参数中的 ASCII 字母、数字不编码，URI 中具有特殊意义的字符也不编码，包括，、-、_、.、!、~、*、'、(、)、;、/、?、:、@、&、=、+、$、,、#、空格。参数中的其他字符将转换成 UTF-8 编码方式的字符，并使用十六进制转义序列（%xx）生成替换。其中，ASCII 字符使用一个%xx 替换，在\u0080～\u07ff 编码的 Unicode 字符使用两个%xx 替换，其他的 16 位 Unicode 字符使用 3 个%xx 替换。

如果用户想对 URI 的分隔符“?”和“#”编码，应该使用函数 encodeURIComponent()。

使用函数 decodeURI()可以还原函数 encodeURI()编码的字符串。例如：

```
var sStr="清华大学 http://www.tsinghua.edu.cn/";
sStr=encodeURI(sStr);
sStr;   //输出"%E6%B8%85%E5%8D%8E%E5%A4%A7%E5%AD%A6%20http:www. tsinghua.
        //edu.cn/"
sStr=decodeURI(sStr);
sStr;   //输出"清华大学 http://www.tsinghua.edu.cn/"
```

❷ 全局属性

表 17.8 列出了常用的全局属性。

表 17.8　全局属性

属　　性	描　　述
Infinity	代表正的无穷大的数值
NaN	某个值是不是数字值
undefined	未定义的值

17.4.3 Array 对象

Array 对象用于在单个变量中存储多个值。创建 Array 对象的语法如下：

```
new Array();
new Array(size);
new Array(element0, element1, …, elementn);
```

如果调用 Array()时没有使用参数，那么返回的数组为空，length 属性为 0。当调用 Array()时只传递给它一个数字参数 size，将返回具有指定个数且元素值为 undefined 的数组。当使用参数 element0，element1，…，elementn 调用 Array()时将用参数指定的值初始化数组。

❶ Array 对象的属性

Array 对象的常用属性只有 length，用于返回数组中元素的数目。例如下面的代码输出 5，返回的是数组 aArr 中元素的数目。

```
var aArr=new Array(10,5,40,25,100);
aArr.length;              //输出 5
```

❷ Array 对象的方法

表 17.9 列出了 Array 对象的常用方法。

表 17.9 Array 对象的方法

方　法	描　述
push(newelement1,newelement2,…,newelementX)	向数组的末尾添加一个或多个元素，并返回新的长度。newelement1 必需，指要添加到数组的第 1 个元素
unshift(newelement1,newelement2,…,newelementX)	向数组的开头添加一个或更多元素，并返回新的长度。unshift()方法直接修改原有的数组。newelement1 必需，是向数组添加的第 1 个元素
concat(arrayX,arrayX,…,arrayX)	连接两个或更多的数组，并返回结果。arrayX 必需，该参数可以是具体的值，也可以是数组对象
pop()	删除数组的最后一个元素，把数组的长度减 1，返回删除的元素的值。如果数组已经为空，返回 undefined 的值
shift()	把数组的第 1 个元素从其中删除，并返回第 1 个元素的值。如果数组是空的，将不进行任何操作，返回 undefined 的值
splice(index,howmany,item1,…,itemX)	从数组中添加/删除项目，然后返回被删除的项目。该方法会改变原始数组 index 必需，整数，规定添加/删除项目的位置，使用负数可以从数组结尾处规定位置 howmany 必需，要删除的项目数量。如果为 0，则不删除 item1,…, itemX 可选，为向数组添加的新项目

续表

方　　法	描　　述
slice(start,end)	从某个已有的数组返回选定的元素，返回一个新的数组，包含从 start 到 end（不包括该元素）的元素。start 必需，规定从何处开始选取，如果是负数，规定从数组尾部开始算起的位置，即-1 指最后一个元素，-2 指倒数第 2 个元素，依此类推。end 可选，规定从何处结束选取，如果没有指定，那么切分的数组包含从 start 到数组结束的所有元素，如果参数是负数，规定的是从数组尾部开始算起的元素
reverse()	颠倒数组中元素的顺序。该方法会改变原来的数组，而不会创建新的数组
sort(sortby)	对数组的元素进行排序，该方法会改变原来的数组，而不会创建新的数组。sortby 可选，必须是函数，规定排序顺序，一般用在数组元素值是数值型的数组上。 排序函数： function sortNumber(a,b){return a-b}
toSource()	返回该对象的源代码
toLocaleString()	把数组转换为本地字符串，并返回结果
join(separator)	把数组的所有元素放入一个字符串。separator 可选，指定要使用的分隔符。如果省略该参数，则使用逗号作为分隔符

对数组元素的引用可以使用数组名或索引值，也可以使用 for in 循环进行遍历。

例 17.14　js(Array).html，说明了如何定义数组并使用，如图 17.5 所示。

```
aArr数组元素为（使用数组名输出）：10,5,40,25,100
aArr数组元素个数为：5
aArr第 3 个数组元素是（使用数组索引值输出）：40
aArr数组元素为（使用for in输出）：10 5 40 25 100
aArr数组第2个到第3个元素为：5,40
aArr数组排序为：5,10,25,40,100
aArr数组倒序为：100,40,25,10,5
```

视频讲解

图 17.5　js(Array).html 示意图

源代码如下：

```
<head>
<title>Array 数组</title>
<script>
window.onload=function(){
    var aArr=new Array(10,5,40,25,100);
    function sortNumber(a,b){return a - b};
    document.getElementById("showarray1").innerHTML="aArr 数组元素为（使用数组名输出）："+aArr+"<br />aArr 数组元素个数为："+aArr.length+"<br />aArr 第 3 个数组元素是（使用数组索引值输出）："+aArr[2];
    var sStr="";
```

```
    for(var a in aArr){
        sStr+=aArr[a]+" ";
        }
    document.getElementById("showarray2").innerHTML="aArr 数组元素为（使用
for in 输出）："+sStr+"<br />aArr 数组第 2 个到第 3 个元素为："+aArr.slice(1,3)+
"<br />aArr 数组排序为："+aArr.sort(sortNumber)+"<br />aArr 数组倒序为：
"+aArr.reverse();
    }
</script></head>
<body>
<div id="showarray1"></div><div id="showarray2"></div>
</body>
```

17.4.4　Date 对象

Date 对象用于处理日期和时间。创建 Date 对象的语法如下：

var oDate=new Date()

Date 对象会自动把当前日期和时间保存为其初始值。表 17.10 列出了 Date 对象的方法。

表 17.10　Date 对象的方法

方　法	描　述
Date()	返回当前的日期和时间
getDate()	返回一个月中的某一天（1～31）
getDay()	返回一周中的某一天（0~6）
getMonth()	返回月份（0～11）
getFullYear()	返回四位数字年份
getHours()	返回小时（0～23）
getMinutes()	返回分钟（0～59）
getSeconds()	返回秒数（0～59）
getMilliseconds()	返回毫秒（0～999）
getTime()	返回 1970 年 1 月 1 日至今的毫秒数
getTimezoneOffset()	返回本地时间与格林威治标准时间（GMT）的分钟差
getUTCDate()	根据世界时返回月中的一天（1～31）
getUTCDay()	根据世界时返回周中的一天（0～6）
getUTCMonth()	根据世界时返回月份（0～11）
getUTCFullYear()	根据世界时返回四位数年份
getUTCHours()	根据世界时返回小时（0～23）
getUTCMinutes()	根据世界时返回分钟（0～59）
getUTCSeconds()	根据世界时返回秒钟（0～59）
getUTCMilliseconds()	根据世界时返回毫秒(0~999)
parse(datestring)	返回 1970 年 1 月 1 日午夜到指定日期（字符串）的毫秒数。datestring 必需，表示日期和时间的字符串
setDate(day)	设置月的某一天。day 必需，表示一个月中的一天的一个数值（1～31）

续表

方　　法	描　　述
setMonth(month,day)	设置月份。month 必需，表示月份数值，取值为 0（一月）～11（十二月）。day 可选
setFullYear(year,month,day)	设置年份。year 必需，表示年份的四位整数，month 可选，day 可选
setHours(hour,min,sec,millisec)	设置小时。hour 必需，表示小时的数值，可取值为 0～23。min 可选，表示分钟的数值，可取值为 0～59。sec 可选，表示秒的数值，可取值为 0～59。millisec 可选，表示毫秒的数值，可取值为 0～999
setMinutes(min,sec,millisec)	设置分钟。min 必需，表示分钟的数值，可取值为 0～59。sec 可选，表示秒的数值，可取值为 0～59。millisec 可选，表示毫秒的数值，可取值为 0～999
setSeconds(sec,millisec)	设置秒数。sec 必需，表示秒的数值，可取值为 0～59。millisec 可选，表示毫秒的数值，可取值为 0～999
setMilliseconds(millisec)	设置毫秒。millisec 必需，表示毫秒的数值，可取值为 0～999
toSource()	返回该对象的源代码
toTimeString()	把时间部分转换为字符串
toDateString()	把日期部分转换为字符串
toLocaleString()	根据本地时间格式把 Date 对象转换为字符串
toLocaleTimeString()	根据本地时间格式把 Date 对象的时间部分转换为字符串
toLocaleDateString()	根据本地时间格式把 Date 对象的日期部分转换为字符串

17.5　叮叮书店首页显示日期和时间

视频讲解

启动 WebStorm，打开叮叮书店项目首页 index.html 及外部样式表文件 style.css（在第 14.2 节建立）。

❶ 修改 index.html

进入 index.html 文件代码编辑区，将光标定位到“<li><a href="about.html">关于我们</a></li></ul>”后面，按回车键，输入下面的代码，为页面增加显示日期和时间的区域。

```
<div id="date"></div>
<div id="time"></div>
```

❷ 定义样式

切换到 style.css 编辑区，为日期时间块定义样式，确定位置，样式如下：

```
/*日期时间*/
#date{position:absolute;top:20px;right:260px;color:hsl(0,0%,100%);
display: none;}
#time{position:absolute;top:20px;right:190px;color:hsl(0,0%,100%);
display: none;}
/*大于 1500px 宽度时显示日期时间*/
@media screen and (min-width:1500px) {
```

```
#date,#time{display:block;}
}
```

❸ 编写脚本文件 main.js

选中【项目】列表中的 bookstore 文件夹，然后右击，选择【新建】|【目录】命令，出现【新建目录】对话框，在【新建目录】对话框里的【输入新目录名称】文本框中输入“js”，单击【确定】按钮，建立“js”用于存放脚本文件。

选中【项目】列表中的 js 文件夹，然后右击，选择【新建】|JavaScript File 命令，出现 New JavaScript File 对话框，在 New JavaScript File 对话框里的 Name 文本框中输入“main”，单击【确定】按钮，建立“main .js”脚本文件，在编辑区中输入以下程序：

```
window.onload=function(){
    var oDt=new Date();
    var sWd="";
    var iWeekDay=oDt.getDay();
    switch(iWeekDay){
    case 0:
        sWd="星期日";break;
    case 1:
        sWd="星期一";break;
    case 2:
        sWd="星期二";break;
    case 3:
        sWd="星期三";break;
    case 4:
        sWd="星期四";break;
    case 5:
        sWd="星期五";break;
    case 6:
        sWd="星期六";break;
        }
    var iMonth=parseInt(oDt.getMonth())+1;
    document.getElementById("date").innerHTML="<span>"+oDt.getFullYear()+
    "年"+iMonth+"月"+oDt.getDate()+"日 "+sWd+"</span>";
    var iTimerid = window.setInterval("showtime()",1000);
    }
function showtime(){
    var oDt=new Date();
    var iTimerid;
    var sTime="";
    if(oDt.getHours()<10){
        sTime+="0"+oDt.getHours()+":";}
    else{
        sTime+=oDt.getHours()+":";}
    if(oDt.getMinutes()<10){
```

```
        sTime+="0"+oDt.getMinutes()+":";}
    else{
        sTime+=oDt.getMinutes()+":";}
    if(oDt.getSeconds()<10){
        sTime+="0"+oDt.getSeconds();}
    else{
        sTime+=oDt.getSeconds();}
    document.getElementById("time").innerHTML="<span>"+sTime+"</span>";
    }
```

语句“document.getElementById("displaydate").innerHTML”是获得“<div id="displaydate"></div>”块元素，并通过元素对象属性“innerHTML”设置块元素内容，显示日期。

“window.setInterval("showtime()",1000)”的“setInterval”方法定义一个定时器，每隔1000毫秒（1秒）调用执行 showtime()函数，这样就可以动态显示时间了。

❹ 使用 main.js

切换到 index.html 文件编辑区，将光标定位到“<link href="style.css" rel="stylesheet">”后面，按回车键，输入下面的代码：

```
<script src="js/main.js"></script>
```

这样首页的导航菜单后面就能显示实时日期和时间了，如图 17.6 所示。

图 17.6　叮叮书店首页显示日期时间示意图

17.6　小结

本章主要介绍了 ECMAScript 函数的基本概念和调用方法，详细介绍了 HTML 事件机制和常用事件，介绍了 ECMAScript 对象的基本思想，了解了 ECMAScript 错误处理方式，并详细介绍了 ECMAScript 内置对象和本地对象。

17.7　习题

❶ 选择题

（1）分析下面的 JavaScript 代码段，输出结果是（　　）。

```
var aArr=new Array(2,3,4,5,6);
var iSum=0;
```

```
for(var iCv=1;iCv<aArr.length;iCv++){
  iSum+=aArr[iCv];}
document.write(iSum);
```

A．20　　B．18　　C．14　　D．12

（2）分析下面的 JavaScript 代码段，输出结果是（　　）。

```
var sStr="I am a student";
var sA=sStr.charAt(9);
document.write(sA);
```

A．I am a st　　B．u　　C．udent　　D．t

（3）以下（　　）表达式产生一个 0～7（含 0、7）的随机整数。

A．Math.floor(Math.random()*6)

B．Math.floor(Math.random()*7)

C．Math.floor(Math.random()*8)

D．Math.ceil(Math.random()*8)

（4）产生当前日期的方法是（　　）。

A．Now()　　B．Date()　　C．new Date()　　D．new Now()

（5）在页面上，当按下键盘的任意一个键时都会触发 JavaScript 的（　　）事件。

A．onFocus　　B．onBlur　　C．onSubmit　　D．onKeyDown

❷ 简答题

（1）举例说明如何用 JavaScript 创建自定义对象？

（2）JavaScript 预定义的常用内置对象有哪些？

（3）如何获取当前时间？

（4）JavaScript 的数组有什么特色？如何定义和使用数组？

（5）JavaScript 是如何处理事件的？JavaScript 中有哪些常用事件？

第18章

DOM

DOM 可以以一种独立于平台和语言的方式访问和修改一个页面文档的内容和结构，是表示和处理 HTML 或 XML 文档的常用方法。DOM 实际上是以面向对象方式描述文档模型，定义了表示和修改文档所需的对象，还定义了这些对象的行为和属性以及这些对象之间的关系。本章首先介绍 DOM 的概念和基本构成，接下来详细介绍 DOM 基本对象，讨论如何正确地使用 DOM 对象对 CSS 进行操作，最后详细介绍叮叮书店首页图片切换广告的实现过程。

本章要点：

- DOM 基本概念。
- DOM 基本对象。
- DOM 与 CSS。

18.1 DOM 概述

18.1.1 DOM 简介

DOM（Document Object Model，文档对象模型）可以以一种独立于平台和语言的方式访问和修改一个页面文档的内容和结构，DOM 将整个页面映射为一个由层次节点组成的文件，使用 DOM 可以让页面动态地变化。例如可以动态地显示或隐藏一个元素，改变它们的属性，增加一个元素等。DOM 主要由以下 3 个部分构成。

（1）Core DOM：定义了一套标准的针对任何结构化文档的对象。

（2）XML DOM：定义了一套标准的针对 XML 文档的对象。

（3）HTML DOM：定义了一套标准的针对 HTML 文档的对象。

18.1.2 节点和节点树

❶ 节点

DOM 把 HTML 文档中的每个成分都定义成一个节点，包括：

（1）整个文档是一个文档节点。

（2）每个 HTML 标签是一个元素节点。

（3）包含在 HTML 标签中的文本（内容）是文本节点。

（4）HTML 标签的每一个属性是一个属性节点。

（5）注释属于注释节点。

❷ 节点树

HTML 文档的所有节点组成了一个节点树（或文档树），HTML 文档中的每个元素、属性和内容文本等都代表树中的一个节点，树起始于文档节点，并由此继续延伸，直到所有文本节点为止。例如下面文档构成的节点树如图 18.1 所示。

```
<!--文档节点-->
<html><!--<html>是元素节点-->
  <head><!--<head>是元素节点-->
    <title>文档标题</title>
     <!--其中<title>是元素节点，“文档标题”是文本节点-->
  </head>
  <body><!--<body>是元素节点-->
     <a href="#">我的链接</a>
     <!--其中<a>是元素节点，href 是属性节点，“我的链接”是文本节点-->
    <h1>我的标题</h1>
     <!--其中<h1>是元素节点，“我的标题”是文本节点-->
  </body>
</html>
```

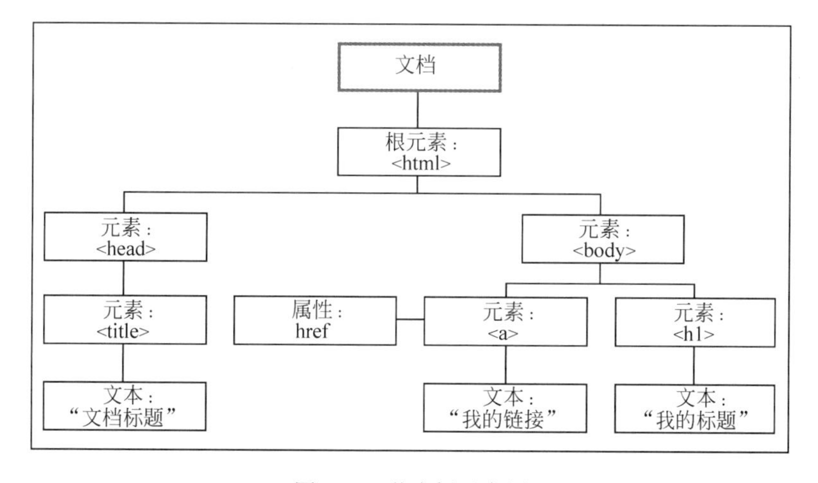

图 18.1 节点树示意图

一棵节点树中的所有节点彼此间都有等级和层次关系。

除文档节点之外的每个节点都有父节点。例如<head>和<body>的父节点是<html>节点，文本节点“我的标题”的父节点是<h1>节点。

大部分元素节点都有子节点。例如<head>节点有一个子节点——<title>节点，<title>节点也有一个子节点——文本节点“文档标题”。

当节点共享同一个父节点时，它们就是同辈（同级节点）。例如<h1>和<a>是同辈，因为它们的父节点均是<body>节点。

节点也可以拥有后代。后代指某个节点的所有子节点，或者这些子节点的子节点，依此类推。例如所有的文本节点都是<html>节点的后代，而第1个文本节点“文档标题”是<head>节点的后代。

节点也可以拥有先辈。先辈是某个节点的父节点，或者父节点的父节点，依此类推。例如所有的文本节点都可以把<html>节点作为先辈节点。

18.2 DOM对象

DOM 是一组对象的集合，用户通过对象特定的属性和方法可以操作这些对象。在实际应用中，主要使用的DOM对象是Node对象、HTMLElement对象、HTMLDocument对象和HTML DOM对象。

18.2.1 Node对象

节点对象代表文档树中的一个节点，Node对象是整个DOM的核心对象。

❶ Node对象的属性

每个节点都拥有包含着关于节点某些信息的属性。表18.1列出了Node对象的常用属性。

表18.1 Node对象属性表

属　性	描　述
nodeType	显示节点的类型
nodeName	显示节点的名称
nodeValue	显示节点的值
attributes	所有属性节点的集合（数组）
firstChild	表示某一节点的第1个子节点
lastChild	表示某一节点的最后1个子节点
childNodes	表示所在节点的所有子节点
parentNode	表示所在节点的父节点
nextSibling	紧挨着当前节点的下一个节点
previousSibling	紧挨着当前节点的上一个节点

1）nodeName

nodeName 属性含有某个节点的名称。其中：

（1）元素节点的 nodeName 值是标签名称。

（2）属性节点的 nodeName 值是属性名称。

（3）文本节点的 nodeName 值永远是#text。

（4）文档节点的 nodeName 值永远是#document。

2）nodeValue

对于文本节点，nodeValue 属性包含文本内容。对于属性节点，nodeValue 属性包含属性值。nodeValue 属性对于文档节点和元素节点不可用。

3）nodeType

nodeType 属性可返回节点的类型。表 18.2 列出了最重要的节点类型。

表 18.2　节点类型表

元 素 类 型	节 点 类 型	元 素 类 型	节 点 类 型
元素	1	注释	8
属性	2	文档	9
文本	3		

❷ Node 对象的方法

节点方法包含着对节点进行的各种操作。表 18.3 列出了 Node 对象的主要方法。

表 18.3　Node 对象主要方法表

方　　法	描　　述
hasChildNodes()	判定一个节点是否有子节点，如果有返回 true，如果没有返回 false
removeChild(node)	删除一个节点。node 为删除的节点对象
appendChild(node)	node 为添加的节点对象。该方法用于向节点的最后一个子节点之后添加节点。如果要添加的节点是 DOM 对象，该方法会移动节点，使用此方法可以从一个元素向另一个元素移动元素
replaceChild(newnode,oldnode)	用新节点替换某个子节点
insertBefore(newnode,existingnode)	在指定的已有子节点之前插入新的子节点。newnode 必需，指需要插入的节点对象。existingnode 可选，表示在其之前插入新节点，如果未规定，则在结尾插入 newnode
cloneNode(deep)	复制一个节点。参数 deep 默认是 false，true 表示同时复制所有的子节点，false 表示仅复制当前节点
setAttribute(attributename,attributevalue)	添加指定的属性，并赋值。如果属性已存在，则仅设置/更改值。attributename 必需，为添加属性的名称。attributevalue 必需，为添加的属性值
getAttribute(attributename)	返回指定属性名的属性值。attributename 必需，为获得属性值的属性名称
removeAttribute(attributename)	删除指定的属性。attributename 必需，为移除的属性的名称。该方法无返回值

18.2.2 HTMLElement 对象

HTMLElement 对象表示 HTML 文档中的任意元素，它是 HTML DOM 的基本对象，提供 HTML 元素对象的通用属性和方法。

HTMLElement 对象继承了 Node 和 Element 对象的标准属性，也实现了非标准属性。表 18.4 列出了 HTMLElement 对象的常用属性。

表 18.4 HTMLElement 对象常用属性表

属　性	描　述
className	规定元素的 class 属性
id	规定元素的 id 属性
style	返回为当前元素设置内联样式的 style 属性对象
currentStyle	一个 currentStyle 对象，表示页面中的所有样式声明按 CSS 层叠规则作用于元素的最终样式
title	规定元素的 title 属性
innerHTML	规定元素标签对之间的所有 HTML 代码
outerHTML	规定元素完整的 HTML 代码，包括 innerHTML 和元素自身标签
offsetHeight、offsetWidth	返回元素的高度和宽度，以像素为单位，类型为 int
offsetLeft	返回当前元素的左边界到它的包含元素的左边界的偏移量，以像素为单位，类型为 int
offsetTop	返回当前元素的上边界到它的包含元素的上边界的偏移量，以像素为单位，类型为 int
scrollHeight、scrollWidth	当一个元素拥有滚动条时返回元素的完整的高度和宽度，以像素为单位，类型为 int
scrollTop、scrollLeft	返回已经滚动到元素的左边界或上边界的像素数，只有在元素有滚动条的时候才有用，类型为 int
offsetParent	返回对最近的动态定位的包含元素的引用，所有的偏移量都根据该元素来决定。如果将元素的样式属性 display 设置为 none，则该属性返回 null
textContent	设置或返回指定节点的文本内容

18.2.3 HTMLDocument 对象

HTMLDocument 对象表示 HTML 文档树的根，在 BOM 和 HTML DOM 中被称为 Document 对象。

❶ HTMLDocument 对象集合

表 18.5 列出了常用 HTMLDocument 对象集合。

表 18.5 HTMLDocument 对象集合

集　合	描　述
all[]	文档中所有的 HTML 元素
styleSheets[]	文档中所有样式表对象的集合，包括内部和外部样式

❷ HTMLDocument 对象的属性

表 18.6 列出了常用 HTMLDocument 对象属性。

表 18.6 HTMLDocument 对象属性

属　　性	描　　述
body	返回对<body>元素对象的引用
documentElement	返回对<html>元素对象的引用

❸ HTMLDocument 对象的方法

表 18.7 列出了常用 HTMLDocument 对象方法。

表 18.7 HTMLDocument 对象方法

方　　法	描　　述
createElement(name)	创建元素节点，返回一个 Element 对象。name 为元素节点规定名称
createAttribute(name)	创建拥有指定名称的属性节点，并返回新的 Attr 对象。name 为新创建的属性的名称
createTextNode(data)	创建文本节点，返回 Text 对象。data 为字符串值，规定此节点的文本
getElementById(id)	返回拥有指定 id 的第 1 个对象
getElementsByName(name)	返回带有指定元素 name 属性名称的对象集合
getElementsByTagName(tagname)	返回带有指定标签名的对象集合。tagname 必需，指需要获得的对象的标签名
querySelector(CSS selectors)	返回指定 CSS 选择器元素的第 1 个子元素
querySelectorAll(CSS selectors)	返回指定 CSS 选择器元素的所有元素

18.2.4 访问节点

通过 DOM 可以访问 HTML 文档中的任何节点，一般使用以下几种方法来访问节点。

❶ 使用方法访问节点

用户可以使用 HTMLDocument 对象的 getElementById()、getElementsByName 和 getElementsByTagName() 3 个方法来访问节点。

getElementById()方法可以通过指定的 ID 来查找并返回元素。其语法如下：

```
document.getElementById("ID");
```

getElementsByTagName()方法会使用指定的标签名查找并返回所有的元素，返回的元素作为一个节点列表（集合或数组）。其语法如下：

```
document.getElementsByTagName("标签名称");
```

或者：

```
document.getElementById("ID").getElementsByTagName("标签名称");
```

getElementById()和 getElementsByTagName()方法可以查找整个 HTML 文档中的任何 HTML 元素，这两种方法会忽略文档的结构。如果希望查找文档中所有的<p>元素，getElementsByTagName()会把它们全部找到，不管<p>元素处于文档中的哪个层次。同样，

getElementById()方法也会返回正确的元素，不论在文档结构中的什么位置。

下面这个例子会返回所有<p>元素的一个节点列表，并且这些<p>元素必须是 id 为 "maindiv"的元素的后代：

```
document.getElementById("maindiv").getElementsByTagName("p");
```

getElementsByTagName()方法会返回一个节点列表，当使用节点列表时，通常把此列表保存在一个变量中，然后通过循环语句对整个列表项进行访问。例如：

```
var oEp=document.getElementsByTagName("p");
```

变量 oEp 包含着页面中所有<p>元素的一个列表，并且可以通过它们的索引号来访问这些<p>元素，索引号从 0 开始。使用下面的代码可以通过列表的 length 属性来循环遍历节点列表：

```
for(var iCv=0;iCv<oEp.length;iCv++){
  //处理程序
  }
```

用户也可以通过索引号来访问某个具体的元素。例如访问第 3 个<p>元素：

```
var oY=oEp[2];
```

getElementsByName()方法与 getElementById()方法相似，但是它查询元素的 name 属性，而不是 id 属性，如果一个文档中有两个以上的标签 name 相同，那么 getElementsByName()返回的也是一个节点列表。

❷ 使用属性访问节点

使用一个元素节点的 parentNode、firstChild 以及 lastChild 等属性可以访问节点。首先要确定一个元素，然后根据这个元素在节点树中的结构对其周围的节点进行访问，主要用到元素节点的 3 个属性，即 parentNode（元素的父节点）、firstChild（元素的首个子元素）以及 lastChild（元素的最后一个子元素）。例如有下面的 HTML 片段：

```
<table>
  <tr>
    <td>王一</td>
    <td>赵二</td>
    <td>张三</td>
  </tr>
</table>
```

在上面的 HTML 代码中，第 1 个<td>是<tr>元素的首个子元素（firstChild），而最后一个<td>是<tr>元素的最后一个子元素（lastChild），<tr>是每个<td>元素的父节点（parentNode）。

firstChild 最普遍的用法是访问某个元素的文本节点。例如：

```
var oEp=document.getElementsByTagName("p");
var sText=oEp[0].firstChild.nodeValue;
```

parentNode 属性常用来改变文档的结构。例如从文档中删除 id 为"maindiv"的节点：

```
var oEd=document.getElementById("maindiv");
oEd.parentNode.removeChild(oEd);
```

首先找到带有指定 id 的节点，然后移至其父节点并执行 removeChild() 方法。

视频讲解

例 **18.1** js(node).html，说明了对节点的选择和操作。

源代码如下：

```
<head>
<title>node 节点</title>
<script>
window.onload=function(){
    document.getElementById("btn1").onclick=function(){
        displayp();}
    document.getElementById("btn2").onclick=function(){
        updatep();}
    document.getElementById("btn3").onclick=function(){
        deletep();}
    }
function displayp(){
    var oEp=document.getElementsByTagName("p");
    for (var iCv=0;iCv<oEp.length;iCv++){
        if (oEp[iCv].firstChild.nodeType==3){
            alert("节点名字："+oEp[iCv].firstChild.nodeName+"\n"+"节点类型："
            +oEp[iCv].firstChild.nodeType+"\n"+"节点值："+oEp[iCv].
            firstChild.nodeValue);
        }else{
            alert("节点名字："+oEp[iCv].firstChild.nodeName+"\n"+"节点类型："
            +oEp[iCv].firstChild.nodeType+"\n"+"节点值："+oEp[iCv]. firstChild.
            firstChild.nodeValue);
            }
        }
    }
function updatep(){
    document.getElementById("p1").firstChild.nodeValue="获取属性节点。";}
function deletep(){
    var oEp=document.getElementById("p1");
    oEp.parentNode.removeChild(oEp);}
</script>
</head>
<body>
<p>对于文本节点，nodeValue 属性包含文本内容。</p>
<p>对于属性节点，nodeValue 属性包含属性值。</p>
<p><b>其中：</b>nodeValue 属性对于文档节点和元素节点是不可用的。</p>
<p id="p1">attributes 是所有属性节点的集合（数组）。</p>
```

```
<input type="button" value="显示 P 内容" id="btn1" />
<input type="button" value="修改 P 内容" id="btn2" />
<input type="button" value="删除节点" id="btn3" />
</body>
```

❸ 使用选择器访问节点

通过选择器访问节点主要是使用 querySelector()或 querySelectorAll()方法获取文档元素节点，进而对文档元素进行操作。querySelector()方法仅仅返回匹配指定选择器的第 1 个元素节点，如果需要返回所有元素节点，需要使用 querySelectorAll()方法。

querySelector 系列方法选取的元素节点是静态集合，而 getElementBy 系列方法选取的元素节点是动态集合。也就是说，动态集合选出的元素会随文档的改变而改变，而静态集合不会，选取出来后就和文档无关了。一般来说，如果一次查找就可以选取到指定元素节点，应选用 getElementBy 系列方法。

18.3 DOM 与 CSS

18.3.1 Style 对象

Style 对象代表一个单独的样式声明，可以从应用样式的文档元素访问 Style 对象。使用 Style 对象属性的语法如下：

```
document.getElementById("id").style.property=value
```

style 对象获取的是内联样式，即元素标签中 style 属性的值，与 CSS 相对应，style 对象主要有下列属性。

❶ Background 属性

Style 对象的 Background 属性如表 18.8 所示。

表 18.8 Style 对象的 Background 属性

属　性	描　述
background	在一行中设置所有的背景属性
backgroundAttachment	设置背景图像是否固定或随页面滚动
backgroundColor	设置元素的背景颜色
backgroundImage	设置元素的背景图像
backgroundPosition	设置背景图像的起始位置
backgroundRepeat	设置是否及如何重复背景图像

❷ Border 和 Margin 属性

Style 对象的 Border 和 Margin 属性如表 18.9 所示。

❸ Layout 属性

Style 对象的 Layout 属性如表 18.10 所示。

表 18.9　Style 对象的 Border 和 Margin 属性

属　　性	描　　述
border	在一行设置 4 个边框的所有属性
borderBottom	在一行设置底边框的所有属性
borderBottomColor	设置底边框的颜色
borderBottomStyle	设置底边框的样式
borderBottomWidth	设置底边框的宽度
borderColor	设置 4 个边框的颜色（可设置 4 种颜色）
borderLeft	在一行设置左边框的所有属性
borderLeftColor	设置左边框的颜色
borderLeftStyle	设置左边框的样式
borderLeftWidth	设置左边框的宽度
borderRight	在一行设置右边框的所有属性
borderRightColor	设置右边框的颜色
borderRightStyle	设置右边框的样式
borderRightWidth	设置右边框的宽度
borderStyle	设置 4 个边框的样式（可设置 4 种样式）
borderTop	在一行设置顶边框的所有属性
borderTopColor	设置顶边框的颜色
borderTopStyle	设置顶边框的样式
borderTopWidth	设置顶边框的宽度
borderWidth	设置 4 个边框的宽度（可设置 4 种宽度）
margin	设置元素的边距（可设置 4 个值）
marginBottom	设置元素的底边距
marginLeft	设置元素的左边距
marginRight	设置元素的右边距
marginTop	设置元素的顶边距
padding	设置元素的填充（可设置 4 个值）
paddingBottom	设置元素的下填充
paddingLeft	设置元素的左填充
paddingRight	设置元素的右填充
paddingTop	设置元素的顶填充

表 18.10　Style 对象的 Layout 属性

属　　性	描　　述
clear	设置在元素的哪边不允许其他的浮动元素
clip	设置元素的形状
content	设置元信息
cssFloat	设置图像或文本将出现（浮动）在另一元素中的何处
cursor	设置显示的指针类型
direction	设置元素的文本方向
display	设置元素如何被显示
height	设置元素的高度

续表

属　性	描　述
maxHeight	设置元素的最大高度
maxWidth	设置元素的最大宽度
minHeight	设置元素的最小高度
minWidth	设置元素的最小宽度
overflow	规定如何处理不适合元素盒的内容
verticalAlign	设置对元素中的内容进行垂直排列
visibility	设置元素是否可见
width	设置元素的宽度

❹ List 属性

Style 对象的 List 属性如表 18.11 所示。

表 18.11　Style 对象的 List 属性

属　性	描　述
listStyle	在一行设置列表的所有属性
listStyleImage	把图像设置为列表项标记
listStylePosition	改变列表项标记的位置
listStyleType	设置列表项标记的类型

❺ Positioning 属性

Style 对象的 Positioning 属性如表 18.12 所示。

表 18.12　Style 对象的 Positioning 属性

属　性	描　述
bottom	设置元素的底边缘距离父元素底边缘的之上或之下的距离
left	设置元素的左边缘距离父元素左边缘的左边或右边的距离
position	把元素放置在 static、relative、absolute 或 fixed 的位置
right	设置元素的右边缘距离父元素右边缘的左边或右边的距离
top	设置元素的顶边缘距离父元素顶边缘的之上或之下的距离
zIndex	设置元素的堆叠次序

❻ Table 属性

Style 对象的 Table 属性如表 18.13 所示。

表 18.13　Style 对象的 Table 属性

属　性	描　述
borderCollapse	设置表格边框是否合并为单边框，或者像在标准的 HTML 中那样分离
borderSpacing	设置分隔单元格边框的距离
captionSide	设置表格标题的位置
emptyCells	设置是否显示表格中的空单元格
tableLayout	设置用来显示表格单元格、行以及列的算法

❼ Text 属性

Style 对象的 Text 属性如表 18.14 所示。

表 18.14 Style 对象的 Text 属性

属　　性	描　　述
color	设置文本的颜色
font	在一行设置所有的字体属性
fontFamily	设置元素的字体系列
fontSize	设置元素的字体大小
fontSizeAdjust	设置/调整文本的尺寸
fontStretch	设置如何紧缩或伸展字体
fontStyle	设置元素的字体样式
fontVariant	用小型大写字母字体来显示文本
fontWeight	设置字体的粗细
letterSpacing	设置字符间距
lineHeight	设置行间距
quotes	设置在文本中使用哪种引号
textAlign	排列文本
textDecoration	设置文本的修饰
textIndent	缩紧首行的文本
textShadow	设置文本的阴影效果
textTransform	对文本设置大写效果
whiteSpace	设置如何设置文本中的折行和空白符
wordSpacing	设置文本中的词间距

例 18.2　js(Style).html，说明了设置 Style 对象属性的方法，如图 18.2 所示。单击【不显示段落】按钮，隐藏上面的段落，单击【改变文本颜色】按钮，两个段落的文本颜色被改变，单击【设置左边距 50px】按钮，此按钮向右移 50px，如图 18.3 所示。

视频讲解

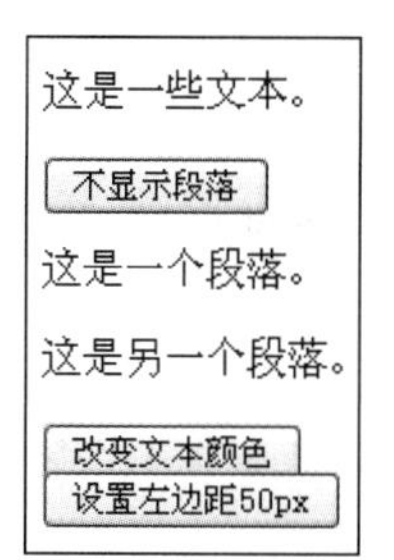

图 18.2　js(Style).html 示意图 1

不显示段落

这是一个段落。

这是另一个段落。

改变文本颜色

设置左边距50px

图 18.3　js(Style).html 示意图 2

源代码如下：

```
<head>
<title>Style 对象</title>
<script>
window.onload=function(){
    document.getElementById("btn1").onclick=function(){
        document.getElementById("p1").style.display="none";}
    document.getElementById("btn2").onclick=function(){
```

```
        document.getElementById("p2").style.color="#FF0000";
        document.getElementById("p3").style.color="#00FF00";}
    document.getElementById("btn3").onclick=function(){
        document.getElementById("btn3").style.left="50px";}
    }
</script>
<style type="text/css">
input{position:absolute;}
</style>
</head>
<body>
<p id="p1">这是一些文本。</p>
<input type="button" id="btn1" value="不显示段落" /><br />
<p id="p2">这是一个段落。</p><p id="p3">这是另一个段落。</p>
<input type="button" id="btn2" value="改变文本颜色" /><br />
<input type="button" id="btn3" value="设置左边距 50px" />
</body>
```

18.3.2 CurrentStyle 对象

CurrentStyle 对象返回所有样式声明（包括内部、外部和内联）按 CSS 层叠规则作用于元素的最终样式，而 Style 对象只返回通过标签 style 属性应用到元素的内联样式。通过 CurrentStyle 对象获取的样式值可能与通过 Style 对象获取的样式值不同。例如对段落声明了内部样式：

```
<style type="text/css">
p{color:red};
</style>
```

对一个具体段落而言，style.color 不能返回值，而 currentStyle.color 将返回正确的值。如果用户指定了<p style="color:red">，则 currentStyle.color 和 style.color 对象都将返回值“red”。

只有 IE 和 Opera 浏览器支持使用 CurrentStyle 获取元素计算后的样式，其他浏览器不支持。在标准浏览器中使用 getComputedStyle()方法。

getComputedStyle()可以获取当前元素最终使用的所有 CSS 属性值，返回的是一个 CSS 样式声明对象，只读。其语法如下：

```
var ostyle = window.getComputedStyle(element[,psevdo-element])
```

其中，第 1 个参数为要获取计算后的样式的目标元素，第 2 个参数不是必需的（如果不是“伪类”，应设置为 null 或忽略）。

getComputedStyle()与 style 的主要区别如下：

（1）getComputedStyle()是只读的，只能获取样式，不能设置，style 能读能写。

（2）getComputedStyle()获取的是最终应用在元素上的所有 CSS 属性对象（即使没有

CSS 代码），style 只能获取元素 style 属性中的 CSS 样式。

由于不同浏览器对 CurrentStyle 对象的支持有差异，所以在使用 CurrentStyle 对象时要做兼容处理。

例 **18.3**　js(currentStyle).html，说明了 CurrentStyle 对象的用法。当页面载入后，单击【段落字体】按钮，将弹出消息框显示段落字体大小。

源代码如下：

```
<head>
<title>CurrentStyle 对象</title>
<script>
window.onload=function(){
    document.getElementById("btn1").onclick=function(){
        var oP=document.getElementById("p1");
        var ocurrentStyle=null;
        if(oP.currentStyle){  //兼容 IE 浏览器
            ocurrentStyle=oP.currentStyle;
            }
        else{  //兼容 FF 等标准浏览器
            ocurrentStyle=window.getComputedStyle(oP,null);
            }
        alert(ocurrentStyle.fontSize);
        }
    }
</script>
<style type="text/css">
#p1{color:#F00; font-size:18px;}
</style>
</head>
<body>
<p id="p1">这是一些文本。</p>
<input type="button" id="btn1" value="段落字体" />
</body>
```

18.3.3　StyleSheet 对象

HTMLDocument 对象的集合 StyleSheets 是 StyleSheet 对象的集合，每个 StyleSheet 对象表示文档中的独立样式表，即内部样式或外部样式。表 18.15 列出了 StyleSheet 对象常用的属性和方法。

表 18.15　StyleSheet 对象常用的属性和方法

属性或方法	描　述
rules 或 cssRules（FF 兼容）	引用 rule 对象集合，包括样式表定义的所有样式规则。每个 rule 对象有两个属性，其中 selectorText 表示选择器，style 表示样式对象

续表

属性或方法	描　　述
Style	引用一个样式对象，cssText 属性表示样式声明
addRule(selector,style)	添加样式规则。selector 是选择器，style 是样式声明
insertRule(rule,index)（FF 兼容）	插入样式规则。rule 是样式规则，index 是索引号
removeRule(index)	删除指定索引号的样式规则

由于不同浏览器对 StyleSheet 对象的支持有差异，所以在使用 StyleSheet 对象时要做兼容处理。

视频讲解

例 18.4　js(StyleSheet).html，说明了 StyleSheet 对象常用属性和方法的使用。当页面载入后，先弹出消息框，显示内部样式表的样式声明，如图 18.4 所示。单击【确定】按钮，页面显示效果如图 18.5 所示，单击【大字体】按钮，更改页面使用的外部样式表，如图 18.6 所示。

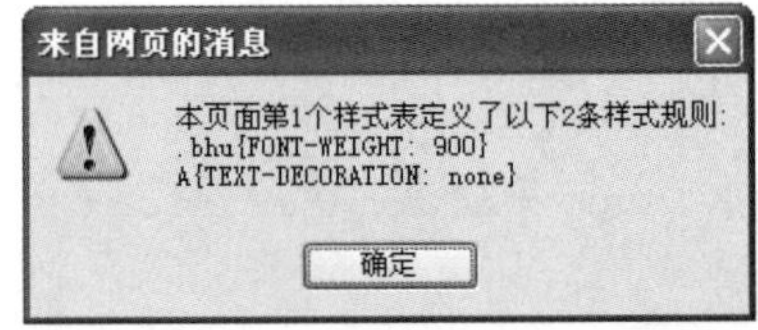

图 18.4　js(StyleSheet).html 消息框

图 18.5　js(StyleSheet).html 示意图 1

图 18.6　js(StyleSheet).html 示意图 2

源代码如下：

```
<head>
<title>StyleSheet 对象</title>
<style>
.bhu{font-weight:900;}
</style>
<link id="sheet" rel="stylesheet" type="text/css" href="css/ stylesheet1.
css" />
<script>
window.onload=function(){
    var oSytleSheet=document.styleSheets[0];    //引用文档的第 1 个样式表
    if(oSytleSheet.rules){  //兼容 IE
        oSytleSheet.addRule("a","text-decoration:none;");
        //添加样式规则
        var sStr="本页面第 1 个样式表定义了以下"+ oSytleSheet.rules.length +
        "条样式规则:\n";
        for(var iCv=0;iCv<oSytleSheet.rules.length;iCv++){
            //依次访问每个样式规则
            var oRule=oSytleSheet.rules[iCv];
        sStr+=oRule.selectorText+"{"+oRule.style.cssText+"}\n";
            }
        }
    else{                           //兼容 FF
```

```
        var sRule="a{text-decoration:none;}";
        var iIndex=oSytleSheet.cssRules.length;
        oSytleSheet.insertRule(sRule, iIndex);      //添加样式规则
        var sStr="本页面第 1 个样式表定义了以下"+ oSytleSheet.cssRules.length
        +"条样式规则:\n";
        for(var iCv=0;iCv<oSytleSheet.cssRules.length;iCv++){
            //依次访问每个样式规则
            var oRule=oSytleSheet.cssRules[iCv];
        sStr+=oRule.selectorText+"{"+oRule.style.cssText+"}\n";
            }
        }
    alert(sStr);
    document.getElementById("small").onclick=function(){
    document.getElementById("sheet").href="css/stylesheet1.css";}
    document.getElementById("big").onclick=function(){
    document.getElementById("sheet").href="css/stylesheet2.css";}
    }
</script>
</head>
<body>
<p><span class="bhu">清华大学</span>的主页地址是<a href="http://www.
tsinghua.edu.cn/">http://www.tsinghua.edu.cn/</a>。</p>
<input type="button" id="small" value="小字体" /><input type="button"
id="big" value="大字体" />
</body>
```

还有一种更简便的方法进行样式设置，即预先定义样式，然后用 setAttribute()方法添加。例如预先声明样式.message。

```
.message {
    color: #FFFFFF;
    font-size: 1.2rem;
    padding-top: 95px;
}
```

然后创建新的元素或在原有元素的基础上用 setAttribute()设置属性。

```
var h2 = document.createElement('h2');
h2.textContent = "本次游戏你战胜了 AI！";
h2.setAttribute("class", "message");
document.getElementById('over').appendChild(h2);
```

18.4 叮叮书店首页图片轮播广告的实现

视频讲解

本节在叮叮书店首页添加图片轮播广告。首先启动 WebStorm，打开叮叮书店项目首页 index.html、外部样式表文件 style.css 和 js 目录下的 main.js 脚本文件（在第

17.5 节建立），然后进行如下操作：

❶ 在首页添加图片切换广告内容

进入到 index.html 编辑区，将光标定位到“<div id="adv">”后面按回车键，输入下面的代码，其中用定义列表的标题显示 4 个超链接，用定义列表的描述显示需要切换的图片。

```
<dl>
  <dt> <a href="#" id="a1">1</a> <a href="#" id="a2">2</a> <a href="#"
  id="a3">3</a> <a href="#" id="a4">4</a> </dt>
  <dd> <a href="#"><img src="images/b-ad1.jpg" id="banner" alt="广告" /></a>
  </dd>
</dl>
```

❷ 定义样式

切换到 style.css 样式文件编辑区，定义样式。

```
/*横幅广告*/
#adv {position:relative;margin-bottom: 0.5rem;}
#adv dl, #adv dd {list-style:none;}
#adv dt {position:absolute;bottom:10px;right:5px;display: flex;}
#adv dd {overflow:hidden;}
#adv dl dt a {display: flex;justify-content: center;align-items: center;
    width:24px; height:24px;padding:0 1px 1px 0;border-radius:15px;margin-
    right: 5px;
    background-color:hsl(20,50%,30%); color:hsl(0,0%,100%);
    text-decoration:none;font-size:0.8rem;
}
```

❸ 编写脚本程序

切换到 main.js 脚本文件编辑区，在 main.js 里添加全局变量。

```
var iCount=2;
```

然后在 main.js 的 window.onload 事件里面添加如下程序。

```
if(document.getElementById("a1")!=null){
    document.getElementById("a1").onclick = function(){
        iCount=1;
        changebgcolor(iCount);}
}
if(document.getElementById("a2")!=null){
    document.getElementById("a2").onclick = function(){
        iCount=2;
        changebgcolor(iCount);}
}
if(document.getElementById("a3")!=null){
    document.getElementById("a3").onclick = function(){
        iCount=3;
```

```
        changebgcolor(iCount);}
}
if(document.getElementById("a4")!=null){
    document.getElementById("a4").onclick = function(){
        iCount=4;
        changebgcolor(iCount);}
}
var iCarouselid = window.setInterval("carousel()", 2000);
```

最后在 main.js 后面添加 carousel()和 changebgcolor(iNum)函数，效果如图 18.7 所示。

图 18.7 叮叮书店首页图片切换广告示意图

```
function carousel(){
    var sImgSrc=eval("'images/b-ad'+iCount.toString()+'.jpg'");
    var sAchange=eval("'a'+iCount.toString()");
    /*记录需要变回颜色的链接顺序*/
    var iA=iCount-1;
    if(iA==0){iA=4;}
    var sArestore=eval("'a'+iA.toString()");
    document.getElementById("banner").src=sImgSrc;
    document.getElementById(sAchange).style.backgroundColor="hsl(20,30%,
    50%)";
    document.getElementById(sArestore).style.backgroundColor="hsl(20,
    50%,30%)";
    iCount=iCount+1;
    if(iCount==5){iCount=1;}
}

function changebgcolor(iNum){
    document.getElementById("banner").src=eval("'images/b-ad'+iNum.
```

```
    toString()+'.jpg'");
    for(var iC=1;iC<=4;iC++){
        var sA=eval("'a'+iC.toString()");
        if(iC==iNum)
        {
            document.getElementById(sA).style.backgroundColor="hsl
            (20,30%,50%)";
        }
        else
        {
            document.getElementById(sA).style.backgroundColor="hsl(20,
            50%,30%)";
        }
    }
}
```

18.5 小结

本章简要介绍了 DOM 的概念和基本构成，详细介绍了 DOM 基本对象，探讨了使用 DOM 对象对 CSS 进行操作的方法，最后介绍了叮叮书店首页图片切换广告的实现过程。

18.6 习题

❶ 选择题

（1）下列不属于访问指定节点的方法的是（　　）。

A．obj.value　　B．getElementByTagName

C．getElementByName　　D．getElementById

（2）在 JavaScript 中，关于 Document 对象的方法下列说法中正确的是（　　）。

A．getElementById()是通过元素 ID 获得元素对象，返回值为单个对象

B．getElementByName()是通过元素 name 获得元素对象，返回值为单个对象

C．getElementById()是通过元素 ID 获得元素对象，返回值为对象组

D．getElementByName()是通过元素 name 获得元素对象，返回值为对象组

（3）对于下面的标签，document.getElementById("info").innerHTML 语句返回的值是（　　）。

```
<div id="info" style="display.block"><p>请填写</p></div>
```

A．请填写

B．<p>请填写</p>

C．id="info" style="display.block"

D．<div id="info" style="display.block"><p>请填写</p>

（4）CSS 样式的属性名为 background-image，对应的 Style 对象的属性名是（　　）。

A．background　　B．backgroungImage

C．Image　　D．background-image

（5）如果在页面中包含以下图片标签，则下列选项中的（　　）语句能够实现隐藏该图片的功能。

```
<img id="pic" src="Sunset.jpg" width="400" height="300" />
```

A．document.getElementById("pic").style.display="visible";

B．document.getElementById("pic").style.display="enabled";

C．document.getElementById("pic").style.display="block";

D．document.getElementById("pic").style.display="none";

❷ 简答题

（1）简述 DOM 树的层次结构。

（2）元素的节点类型有哪些？

（3）有哪些方法通过 DOM 访问 HTML 文档中的节点？

（4）Style 对象、CurrentStyle 对象和 StyleSheet 对象有什么区别？

（5）CSS 样式的属性名和对应的 Style 对象的属性名有什么区别？

第19章

HTML DOM 对象和 RegExp 对象

HTML DOM 是针对 HTML 的文档对象模型，定义了针对 HTML 的标准对象集合以及访问和操作HTML文档的方法，HTML DOM是一个W3C的标准。本章首先详细介绍HTML文档常用的 DOM 对象，然后讨论如何正确使用 ECMAScript 的正则表达式，最后详细介绍叮叮书店“联系我们”页面表单验证的整个实现过程。

本章要点：

- HTML DOM 对象。
- 正则表达式。

19.1 HTML DOM 对象

通过元素节点方式对元素进行访问控制是一种通用的方法，更多的时候是通过 HTML DOM 对象对特定元素进行访问控制。

在 HTML 文档载入时，浏览器解释其代码，当遇到自身支持的 HTML 元素对象对应的标签时，就按 HTML 文档载入的顺序在内存中创建这些对象，而不管 JavaScript 脚本是否真正运行这些对象。在对象创建后，浏览器为这些对象定义了属性和方法，通过这些属性和方法，使用 JavaScript 脚本就能动态操作 HTML 文档内容。表 19.1 列出了 HTML DOM 对象。

表 19.1　HTML DOM 对象表

对　　象	描　　述
Document	整个 HTML 文档，可用来访问页面中的所有元素
Anchor	<a>元素
Area	<area>元素

续表

对　　象	描　　述
Base	<base>元素
Body	<body>元素
Button	<button>元素
Event	某个事件的状态
Form	<form>元素
Image	<img>元素
Input button	表单中的按钮
Input checkbox	表单中的复选框
Input file	表单中的文件上传
Input hidden	表单中的隐藏域
Input password	表单中的密码域
Input radio	表单中的单选按钮
Input reset	表单中的重置按钮
Input submit	表单中的确认按钮
Input text	表单中的文本输入域（文本框）
Link	<link>元素
Meta	<meta>元素
Object	<object>元素
Option	<option>元素
Select	表单中的选择列表
Style	单独的样式声明
Table	<table>元素
TableData	<td>元素
TableRow	<tr>元素
Textarea	<textarea>元素

19.1.1　Document 对象

每个载入浏览器的 HTML 文档都会成为 Document 对象。Document 对象是 Window 对象的一部分，可通过 window.document 对其进行访问。

❶ Document 对象集合

表 19.2 列出了常用 Document 对象集合。

表 19.2　Document 对象集合

集　　合	描　　述
anchors[]	文档中的所有 Anchor 对象
forms[]	文档中的所有 Form 对象
images[]	文档中的所有 Image 对象
links[]	文档中的所有 Area 和 Link 对象

❷ Document 对象的属性

表 19.3 列出了常用 Document 对象属性。

表 19.3　Document 对象属性

属　　性	描　　述
domain	当前文档的域名
title	当前文档的标题
url	当前文档的 URL

❸ Document 对象的方法

表 19.4 列出了常用 Document 对象方法。

表 19.4　Document 对象方法

方　　法	描　　述
close()	关闭用 open()方法打开的输出流，并显示选定的数据
open(mimetype,replace)	该方法将擦除当前 HTML 文档的内容，开始一个新的文档，新文档用 write()方法或 writeln()方法编写。mimetype 可选，规定正在写的文档类型，默认值是 text/html。replace 可选，若选可引起新文档从父文档继承历史条目
write(exp1,exp2,exp3,…)	向文档写入 HTML 表达式或 JavaScript 代码
writeln(exp1,exp2,exp3,…)	同 write()方法，不同的是后加一个换行符

例 19.1　js(Document).html，说明了 Document 对象的主要属性和方法的使用。

视频讲解

源代码如下：

```
<head>
<title>Document 对象</title>
<script>
window.onload=function(){
    document.getElementById("myHeader").onclick=function(){
        getValue();}
    }
function getValue(){
    var oEmyHeader=document.getElementById("myHeader");
    alert(oEmyHeader.firstChild.nodeValue);}
</script>
</head>
<body>
<script>
document.write("<h3>大家好!</h3>");
</script>
<span>文档标题：</span>
<script>
document.write(document.title+"<br />");
</script>
<span>文档 URL：</span>
```

```
<script>
document.write(decodeURI(document.URL)+"<br />");
</script>
<span>文档域名：</span>
<script>
document.write(document.domain+"<br />");
</script>
<h3 id="myHeader">这是标题，单击试一下</h3>
<a name="first" id="first">第 1 个锚</a><br />
<a name="second" id="second">第 2 个锚</a><br />
<a name="third" id="third">第 3 个锚</a><br />
<span>文档中锚的数：</span>
<script>
document.write(document.anchors.length+"<br />");
</script>
<span>文档第 1 个锚 InnerHTML 是：</span>
<script>
document.write(document.anchors[0].innerHTML+"<br />");
</script>
<form id="Form1" name="Form1"></form>
<form id="Form2" name="Form2"></form>
<form id="Form3" name="Form3"></form>
<script>
document.write("文档包含：" + document.forms.length + "个表单。"+"<br />");
</script>
<form id="Form4" name="Form4">
  <label>姓名：</label><input type="text" />
</form>
<script>
document.write("第 1 个表单名称是：" + document.forms[0].name+" ");
document.write("第 1 个表单名称是:" + document.getElementById("Form1").name);
</script>
</body>
```

19.1.2　Image 对象

Image 对象表示嵌入的图像。<img>标签每出现一次，一个 Image 对象就会被创建。表 19.5 列出了常用 Image 对象属性。

表 19.5　Image 对象属性

属　性	描　述	属　性	描　述
alt	无法显示图像时的替代文本	isMap	是否为服务器端的图像映射
border	图像边框	name	图像名称
height	图像高度	src	图像 URL
id	图像 id	width	图像宽度

例19.2 js(Image).html，说明了 Image 对象主要属性的使用，如图 19.1 所示。单击【更换图像】按钮，图像换成另一个，如图 19.2 所示。

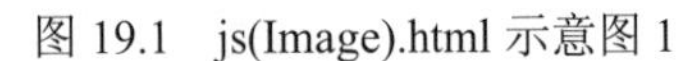
图 19.1 js(Image).html 示意图 1

图 19.2 js(Image).html 示意图 2

源代码如下：

```
<head>
<title>Image 对象</title>
<script>
window.onload=function(){
    document.getElementById("btn1").onclick=function(){changeSize();}
    document.getElementById("btn2").onclick=function(){changeSrc();}
    }
function changeSize(){
    document.getElementById("about").height="31";
    document.getElementById("about").width="88";
    }
function changeSrc(){
    document.getElementById("about").src="images/valid-HTML10.png";
    }
</script>
</head>
<body>
<img id="about" src="images/about.gif" alt="" /> <br />
<input type="button" id="btn1" value="改变图像大小" /><br />
<input type="button" id="btn2" value="更换图像" />
</body>
```

19.1.3 Anchor 对象

Anchor 对象表示超链接。在文档中<a>标签每出现一次，就会创建 Anchor 对象。表 19.6 列出了常用 Anchor 对象属性。

例19.3 js(Anchor).html，说明了 Anchor 对象的主要属性的使用，如图 19.3 所示。单击【改变链接】按钮，链接换成“清华大学”，如图 19.4 所示。

表 19.6　Anchor 对象属性

属　性	描　述	属　性	描　述
href	链接资源的 URL	rel	当前文档与目标 URL 之间的关系
id	链接的 id	target	在何处打开链接
innerHTML	链接的内容	type	链接资源的 MIME 类型
name	链接名称		

图 19.3　js(Anchor).html 示意图 1

图 19.4　js(Anchor).html 示意图 2

源代码如下：

```
<head>
<title>Anchor 对象</title>
<script>
window.onload=function(){
    document.getElementById("btn1").onclick=function(){changeLink();}
    }
function changeLink(){
    document.getElementById('myAnchor').innerHTML="清华大学";
    document.getElementById('myAnchor').href=" http://www.tsinghua.
    edu.cn/";
    document.getElementById('myAnchor').target="_blank";
    }
</script>
</head>
<body>
<a id="myAnchor" href="http://www.microsoft.com/">Microsoft</a> <br />
<input type="button" id="btn1" onclick="changeLink()" value="改变链接" />
</body>
```

19.1.4　Event 对象

Event 对象表示事件的状态，比如事件触发的元素、键盘按键的状态、鼠标的位置和鼠标按钮的状态等。

❶ Event 对象的标准属性

表 19.7 列出了 Event 对象的标准属性。

表 19.7　Event 对象的标准属性

属　性	描　述
target	返回触发此事件的元素（事件的目标节点）
timeStamp	返回一个时间戳，指示发生事件的日期和时间（从 epoch 开始的毫秒数）。epoch 是一个事件参考点，一般是客户机启动的时间

续表

属　性	描　述
type	返回当前 Event 对象表示的事件的名称
bubbles	返回布尔值，指示事件是否为起泡事件类型，如果事件是起泡类型，则返回 true，否则返回 false
cancelable	返回布尔值，指示事件是否拥有可取消的默认动作，如果用 preventDefault()方法可以取消与事件关联的默认动作，则为 true，否则为 fasle
currentTarget	返回其事件监听器触发该事件的元素，即当前处理该事件的元素、文档或窗口
eventPhase	返回事件传播的当前阶段，即捕获阶段、正常事件派发和起泡阶段

❷ Event 对象的标准方法

表 19.8 列出了 Event 对象的标准方法。

表 19.8　Event 对象的标准方法

方　法	描　述
initEvent(eventType,canBubble,cancelable)	初始化新创建的 Event 对象的属性。eventType 为事件的类型，canBubble 为事件是否起泡，cancelable 为是否可以用 preventDefault()方法取消事件
preventDefault()	通知浏览器不要执行与事件关联的默认动作
stopPropagation()	不再派发事件，终止事件在传播过程中的捕获、目标处理或起泡阶段的进一步传播

❸ 鼠标/键盘属性

表 19.9 列出了 Event 对象的鼠标/键盘属性。

表 19.9　Event 对象的鼠标/键盘属性

属　性	描　述
altKey	返回当事件被触发时 Alt 键是否被按下，返回一个布尔值
button	返回当事件被触发时哪个鼠标按钮被单击。左键是 0，中键是 1，右键是 2。在 IE 里左键是 1，中键是 4，右键是 2
clientX	返回当事件被触发时鼠标指针的水平坐标
clientY	返回当事件被触发时鼠标指针的垂直坐标
ctrlKey	返回当事件被触发时 Ctrl 键是否被按下，返回一个布尔值
screenX	返回当事件被触发时鼠标指针的水平坐标（相对于屏幕）
screenY	返回当事件被触发时鼠标指针的垂直坐标（相对于屏幕）
shiftKey	返回当事件被触发时 Shift 键是否被按下，返回一个布尔值

❹ IE 属性

除了上面的鼠标/键盘事件属性，IE 浏览器还支持表 19.10 列出的属性。

表 19.10　Event 对象的 IE 属性

属　性	描　述
keyCode	对于 keypress 事件，该属性声明了被按的键的 Unicode 字符码。对于 keydown 和 keyup 事件，该属性声明了被按的键的虚拟键盘码
offsetX,offsetY	发生事件的地点在事件源元素的坐标系统中的 *x* 坐标和 *y* 坐标
srcElement	对于生成事件的 Window 对象、Document 对象或 Element 对象的引用
toElement	对于 mouseover 和 mouseout 事件，该属性引用移入鼠标的元素

例 **19.4**　js(Event).html，使用了 Event 对象的主要属性，在文档中单击，消息框会提示单击了鼠标的哪个按键，以及事件源、事件名称和鼠标指针在浏览器窗口与屏幕中的坐标，如图 19.5 所示。

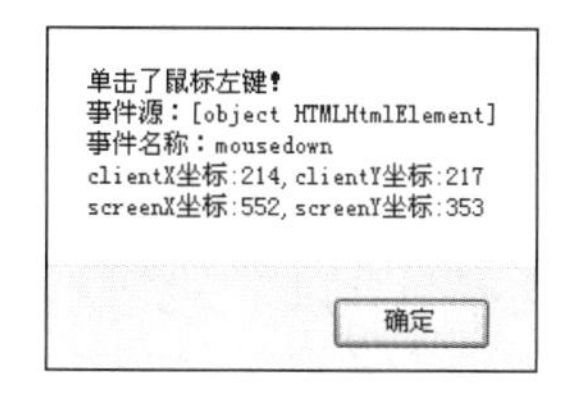

图 19.5　js(Event).html 消息框

视频讲解

源代码如下：

```
<head>
<title>Event 对象</title>
<script>
window.onload=function(){
  document.documentElement.onmousedown=function(event){
     if(window.event){          //IE 对事件对象的引用必须用 Window 对象
       iClientX=window.event.clientX;
       iClientY=window.event.clientY;
       iScreenX=window.event.screenX;
       iScreenY=window.event.screenY;
       var sStr="";
       if (window.event.button==2){sStr="单击了鼠标右键！\n";}
       else{sStr="单击了鼠标左键！\n";}
       sStr+="事件源："+window.event.srcElement+"\n"+"事件名称："+window.
       event.type+"\n"+"clientX 坐标:" + iClientX + ",clientY 坐标:" +
       iClientY+"\nscreenX 坐标:"+iScreenX+",screenY 坐标:" + iScreenY;
       alert(sStr);
     }
     else{
       iClientX=event.clientX;
       iClientY=event.clientY;
       iScreenX=event.screenX;
       iScreenY=event.screenY;
       var sStr="";
       if (event.button==2){sStr="单击了鼠标右键！\n";}
       else{sStr="单击了鼠标左键！\n";}
       sStr+="事件源："+event.target+"\n"+"事件名称："+event.type+"\n"+
       "clientX 坐标:" + iClientX + ",clientY 坐标:" + iClientY+"\nscreenX 坐
       标:"+iScreenX+",screenY 坐标:" + iScreenY;
       alert(sStr);
     }
  }
}
</script>
</head>
<body>
<p>在文档中单击。</p>
</body>
```

❺ 事件传播

当事件发生在某个文档节点上时（即事件目标），目标的事件处理程序就会被触发。此外，目标的每个祖先节点也有机会处理该事件。

DOM 事件传播包含以下 3 个阶段：

第一，捕获阶段（capturing），事件从顶级文档树节点一级一级向下遍历，直到到达该事件的目标节点。

第二，到达事件的目标节点，执行目标节点的时间处理程序。

第三，起泡阶段（bubbling），事件从目标节点一级一级向上上溯，直到顶级文档树节点。

捕获阶段的事件流处理是从 DOM 层次的根开始，而不是从触发事件的目标元素开始，事件被从目标元素的所有祖先元素依次往下传递。在这个过程中，事件会被从文档根到事件目标元素之间的各个继承派生的元素所捕获（特殊设定除外），直到目标元素。事件到达目标元素后，会接着通过 DOM 节点再进行起泡。

起泡阶段的事件流处理是当事件在某一 DOM 元素被触发时事件将跟随着该节点继承的各个父节点起泡穿过整个 DOM 节点层次，直到到达文档根。在起泡过程中的任何时候都可以终止事件的起泡，在符合 W3C 标准的浏览器里可以通过调用事件对象上的 stopPropagation()方法终止，在 IE 里可以通过设置事件对象的 cancelBubble 属性为 true 来实现。

大多数浏览器都遵循这两种事件流方式。在默认情况下，事件使用起泡事件流，不使用捕获事件流。

例 19.5 js(Event-bubbling1).html，说明了 Event 对象的起泡事件流，通过弹出消息框的顺序可以知道事件从目标节点一级一级向上上溯。

视频讲解

源代码如下：

```
<head>
    <title>起泡事件流</title>
    <script>
        window.onload=function() {
            window.onclick=function(){
                alert("window");
            }
            document.onclick=function(){
                alert("document");
            }
            document.getElementById("form").onclick=function(){
                alert("form");
            }
            document.getElementById("button").onclick=function(){
                alert("button");
            }
        }
    </script>
```

```
</head>
<body>
<form id="form">
    <input type="button" value="button" id="button">
</form>
</body>
```

例 **19.6**　js(Event-bubbling2).html，调用 Event 对象的 stopPropagation()方法终止事件的起泡。

源代码如下：

```
<head>
    <title>起泡阻止</title>
    <style>
        #form{width: 200px; height: 100px; border: solid 1px #0000FF;}
    </style>
    <script>
        window.onload=function() {
            window.onclick=function(event){
                event.stopPropagation();
                alert("window");
            }
            document.onclick=function(event){
                event.stopPropagation();
                alert("document");
            }
            document.getElementById("form").onclick=function(event){
                event.stopPropagation();
                alert("form");
            }
            document.getElementById("button").onclick=function(){
                alert("button");
            }
        }
    </script>
</head>
<body>
<form id="form">
    <input type="button" value="button" id="button">
</form>
</body>
```

❻ HTML DOM EventListener

使用 window.onclick=function(){alert("window");}方式只能给元素事件绑定一个处理行为，但在很多时候需要绑定多个处理行为到元素的一个事件上，而且还可能要动态地增/

删元素的某个事件处理行为，这时要用到 HTML DOM 的 addEventListener()方法和 removeEventListener()方法。

addEventListener()方法用于向指定元素添加事件行为，所添加的事件行为不会覆盖已存在的事件行为。用户可以向一个元素添加多个事件行为，也可以向一个元素添加多个同类型的事件行为，例如两个“click”事件。用户可以向任何 DOM 对象添加事件行为，而不仅仅是 HTML 元素，例如 window 对象。其语法如下：

```
element.addEventListener(event,function,useCapture);
```

第 1 个参数是事件的类型（例如“click”或“mousedown”）；第 2 个参数是事件触发后调用的函数；第 3 个参数是个布尔值，用于描述事件是冒泡还是捕获，该参数是可选的，默认值为 false，即起泡传递，当值为 true 时，事件使用捕获传递。

例如当用户重置窗口大小时添加事件行为：

```
window.addEventListener("resize", function(){
   document.getElementById("demo").innerHTML="您正在调整窗口大小";
});
```

提示：在事件类型前不要使用“on”前缀，例如使用“click”，而不是“onclick”。

removeEventListener()方法可以移除由 addEventListener()方法添加的事件行为。其语法如下：

```
element.removeEventListener(event,function,useCapture);
```

19.1.5 Checkbox 和 Radio 对象

Checkbox 对象表示表单中的复选框，复选框表示在一组选择框中可以不选或任选。在文档中<input type="checkbox">每出现一次，Checkbox 对象就会被创建。

Radio 对象表示表单中的单选按钮。<input type="radio">每出现一次，一个 Radio 对象就会被创建。单选按钮表示一组互斥选项按钮中的一个，当一个按钮被选中时，之前选中的按钮就变为非选中。

❶ Checkbox 和 Radio 对象的属性

表 19.11 列出了 Checkbox 和 Radio 对象的属性。

表 19.11 Checkbox 和 Radio 对象的属性

属　性	描　述
checked	Checkbox、Radio 是否应被选中
defaultChecked	Checkbox、Radio 属性的默认值
disabled	Checkbox、Radio 是否被禁用
form	包含 Checkbox、Radio 的表单
id	Checkbox、Radio 的 id
name	Checkbox、Radio 的名称
type	Checkbox、Radio 的表单元素类型
value	Checkbox、Radio 的 value 属性值

❷ Checkbox 和 Radio 对象的方法

表 19.12 列出了 Checkbox 和 Radio 对象的方法，很多表单元素都有这些方法。

表 19.12　Checkbox 和 Radio 对象的方法

方　法	描　述	方　法	描　述
blur()	从元素上移开焦点	focus()	元素获得焦点
click()	模拟鼠标单击一次		

【例】19.7　js(Checkbox).html，说明了 Checkbox 对象的主要属性和方法的使用。选中两个复选框，单击【确定】按钮，在文本框中显示选中的结果，如图 19.6 所示。

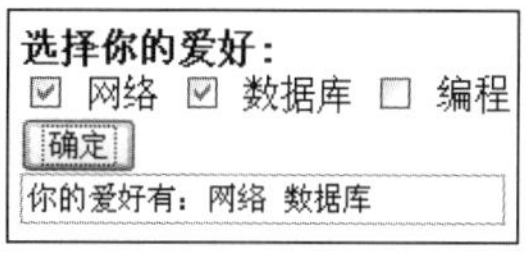

选择你的爱好：
☑ 网络 ☑ 数据库 ☐ 编程
确定
你的爱好有：网络 数据库

图 19.6　js(Checkbox).html 示意图

源代码如下：

视频讲解

```
<head>
<title>Checkbox 对象</title>
<script>
window.onload=function(){
    document.getElementById("btn").onclick=function(){
        createOrder();}
    }
function createOrder(){
    aInterest=document.forms[0].interest;
    sStr="";
    for (iCv=0;iCv<aInterest.length;iCv++){
        if (aInterest[iCv].checked){
            sStr+=aInterest[iCv].value + " ";
            }
        }
    document.getElementById("interest").value="你的爱好有: " + sStr;
}
</script>
</head>
<body>
<form>
  <label class="contact"><strong>选择你的爱好:</strong></label>  <br />
  <label>网络</label>
    <input type="checkbox" name="interest" value="网络" id="interest_0" />
  <label>数据库</label>
    <input type="checkbox" name="interest" value="数据库" id="interest_1" />
  <label>编程</label>
    <input type="checkbox" name="interest" value="编程" id="interest_2" />
    <br />
  <input type="button" id="btn" value="确定" /><br />
  <input type="text" id="interest" size="28" />
```

```
</form>
</body>
```

视频讲解

例 **19.8** js(Radio).html，说明了 Radio 对象的主要属性和方法的使用。单击任一单选按钮，在文本框中显示选中的浏览器，如图 19.7 所示。

图 19.7 js(Radio).html 示意图

源代码如下：

```
<head>
<title>Radio 对象</title>
<script>
window.onload=function(){
    document.getElementById("browser1").onclick=function(){
        check(this.value);}
    document.getElementById("browser2").onclick=function(){
        check(this.value);}
    document.getElementById("browser3").onclick=function(){
        check(this.value);}
    document.getElementById("browser4").onclick=function(){
        check(this.value);}
    }
function check(browser){
    document.getElementById("answer").value=browser;}
</script>
</head>
<body>
<form>
  <label>你喜欢哪款浏览器？</label>
  <br />
  <input type="radio" name="browser" id="browser1" value="Internet
  Explorer" />
  Internet Explorer<br />
  <input type="radio" name="browser" id="browser2" value="Firefox" />
  Firefox<br />
  <input type="radio" name="browser" id="browser3" value="Chrome" />
  Chrome<br />
  <input type="radio" name="browser" id="browser4" value="Opera" />Opera<br />
  <label>你喜欢的浏览器是：</label>
  <input type="text" id="answer" size="16" />
</form>
</body>
```

19.1.6 FileUpload 对象

在文档中<input type="file">每出现一次，FileUpload 对象就会被创建。该对象包含一个文本输入字段，用来输入上传的文件名，还有一个按钮，用来打开文件选择对话框选择文件。

为了安全，FileUpload 不允许指定默认文件名，value 属性是只读的，只有用户可以输入文件名，value 属性保存了用户选择文件的名称。当用户选择或编辑一个文件名时，FileUpload 对象会触发 onchange 事件。

提示： FileUpload 对象只是选择上传文件的文件名，当提交表单时并没有提供可以上传文件或数据的方法，需要另外处理。

表 19.13 列出了 FileUpload 对象的属性。

表 19.13　FileUpload 对象的属性

属　　性	描　　述
accept	传输文件的 MIME 类型列表（用逗号分隔）
disabled	是否禁用 FileUpload 对象
form	包含 FileUpload 对象的表单
id	FileUpload 对象的 id
name	FileUpload 对象的名称
type	表单元素类型。对于 FileUpload 是"file"
value	FileUpload 对象的文件名

例 19.9　js(FileUpload).html，说明了 FileUpload 对象的主要属性和方法的使用。在这个例子中，如果上传的文件不是 jpg 格式的图像文件会给予提示，如图 19.8 所示。

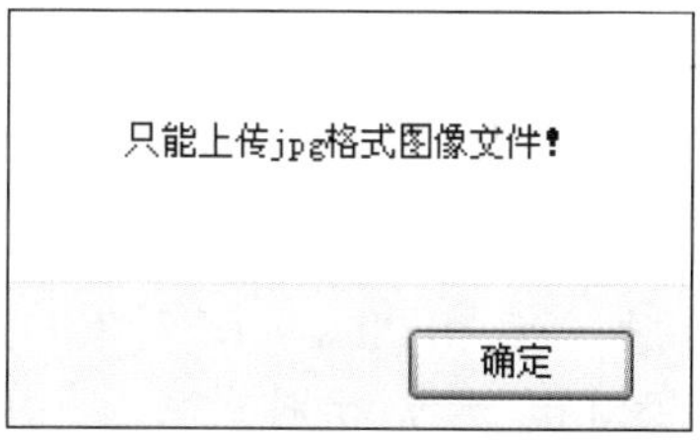

只能上传jpg格式图像文件!

确定

图 19.8　js(FileUpload).html 示意图

源代码如下：

```
<head>
<title>FileUpload 对象</title>
<script>
window.onload=function(){
    document.getElementById("file1").
    onchange=function(){
        checkfiletype();}
    }
function checkfiletype(){
    var oEfile1=new String(document.getElementById("file1").value);
    var sXe=oEfile1.substring(oEfile1.lastIndexOf(".")+1);
    if(sXe!="jpg" && sXe!="JPEG" && sXe!="jpeg" && sXe!="JPEG"){
        alert("只能上传 jpg 格式图像文件! ");
        }
    else{
        document.getElementById("file1").accept="image/jpeg";
        document.write("文件上传中");
        }
    }
</script>
```

```
</head>
<body>
<form>
  <label>选择文件：</label><input type="file" id="file1" />
</form>
</body>
```

19.1.7 Text 和 Password 对象

Text 对象表示表单中的文本输入域。在表单中<input type="text">每出现一次，Text 对象就会被创建。该元素可创建一个单行的文本输入字段，当用户编辑文本并把焦点转移到其他元素的时候会触发 onchange 事件。

Password 对象表示表单中的密码字段。<input type="password">标签在表单上每出现一次，一个 Password 对象就会被创建。该文本输入字段供用户输入某些敏感的数据，例如密码等，当用户输入的时候输入被掩盖（例如使用星号*），以防止旁边的人看到输入的内容。

❶ Text 和 Password 对象的属性

表 19.14 列出了 Text 和 Password 对象的属性。

表 19.14 Text 和 Password 对象的属性

属　性	描　述	属　性	描　述
defaultValue	文本域的默认值	name	文本域的名称
disabled	文本域是否被禁用	readOnly	文本域是否为只读的
form	包含文本域的表单	size	文本域允许输入的字符数
id	文本域的 id	type	返回文本域的表单元素类型
maxLength	文本域中的最大字符数	value	文本域的 value 属性值

❷ Text 和 Password 对象的方法

Text 和 Password 对象主要使用 select()方法，该方法选取文本域中的内容。

视频讲解

例 19.10　js(Text).html，说明了 Text 对象的主要属性和方法的使用，如图 19.9 所示。单击【选择文本】按钮，则自动将文本框中的文字选中。在下面的 3 个文本框中，当输入达到文本框最大长度时将自动跳到下一个文本框，如图 19.10 所示。

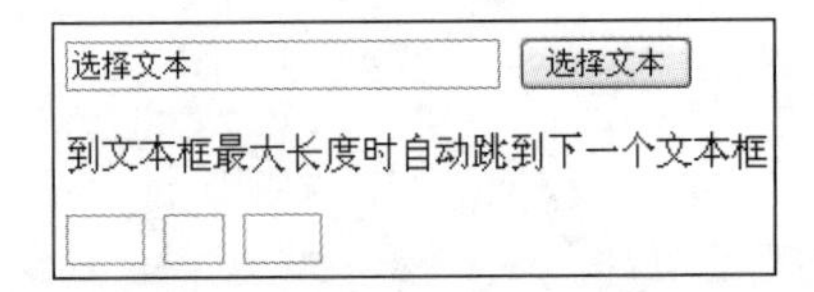

图 19.9　js(Text).html 示意图 1

图 19.10　js(Text).html 示意图 2

源代码如下：

```
<head>
<title>Text 对象</title>
<script>
window.onload=function(){
    document.getElementById("btn").onclick=function(){
```

```
        document.getElementById("myText").select();}
    document.getElementById("t1").onkeyup=function(){
        checkLen(this,this.value);}
    document.getElementById("t2").onkeyup=function(){
        checkLen(this,this.value);}
    document.getElementById("t3").onkeyup=function(){
        checkLen(this,this.value);}
    }
function checkLen(oEtext,sStr){
    if (sStr.length==oEtext.maxLength){
        var iNext=oEtext.tabIndex;
        if (iNext<document.getElementById("myForm").length){
    document.getElementById("myForm").elements[iNext].focus();
            }
        }
    }
</script>
</head>
<body>
<form>
  <input size="25" type="text" id="myText" value="选择文本" />
  <input type="button" value="选择文本" id="btn" />
</form>
<p>到文本框最大长度时自动跳到下一个文本框</p>
<form id="myForm">
  <input size="3" tabindex="1" maxlength="3" id="t1" />
  <input size="2" tabindex="2" maxlength="2" id="t2" />
  <input size="3" tabindex="3" maxlength="3" id="t3" />
</form>
</body>
```

19.1.8　Textarea 对象

Textarea 对象表示表单中的一个文本区。在表单中<textarea>标签每出现一次，一个 Textarea 对象就会被创建。Textarea 对象的属性和方法与 Text 对象基本相同，不同的是 Textarea 对象多了两个属性——rows、cols。表 19.15 列出了 Textarea 对象的属性。

表 19.15　Textarea 对象的属性

属　　性	描　　述
cols	Textarea 的列宽
rows	Textarea 的行数

19.1.9　Select 和 Option 对象

Select 对象表示表单中的下拉列表。在表单中<select>标签每出现一次，一个 Select 对象就会被创建。

Option 对象表示表单中下拉列表中的选项。在表单中<option>标签每出现一次，一个 Option 对象就会被创建。

❶ Select 对象的属性

表 19.16 列出了 Select 对象的属性。

表 19.16　Select 对象的属性

属　　性	描　　述	属　　性	描　　述
options[]	下拉列表中的所有选项集合	multiple	是否选择多个项目
disabled	是否应禁用下拉列表	name	下拉列表的名称
form	包含下拉列表的表单	selectedIndex	下拉列表中被选项目的索引号
id	下拉列表的 id	size	下拉列表中的可见行数
length	下拉列表中的选项数目	type	返回下拉列表的表单类型

❷ Select 对象的方法

表 19.17 列出了 Select 对象的方法。

表 19.17　Select 对象的方法

方　　法	描　　述
add(option,before)	向下拉列表中添加一个选项。option 必需，是要添加的选项，必须是 option 或 optgroup 元素。before 必需，表示在选项数组的该元素之前增加新的元素，如果该参数是 null，元素添加到选项数组的末尾
remove(index)	从下拉列表中删除一个选项。index 必需，规定要删除的选项的索引号

❸ Option 对象的属性

表 19.18 列出了 Option 对象的属性。

表 19.18　Option 对象的属性

属　　性	描　　述
defaultSelected	selected 属性的默认值
disabled	选项是否被禁用
index	下拉列表中某个选项的索引位置
label	选项的标记（仅用于选项组）
selected	selected 属性值
text	某个选项的纯文本值
value	被送往服务器的值

例 19.11　js(Select).html，使用了 Select 和 Option 对象的主要属性和方法，通过选中下拉列表项在文本框中显示选中的内容，如图 19.11 所示。

视频讲解

选择常用的浏览器：Internet Explorer
常用的浏览器是：Internet Explorer
选择数字：4 --> 4

图 19.11　js(Select).html 示意图

源代码如下：

```
<head>
<title>Select 对象</title>
<script>
window.onload=function(){
    document.getElementById("incommonusage").value=document.getElementBy
Id("myList").options[0].text;
    document.getElementById("myList").onchange=function(){
    document.getElementById("incommonusage").value=document.getElementBy
    Id("myList").options[document.getElementById("myList").selectedIndex].
    text;}
    document.getElementById("btn").onclick=function(){
        moveNumbers();}
    }
function moveNumbers(){
    var oNum=document.getElementById("num");
    var sOption=oNum.options[oNum.selectedIndex].text;
    var sStr=document.getElementById("result").value;
    sStr+=sOption;
    document.getElementById("result").value=sStr;
    }
</script>
</head>
<body>
<form>
  <label>选择常用的浏览器：</label>
  <select id="myList">
    <option>Internet Explorer</option>
    <option>Chrome</option>
    <option>Firefox</option>
  </select><br />
  <label>常用的浏览器是：</label>
  <input type="text" id="incommonusage" size="20" />
</form>
<form>
  <label>选择数字：</label>
  <select id="num">
    <option>0</option><option>1</option>
    <option>2</option><option>3</option>
    <option>4</option><option>5</option>
    <option>6</option><option>7</option>
    <option>8</option><option>9</option>
  </select>
  <input type="button" id="btn" value="--&gt;" />
  <input type="text" id="result" size="20" />
```

```
</form>
</body>
```

19.1.10 Submit、Reset 和 Button 对象

Submit 对象表示表单中的提交按钮。在表单中<input type="submit">标签每出现一次，一个 Submit 对象就会被创建。当触发 onclick 事件时，响应事件的行为系统已提供，即提交表单的内容。

Reset 对象表示表单中的重置按钮。在表单中<input type="reset">标签每出现一次，一个 Reset 对象就会被创建。当重置按钮被单击时，包含它的表单中的所有输入元素的值都重置为默认值。默认值由 HTML value 属性或 JavaScript 的 defaultValue 属性指定。

Button 对象表示文档中的按钮。在文档中<input type="button">标签每出现一次，一个 Button 对象就会被创建，该元素没有默认的行为。

表 19.19 列出了 Submit、Reset 和 Button 对象的属性。

表 19.19　Submit、Reset 和 Button 对象的属性

属　性	描　述	属　性	描　述
disabled	是否禁用按钮	name	按钮的名称
form	包含该按钮的表单	type	按钮的表单元素类型
id	按钮的 id	value	在按钮上显示的文本

例 19.12　js(Button).html，使用了 Submit、Reset 和 Button 对象的主要属性和方法。单击【禁用】按钮，该按钮不可用，变为灰色，并显示按钮的 id 和 type 属性信息，如图 19.12 所示。

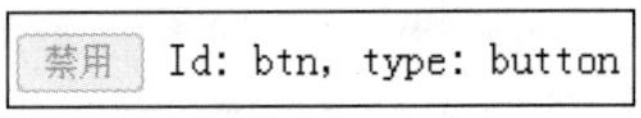

禁用　Id: btn, type: button

图 19.12　js(Button)示意图

源代码如下：

```
<head>
<title>Button 对象</title>
<script>
window.onload=function(){
    document.getElementById("btn").onclick=function(){
        var sStr="Id: " + document.getElementById("btn").id+", type: " +
        document.getElementById("btn").type;
        document.getElementById("btn").disabled=true;
        document.getElementById("lbl").innerHTML=sStr;
        }
    }
</script>
</head>
<body>
<form>
  <input type="button" id="btn" value="禁用" />
  <label id="lbl"></label>
```

```
</form>
</body>
```

19.1.11　Form 对象

Form 对象代表一个表单。在文档中<form>每出现一次，Form 对象就会被创建。

❶ Form 对象的属性

表 19.20 列出了 Form 对象的属性。

表 19.20　Form 对象的属性

属　　性	描　　述
elements[]	表单中所有元素的集合
action	表单的 action 属性
enctype	设置或返回用于编码表单内容的 MIME 类型。如果表单没有 enctype 属性，那么提交文本时的默认值是"application/x-www-form-urlencoded"。当 input type 为"file"时，值是"multipart/form-data"
id	表单的 id
length	表单中的元素数目
method	将数据发送到服务器的 HTTP 方法
name	表单的名称

❷ Form 对象的方法

表 19.21 列出了 Form 对象的方法。

表 19.21　Form 对象的方法

方　　法	描　　述
reset()	把表单的所有输入元素重置为默认值
submit()	提交表单

❸ Form 对象的事件

表 19.22 列出了 Form 对象的事件。

表 19.22　Form 对象的事件

事　　件	描　　述
onreset	在重置表单元素之前调用
onsubmit	在提交表单之前调用。如果 onsubmit 返回 false，表单的元素不会提交。如果该函数返回其他值或什么都没有返回，则表单会被提交

例 19.13　js(Form).html，使用了 Form 对象的主要属性和方法，对表单元素数据的合法性进行校验，如图 19.13 所示。在表单里输入内容，如果不符合要求，将弹出消息框进行提示。

名字（1-10个字符）： 12345678900
年龄（从1到100）：
电子邮件：
提交

图 19.13　js(Form).html 示意图

源代码如下：

```
<head>
<title>Form 对象</title>
```

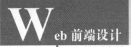

```
<script>
window.onload=function(){
    document.getElementById("name").focus();
    document.getElementById("form1").onsubmit=function(){return
    validate();}
    }
function validate(){
    var iEamil=document.getElementById("email").value.indexOf("@");
    var sAge=document.getElementById("age").value;
    var sName=document.getElementById("name").value;
    if (sName.length>10 || sName.length<=0){
        alert("最多 1-10 个字符。");
        document.getElementById("name").focus();
        return false;   }
    if (isNaN(sAge)||sAge<1||sAge>100){
        alert("年龄必须是 1 到 100 的数字。");
        document.getElementById("age").focus();
        return false;   }
    if (iEamil==-1){
        alert("不是有效的电子邮件地址。");
        document.getElementById("email").focus();
        return false;   }
    return true;
    }
</script>
</head>
<body>
<form action=""  id="form1">
  <label>名字（1-10 个字符）：</label>
  <input type="text" id="name" size="10" /><br />
  <label>年龄（从 1 到 100）：</label>
  <input type="text" id="age" size="3" /><br />
  <label>电子邮件：</label>
  <input type="text" id="email" size="21" /><br />
  <input type="submit" value="提交" />
</form>
</body>
```

19.1.12 一个小游戏——剪子石头布

设计完成一个剪子石头布的游戏，玩家会在布、剪子、石头图案中选择一个，然后系统产生一个 1～3 的随机数，1 表示布，2 表示剪子，3 表示石头，和玩家的选择进行比较，记录玩家的输赢和积分，共 10 个回合，游戏结束。游戏结束后，可以让玩家选择再次开始。

例 19.14　首先建立 js(finger-guessing game).html 页面，如图 19.14 所示。

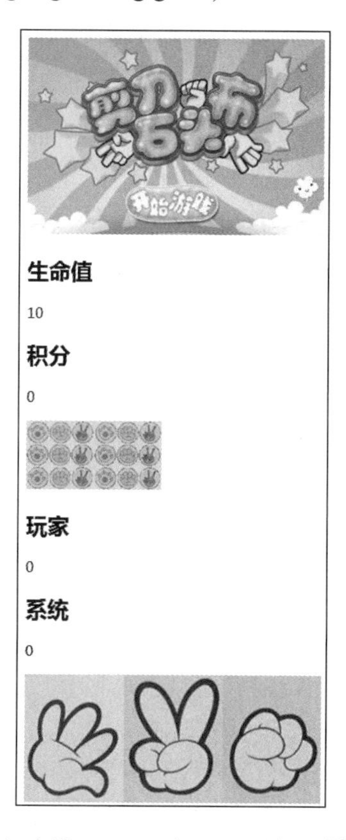

图 19.14　js(finger-guessing game).html 示意图 1

源代码如下：

```
<head>
    <title>剪子石头布</title>
    <script src="js/finger-guessing%20game.js"></script>
    <link href="css/finger-guessing%20game.css" type="text/css" rel=
    "stylesheet">
</head>
<body>
<div id="guess">
    <!--游戏开始界面-->
    <div id="start"><img src="images/start.jpg" id="startgame"></div>
    <!--游戏记录界面-->
    <div id="display">
        <div class="text">
            <h2>生命值</h2>
            <p id="guesscount">10</p>
            <h2>积分</h2>
            <p id="integral">0</p>
        </div>
```

```
        <!--显示系统和玩家选择（剪子石头布）的图像-->
        <img src="images/noselect.jpg" id="system"><img src="images/
        noselect.jpg" id="player">
        <div class="text">
            <h2>玩家</h2>
            <p id="playerwincount">0</p>
            <h2>系统</h2>
            <p id="systemwincount">0</p>
        </div>
    </div>
    <!--玩家选择界面-->
    <div id="select">
        <img src="images/1.jpg" id="playerselect1" title="布"><img src=
        "images/2.jpg" id="playerselect2" title="剪子"><img
            src="images/3.jpg"
            id="playerselect3" title="石头">
    </div>
    <!--游戏结束界面-->
    <div id="over"></div>
</div>
</body>
```

然后建立样式文件“css/finger-guessing game.css”声明样式，样式如下：

```
* {padding: 0px;margin: 0px;}
body {font-family: "微软雅黑", "sans-serif";}
#start {cursor: pointer;}
#guess {
    max-width: 330px;min-width: 260px;
    margin: 0 auto;
    height: 215px;
    overflow: hidden;         /*溢出部分不可见*/
}
#over {
    max-width: 330px;min-width: 260px;
    height: 215px;
    background-image: url("../images/over.jpg");
}
#display, #select {
    /*采用 flex 布局，子元素水平和垂直都居中*/
    flex-flow: row wrap;
    justify-content: center;
    align-items: center;display: none;
}
.text {background-color: #6CD5CB;min-width: 91px;}
.text p {color: #FFFFFF;}
```

```
h2, p {text-align: center;}
h2 {font-size:0.8rem;}
/*玩家选择剪子石头布图像时的不透明过渡效果*/
img[id^="playerselect"] {
    transition: opacity 1s ease;
    cursor: pointer;
    opacity: 0.5;
}
img[id^="playerselect"]:hover {opacity: 1;}
#system, #player {
    max-width: 72px;min-width: 72px;
    max-height: 80px;min-height: 80px;
}
#system,#player{margin:0 1px;}
/*为后添加的元素预设的样式*/
#overmessage {
    color: #FFFFFF;font-size: 1.2rem;padding-top: 95px;
}
```

最后建立脚本文件“js/finger-guessing game.js”，游戏运行效果如图 19.15 所示。代码如下：

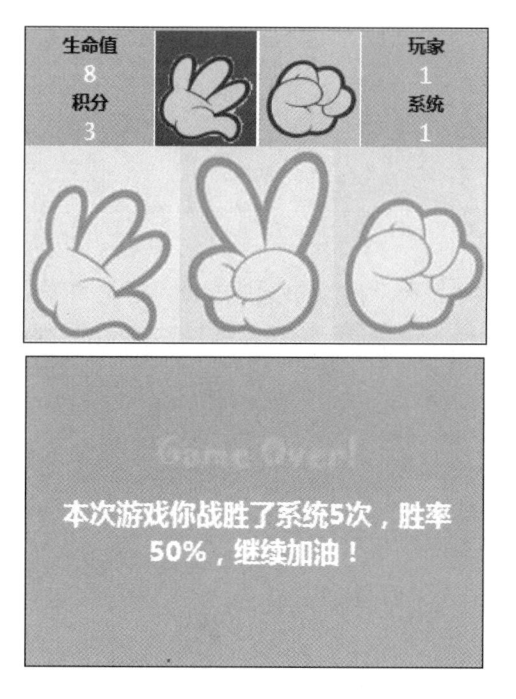

图 19.15 js(finger-guessing game).html 示意图 2

```
var iGuesscount;          //生命值
var iPlayerwincount;      //玩家赢的次数
var iSystemwincount;      //系统赢的次数
```

```
var iIntegral;          //积分
window.onload=function() {
    document.getElementById("startgame").addEventListener("click", start);
    //开始游戏进行初始化设置
    function start() {
        iGuesscount=10;
        iPlayerwincount=0;
        iSystemwincount=0;
        iIntegral=0;
        document.getElementById("guesscount").textContent=iGuesscount.
        toString();
        document.getElementById("playerwincount").textContent=
        iPlayerwincount.toString();
        document.getElementById("systemwincount").textContent=
        iSystemwincount.toString();
        document.getElementById("integral").textContent=iIntegral.
        toString();
        document.getElementById("start").style.display="none";
        document.getElementById("display").style.display="flex";
        document.getElementById("select").style.display="flex";
        document.getElementById("system").src="images/noselect.jpg";
        document.getElementById("player").src="images/noselect.jpg";
    }

    document.getElementById("playerselect1").addEventListener("click",
    function() {
        submitguess(1);
    });
    document.getElementById("playerselect2").addEventListener("click",
    function() {
        submitguess(2);
    });
    document.getElementById("playerselect3").addEventListener("click",
    function() {
        submitguess(3);
    });
    //计算系统赢的次数
    function fSystemwin() {
        iSystemwincount++;
        document.getElementById("systemwincount").textContent=
        iSystemwincount.toString();
    }
    //计算玩家赢的次数
    function fPlayerwin() {
        iPlayerwincount++;
```

```
        document.getElementById("playerwincount").textContent=
        iPlayerwincount.toString();
    }
    //计算积分
    function integral(add) {
        iIntegral+=add;
        document.getElementById("integral").textContent = iIntegral
        .toString();
    }
    //根据玩家选择进行处理
    function submitguess(guess) {
        system=Math.floor(Math.random() * 3 + 1);
        document.getElementById("system").src="images/" + system
        .toString() + "1.jpg";
        document.getElementById("player").src="images/" + guess.toString()
        + ".jpg";
        if (guess==1) {
            if (system==1) {integral(1);}
            if (system==2) {fSystemwin();}
            if (system==3) {fPlayerwin();integral(3);}
        }
        if (guess==2) {
            if (system==1) {fPlayerwin();integral(3);}
            if (system==2) {integral(1);}
            if (system==3) {fSystemwin();}
        }
        if (guess==3) {
            if (system==1) {fSystemwin();}
            if (system==2) {fPlayerwin();integral(3);}
            if (system==3) {integral(1);}
        }
        iGuesscount--;
        document.getElementById("guesscount").textContent=iGuesscount
        .toString();
        //生命值为 0，游戏结束并处理
        if (iGuesscount==0) {
            document.getElementById("start").style.display="none";
            document.getElementById("display").style.display="none";
            document.getElementById("select").style.display="none";
            var h2=document.createElement('h2');
            h2.textContent="本次游戏你战胜了系统" + iPlayerwincount.toString()
            + "次，胜率" + (iPlayerwincount / 10 * 100).toString() + "%，继续
            加油！";
            h2.setAttribute("id", "overmessage");
            document.getElementById('over').appendChild(h2);
```

```
        }
    }

    document.getElementById("over").addEventListener("click", end);
    //回到游戏开始
    function end() {
        document.getElementById("start").style.display="flex";
        var oH2=document.getElementById("overmessage");
        oH2.parentNode.removeChild(oH2);
    }
}
```

19.2 RegExp 对象

RegExp 对象表示正则表达式，一个正则表达式就是由普通字符（例如字符 a 到 z）以及特殊字符（称为元字符）组成的文字模式。该模式描述在查找文字主体时待匹配的一个或多个字符串。正则表达式作为一个模板，将某个字符模式与所搜索的字符串进行匹配。正则表达式的主要用途如下：

（1）测试字符串的某个模式。例如，可以对一个输入字符串进行测试，看该字符串是否存在一个电话号码模式或一个信用卡号码模式，称为数据有效性验证。

（2）替换文本。例如，可以在文档中使用一个正则表达式来标识特定文字，然后全部将其删除，或者替换为其他文字。

（3）根据模式匹配从字符串中提取一个子字符串。

在 ECMAScript 中有以下两种方法声明正则表达式。

（1）直接量语法：

```
var sRegExp=/pattern/attributes
```

（2）创建 RegExp 对象的语法：

```
var sRegExp=new RegExp(pattern,attributes);
```

其中，参数 pattern 是一个字符串，指定了正则表达式；attributes 是一个可选的字符串，包含属性“g”“i”和“m”，分别用于指定全局查找（查找所有匹配而非在找到第 1 个匹配后停止）、忽略大小写查找和多行查找。

这两个声明都返回一个新的 RegExp 对象，具有指定的模式和标志。

❶ pattern 字符串

1）方括号

方括号用于查找某个范围内的字符，表 19.23 列出了 RegExp 正则表达式方括号。

2）元字符

元字符（Metacharacter）是拥有特殊含义的字符，表 19.24 列出了 RegExp 正则表达式元字符。

表 19.23　RegExp 正则表达式方括号

表 达 式	描　　述	表 达 式	描　　述
[abc]	查找方括号之间的任何字符	[a-Z]	查找任何从小写 a 到大写 Z 的字符
[^abc]	查找任何不在方括号之间的字符	[adgk]	查找给定集合内的任何字符
[0-9]	查找任何从 0 到 9 的数字	[^adgk]	查找给定集合外的任何字符
[a-z]	查找任何从小写 a 到小写 z 的字符	[red|blue|green]	查找任何指定的选项
[A-Z]	查找任何从大写 A 到大写 Z 的字符		

表 19.24　RegExp 正则表达式元字符

元　字　符	描　　述
.	查找单个字符，除了换行和行结束符
\w	查找单词字符
\W	查找非单词字符
\d	查找数字
\D	查找非数字字符
\s	查找空白字符
\S	查找非空白字符
\b	查找位于单词的开头或结尾的匹配
\B	查找不处在单词的开头或结尾的匹配
\0	查找 NUL 字符
\n	查找换行符
\f	查找换页符
\r	查找回车符
\t	查找制表符
\v	查找垂直制表符
\xxx	查找以八进制数 xxx 规定的字符
\xdd	查找以十六进制数 dd 规定的字符
\uxxxx	查找以十六进制数 xxxx 规定的 Unicode 字符

3）量词

表 19.25 列出了 RegExp 正则表达式量词。

表 19.25　RegExp 正则表达式量词

量　　词	描　　述
n+	查找任何包含至少一个 *n* 的字符串
*n**	查找任何包含零个或多个 *n* 的字符串
n?	查找任何包含零个或一个 *n* 的字符串
n{*X*}	查找包含 *X* 个 *n* 的序列的字符串
n{*X*,*Y*}	查找包含 *X* 或 *Y* 个 *n* 的序列的字符串
n{*X*,}	查找包含至少 *X* 个 *n* 的序列的字符串
n$	查找任何结尾为 *n* 的字符串
^*n*	查找任何开头为 *n* 的字符串
?=*n*	查找任何其后紧接指定字符串 *n* 的字符串
?!*n*	查找任何其后没有紧接指定字符串 *n* 的字符串

❷ RegExp 对象的属性

表 19.26 列出了 RegExp 正则表达式属性。

表 19.26　RegExp 正则表达式属性

属　性	描　述
global	RegExp 对象是否具有标志 g
ignoreCase	RegExp 对象是否具有标志 i
lastIndex	一个整数，标识开始下一次匹配的字符位置
multiline	RegExp 对象是否具有标志 m
source	正则表达式的源文本

❸ RegExp 对象的方法

表 19.27 列出了 RegExp 正则表达式方法。

表 19.27　RegExp 正则表达式方法

方　法	描　述
compile(regexp,modifier)	编译正则表达式，也可用于改变和重新编译正则表达式。regexp 为正则表达式。modifier 规定匹配的类型。“g”用于全局匹配，“i”用于区分大小写，“gi”用于全局区分大小写的匹配
exec(string)	检索字符串中指定的值，返回找到的值，并确定其位置。如果返回一个数组，其中存放匹配的结果。如果未找到匹配，则返回值为 null
test(string)	检索字符串中指定的值。如果字符串 string 中含有与正则表达式匹配的文本，则返回 true，否则返回 false

19.3　叮叮书店“联系我们”页面的表单数据验证

视频讲解

启动 WebStorm，打开叮叮书店项目“联系我们”页面 contact.html 和样式文件 style.css（在第 14.3 节建立），在 js 目录下新建 contact.js 脚本文件（操作步骤参照第 17.5 节），添加对“联系我们”页面（contact.html）表单数据的有效性进行验证的程序，验证数据包括姓名、电子邮件、电话和公司，这 4 个数据为必填项，不允许为空，姓名必须是 2～4 个中文字符，电话格式为区号-号码，区号为 3～4 位数字，号码为 7～8 位数字，电子邮件地址格式要符合要求，数据有效性验证完成后提交表单。

进入到 contact.html 编辑区，对姓名、电子邮件和电话输入值的有效性通过添加 pattern 属性正则表达式进行验证，将姓名、电子邮件和电话 3 个<input>标签分别修改如下。

```
<input type="text" name="name" id="name" required="required" pattern="^
[\u4e00-\u9fa5][\u4e00-\u9fa5]{0,2}[\u4e00-\u9fa5]$" placeholder="名字需
2～4 个中文字符！" autofocus="autofocus" class="contact-input">
<input type="email" name="dzyj" id="dzyj" required="required" placeholder=
"电子邮件地址格式！" class="contact-input">
<input type="text" name="telephone" id="telephone" required="required"
pattern="^[0-9][0-9]{2,3}[-][0-9]{6,7}[0-9]$" placeholder="固定电话格式为区
号-号码！" class="contact-input">
```

将光标定位到“</fieldset>”按回车键，输入下列代码。

```
<fieldset class="contact-form" id="message">
    <legend class="form-subtitle">您提交了以下信息</legend>
    <div id="submitmessage"></div>
</fieldset>
```

将光标定位到“<link href="style.css" rel="stylesheet">”按回车键，输入下列代码。

```
<script src="js/contact.js"></script>
```

切换到样式文件 style.css 编辑区，定义下面样式。

```
#message{visibility:hidden;}
#submitmessage{padding: 5px 10px;}
```

进入到 contact.js 编辑区，添加如下程序，效果如图 19.16 所示。

```
window.onload = function() {
    //让姓名文本框获得焦点
    document.getElementById("name").focus();
    if(document.getElementById("contact")!=null){
        document.getElementById("contact").onsubmit=function(){
            var sName=document.getElementById("name").value;
            var sDzyj=document.getElementById("dzyj").value;
            var sTelephone=document.getElementById("telephone").value;
            var sCompany=document.getElementById("company").value;
            var oSex=document.getElementsByName("sex");
            //获得性别选项值
            for(iCv=0;iCv<oSex.length;iCv++){
                if(oSex.item(iCv).checked){
                    sSex=oSex.item(iCv).value;
                }
            }
            var oAge=document.getElementById("age");
            //获得年龄选项值
            for(iCv=0;iCv<oAge.options.length;iCv++){
                if(oAge.options[iCv].selected){
                    sAge=oAge.options[iCv].firstChild.nodeValue;
                }
            }
            var sInterest="";//获得爱好选项值
            var oInterest=document.getElementsByName("interest");
            for(iCv=0;iCv<oInterest.length;iCv++){
                if(oInterest.item(iCv).checked){
                    sInterest+=oInterest.item(iCv).value;
                }
            }
            document.getElementById("message").style.visibility=
```

```
                "visible";
                document.getElementById("submitmessage").innerHTML="<strong>
                姓名:"+sName+"<br>性别:"+sSex+"<br>年龄范围:"+sAge+"<br>爱
                好:"+sInterest+"<br>电子邮件:"+sDzyj+"<br>固定电话:"+sTelephone+
                "<br>公司:"+sCompany+"</strong>";
                return false;      //不提交表单
                /*return true;     //提交表单*/
            }
        }
    }
```

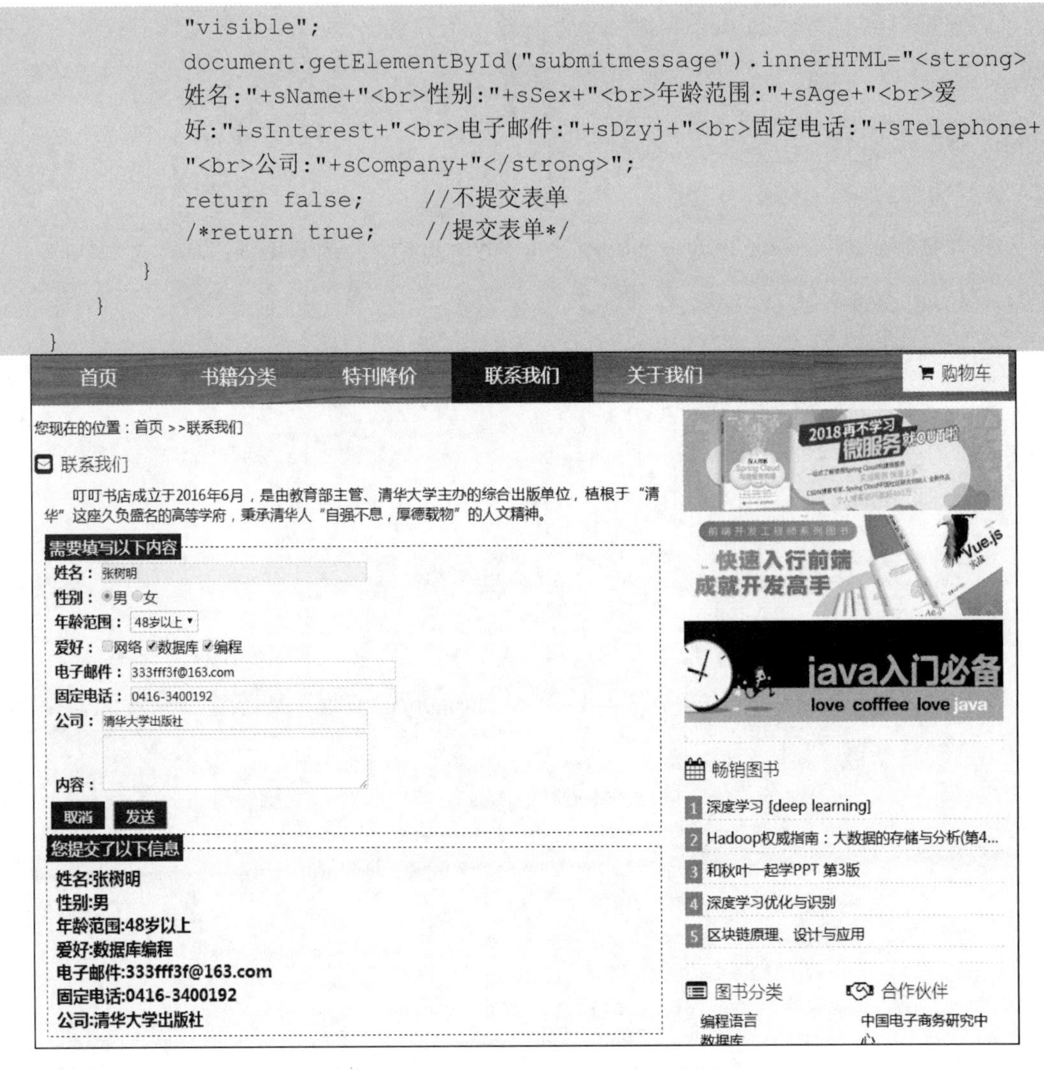

图 19.16　contact.html 提交表单示意图

19.4　小结

本章详细介绍了 HTML DOM 常用对象，介绍了正则表达式和如何正确地使用 ECMAScript 的正则表达式，最后详细介绍了叮叮书店“联系我们”页面表单验证的整个实现过程。

19.5　习题

❶ 选择题

（1）网页中有一个窗体，名称是 mainForm，该窗体对象的第 1 个元素是按钮，名称是

myButton，表述该按钮对象的方法是（　　）。

A．document.forms.myButton

B．document.mainForm.myButton

C．document.forms[0].element[0]

D．以上都可以

（2）不能与 onChange 事件处理相关联的表单元素有（　　）。

A．文本框　　B．复选框　　C．列表框　　D．按钮

（3）关于正则表达式声明 6 位数字邮编，以下代码正确的是（　　）。

A．var reg = /\d6/;　　B．var reg = \d{6}\;

C．var reg = /\d{6}/;　　D．var reg = new RegExp("d{6}");

（4）在下面的 JavaScript 语句中，（　　）实现检索当前页面的表单元素中的所有文本框，并将它们全部清空。

A．

```
for(var i=0;i<form1.elements.length;i++){
    if(form1.elements[i].type=="text")
        form1.elements[i].value="";}
```

B．

```
for(var i=0;i<document.forms.length;i++){
    if(forms[0].elements[i].type=="text")
     forms[0].elements[i].value="";}
```

C．

```
if(document.form.elements.type=="text")
    form.elements[i].value="";
```

D．

```
for(var i=0;i<document.forms.length; i++){
   for(var j=0;j<document.forms[i].elements.length; j++){
       if(document.forms[i].elements[j].type=="text")
           document.forms[i].elements[j].value="";   }
      }
```

（5）在表单（form1）中有一个文本框元素（fname），用于输入电话号码，格式如 010-82668155，要求前 3 位是 010，紧接一个“-”，后面是 8 位数字。在提交表单时，根据上述条件验证该文本框中输入内容的有效性，其中（　　）能实现。

A．

```
var str=form1.fname.value;
if(str.substr(0,4)!="010-" || str.substr(4).length!=8 ||
isNaN (parseFloat(str.substr(4))))
  alert("无效的电话号码！");
```

B.

```
var str=form1.fname.value;
if(str.substr(0,4)!="010-" && str.substr(4).length!=8 &&
isNaN(parseFloat(str.substr(4))))
   alert("无效的电话号码！");
```

C.

```
var str=form1.fname.value;
if(str.substr(0,3)!="010-" || str.substr(3).length!=8 ||
isNaN(parseFloat(str.substr(3))))
   alert("无效的电话号码！");
```

D.

```
var str=form1.fname.value;
if(str.substr(0,4)!="010-" && str.substr(4).length!=8 &&
!isNaN(parseFloat(str. substr(4))))
   alert("无效的电话号码！");
```

❷ 简答题

（1）常用 HTML DOM 对象有哪些？

（2）Document 对象的集合和方法有哪些？

（3）FileUpload 对象真能上传文件吗？

（4）如何确定 Select 对象能够多选？

（5）试着编写一个猜数字游戏，具体要求：游戏开始后，由系统随机产生一个 1～100 的整数，让玩家猜这个数是什么？每猜一次，系统提示玩家猜的数是大一些还是小一些，并记录玩家每次猜的数和次数，直到猜正确为止。然后重新开始游戏。

第 20 章

HTML5 DOM

HTML5 不仅对很多 HTML DOM 进行了扩充，而且增加了很多新的对象。本章首先详细介绍了 HTML5 的 Canvas 对象，接下来讨论了如何实现元素的拖放，最后介绍了如何在客户端进行数据存储。

本章要点：

- Canvas 对象。
- HTML5 拖放。
- HTML5 数据存储。

20.1 Canvas 对象

Canvas 对象用于在网页上绘制图形。在页面上放置一个 Canvas 对象，就相当于在页面上放置了一块“画布”，画布是一个矩形区域的 Canvas 对象，用户可以在其中描绘图形。Canvas 对象拥有多种绘制路径、矩形、圆形、字符以及添加图像的方法，这些方法的使用需要 JavaScript 脚本。

❶ Canvas 对象的属性

- height：画布的高度，值为像素或者窗口高度的百分比。当这个值改变的时候，在该画布上已经完成的任何绘图都会被擦除掉。其默认值是 300。
- width：画布的宽度，值为像素或者窗口宽度的百分比。当这个值改变的时候，在该画布上已经完成的任何绘图都会被擦除掉。其默认值是 300。

❷ Canvas 对象的方法

getContext(contextID)返回一个用于在画布上绘图的环境对象，参数 contextID 指定在画布上绘制的类型，目前唯一的值是“2d”，指定二维绘图，这个对象提供了很多属性和方法用于绘图。

表 20.1 列出了 Canvas 对象的主要属性。

表 20.1 Canvas 对象的主要属性

属　　性	描　　述
fillStyle	设置或返回用于填充绘画的颜色、渐变或模式
strokeStyle	设置或返回用于笔触的颜色、渐变或模式
shadowColor	设置或返回用于阴影的颜色
shadowBlur	设置或返回用于阴影的模糊级别
shadowOffsetX	设置或返回阴影距形状的水平距离
shadowOffsetY	设置或返回阴影距形状的垂直距离
lineCap	设置或返回线条的结束端点样式
lineJoin	设置或返回两条线相交时所创建的拐角类型
lineWidth	设置或返回当前的线条宽度
miterLimit	设置或返回最大斜接长度

表 20.2 列出了 Canvas 对象的主要方法。

表 20.2 Canvas 对象的主要方法

方　　法	描　　述
createLinearGradient(x0,y0,x1,y1)	创建线性渐变（用在画布内容上） x0：渐变开始点的 *x* 坐标；y0：渐变开始点的 *y* 坐标 x1：渐变结束点的 *x* 坐标；y1：渐变结束点的 *y* 坐标
createPattern(image,"repeat|repeat-x|repeat-y|no-repeat")	在指定的方向上重复指定的元素 image：规定要使用的图片、画布或视频元素 repeat：默认，在水平和垂直方向重复 repeat-x：只在水平方向重复 repeat-y：只在垂直方向重复 no-repeat：只显示一次（不重复）
createRadialGradient(x0,y0,r0,x1,y1,r1)	创建放射状/环形的渐变（用在画布内容上） x0：渐变的开始圆的 *x* 坐标；y0：渐变的开始圆的 *y* 坐标；r0：开始圆的半径 x1：渐变的结束圆的 *x* 坐标；y1：渐变的结束圆的 *y* 坐标；r1：结束圆的半径
addColorStop(stop,color)	规定渐变对象中的颜色和停止位置 stop：0.0～1.0 的值，表示渐变中开始与结束之间的位置 color：在结束位置显示的 CSS 颜色值
rect(x,y,width,height)	创建矩形 x：矩形左上角的 *x* 坐标；*y*：矩形左上角的 *y* 坐标 width：矩形宽度；height：矩形高度，单位为像素
fillRect(x,y,width,height)	绘制“被填充”的矩形
strokeRect(x,y,width,height)	绘制矩形（无填充）
clearRect(x,y,width,height)	在给定的矩形内清除指定的像素

续表

方 法	描 述
drawImage(img,sx,sy,swidth,sheight,x,y,width,height)	向画布上绘制图像、画布或视频 img：规定要使用的图像、画布或视频 sx：可选，剪切的 x 坐标；sy：可选，剪切的 y 坐标 swidth：可选，被剪切图像的宽度；sheight：可选，被剪切图像的高度 x：在画布上放置图像的 x 坐标位置；y：在画布上放置图像的 y 坐标位置 width：可选，图像的宽度；height：可选，图像的高度（伸展或缩小图像）
toDataURL()	把绘画的状态输出到一个 dataURL 中重新装载

20.1.1 Canvas 基础

使用 Canvas 完成绘画需要两大步骤。

❶ 向页面添加 Canvas

在添加 Canvas 时必须规定其 id、宽度和高度。例如：

```
<Canvas id="myCanvas" width="200" height="100"></canvas>
```

❷ 通过 JavaScript 绘制

Canvas 本身是没有绘图能力的，所有的绘制工作必须通过 JavaScript 脚本代码完成。在使用 JavaScript 绘制图形时需要经过以下几个步骤：

1）取得 Canvas 对象

首先用 document.getElementById()等方法取得 Canvas 对象，因为需要调用这个对象提供的方法来绘制图形。

2）取得上下文（Context）

在绘制图形的时候要用到图形上下文，图形上下文是一个封装了很多绘图功能的对象。一般使用 Canvas 对象的 getContext()方法获得图形上下文，将参数设置为“2d”。

3）填充与绘制边框

Canvas 绘制有以下两种方法。

（1）填充（fill()）：填充是将图形内部填满。

（2）绘制边框（stroke()）：绘制边框是不把图形内部填满，只是绘制图形的外框。

4）设置绘制样式

在绘制图形的时候首先要设定好绘制的样式，然后就可以调用有关方法进行绘制。

（1）fillStyle：填充样式属性，设置填充颜色值。

（2）strokeStyle：边框样式属性，设置边框的填充颜色。

5）指定画笔宽度

使用图形上下文对象（Context）的 lineWidth 属性设置图形边框的宽度。在绘制图形的时候，任何直线都可以通过 lineWidth 属性指定宽度。

6）绘制矩形

使用 fillRect()方法和 strokeRect()方法来填充矩形和绘制矩形的边框。

```
fillRect(x,y,width,height)
strokeRect(x,y,width,height)
```

这两种方法的参数是一样的，x 是指矩形的起点横坐标，y 是指矩形的纵坐标，坐标的原点是 Canvas 画布的左上角，width 是指矩形的长度，height 是指矩形的高度。

视频讲解

例 20.1　js(canvasRect).html，说明了 Canvas 绘制矩形的步骤，效果如图 20.1 所示。

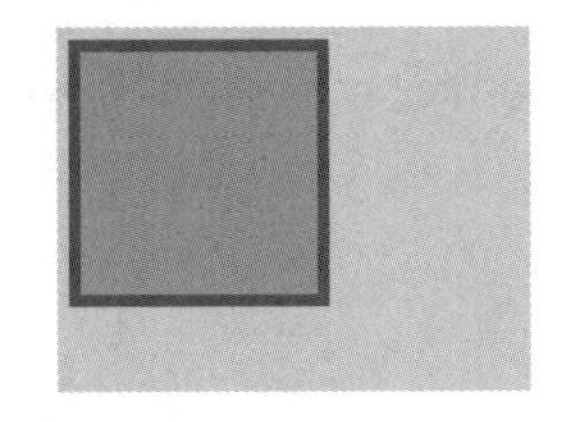

图 20.1　js(canvasRect) .html 示意图

源代码如下：

```
<head>
    <title>Canvas 对象</title>
    <script>
        window.onload=function(){
            var oCanvas=document.getElementById("myCanvas");
            var oContext=oCanvas.getContext("2d");
            oContext.fillStyle="#CCCCCC";
            oContext.fillRect(0, 0, 200, 200);
            oContext.strokeStyle="#FF0000";
            oContext.lineWidth=10;
            oContext.strokeRect(10, 10, 100, 100);
            oContext.fillStyle="#00FF00";
            oContext.fillRect(10, 10, 100, 100);
        }
    </script>
</head>
<body>
<canvas id="myCanvas"></canvas>
</body>
```

关于矩形，除了示例中所讲到的两个方法之外，还有一个 clearRect()方法，该方法将指定的矩形区域中的图形擦除，使得矩形区域中的颜色全部变为透明。

20.1.2　使用路径

除了长方形和正方形以外，要想绘制其他图形，需要使用路径。同样，在绘制开始时还是要取得图形上下文，然后执行如下步骤。

（1）开始创建路径。

（2）创建图形的路径。

（3）路径创建完成后关闭路径。

（4）设定绘制样式，调用绘制方法绘制路径。

也就是说，首先使用路径来勾勒图形轮廓，然后设置颜色进行绘制。

表 20.3 列出了 Canvas 对象的主要路径方法。

表 20.3　Canvas 对象的主要路径方法

方　法	描　述
fill()	填充当前绘图（路径）
stroke()	绘制已定义的路径
beginPath(x,y,width,height)	起始一条路径，或重置当前路径
moveTo(x,y)	把路径移动到画布中的指定点，不创建线条 x：路径的目标位置的 x 坐标；y：路径的目标位置的 y 坐标
closePath()	创建从当前点回到起始点的路径
lineTo(x,y)	添加一个新点，然后在画布中创建从该点到最后指定点的线条（该方法并不会创建线条）
clip()	从原始画布上剪切任意形状和尺寸的区域
quadraticCurveTo(cpx,cpy,x,y)	创建二次贝塞尔曲线 cpx：贝塞尔控制点的 x 坐标；cpy：贝塞尔控制点的 y 坐标 x：结束点的 x 坐标；y：结束点的 y 坐标
bezierCurveTo(cp1x,cp1y,cp2x,cp2y,x,y)	创建三次方贝塞尔曲线 cp1x：第 1 个贝塞尔控制点的 x 坐标；cp1y：第 1 个贝塞尔控制点的 y 坐标 cp2x：第 2 个贝塞尔控制点的 x 坐标；cp2y：第 2 个贝塞尔控制点的 y 坐标 x：结束点的 x 坐标；y：结束点的 y 坐标
arc(x,y,r,sAngle,eAngle,counterclockwise)	创建弧/曲线（用于创建圆形或部分圆） x：圆的中心的 x 坐标；y：圆的中心的 y 坐标；r：圆的半径 sAngle：起始角弧度（弧的圆形的三点钟位置是 0 度） eAngle：结束角弧度 counterclockwise：可选，false=顺时针，true=逆时针 通过 arc()来创建圆，起始角为 0，结束角为 2×Math.PI
arcTo(x1,y1,x2,y2,r)	创建两切线之间的弧/曲线 x1：弧的起点的 x 坐标；y1：弧的起点的 y 坐标 x2：弧的终点的 x 坐标；y2：弧的终点的 y 坐标；r：弧的半径
isPointInPath(x,y)	如果指定的点位于当前路径中，返回 true，否则返回 false

js(canvasarc).html 说明了 Canvas 绘制圆形的步骤。

（1）开始创建路径。

在开始创建路径时，使用图形上下文对象的 beginPath()方法，该方法不使用参数。通过调用该方法开始创建路径。

```
context.beginPath();
```

（2）创建圆形路径。

在创建圆形路径时，需要使用图形上下文对象的 arc()方法。该方法使用 6 个参数，x 为绘制圆形的起点横坐标，y 为绘制圆形的起点纵坐标，r 为圆形半径，sAngle 为开始角度，

eAngle为结束角度，counterclockwise为是否按逆时针方向进行绘制。

```
context.arc(x,y,r,sAngle,eAngle,counterclockwise);
```

arc()方法不仅可以用来绘制圆形，也可以用来绘制圆弧，因此必须指定开始角度与结束角度，这两个角度决定了弧度。counterclockwise参数为一个布尔值的参数，当参数值为true时按逆时针方向绘制，当参数值为false时按顺时针方向绘制。

（3）关闭路径。

在路径创建完成后，使用图形上下文对象的closePath()方法关闭路径。在关闭路径后，路径的创建工作就完成了。但是请注意，这时只是路径创建完毕而已，还没有真正绘制任何图形。

```
context.closePath();
```

（4）设定绘制样式，进行图形绘制，使用创建好的路径绘制图形。

在指定绘制样式时，与例js(canvasRect).html中所述矩形的绘制方法一样，使用fillStyle()方法与strokeStyle()方法。

在绘制图形的时候，还使用了fill()方法（也可以使用stroke()方法）。这两个方法的功能分别为“填充图形”与“绘制图形边框”。因为路径已经决定了图形的大小，所以就不需要在该方法中使用参数来指定图形大小了。

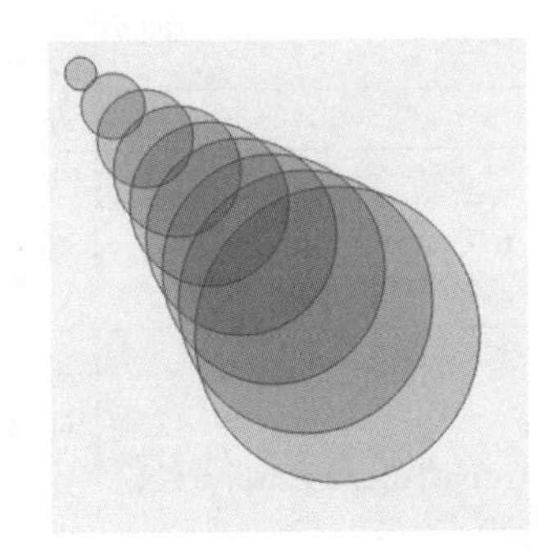

图20.2　js(canvasarc).html示意图

例20.2　js(canvasarc).html，效果如图20.2所示。

视频讲解

源代码如下：

```
<head>
    <title>Canvas 对象路径</title>
    <script>
        window.onload=function(){
            var oCanvas=document.getElementById("myCanvas");
            var oContext=oCanvas.getContext("2d");
            oContext.fillStyle="#F1F2F3";
            oContext.fillRect(0, 0, 300, 300);
            for (iCv=1; iCv<10; iCv++) {
                oContext.beginPath();
                oContext.arc(20 * iCv, 20 * iCv, 10 * iCv, 0, Math.PI * 2, true);
                oContext.closePath();
                oContext.fillStyle="rgba(255,0,0,0.25)";
                oContext.fill();
                oContext.strokeStyle="#F00";
                oContext.stroke();
            }
```

```
        }
    </script>
</head>
<body>
<canvas id="myCanvas" width="300px" height="300px"></canvas>
</body>
```

20.1.3 绘制文本

同样，Canvas 对象也提供了绘制文本的属性和方法，表 20.4 列出了 Canvas 对象的绘制文本属性，表 20.5 列出了 Canvas 对象的绘制文本方法。

表 20.4 Canvas 对象的绘制文本属性

属　性	描　述
font	设置或返回文本内容的当前字体属性
textAlign	设置或返回文本内容的当前对齐方式
textBaseline	设置或返回在绘制文本时使用的当前文本基线

表 20.5 Canvas 对象的绘制文本方法

方　法	描　述
fillText(text,x,y,maxWidth)	在画布上绘制“被填充的”文本
strokeText(text,x,y,maxWidth)	在画布上绘制文本（无填充）
measureText(text)	返回包含指定文本宽度的对象，text 是要测量的文本

在绘制文本时可以使用 fillText()方法或者 strokeText()方法。fillText()方法用填充的方式来绘制文本字符串。例如：

```
context.fillText(text,x,y,[maxwidth]);
```

strokeText()方法用轮廓的方式来绘制文本字符串。例如：

```
context.strokeText(text,x,y,[maxwidth]);
```

第 1 个参数 text 表示要绘制的文本文字，第 2 个参数 x 表示要绘制的文本文字的起点横坐标，第 3 个参数 y 表示要绘制的文本文字的起点纵坐标，第 4 个参数 maxwidth 为可选参数，表示显示文本文字时最大的宽度，可以防止文本文字溢出。

1）设置文字字体

```
context.font="font-weight font-size font-family";
```

font 属性有 3 个参数，第 1 个参数 font-weight 规定字体的粗细，第 2 个参数 font-size 规定文本的字体尺寸，第 3 个参数 font-family 规定文本的字体系列。

2）设置文本文字的垂直对齐方式

```
context.textBaseline="alphabetic";
```

属性值可以是 top（顶部对齐）、hanging（悬挂）、middle（中间对齐）、bottom（底部对齐）和 alphabetic（默认值）。

3）设置文本文字的水平对齐方式

```
conText.textAlign="start";
```

属性值可以设置为 start、end、left、right、center。

例 **20.3** js(canvasText).html，说明了 Canvas 绘制文本的属性和方法，效果如图 20.3 所示。

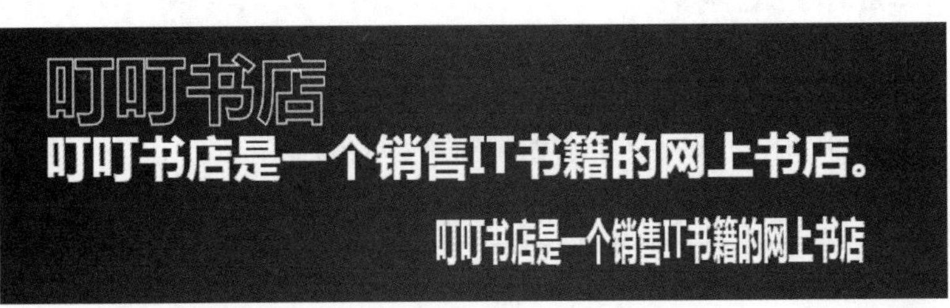

图 20.3 js(canvasText).html 示意图

源代码如下：

```
<head>
    <title>Canvas 对象文本</title>
    <script>
        window.onload=function(){
            var oCanvas=document.getElementById("myCanvas");
            var oContext=oCanvas.getContext("2d");
            oContext.fillStyle="#0000FF";
            oContext.fillRect(0, 0, 800, 230);
            oContext.fillStyle="#FFF";
            oContext.strokeStyle="#FFF";
            oContext.font="bold 60px '微软雅黑'";
            oContext.textBaseline="top";
            oContext.textAlign="start";
            oContext.strokeText("叮叮书店", 40, 10);
            oContext.font="bold 40px '微软雅黑'";
            oContext.fillText("叮叮书店是一个销售 IT 书籍的网上书店。", 40, 80);
            oContext.fillText("叮叮书店是一个销售 IT 书籍的网上书店", 370, 150, 360);
        }
    </script>
</head>
<body>
<canvas id="myCanvas" width="800px" height="230px"></canvas>
</body>
```

20.1.4 绘制图像

用户可以使用 drawImage()方法在画布上绘制图像、画布或视频，也可以绘制图像的某一部分，增加或减少图像的尺寸。

语法 1：在画布上定位图像。

```
context.drawImage(img,x,y);
```

语法 2：在画布上定位图像，并规定图像的宽度和高度。

```
context.drawImage(img,x,y,width,height);
```

语法 3：剪切图像，并在画布上定位被剪切的部分。

```
context.drawImage(img,sx,sy,swidth,sheight,x,y,width,height);
```

表 20.6 列出了 drawImage()方法所需的参数值。

表 20.6　drawImage()方法参数表

参　　数	描　　述
img	规定要使用的图像、画布或视频
sx	可选。开始剪切的 x 坐标位置
sy	可选。开始剪切的 y 坐标位置
swidth	可选。被剪切图像的宽度
sheight	可选。被剪切图像的高度
x	在画布上放置图像的 x 坐标位置
y	在画布上放置图像的 y 坐标位置
width	可选。要使用的图像的宽度（伸展或缩小图像）
height	可选。要使用的图像的高度（伸展或缩小图像）

例 20.4　js(canvas-video).html，使用了 drawImage()方法将视频画面绘制成图像，效果如图 20.4 所示。

视频讲解

图 20.4　js(canvas-video).html 示意图

源代码如下：

```
<head>
    <title>Canvas 对象图像</title>
    <style>
        #myCanvas{border: solid 1px #BBBBBB;}
    </style>
    <script>
        window.onload=function(){
            document.getElementById("cut").onclick=function(){
                var oV=document.getElementById("video1");
                var oC=document.getElementById("myCanvas");
                oCtx=oC.getContext('2d');
                oCtx.drawImage(oV,0,0,320,176)
            }
        }
    </script>
</head>
<body>
<video controls="controls" autoplay="autoplay" id="video1">
    <source src="multimedia/mov_bbb.mp4" type="video/mp4">
    <source src="multimedia/mov_bbb.webm" type="video/webm">
    <source src="multimedia/mov_bbb.ogv" type="video/ogg">
    <p>您的浏览器不支持 HTML5 video 元素。</p>
</video>
<br>
<input type="button" id="cut" value="截图"><br>
<canvas id="myCanvas" width="320px" height="176px">
    您的浏览器不支持 HTML5 canvas 元素
</canvas>
</body>
```

20.2 HTML5 拖放

拖放是抓取对象以后将其拖到另一个位置，在 HTML5 中拖放是标准的一部分，任何元素都能够拖放。为了使元素可拖动，必须把元素的 draggable 属性设置为 true，例如：

```
<img draggable="true" />
```

在拖动元素的过程中不仅可以触发多个事件，还可以通过 dataTransfer 对象携带拖动元素的内容，并将其放入目标元素中。另外，当元素被拖动时，还可以控制鼠标的形状与移动时的效果。

❶ 拖放时触发的事件

元素在拖放过程中触发了多个事件，表 20.7 列出了与拖放有关的事件。

表 20.7　与拖放有关的事件

事　　件	产生事件的元素	描　　述
ondragstart	被拖放的元素	开始拖放操作
ondrag	被拖放的元素	拖放过程中
ondragenter	拖放过程中鼠标经过的元素	被拖放的元素开始进入本元素的范围之内
ondragover	拖放过程中鼠标经过的元素	被拖放的元素正在本元素范围内移动
ondragleave	拖放过程中鼠标经过的元素	被拖放的元素离开本元素的范围
ondrop	拖放的目标元素	其他元素被拖放到了本元素中
ondragend	拖放的对象元素	拖放操作结束

❷ dataTransfer 对象

如果要将拖放元素放到目标元素中，需要使用 dataTransfer 对象，该对象专门用于携带拖放过程中的数据，它拥有许多实用的属性和方法，例如“dropEffect”与“effectAllowed”属性结合使用可以定义拖放过程中的拖放效果，使用 setData()与 getData()方法可以将拖放元素的数据放置于目标元素中。

表 20.8 列出了 dataTransfer 对象的属性，表 20.9 列出了 dataTransfer 对象的方法。

表 20.8　dataTransfer 对象的属性

属　　性	描　　述
dropEffect	表示实际拖放操作的视觉效果，允许用户设置其值，这个效果必须用在 effectAllowed 属性指定的允许的视觉效果范围内，允许指定的值为 none、copy、link、move
effectAllowed	用来指定当元素被拖放时所允许的视觉效果，可以指定的值为 copy、link、move、copylink、linkmove、all、none、uninitialized
types	存入数据的种类

表 20.9　dataTransfer 对象的方法

方　　法	描　　述
clearData(DOMString format)	清除 dataTransfer 对象中存放的数据，如果省略掉参数 format 就会清除全部数据
setData(DOMString format,DOMString data)	向 dataTransfer 对象中存入数据
getData(DOMString format)	从 dataTransfer 对象中读取数据
setDragImage(Element image,long x,long y)	用 img 元素来设置拖放图标 x、y 两个参数是图片显示相对于鼠标位置的偏移量

在 dataTransfer 对象的方法中使用了“format”作为形参，表示读取/存入/清空时的数据格式，该参数的格式有以下几种：

（1）text/plain（文本文字格式）；

（2）text/html（HTML 页面代码格式）；

（3）text/xml（XML 字符格式）；

（4）text/url-list（URL 格式列表）。

例 20.5　js(drag).html，实现了一个图像在两个<div>中可以任意拖放。当拖放图像元素触发 dragstart 事件时，将图像元素的相关数据通过 setData()方法存入 dataTransfer 对象中，在目标元素<div>接收拖放图像元素时触发 drop 事件，在该事件中读取 dataTransfer 对象中存入的数据，并放入目标元素<div>中，如图 20.5 所示。

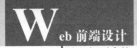

图 20.5　js(drag).html 示意图

源代码如下：

```
<head>
    <title>drag 对象拖放</title>
    <style>
        #div1,#div2{ width: 200px; height: 130px; border: 2px solid #D2D2D2;
        box-shadow:1px 4px 8px #646464;display: inline-block;}
    </style>
    <script>
        function drag(event) {
         /*使用 setData()方法将要拖放的数据存入 dataTransfer 对象*/
            event.effeAllowed="all";
            event.dataTransfer.setData("text/html", event.target.id);
        }
        function allowDrop(event) {
            event.preventDefault();
            event.dataTransfer.dropEffect="move";
        }
        function drop(event) {
            /*不执行默认处理（拒绝被拖放）*/
            event.preventDefault();
            /*使用 getData()方法获取到数据，然后赋值给 data*/
            var oData=event.dataTransfer.getData("text/html");
            /*使用 appendChild()方法把拖动的节点放到元素节点中成为其子节点*/
            event.target.appendChild(document.getElementById(oData));
        }
        window.onload=function() {
            document.getElementById("dragimg").ondragstart = function(){
                drag(event);
            }
            document.getElementById("div1").ondrop = function(){
                drop(event);
            }
            document.getElementById("div1").ondragover = function(){
                allowDrop(event);
```

```
            }
            document.getElementById("div2").ondrop=function() {
                drop(event);
            }
            document.getElementById("div2").ondragover=function(){
                allowDrop(event);
            }
        };
    </script>
</head>
<body>
<div  id="div1">
<img src="images/sara.jpg" draggable="true" id="dragimg">
</div>
<div  id="div2"></div>
</body>
```

20.3　HTML5 数据存储

随着 Web 应用的发展，如何更好地在客户端存储数据成为开发者非常关心的问题。在 HTML5 之前通常使用 Cookie 机制存储数据到用户的客户端，但用 Cookie 方式存储客户端数据有许多因素制约其发展，例如限制保存数据空间大小、数据保密性差、代码操纵复杂等。

在 HTML5 中增加了两种全新的数据存储方式，即 WebStorage 和 WebSQLDatabase。WebStorage 可用于临时或永久地保存客户端的少量数据，WebSQLDatabase 是客户端本地化的一套数据库系统，可以将大量的数据保存到客户端，无须与服务器端进行交互，极大地减轻了服务器端的压力。

WebStorage 存储是 HTML5 为将数据存储在客户端提供的一项重要功能，分为两种，即 sessionStorage（保存会话数据）和 localStorage（在客户端长期保存数据）。

20.3.1　sessionStorage 对象

使用 sessionStorage 对象在客户端保存数据的时间非常短暂，该数据实质上还是被保存在 session 对象中。用户在打开浏览器时可以查看操作过程中要求临时保存的数据，一旦关闭浏览器，所有使用 sessionStorage 对象保存的数据将全部丢失。

sessionStorage 对象保存数据的操作非常简单，只需要调用 setItem()方法，其调用格式如下：

```
sessionStorage.setItem(key,value)
```

其中，参数 key 表示被保存内容的键名，参数 value 表示被保存内容的键值。在使用 setItem()

方法保存数据时对应格式为(键名,键值)。一旦键名设置成功，则不允许修改，也不能重复，如果有重复的键名，只能修改对应的键值。

在使用 sessionStorage 对象中的 setItem()方法保存数据后，如果需要读取被保存的数据，应该调用 sessionStorage 对象中的 getItem()方法，其调用格式如下：

```
sessionStorage.getItem(key)
```

其中，参数 key 表示设置保存时被保存内容的键名，该方法将返回一个指定键名对应的键值，如果不存在，则返回一个 null 值。

20.3.2 localStorage 对象

使用 sessionStorage 对象只能保存用户临时的会话数据，关闭浏览器后，这些数据都将丢失。如果需要长期在客户端保存数据，应该使用 localStorage 对象，使用该对象可以将数据长期保存到客户端，直到人工清除为止。

如果使用 localStorage 对象保存数据内容，需要调用对象中的 setItem()方法，其调用格式如下：

```
localStorage.setItem(key,value)
```

与 sessionStorage 对象保存数据的方法相同，localStorage 对象也是通过调用 setItem()方法按照(键名,键值)的方式进行设置，只是调用的对象不一样。在使用 localStorage 对象保存数据后，同样可以通过调用对象的 getItem()方法读取指定键名所对应的键值，其调用格式如下：

```
localStorage.getItem(key)
```

其中，参数 key 就是需要读取键值内容的键名，与 sessionStorage 对象一样，如果键名不存在，返回一个 null 值。

localStorage 对象可以将内容长期保存在客户端，即使是重新打开浏览器也不会丢失。如果需要清除 localStorage 对象保存的内容，应该调用 localStorage 对象的另一个方法——removeItem()，其调用格式如下：

```
localStorage.removeItem(key)
```

其中，参数 key 表示需要删除的键名，一旦删除成功，与键名对应的相应数据将全部被删除。

例 **20.6** js(localStorage).html，介绍了使用 localStorage 对象保存和读取登录用户名与密码的过程，效果如图 20.6 所示。

视频讲解

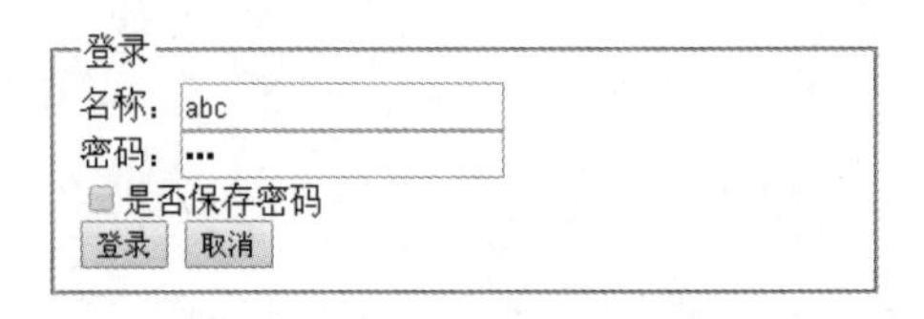

图 20.6 js(localStorage).html 示意图

源代码如下：

```
<head>
    <title>localStorage 对象</title>
    <script>
            var sName=localStorage.getItem("keyName");
            var sPass=localStorage.getItem("keyPass");
            if (sName) {
                document.getElementById("txtName").value=sName;
            }
            if (sPass) {
                document.getElementById("txtPass").value=sPass;
            }

            document.getElementById("btnLogin").onclick=function() {
                var sName=document.getElementById("txtName").value;
                var sPass=document.getElementById("txtPass").value;
                localStorage.setItem("keyName", sName);
                if (document.getElementById("chkSave").checked) {
                    localStorage.setItem("keyPass", sPass);
                } else {
                    localStorage.removeItem("keyPass");
                }
                window.alert("登录成功!");
            }
        }
    </script>
</head>
<body>
<form id="frmLogin" action="">
    <fieldset>
        <legend>登录</legend>
        <label>名称: <input id="txtName" type="text"></label><br>
        <label>密码: <input id="txtPass" type="password"></label> <br>
        <input id="chkSave" type="checkbox">是否保存密码<br>
        <input id="btnLogin" value="登录" type="button">
        <input id="rstLogin" type="reset" value="取消">
    </fieldset>
</form>
</body>
```

在本例中，页面在加载时先通过 localStorage 对象的 getItem()方法获取指定键名的键值，并保存在变量中。如果不为空，将该变量值赋给对应的文本框，这样用户下次登录时就不用再次输入，以方便用户的操作。

用户单击“登录”按钮时将触发 onclick 事件，调用事件函数，首先分别通过两个变量保存在文本框中输出的用户名与密码，然后调用 localStorage 对象的 setItem()方法，将用户名作为键名“keyName”的键值进行保存。如果选择了“是否保存密码”选项，则将密码作为键名“keyPass”的键值进行保存，否则调用 localStorage 对象的 removeItem()方法，删除键名为“keyPass”的记录。

❶ 清空 localStorage 数据

如果要删除某个键名对应的记录，只需要调用 localStorage 对象的 removeItem()方法，传递一个保存数据的键名即可删除对应的保存数据。但是，有时保存的数据很多，如果使用 removeItem()方法逐条删除相对麻烦，此时可以调用 localStorage 对象的另一个方法——clear()，该方法的功能是清空全部 localStorage 对象保存的数据，其调用格式如下：

```
localStorage.clear()
```

该方法没有参数，表示清空全部的数据。一旦使用 localStorage 对象保存了数据，用户就可以在浏览器中打开相应的代码调试工具查看每条数据对应的键名与键值。在执行删除或清空操作后，其对应的数据也会发生变化，这些变化可以通过浏览器的代码调试工具进行侦测。

❷ 遍历 localStorage 数据

为了查看 localStorage 对象保存的全部数据信息，通常要遍历这些数据。在遍历过程中需要访问 localStorage 对象的另外两个属性——length 与 key。前者表示 localStorage 对象中保存数据的总量，后者表示保存数据时的键名项，该属性常与索引号（index）配合使用，表示第几条键名对应的数据记录。其中，索引号（index）以 0 值开始，如果取第 3 条键名对应的数据，index 值应该为 2。

例 20.7 js(message board).html，通过一个简单留言板说明了清空 localStorage 数据和遍历 localStorage 数据的过程，效果如图 20.7 所示。

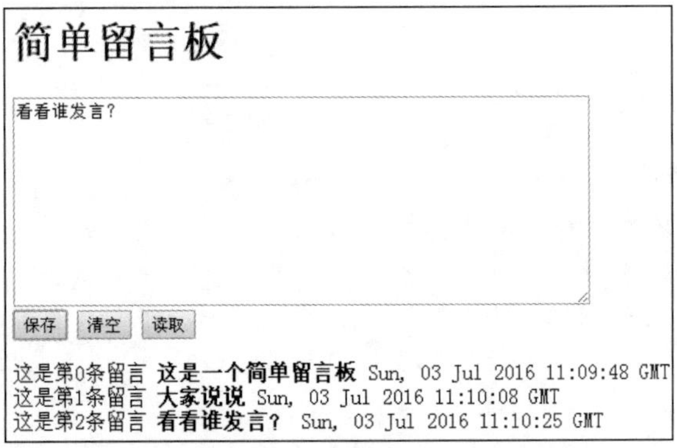

图 20.7 js(message board).html 示意图

源代码如下：

```
<head>
    <title>简单留言板</title>
    <script>
        window.onload=function(){
```

```
            document.getElementById("save").onclick=function(){
                var oData=document.getElementById("message").value;
                var oTime=new Date().getTime();
                localStorage.setItem(oTime, oData);
                loadStorage("msg");
            }
            document.getElementById("clear").onclick=function(){
                localStorage.clear();
                loadStorage("msg");
            }
            document.getElementById("read").onclick=function(){
                loadStorage("msg");
            }
        }
        function loadStorage(id) {
            var oReselt="";
            for (var iCv=0; iCv < localStorage.length; iCv++) {
                var oValue=localStorage.getItem(localStorage.key(iCv));
                var oDate=new Date();
                oDate.setTime(localStorage.key(iCv));
                var sDate=oDate.toGMTString();
                oReselt+="<div>" + "这是第" + iCv + "条留言 <strong>" +
                localStorage.getItem(localStorage.key(iCv)) + "</strong>
                <span>" + sDate + "</span></div>";
            }
            var oTarget=document.getElementById(id);
            oTarget.innerHTML=oReselt;
        }
    </script>
</head>
<body>
<h1>简单留言板</h1>
<textarea id="message" cols="60" rows="10"></textarea>
<br/>
<input type="button" value="保存"  id="save">
<input type="button" value="清空" id="clear">
<input type="button" value="读取" id="read">
<p id="msg"></p>
</body>
```

20.4 实现叮叮书店“书籍分类”页面拖放图书到购物车

在叮叮书店“书籍分类”页面以拖放的方式将选择的图书放入购物车，同时购物车接收拖来的商品数据，自动增加一条选择记录，并显示商品的基本信息，下面实现这个功能。启动WebStorm，打开叮叮书店项目“书籍分类”页面category.html（在第14.3节建立）和外部样式表文件style.css。其主要步骤如下：

❶ 添加图书列表图像标签属性和购物车列表

为了使所有的图书都具有可拖放的功能，在category.html页面中为每个图书商品添加“draggable”属性，并将该属性的值设为“true”，表示允许拖放。进入到category.html编辑区，将<section class="list">区域里的<img>标签修改如下：

```
<img src="images/prod1.jpg" id="img01" name="list" draggable="true"
alt="58" title="《HTML5 和 CSS3 实例教程》">
<img src="images/prod2.jpg" id="img02" name="list" draggable="true"
alt="98" title="《HTML5 权威指南》">
<img src="images/prod3.jpg" id="img03" name="list" draggable="true"
alt="48" title="《JavaScript 权威指南》">
<img src="images/selling2.jpg" id="img04" name="list" draggable="true"
alt="38" title="Hadoop 权威指南：大数据的存储与分析(第 4 版)">
<img src="images/selling4.jpg" id="img05" name="list" draggable="true"
alt="28" title="深度学习 [deep learning]">
<img src="images/selling5.jpg" id="img06" name="list" draggable="true"
alt="28" title="区块链原理、设计与应用">
```

将光标定位到“<section class="list"></section>”区域后面，按回车键，输入下面的代码，显示购物车列表。

```
<section>
    <h3>购物车</h3>
    <ul id="ulcart">
        <li class="lit">
        <span>书名</span>
        <span>定价</span>
        <span>数量</span>
        <span>总价</span>
        </li>
    </ul>
</section>
```

❷ 定义样式

切换到style.css（样式文件）编辑区，定义样式。

```
/*Chapter20*/
#ulcart{width: 100%; margin: 10px 0px;}
#ulcart .lit{background-color:hsl(20,30%,50%); color:hsl(0,0%,100%);
padding: 5px 0px;}
#ulcart li{display:flex;flex-flow: row wrap;}
#ulcart span{text-align: center;}
#ulcart span:nth-child(1){flex:3;}
#ulcart span:nth-child(2){flex:1;}
#ulcart span:nth-child(3){flex:1;}
#ulcart span:nth-child(4){flex:1;}
#ulcart .lic{border-bottom: 1px solid hsl(20,30%,50%);}
```

❸ 编写脚本程序

进入 category.html 编辑区，将光标定位到<meta name="robots" content= "index,follow">后面按回车键，输入下面的代码，完成内部脚本。效果如图 20.8 所示。

```
<script>
   window.onload=function(){
      //获取全部的图书商品
      var oDrag=document.getElementsByName("list");
      //遍历每一个图书商品
      for(var iCv=0;iCv<oDrag.length;iCv++){
         //为每一个图书商品添加被拖放元素的 dragstart 事件行为

         oDrag[iCv].addEventListener("dragstart",function(e){
                  var oDtf=e.dataTransfer;
                  oDtf.setData("text/html",addCart(this.title,
                  this.alt,1));
               },false);
      }
      var oCart=document.getElementById("ulcart");
      //添加目标元素的 drop 事件行为
      oCart.addEventListener("drop",function(e){
               var oDtf=e.dataTransfer;
               var sHtml=oDtf.getData("text/html");
               oCart.innerHTML+=sHtml;
               e.preventDefault();
               e.stopPropagation();
            },false);
      //添加页面的 dragover 事件行为
      document.ondragover=function(e){
         e.preventDefault();
      }
      //添加页面的 drop 事件行为
      document.ondrop=function(e){
         e.preventDefault();
```

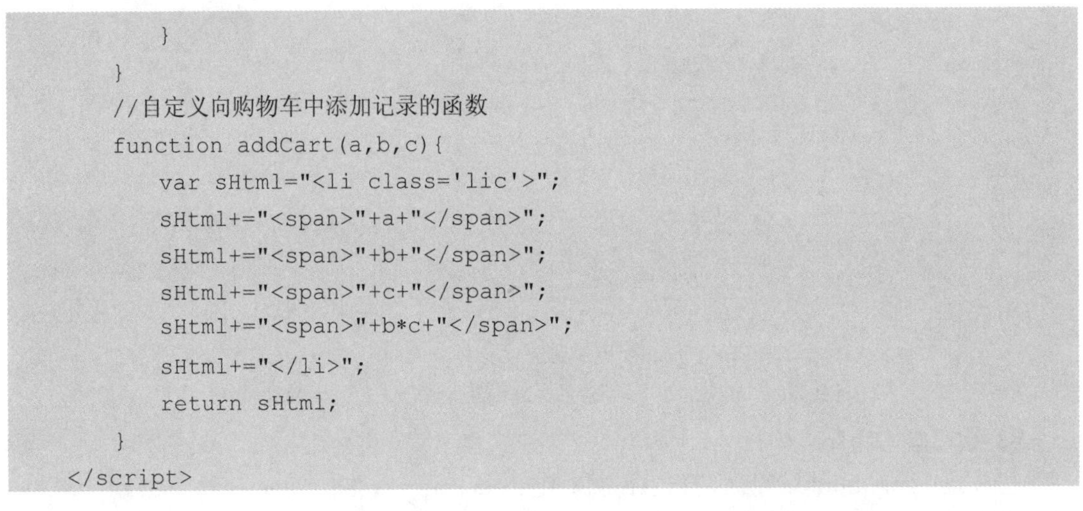

```
        }
    }
    //自定义向购物车中添加记录的函数
    function addCart(a,b,c){
        var sHtml="<li class='lic'>";
        sHtml+="<span>"+a+"</span>";
        sHtml+="<span>"+b+"</span>";
        sHtml+="<span>"+c+"</span>";
        sHtml+="<span>"+b*c+"</span>";
        sHtml+="</li>";
        return sHtml;
    }
</script>
```

图 20.8　category.html 示意图

20.5　小结

本章首先详细介绍了 HTML5 的 Canvas 对象，接下来讨论了如何实现元素的拖放，最后介绍了如何在客户端进行数据的存储。

20.6 习题

❶ 选择题

（1）对于 Canvas 对象，下列关于路径绘制的说法错误的是（ ）。

A．开始要创建路径

B．路径创建完成后需要关闭

C．设定绘制样式，调用绘制方法

D．不必使用图形上下文

（2）在绘制图形的时候要用到图形上下文，需要使用 Canvas 对象的（ ）方法获得。

A．getContext() B．fillRect()

C．strokeRect() D．drawImage()

（3）元素在拖放过程中触发了多个事件，（ ）事件不必进行处理。

A．ondragstart B．ondragover

C．ondrop D．ondragend

❷ 简答题

（1）Canvas 元素通过 JavaScript 脚本绘图的基本步骤有哪些？

（2）简述 HTML5 元素拖放的实现过程。

（3）localStorage 对象存储的数据能保存多长时间？

BOM

BOM（浏览器对象模型）允许访问和操控浏览器窗口，BOM 没有相关的标准，但所有的浏览器都支持。本章首先介绍 BOM 的 5 个对象，接下来讨论如何确定元素的大小与位置，最后详细介绍叮叮书店首页浮动广告的实现过程。

本章要点：

- BOM 对象。
- 元素的大小与位置。

21.1 BOM 对象

BOM 是浏览器对象模型的简称，通过使用 BOM 可以移动窗口、更改状态栏文本和执行其他不与页面内容发生直接联系的操作。表 21.1 列出了 BOM 的主要对象。

表 21.1 BOM 对象

对 象	描 述	对 象	描 述
Window	JavaScript 顶层对象，表示浏览器窗口	History	包含了浏览器窗口访问过的 URL
Navigator	包含客户端浏览器的信息	Location	包含了当前 URL 的信息
Screen	包含客户端显示屏的信息		

21.1.1 Window 对象

Window 对象表示一个浏览器窗口。在客户端 JavaScript 中，Window 对象是全局对象，可以把 Window 对象的属性和方法作为全局变量和全局函数来使用。例如下面两个语句的效果是一样的。

```
alert();
```

```
window.alert();
```

❶ Window 对象的属性

表 21.2 列出了 Window 对象的属性。

表 21.2 Window 对象的属性

属 性	描 述
closed	返回窗口是否已被关闭
defaultStatus	设置或返回窗口状态栏中的默认文本
document	Document 对象
history	History 对象
innerheight	窗口中文档显示区的高度
innerwidth	窗口中文档显示区的宽度
location	Location 对象
name	设置或返回窗口的名称
navigator	Navigator 对象
opener	返回对创建此窗口的窗口的引用
outerheight	窗口的外部高度
outerwidth	窗口的外部宽度
pageXOffset	当前页面相对于窗口显示区左上角的 X 位置
pageYOffset	当前页面相对于窗口显示区左上角的 Y 位置
screen	Screen 对象
self	返回对当前窗口的引用，等价于 window 属性
status	设置窗口状态栏的文本
window	window 属性等价于 self 属性，包含对窗口自身的引用
screenLeft screenTop screenX screenY	只读整数，声明了窗口的左上角在屏幕上的 *x* 坐标和 *y* 坐标。IE、Safari 和 Opera 支持 screenLeft 和 screenTop，而 Firefox 和 Safari 支持 screenX 和 screenY

❷ Window 对象的方法

表 21.3 列出了 Window 对象的方法。

表 21.3 Window 对象的方法

方 法	描 述
alert(message)	显示带有一段消息和一个确认按钮的警告框。message 表示要在 Window 上弹出的对话框中显示的文本
blur()	焦点从顶层窗口移开
clearInterval(id_of_setinterval)	取消由 setInterval()设置的 timeout。id_of_setinterval 是由 setInterval()返回的 ID 值
clearTimeout(id_of_settimeout)	取消由 setTimeout() 设置的 timeout。id_of_settimeout 是由 setTimeout()返回的 ID 值
close()	关闭浏览器窗口
confirm(message)	显示带有一段消息以及确认按钮和取消按钮的对话框
focus()	把键盘焦点给予一个窗口

续表

方　法	描　述
moveBy(*x*,*y*)	相对窗口的当前坐标把它移动指定的像素。*x* 为要把窗口右移的像素数，*y* 为要把窗口下移的像素数
moveTo(*x*,*y*)	把窗口的左上角移动到一个指定的坐标。*x* 为窗口新位置的 *x* 坐标，*y* 为窗口新位置的 *y* 坐标
open(url,name,features,replace)	打开一个新的浏览器窗口或查找一个已命名的窗口
print()	打印当前窗口的内容
prompt(text,defaultText)	显示可提示用户输入的对话框。text：可选，在对话框中显示的文本；defaultText：可选，默认的输入文本
resizeBy(width,height)	按照指定的像素调整窗口的大小。width：必需，使窗口宽度增加的像素数，可以是正、负数值；height：可选，使窗口高度增加的像素数，可以是正、负数值
resizeTo(width,height)	把窗口的大小调整到指定的宽度和高度。width：必需，想要调整到的窗口的宽度；height：可选，想要调整到的窗口的高度。它们以像素计
scrollBy(xnum,ynum)	按照指定的像素值来滚动内容。xnum：必需，把文档向右滚动的像素数；ynum：必需，把文档向下滚动的像素数
scrollTo(xpos,ypos)	把内容滚动到指定的坐标。xpos：必需，要在窗口文档显示区左上角显示的文档的 *x* 坐标；ypos：必需，要在窗口文档显示区左上角显示的文档的 *y* 坐标
setInterval(code,millisec)	按照指定的周期（以毫秒计）来调用函数或计算表达式。code：必需，要调用的函数或要执行的代码；millisec：必需，周期性地执行或调用 code 之间的时间间隔，以毫秒计
setTimeout(code,millisec)	在指定的毫秒数后调用函数或计算表达式。code：必需，在调用的函数后要执行的 JavaScript 代码；millisec：必需，在执行代码前需等待的毫秒数
requestAnimationFrame(callback)	让浏览器执行动画并请求浏览器在下一次重绘之前调用指定的函数来更新动画，回调的次数通常是每秒 60 次，callback 为回调函数。这个方法用来通过递归调用同一方法来不断更新画面以达到动画的效果
cancelAnimationFrame(requestID)	取消一个先前通过调用 requestAnimationFrame()方法添加到计划中的动画帧请求，requestID 是调用 requestAnimationFrame()方法时返回的 ID

1）open()方法

open()方法用于打开一个新的浏览器窗口或查找一个已命名的窗口。其语法如下：

```
window.open(url,name,features,replace)
```

表 21.4 解释了 open()方法的主要参数。

2）scrollBy()方法

scrollBy()方法可以把内容滚动指定的像素数。其语法如下：

```
scrollBy(xnum,ynum)
```

其中，参数 xnum 必需，指把文档向右滚动的像素数；ynum 必需，指把文档向下滚动的像素数。

表 21.4 open()方法的参数

参数	描述
url	可选的字符串，声明了要在新窗口中显示的文档的 URL
name	可选的字符串，声明了新窗口的名称。如果该参数指定了一个已经存在的窗口，那么 open()方法不再创建一个新窗口，只是返回对指定窗口的引用。在这种情况下 features 被忽略
features	可选的字符串，声明了新窗口要显示的标准浏览器的特征。如果省略，新窗口将具有所有标准特征。表 21.5 列出了窗口特征值
replace	可选的布尔值，规定了装载到窗口的 URL 是在窗口的浏览历史中创建一个新条目，还是替换浏览历史中的当前条目。true 表示 URL 替换浏览历史中的当前条目；false 表示 URL 在浏览历史中创建新的条目

表 21.5 open()方法的窗口特征值

参数	描述
channelmode=yes|no|1|0	是否使用剧院模式显示窗口，默认为 no
directories=yes|no|1|0	是否添加目录按钮，默认为 yes
fullscreen=yes|no|1|0	是否使用全屏模式显示浏览器，默认是 no。注意，处于全屏模式的窗口必须同时处于剧院模式
height=pixels	窗口文档显示区的高度
left=pixels	窗口的 x 坐标
location=yes|no|1|0	是否显示地址字段，默认是 yes
menubar=yes|no|1|0	是否显示菜单栏，默认是 yes
resizable=yes|no|1|0	窗口是否可调节尺寸，默认是 yes
scrollbars=yes|no|1|0	是否显示滚动条，默认是 yes
status=yes|no|1|0	是否添加状态栏，默认是 yes
titlebar=yes|no|1|0	是否显示标题栏，默认是 yes
toolbar=yes|no|1|0	是否显示浏览器的工具栏，默认是 yes
top=pixels	窗口的 y 坐标
width=pixels	窗口的文档显示区的宽度

3）resizeBy()方法

resizeBy()方法用于根据指定的像素来调整窗口的大小。其语法如下：

```
resizeBy(width,height)
```

其中，参数 width 必需，指要使窗口宽度增加的像素数，可以是正、负数值；height 可选，指要使窗口高度增加的像素数，可以是正、负数值。

4）setInterval()方法

setInterval()方法可按照指定的周期（以毫秒计）来调用函数或计算表达式。setInterval()方法会不停地调用函数，直到 clearInterval()被调用或窗口被关闭，setInterval()返回的 ID 值用作 clearInterval()方法的参数。其语法如下：

```
setInterval(code,millisec[,"lang"])
```

其中，参数 code 必需，指要调用的函数或要执行的代码串；millisec 必需，指周期性地执行或调用 code 之间的时间间隔，以毫秒计。

5）setTimeout()方法

setTimeout()方法用于在指定的毫秒数后调用函数或计算表达式。注意，setTimeout()方法只执行 code 一次。其语法如下：

```
setTimeout(code,millisec)
```

其中，参数 code 必需，指调用的函数或要执行的 JavaScript 代码串；millisec 必需，指在执行代码前需要等待的毫秒数。

提示：setTimeout()只执行 code 一次。如果要多次调用，需使用 setInterval()或者让 code 自身再次调用 setTimeout()。

视频讲解

例 21.1 js(Window).html，说明了 Window 对象的主要属性和方法的使用，效果如图 21.1 所示。

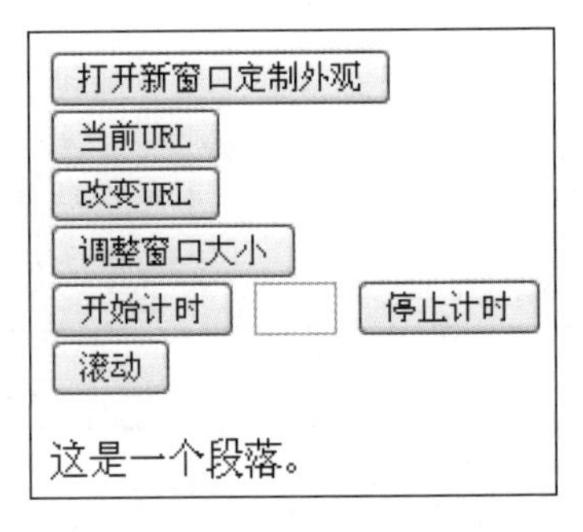

图 21.1　js(Window).html 示意图

源代码如下：

```
<head>
<title>Window 对象</title>
<script>
window.onload=function(){
    document.getElementById("openWin").onclick=function(){
    window.open("http://www.tsinghua.edu.cn/","_blank","toolbar=yes,
    location=yes, directories=no, status=no, menubar=yes, scrollbars=yes,
    resizable=no, width=400, height=400");}
    document.getElementById("currLocation").onclick=function(){
        alert(decodeURI(window.location));}
    document.getElementById("newLocation").onclick=function(){
        window.location="http://www.tsinghua.edu.cn/";}
    document.getElementById("resizeWindow").onclick=function(){
        window.resizeBy(-100,-100);}
    document.getElementById("timedCount").onclick=function(){
        iTimeId=window.setInterval("timedCount()",1000);}
    document.getElementById("stopCount").onclick=function(){
        window.clearInterval(iTimeId);
        iCount=1;}
    document.getElementById("scrollWindow").onclick=function(){
        window.scrollBy(100,100);}
    }
var iCount=1;
var iTimeId;
```

```
function timedCount(){
    document.getElementById('counttxt').value=iCount;
    iCount=iCount+1;
    }
window.status="状态栏信息";
</script></head>
<body>
<input type="button" id="openWin" value="打开新窗口定制外观" /><br />
<input type="button" id="currLocation" value="当前 URL" /><br />
<input type="button" id="newLocation" value="改变 URL" /><br />
<input type="button" id="resizeWindow" value="调整窗口大小" /><br />
<input type="button" id="timedCount" value="开始计时" />
<input type="text" id="counttxt" size="3" />
<input type="button" id="stopCount" value="停止计时" /><br />
<input type="button" id="scrollWindow" value="滚动" />
<p>这是一个段落。</p>
<br /><br /><br /><br /><br /><br /><br /><br />
<p>这是一个段落。</p>
<br /><br /><br /><br /><br /><br /><br /><br />
<p>这是一个段落。</p>
</body>
```

6）requestAnimationFrame ()方法

requestAnimationFrame()方法用于在浏览器中实现动画，通过递归调用同一方法来不断更新画面以达到动画的效果。这个方法是浏览器专门为实现动画提供的，在运行时浏览器会自动优化该方法的调用，如果页面不是激活状态，动画会自动暂停。

例 **21.2**　js(bouncing Ball).html，模拟了小球病毒发作的画面，随着时间的增加，小球越来越多，如图 21.2 所示。

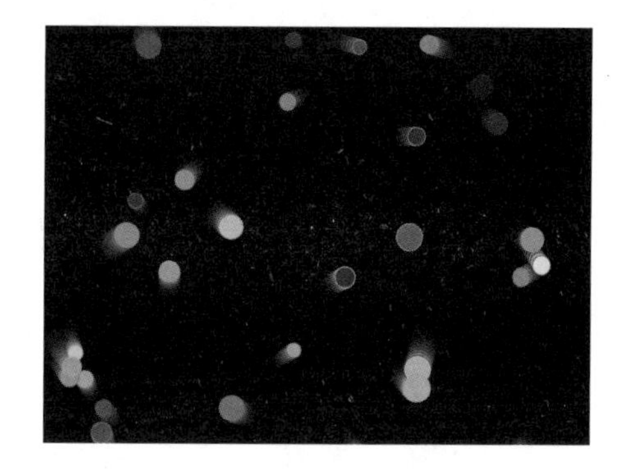

图 21.2　js(bouncing Ball).html 示意图

源代码如下：

```
<head>
    <title>小球病毒</title>
    <style>
        body { margin: 0; overflow: hidden; }
    </style>
</head>
<body>
<canvas></canvas>
<script>
    //建立 Canvas 对象
    var oCanvas=document.querySelector('canvas');
```

```
var oContext=oCanvas.getContext('2d');
var iWidth=oCanvas.width=window.innerWidth;
var iHeight=oCanvas.height=window.innerHeight;
var iBallcount=1;
//随机数函数
function random(min, max) {
    var num=Math.floor(Math.random() * (max - min)) + min;
    return num;
}
//定义 Ball 类，x,y 为原点坐标，iMx,iMy 为重画时原点坐标的增加值，strokecolor 为
//圆边框颜色，iR 为圆半径
function Ball(x, y, iMx, iMy, color,strokecolor, iR) {
    this.x=x;
    this.y=y;
    this.iMx=iMx;
    this.iMy=iMy;
    this.color=color;
    this.strokecolor=strokecolor;
    this.iR=iR;
}
//定义 Ball 类的 draw()方法
Ball.prototype.draw=function() {
    oContext.beginPath();
    oContext.fillStyle=this.color;
    oContext.arc(this.x, this.y, this.iR, 0, 2 * Math.PI);
    oContext.fill();
    oContext.strokeStyle=this.strokecolor;
    oContext.stroke();
};
//定义 Ball 类的 update()方法
Ball.prototype.update=function() {
    if ((this.x + this.iR)>=iWidth) {
        this.iMx=-(this.iMx);
    }
    if ((this.x - this.iR)<=0) {
        this.iMx=-(this.iMx);
    }
    if ((this.y + this.iR)>=iHeight) {
        this.iMy=-(this.iMy);
    }
    if ((this.y - this.iR)<=0) {
        this.iMy=-(this.iMy);
    }
    this.x+=this.iMx;
    this.y+=this.iMy;
```

```
    };
    //数组balls存储ball对象
    var balls=[];
    //循环，不断绘制ball对象
    function loop() {
        oContext.fillStyle='rgba(0,0,0,0.25)';
        oContext.fillRect(0, 0, iWidth, iHeight);
        while (balls.length < iBallcount) {
            var iR=random(10, 20);
            var ball=new Ball(
                    //球的位置至少离画布边缘一个球的宽度，以避免绘制错误
                    random(0 + iR, iWidth - iR),
                    random(0 + iR, iHeight - iR),
                    random(-4, 4),
                    random(-4, 4),
                    'rgb(' + random(0, 255) + ',' + random(0, 255) + ',' +
                    random(0, 255) + ')',
                    'rgb(' + random(0, 255) + ',' + random(0, 255) + ',' +
                    random(0, 255) + ')',iR
            );
            balls.push(ball);
        }
        for (var i=0; i < balls.length; i++) {
            balls[i].draw();
            balls[i].update();
        }
        //通过递归调用同一方法来不断更新画面以达到动画效果
        window.requestAnimationFrame(loop);
    }
    loop();
    function fBallcount(){
        iBallcount++;
    }
    window.setInterval("fBallcount()",1000);
</script>
</body>
```

21.1.2 Navigator 对象

Navigator 对象包含客户端有关浏览器的信息，所有浏览器都支持该对象。表 21.6 列出了 Navigator 对象的属性。

表 21.6　Navigator 对象的属性

属　　性	描　　述
appCodeName	返回浏览器的代码名
appMinorVersion	返回浏览器的次级版本
appName	返回浏览器的名称
appVersion	返回浏览器的平台和版本信息
browserLanguage	返回浏览器的语言
cookieEnabled	返回浏览器中是否启用 cookie 的布尔值
cpuClass	返回浏览器所在系统的 CPU 等级
onLine	返回系统是否处于脱机模式的布尔值
platform	返回运行浏览器的操作系统平台
systemLanguage	返回操作系统使用的默认语言
userAgent	返回由客户机发送服务器的 user-agent 头部值
userLanguage	返回操作系统的自然语言设置

例 21.3　js(Navigator).html，使用了 Navigator 对象的主要属性，效果如图 21.3 所示。

```
浏览器：Netscape
浏览器版本：5.0 (Windows)
代码：Mozilla
平台：Win32
Cookies启用：true
浏览器用户代理报头：Mozilla/5.0 (Windows NT 5.1;
rv:12.0) Gecko/20100101 Firefox/12.0
```

图 21.3　js(Navigator).html 示意图

源代码如下：

```
<head>
<title>Navigator 对象</title>
<script>
window.onload=function(){
    var sBrowserName=navigator.appName;
    var fVersion=parseFloat(navigator.appVersion);
    if ((sBrowserName=="Netscape"||sBrowserName=="Microsoft Internet
    Explorer") && (fVersion>=4)){
        alert("你的浏览器已经很棒了！");}
    else{alert("你的浏览器需要升级了！");}
    }
document.write("浏览器："+navigator.appName + "<br />");
document.write("浏览器版本："+navigator.appVersion + "<br />");
document.write("代码："+navigator.appCodeName + "<br />");
document.write("平台："+navigator.platform + "<br />");
document.write("Cookies 启用："+navigator.cookieEnabled + "<br />");
document.write("浏览器用户代理报头："+navigator.userAgent + "<br />");
</script>
</head>
```

```
<body>
</body>
```

21.1.3　Screen 对象

Screen 对象包含有关客户端显示屏幕的信息，所有浏览器都支持该对象。表 21.7 列出了 Screen 对象的属性。

表 21.7　Screen 对象的属性

属　　性	描　　述
availHeight	屏幕的高度-系统部件高度
availWidth	屏幕的宽度-系统部件宽度
colorDepth	返回目标设备或屏幕上的调色板的位深度
deviceXDPI	返回显示器屏幕的每英寸水平点数
deviceYDPI	返回显示器屏幕的每英寸垂直点数
height	返回显示器屏幕的高度
pixelDepth	返回显示器屏幕的颜色分辨率
updateInterval	设置或返回屏幕的刷新率
width	返回显示器屏幕的宽度

21.1.4　Location 对象

Location 对象包含有关浏览器窗口当前文档的 URL 信息。表 21.8 列出了 Location 对象的属性。

表 21.8　Location 对象的属性

属　　性	描　　述
hash	设置或返回从#号开始的 URL（锚）
host	设置或返回主机名和当前 URL 的端口号
hostname	设置或返回当前 URL 的主机名
href	设置或返回完整的 URL
pathname	设置或返回当前 URL 的路径部分
port	设置或返回当前 URL 的端口号
protocol	设置或返回当前 URL 的协议
search	设置或返回从问号?开始的 URL（查询部分）

例 21.4　js(screen location).html，使用了 Screen 和 Location 对象的主要属性，根据用户屏幕的分辨率显示不同的页面。

源代码如下：

```
<head>
<title>Screen 和 Location 对象</title>
<script>
```

```
var iSwidth=parseInt(screen.width);
var iSheight=parseInt(screen.height);
if(iSwidth<=800||iSheight<=600){
    window.location.href="screen800600.html";
    }
</script>
</head>
<body>
<p>屏幕分辨率大于800×600。</p>
</body>
```

21.1.5　History对象

History对象包含用户在浏览器窗口中访问过的URL。History对象最初设计来表示窗口的浏览历史，但出于隐私方面的原因，History对象不再允许脚本访问已经访问过的实际URL，还保持使用的功能只有back()、forward()和go()方法。表21.9列出了History对象的属性和方法。

表21.9　History对象的属性和方法

属性/方法	描　　述
length	返回浏览器历史列表中的URL数量
back()	加载history列表中的前一个URL
forward()	加载history列表中的下一个URL
go(number|url)	加载history列表中的某个具体页面。url参数使用的是要访问的URL，或URL的子串；number参数使用的是要访问的URL在History的URL列表中的相对位置

下面一行代码执行的操作与单击后退按钮执行的操作一样：

```
history.back();
```

下面一行代码执行的操作与单击两次后退按钮执行的操作一样：

```
history.go(-2);
```

21.2　元素的大小与位置

实际上可以通过Style对象的style.width、style.height、style.left和style.top获得元素的大小与位置，但这种方法有一些缺陷：Style对象的大小与位置属性返回的是字符串，除了数字外还带有单位px；如果访问的元素没有设置宽和高属性，则返回的值是空字符串或0；若元素的定位方式是静态定位，则样式属性left和top无效。

所以在JavaScript编程中一般使用HTMLElement对象的长度属性获取元素的大小与位置，然后使用Style对象的长度属性设置元素的大小与位置。

❶ 元素的大小

HTMLElement对象的clientWidth和clientHeight属性给出了元素的可视部分的宽度和高度。对于块级元素，当元素设置宽和高时，返回元素所设置的宽度和高度加上内边距（padding），这一点几乎所有浏览器都达成一致；当元素没有设置宽和高时，Google浏览器和Firefox浏览器返回元素的实际大小，IE返回0；当有滚动条时，只返回可见区域大小，即不包括滚动条。对于行内元素，IE和Firefox都返回0，Google返回了一个看似理想的数字。

HTMLElement对象的offsetWidth和offsetHeight属性给出了元素在页面中实际所占的区域大小，包括所设置的宽、高加上边框和内边距，当有滚动条时还会算上滚动条。对于设置了宽和高的块级元素，几乎没有浏览器兼容问题；如果没有设置宽、高或者行内元素，不同浏览器有自己的一套标准（可以肯定的是这两个属性返回的仍然是该元素占据的空间大小，只不过会因字体和空格的默认大小而不同），Firefox浏览器有个BUG。

HTMLElement对象的scrollWidth和scrollHeight给出了当属性overflow的值设置为visible时的元素的总宽度和高度。如果这个宽度和高度大于clientWidth和clientHeight，该元素就需要滚动条。该属性有很多的Bug，所以在具体应用时用处很少。

HTMLElement对象的clientLeft和clientTop给出了元素的边框宽度，只能取得设置在元素上的左边框和上边框的粗细，没有返回右边和下边的边框宽度。

❷ 元素的位置

HTMLElement对象的offsetLeft和offsetTop返回元素在页面中相对于父元素的坐标，当元素自身有外边距（margin）时还会加上外边距。对于没有采用定位的块级元素，offsetLeft与offsetTop属性将返回其自身的外边距加上父元素的内边距。

HTMLElement对象的offsetParent属性返回元素的相对定位的父元素，即父元素是包含块。如果父元素不是包含块，则IE认为offsetParent是父节点，而其他浏览器认为是body。

HTMLElement对象的scrollTop和scrollLeft分别给出元素已经滚动的距离（像素值，被隐藏在内容区域上方/左侧的像素数）。在设置这些属性的时候页面滚动到新的坐标。对于整个页面的滚动条，大多数浏览器取HTMLDocument对象documentElement的scrollLeft与scrollTop属性，有的会将页面的滚动条视为document.body。

例21.5 js(HTMLElementsize).html，说明了元素大小与位置属性的使用。其中，<div id="a">是包含元素，宽、高为300px和200px，边框为2px，内边距为10px，它包含了<div id="b">元素，宽、高为200px和100px，边框为2px，内边距为10px，外边距为10px。当页面载入完成时，调用程序显示这些元素的大小与位置，由于<div id="a">是包含元素但不是包含块，所以<div id="b">的offsetParent是body，并没有显示<div id="a">的大小与位置信息，结果如图21.4所示。

源代码如下：

```
<head>
<title>HTMLElement 元素大小</title>
```

```
<style>
#a{ border:2px solid;width:300px;height:200px;padding:10px;}
#b{ border:2px solid;width:200px;height:100px;
   padding:10px;margin:10px;}
</style>
<script>
function GetPosition(oElement){
    var sStr="";
    sStr+="元素标签:"+oElement.tagName+ ",id:"+oElement.id+"<br />左边距
    offsetLeft:" + oElement.offsetLeft + ",上边距offsetTop:" +
    oElement.offsetTop+ ",宽offsetWidth:" + oElement.offsetWidth+ ",高
    offsetHeight:" + oElement.offsetHeight+"<br />";
    oElement = oElement.offsetParent;
    while(oElement!==null){
        sStr+="元素标签:"+oElement.tagName+ ",id:"+oElement.id+ "<br />左边
        距offsetLeft:" + oElement.offsetLeft + ",上边距offsetTop:" +
        oElement.offsetTop+ ",宽offsetWidth:" + oElement.offsetWidth+ ",
        高offsetHeight:" + oElement.offsetHeight+"<br />";
        oElement = oElement.offsetParent;
        }
    sStr+="元素标签:"+document.documentElement.tagName+ ",id:"+document
    .documentElement.id+ "<br />左边距offsetLeft:" + document
    .documentElement.offsetLeft + ",上边距offsetTop:" + document
    .documentElement.offsetTop+ ",宽offsetWidth:" + document
    .documentElement.offsetWidth+ ",高offsetHeight:" + document
    .documentElement.offsetHeight;
    .document.write(sStr);
    }
</script></head>
<body>
<div id="a"><div id="b"></div></div>
<script>
    GetPosition(document.getElementById("b"));
</script>
</body>
```

修改样式，将<div id="a">定义为包含块，添加定位属性position:relative;，则执行结果如图21.5所示。

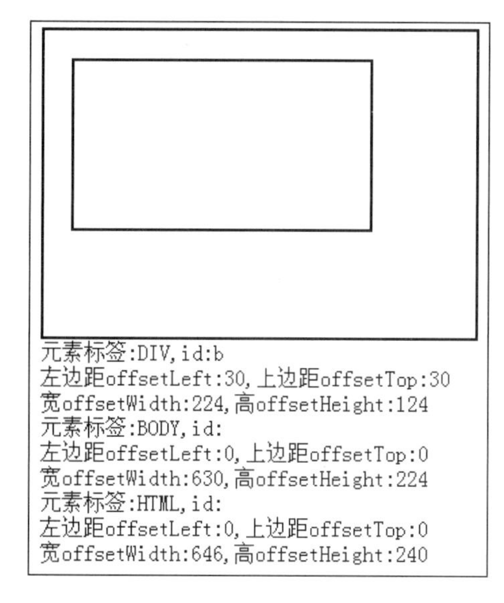

图 21.4 js(HTMLElement).html 示意图 1

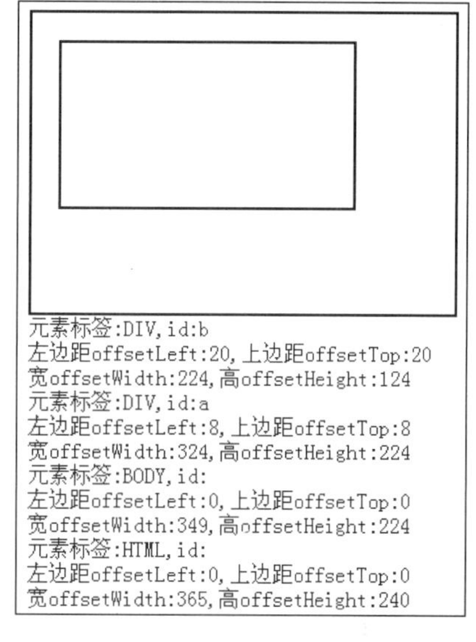

图 21.5 js(HTMLElement).html 示意图 2

21.3 叮叮书店首页的浮动广告

视频讲解

启动 WebStorm，打开叮叮书店项目首页 index.html 和外部样式表文件 style.css，在首页内容区两侧的视口边位置添加浮动广告。操作步骤如下：

❶ 在首页添加浮动广告文档

打开首页 index.html，进入编辑区，将光标定位到<body>按回车键，输入下面的代码。

```
<div id="adv-left"><a href="#"><img src="images/adv1.gif" alt="广告" />
</a></div>
<div id="close-left"><img src="images/close1.jpg" alt="关闭" /></div>
<div id="adv-right"><a href="#"><img src="images/adv1.gif" alt="广告" />
</a></div>
<div id="close-right"><img src="images/close1.jpg" alt="关闭" /></div>
```

❷ 定义样式

切换到 style.css（样式文件）编辑区，为<div id="adv-left">、<div id="adv-right">、<div id="close-left"><div id="close-right">定义样式。

```
/*Chapter21*/
/*使用 vw 和 vh 将图像固定在顶部*/
#adv-left,#adv-right{position:fixed;width:80px;height:80px;visibility:
hidden;}
#adv-left{left: 0vw;top: 0vh;}
#adv-right{top: 0vh;right:0vw;}
#close-left,#close-right{position:fixed;width:13px;height:13px;visibility:
hidden;margin-top: -4px;}
```

```
#close-left{left: 67px;top: 0vh;}
#close-right{top: 0vh;right:0vw;}
/*大于 800px 宽度时显示广告*/
@media screen and (min-width: 800px) {
    #adv-left,#adv-right,#close-left,#close-right{visibility: visible;}
}
```

❸ 编写脚本程序

在 main.js 里为 window.onload 事件添加如下程序。

```
if(document.getElementById("close-left")!=null){document
.getElementById("close-left").onclick=function(){advcloseleft();}}
if(document.getElementById("close-right")!=null){document
.getElementById("close-right").onclick=function(){advcloseright();}}
```

在 main.js 里添加函数。

```
/*关闭广告*/
function advcloseleft(){
    document.getElementById("adv-left").style.display="none";
    document.getElementById("close-left").style.display="none";}
function advcloseright(){
    document.getElementById("adv-right").style.display="none";
    document.getElementById("close-right").style.display="none";}
```

其显示效果如图 21.6 所示。

图 21.6　叮叮书店首页广告示意图

21.4　小结

本章主要介绍了 BOM 的 Window、Navigator、Screen、Location 和 History 5 个对象，接下来讨论了如何确定元素的大小与位置，最后详细介绍了叮叮书店首页浮动广告的实现过程。

21.5　习题

❶ 选择题

（1）窗口可以用（　　）方法获得焦点。

A．focus()　　B．alert()　　C．prompt()　　D．blur()

（2）要在页面的状态栏中显示“已经选中该文本框”，下列 JavaScript 语句正确的是（　　）。

A．window.status="已经选中该文本框"

B．document.status="已经选中该文本框"

C．window.screen="已经选中该文本框"

D．document.screen="已经选中该文本框"

（3）History 对象的（　　）方法用于加载历史列表中的下一个 URL 页面。

A．next()　　B．back()　　C．forward()　　D．go(−1)

❷ 简答题

（1）怎样实现在标题栏和状态栏上动态显示当前时间的效果？

（2）在实际应用中如何确定元素的大小和位置？

（3）比较 setInterval()、setTimeout()和 requestAnimationFrame() 3 个方法有什么区别和作用。

第 22 章

Ajax 与 JSON

传统的网页如果需要更新内容，必须重载整个页面，也就是当服务器响应处理客户端请求时客户端只能空闲等待，哪怕从服务器端只需要得到一个数据都要返回一个完整的页面，这样浪费了大量的时间和带宽，交互体验差。使用 Ajax 的局部刷新和异步加载可以有效地解决这些问题。本章首先介绍 Ajax 的基础原理，接下来介绍如何利用 XMLHttpRequest 对象实现 Ajax 请求、响应过程，最后介绍了 JSON 的定义和使用。

本章要点：

- Ajax。
- JSON。

22.1 Ajax

Ajax 是 Asynchronous JavaScript And XML（异步 JavaScript 和 XML）的简称，Ajax 不是一种新的编程语言，而是一种用于创建更好、更快以及交互性更强的 Web 应用技术。使用 Ajax 通过后台与服务器进行少量的数据交换可以实现网页的异步更新，即无须重新加载整个页面，能够使网页内容部分更新。传统的网页如果需要更新内容，则必须重载整个页面。Ajax 的原理如图 22.1 所示。

Ajax 的主要特点如下：

（1）Ajax 能够实现异步交互，局部刷新；

（2）Ajax 能够减少服务器压力；

（3）Ajax 能够提高用户体验。

2005 年，Google 通过 Google Suggest 项目使得 Ajax 流行起来。

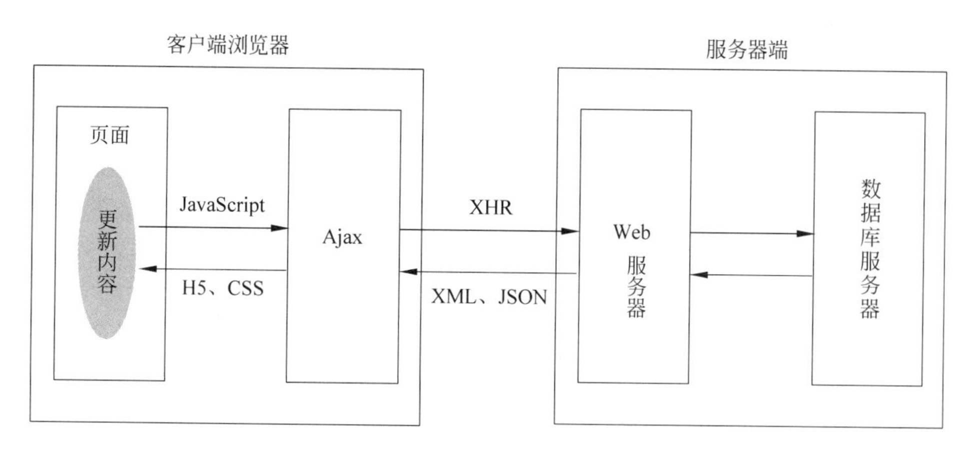

图 22.1 Ajax 原理图

22.2 XMLHttpRequest 对象

XMLHttpRequest 对象是 Ajax 的基础，简称 XHR，用于在后台与服务器交换数据。使用 XMLHttpRequest 对象可以在不重新加载整个网页的情况下对网页的部分内容进行更新。所有的浏览器都支持 XMLHttpRequest 对象（IE5 和 IE6 使用 ActiveXObject）。

22.2.1 创建 XMLHttpRequest 对象

创建 XMLHttpRequest 对象的语法如下：

```
variable=new XMLHttpRequest();
```

标准浏览器(IE7 及以上、Firefox、Chrome、Safari 以及 Opera)内都建有 XMLHttpRequest 对象。

IE5 和 IE6 使用 ActiveX 对象创建 XMLHttpRequest 对象：

```
variable=new ActiveXObject("Microsoft.XMLHTTP");
```

用户可以用下面的代码创建所有浏览器都支持的 XMLHttpRequest 对象。

```
var XHR;
if (window.XMLHttpRequest)
  {//其他浏览器
  XHR=new XMLHttpRequest();
  }
else
  {//IE5 和 IE6 浏览器
  XHR=new ActiveXObject("Microsoft.XMLHTTP");
  }
```

22.2.2 XMLHttpRequest 请求

如果 XMLHttpRequest 对象向服务器发送请求，需要使用 XMLHttpRequest 对象的 open()、send()和 setRequestHeader()方法。表 22.1 列出了 XMLHttpRequest 对象的请求方法。

表 22.1 XMLHttpRequest 对象的请求方法

方 法	描 述
open(method,url,async)	规定请求的类型、URL 以及是否异步处理请求 method：请求的类型，GET 或 POST url：文件在服务器上的位置 async：true（异步）或 false（同步）
send(string)	将请求发送到服务器 string：仅用于 POST 请求
setRequestHeader(header,value)	向请求添加 HTTP 头 header：规定头的名称 value：规定头的值

❶ 请求类型

open()方法中的 method 参数规定请求类型，即 GET 或 POST。一般来说，在大部分情况下使用 GET，简单、快捷。如果遇到以下情况，则需要使用 POST：

（1）无法使用缓存文件，这种情况需要更新服务器上的文件或数据库；

（2）向服务器发送大量数据；

（3）发送包含特殊或未知字符。

例如直接向服务器发送 GET 请求获得数据：

```
XHR.open("GET","Ajax-response.jsp",true);
XHR.send();
```

Ajax-response.jsp 是服务器端接收请求并处理的脚本程序。

为了保证每次得到的结果是不同的，而不是缓存里相同的结果，需要在 URL 中添加一个唯一的 ID：

```
XHR.open("GET","Ajax-response.jsp?t="+ Math.random(),true);
XHR.send();
```

如果向服务器发送 GET 请求，同时发送数据，这样服务器端就可以根据接收的数据有条件地进行处理，需要在 URL 后面添加发送的数据：

```
XHR.open("GET","Ajax-response.jsp?name=张三",true);
XHR.send();
```

如果向服务器发送 POST 请求，同时发送像表单的 POST 方式打包数据，需要使用 setRequestHeader()方法添加 HTTP 头，然后在 send()方法中使用 string 参数发送数据：

```
XHR.open("POST","Ajax-response.jsp",true);
```

```
XHR.setRequestHeader("Content-type","application/x-www-form-urlencoded");
XHR.send("name=张三&age=22");
```

❷ 异步

open()方法中的 async 参数规定请求是异步还是同步。如果值为 true，表示异步，JavaScript 会在请求服务器的同时继续执行，这样能够提高系统的运行效率；如果值为 false，表示同步，JavaScript 会等到服务器响应就绪才继续执行，若服务器繁忙或缓慢，应用程序就会挂起或停止。在一般情况下都用 true。

22.2.3 XMLHttpRequest 响应

用户可以使用 XMLHttpRequest 对象的 responseText 或 responseXML 属性获得来自服务器的响应数据。

XMLHttpRequest 对象的 readyState 属性存有 XMLHttpRequest 的状态信息，当 readyState 改变时会触发 onreadystatechange 事件。

表 22.2 列出了 XMLHttpRequest 对象的响应属性。

表 22.2　XMLHttpRequest 对象的响应属性

属　　性	描　　述
responseText	获得字符串形式的响应数据
responseXML	获得 XML 形式的响应数据
readyState	存有 XMLHttpRequest 的状态，从 0 到 4 发生变化 0：请求未初始化，未调用 open()方法 1：建立请求，服务器连接已建立，未调用 send()方法 2：请求已接收 3：请求处理中 4：请求已完成，且响应已就绪，返回数据
status	200：OK 404：未找到页面

当服务器响应好（数据处理完成）之后，用户可以在 onreadystatechange 事件中编写函数执行需要的任务。当 readyState 等于 4 且 status 为 200 时表示响应已就绪。

视频讲解

例 22.1　js(Ajax-get).html，模拟了 Ajax 请求数据的传输过程，当单击“姓名”按钮时通过 Ajax 获取姓名信息并显示。

源代码如下：

```
<head>
    <title>Ajax 请求</title>
    <script>
        window.onload=function(){
            document.getElementById("button").onclick=function(){
                var XHR;
                if (window.XMLHttpRequest)
                {
```

```
                XHR=new XMLHttpRequest();
            }
            else
            {
                XHR=new ActiveXObject("Microsoft.XMLHTTP");
            }
            XHR.onreadystatechange=function()
            {
                if (XHR.readyState==4 && XHR.status==200)
                {
                    document.getElementById("data-conversion")
                    .innerHTML=XHR.responseText;
                }
            }
            XHR.open("GET","js(Ajax-response).html",true);
            XHR.send();
        }
    }
  </script>
</head>
<body>
<button type="button" id="button">姓名</button>
<span id="data-conversion"></span>
</body>
```

js(Ajax-response).html 是模拟服务器处理完结果的页面。

源代码如下：

```
<head>
   <title>Ajax 响应</title>
</head>
<body>
张三
</body>
```

提示：js(Ajax-get).html 需要在 Web 服务器运行时才能显示结果，也可以在 WebStorm 编辑环境下调用浏览器显示结果。

如果 async=false，不要编写 onreadystatechange 事件函数，把代码放到 send()语句后面即可。

```
XHR.open("GET","js(Ajax-response).html",false);
XHR.send();
document.getElementById("data-conversion").innerHTML=XHR.responseText;
```

22.3 JSON

JSON 是 JavaScript Object Notation（JavaScript 对象表示法）的简称。JSON 是轻量级

的文本数据交换格式，能够自我描述，更易理解。JSON 虽然使用 JavaScript 语法来描述数据对象，但 JSON 独立于语言和平台，支持许多不同的编程语言。

JSON 和 XML 类似，是纯文本，具有层级结构，可以通过 JavaScript 进行解析，使用 Ajax 进行传输。那么为什么使用 JSON 进行数据传输而不是 XML？大家对照使用这两种方式所需要的步骤就可以知道。

对于 Ajax 应用程序来说，如果使用 XML 需要 3 个步骤。

（1）读取 XML 文档；

（2）使用 XML DOM 循环遍历；

（3）读取值并存储在变量中。

如果使用 JSON 只需要两个步骤。

（1）读取 JSON 字符串；

（2）用 eval()处理 JSON 字符串。

22.3.1　JSON 的语法

JSON 语法是 JavaScript 对象表示法语法的子集。

JSON 语法的规则如下：

- 数据在名称/值对中；
- 数据由逗号分隔；
- 花（大）括号保存对象；
- 方括号保存数组。

JSON 数据的书写格式是“名称/值对”。名称/值对包括名称（需要括在双引号中），后面是分隔符（冒号），然后是值，例如：

```
"name":"张三"
```

❶ JSON 值

JSON 值可以是数字（整数或浮点数）、字符串（括在双引号中）、逻辑值（true 或 false）、数组（在方括号中）、对象（在花括号中）和 Null。

❷ JSON 对象

JSON 对象写在花括号中，对象可以包含多个名称/值对，例如：

```
{"name":"张三","age":22}
```

❸ JSON 数组

JSON 数组写在方括号中，数组可以包含多个对象，例如：

```
{
"student":[
{"name":"张三","age":22},
{"name":"李四","age":20},
{"name":"王五","age":23}
]
```

```
}
```

在上面的例子中，student对象是包含3个对象的数组，每个对象代表一条关于某个学生（姓名和年龄）的记录。

22.3.2 JSON的使用

因为JSON使用JavaScript语法，所以在JavaScript中可以直接处理JSON数据。例如可以直接访问student对象数组中的第1项：

```
student[0].name;
```

返回的值是：

```
张三
```

也可以直接修改数据：

```
student[0].name="赵一";
```

❶ 把JSON文本转换为JavaScript对象

JSON最常见的用法是从Web服务器上读取JSON数据，将JSON数据转换为JavaScript对象，然后使用该数据。

eval()函数可以将JSON文本转换为JavaScript对象，但必须把文本放在括号中，以避免产生语法错误。其语法如下：

```
var obj=eval("("+txt+")");
```

例 22.2 js(Ajax-JSON).html，模拟了Ajax请求JSON数据的传输过程，当单击“请求数据”按钮时通过Ajax获取姓名和年龄信息并显示。

视频讲解

源代码如下：

```
<head>
    <title>Ajax请求JSON数据的传输过程模拟</title>
    <script>
        window.onload=function(){
            document.getElementById("button").onclick=function(){
                var XHR;
                if (window.XMLHttpRequest)
                {
                    XHR=new XMLHttpRequest();
                }
                else
                {
                    XHR=new ActiveXObject("Microsoft.XMLHTTP");
                }
```

```
                XHR.onreadystatechange=function()
                {
                    if (XHR.readyState==4 && XHR.status==200)
                    {
                        /*静态页面模拟实现后台返回数据，responseText 返回的是整个文
                        档，包括标签，需要元素的 innerHTML 属性进行解析*/
                        document.getElementById("data-conversion").
                        innerHTML=XHR.responseText;
                        /*然后再获取真正的数据*/
                        var sStr=document.getElementById("data- conversion")
                        .innerText;
                        /*转换为 JSON 对象*/
                        var dataObj=eval("("+sStr+")");
                        document.getElementById("json").innerHTML="姓名:
                        "+dataObj.name+" 年龄: "+dataObj.age;
                    }
                }
                XHR.open("GET","js(Ajax-JSON-response).html",true);
                XHR.send();
            }
        }
    </script>
    <style>
        #data-conversion{color:hsl(0,0%,100%); }
    </style>
</head>
<body>
<button type="button" id="button">请求数据</button>
<div id="data-conversion"></div>
<div id="json"></div>
</body>
```

js(Ajax-JSON-response).html 是模拟服务器处理完结果的页面。源代码如下：

```
<head>

    <title>Ajax-JSON</title>
</head>
<body>
{"name":"张三","age":22}
</body>
```

提示： eval()可以编译执行任何 JavaScript 代码，会有潜在的安全问题。

❷ JSON 解析器

使用 JSON 解析器将 JSON 转换为 JavaScript 对象比较安全，JSON 解析器只能识别 JSON 文本，不会编译脚本，并且速度更快。

较新的浏览器和最新的 ECMAScript 标准中均包含了原生对 JSON 的支持，JSON 包含

以下两个方法。

- parse()：以文本字符串形式接受 JSON 对象作为参数，并返回相应的对象。
- stringify()：接收一个对象作为参数，返回一个对应的 JSON 字符串。

在实例 js(Ajax-JSON).html 中，将语句：

```
var dataObj=eval("("+sStr+")");
```

替换为：

```
var dataObj=JSON.parse(sStr);
```

就可以使用 JSON 解析器将 JSON 转换为 JavaScript 对象。

22.4 小结

本章介绍了 Ajax 的工作原理以及利用 XMLHttpRequest 对象实现 Ajax 请求、响应的详细过程，最后介绍了 JSON 的定义和使用。

22.5 习题

❶ 选择题

（1）关于 Ajax 的说法，下面选项中错误的是（　　）。

A．异步交互　　B．局部刷新
C．减少服务器压力　　D．减少用户体验

（2）有一个 XMLHttpRequest 对象 XHR 向服务器发送请求获得数据，下面语句中不需要编写 onreadystatechange 事件函数的是（　　）。

A．XHR.open("GET","Ajax-response.jsp,true);
B．XHR.open("GET","Ajax-response.jsp?t="+ Math.random(),true);
C．XHR.open("GET","Ajax-response.jsp?name=张三",false);
D．XHR.open("POST","Ajax-response.jsp,true);

（3）下面 JSON 对象中写法正确的是（　　）。

A．{name:"张三",age:24,phone:"1234567"}
B．{"name":"张三",age:24,"phone":"1234567"}
C．{"name":"张三";"age":24;"phone":"1234567"}
D．{"name":"张三","age":24,"phone":"1234567"}

❷ 简答题

（1）XMLHttpRequest 对象如何向服务器发送请求？如何获得服务器的响应数据？
（2）XMLHttpRequest 对象的 readyState 响应属性有几种状态？
（3）为什么使用 JSON 解析器定义 JSON 对象？

第 23 章

jQuery 入门

使用 JavaScript 脚本编写程序有时过于烦琐，而且当实现一些特殊效果时程序代码量较大，有一定的难度，用户可以使用 JavaScript 框架去解决这些问题，jQuery 是使用最多的一个轻量级 JavaScript 框架。本章首先介绍 jQuery 的语法基础，接下来讨论 jQuery 特效及动画的实现过程和 jQuery 如何对 HTML 元素进行操作，最后详细介绍叮叮书店“试读”页面的实现过程。

本章要点：

- jQuery 基础。
- jQuery 特效和动画。
- jQuery 对 HTML 元素进行操作。

23.1 jQuery 基础

jQuery 是轻量级 JavaScript 库。jQuery 可以对 HTML 元素进行选取和操作，通过程序对 CSS 进行控制，其定义了很多 HTML 事件函数，能够实现 JavaScript 特效和动画，而且更方便对 HTML DOM 进行遍历和修改。jQuery 极大地简化了 JavaScript 编程，并且很容易学习掌握。

jQuery 目前最新的版本是 3.3.1，jQuery2.0 以上版本不再支持 IE6/7/8。

23.1.1 添加 jQuery 库

jQuery 库位于一个 JavaScript 文件中，其中包含了所有的 jQuery 函数。用户可以通过下面的标签把 jQuery 添加到页面中：

```
<head>
<script src="js/jquery-3.3.1.min.js"></script>
```

```
</head>
```

共有两个版本的jQuery供用户下载（http://jquery.com/），一个是精简（迷你版）的，另一个是未压缩的（阅读版）。

23.1.2 jQuery的语法

jQuery可以选取HTML元素，并对它们执行操作。jQuery的基础语法如下：

```
$(selector).action()
```

其中，美元符号“$”定义jQuery，selector（选择符）选取HTML元素，action()执行对元素的操作。

例如：

```
$(this).hide()        /*隐藏当前元素*/
$("p").hide()         /*隐藏所有段落*/
$("#test").hide()     /*隐藏所有id="test"的元素*/
```

❶ jQuery选择器

jQuery选择器主要有以下3种：

1）元素选择器

jQuery使用CSS选择器来选取HTML元素，也就是说选取元素的方法和CSS是相同的。

例如，$("p")选取<p>元素，$("p.intro")选取所有class="intro"的<p>元素。

2）属性选择器

jQuery使用XPath表达式来选择带有给定属性的元素。XPath是一种在XML文档中查找信息的语言，XPath使用路径表达式。

例如，$("[href]")选取所有带有href属性的元素，$("[href='#']")选取所有href值等于"#"的元素。

3）CSS选择器

CSS选择器可用于改变元素的CSS属性。

下面的例子把所有p元素的背景颜色更改为红色：

```
$("p").css("background-color","red");
```

❷ jQuery事件

jQuery为事件处理进行了特别设计，jQuery事件处理方法也是采用函数的形式，通常会在页面的<head>部分定义事件，在响应事件的函数中编写jQuery代码。其基本结构如下：

```
$(selector).event(function(){
    //响应事件代码
    })
```

其中，event指选择器选择的元素的某一事件，括号里面是响应事件的函数。jQuery常用的事件如下。

（1）$(document).ready(function)：将函数绑定到文档的就绪事件（当文档完成加载时）。

（2）$(selector).click(function)：触发或将函数绑定到被选元素的单击事件。

（3）$(selector).dblclick(function)：触发或将函数绑定到被选元素的双击事件。

（4）$(selector).focus(function)：触发或将函数绑定到被选元素的获得焦点事件。

（5）$(selector).mouseover(function)：触发或将函数绑定到被选元素的鼠标悬停事件。

例 23.1 jQuery(event).html，当文档完成加载时定义文档中的 button 按钮的单击事件，当单击该按钮时隐藏文档中的所有段落。

源代码如下：

```
<head>
<title>jQuery 事件</title>
<script src="js/jquery-3.3.1.min.js"></script>
<script>
$(document).ready(function(){
    $("button").click(function(){
        $("p").hide(1000);
        })
    })
</script>
</head>
<body><p>段落 1</p><p>段落 2</p><button>隐藏段落</button></body>
```

23.2 特效和动画

❶ jQuery 中的隐藏和显示

通过 hide()和 show()两个函数，jQuery 支持对元素的隐藏和显示。其语法如下：

```
$(selector).hide(speed,callback)
$(selector).show(speed,callback)
```

其中，speed 参数规定显示或隐藏速度，允许的值有"slow"、"fast"、"normal"或毫秒。例如：

```
$("button").click(function(){$("p").hide(1000);});
```

❷ jQuery 中的切换

toggle()函数使用 show()或 hide()函数来切换元素的可见状态，包括隐藏显示的元素，显示隐藏的元素。其语法如下：

```
$(selector).toggle(speed,callback)
```

其中的参数和 hide()函数一样。例如：

```
$("button").click(function(){$("p").toggle();});
```

❸ jQuery 中的滑动函数

jQuery 拥有以下滑动函数：

```
$(selector).slideDown(speed,callback)
$(selector).slideUp(speed,callback)
$(selector).slideToggle(speed,callback)
```

其中，slideDown()函数向下滑动显示被选元素，slideUp()函数向上滑动隐藏被选元素，slideToggle()函数对被选元素切换向上滑动和向下滑动。

例如：

```
$(".flip").click(function(){$(".panel").slideDown();});
$(".flip").click(function(){$(".panel").slideUp()})
$(".flip").click(function(){$(".panel").slideToggle();});
```

❹ jQuery 中的淡入/淡出函数

jQuery 拥有以下淡入/淡出函数：

```
$(selector).fadeIn(speed,callback)
$(selector).fadeOut(speed,callback)
$(selector).fadeTo(speed,opacity,callback)
```

其中，fadeIn()函数淡入被选元素，fadeOut()函数淡出被选元素，fadeTo()函数把被选元素淡出为给定的不透明度，fadeTo()函数中的 opacity 参数规定减弱到给定的不透明度。例如：

```
$("button").click(function(){$("div").fadeTo("slow",0.25);});
$("button").click(function(){$("div").fadeOut(4000);});
```

❺ 在 jQuery 中自定义动画

animate()函数对被选元素执行自定义动画。其语法如下：

```
$(selector).animate({params},[duration],[easing],[callback])
```

参数 params 定义产生动画的 CSS 属性，用户可以同时设置多个此类属性。例如：

```
animate({width:"70%",opacity:0.4,marginLeft:"0.6in",fontSize:"3em"});
```

参数 duration 定义动画的时间，允许的值有"slow"、"fast"、"normal"或毫秒。

参数 easing 定义要使用的擦除效果的名称（需要插件支持），一般不用。

HTML 元素默认是静态定位，无法移动，如果需要元素移动，必须把 CSS position 设置为 relative 或 absolute。

例 23.2 jQuery(animate).html，演示了一个块元素变大又还原并移动的动画效果。

源代码如下：

```
<head>
<title>jQuery 动画</title>
<script src="js/jquery-3.3.1.min.js"></script>
<script>
```

```
$(document).ready(function(){
    $("#start").click(function(){
        $("#box").animate({height:200},"slow");
        $("#box").animate({width:200},"slow");
        $("#box").animate({height:100},"slow");
        $("#box").animate({width:100},"slow");
        });
    });
$(document).ready(function(){
    $("#start").click(function(){
        $("#box").animate({left:"100px"},"slow");
        $("#box").animate({fontSize:"3em"},"slow");
        });
    });
</script>
<style>
#box{border:#000 1px solid; width:100px; height:100px; position:relative;}
</style>
</head>
<body>
<div id="box">动画</div><button id="start">开始</button>
</body>
```

参数 callback 是在函数完成之后被执行的函数名称，也称为 callback 函数，callback 函数在当前动画 100%完成之后才能执行。

许多 jQuery 函数涉及动画，这些函数也许会将 speed 或 duration 作为可选参数。由于 JavaScript 语句是逐一执行的，按照次序，动画之后的语句可能提前执行，也可能产生错误或页面冲突，因为动画还没有完成。例如下面的代码：

```
$(document).ready(function(){
    $("#start").click(function(){
        $("#box").hide(1000);
        alert("这个块已经隐藏");
        });
    });
```

当块元素还没有隐藏时，警告消息框已经弹出来了。为了避免这个情况，可以用“function(){alert("这个块已经隐藏");”函数作为 callback 参数。例如：

```
$(document).ready(function(){
    $("#start").click(function(){
        $("#box").hide(1000,function(){alert("这个块已经隐藏");});
        });
    });
```

23.3　HTML 操作

❶ 改变 HTML 内容

html()函数改变所匹配的 HTML 元素的内容。其语法如下：

```
$(selector).html(content)
```

例如将所有段落的内容改为“清华大学”：

```
$("p").html("清华大学");
```

❷ 添加 HTML 内容

append()函数向所匹配的 HTML 元素内部追加内容。其语法如下：

```
$(selector).append(content)
```

例如在所有段落的内容后边添加“清华大学”4 个字：

```
$("p").append("清华大学");
```

❸ CSS 函数

jQuery 拥有 3 种用于 CSS 操作的重要函数：

1）设置单一属性值

css(name,value)函数为所有匹配元素的给定 CSS 属性设置值。其语法如下：

```
$(selector).css(name,value)
```

例如设置所有段落的背景色为红色：

```
$("p").css("background-color","red");
```

2）设置多个属性值

css({properties})函数同时为所有匹配元素的一系列 CSS 属性设置值。其语法如下：

```
$(selector).css({properties})
```

例如设置所有段落的背景色为红色并且字体大小为正常的两倍：

```
$("p").css({"background-color":"red","font-size":"200%"});
```

3）获取属性值

css(name)函数返回指定的 CSS 属性的值。其语法如下：

```
$(selector).css(name)
```

例如获得当前元素的背景色：

```
$(this).css("background-color");
```

❹ jQuery Size 操作

jQuery 拥有两种用于尺寸操作的重要函数：

1）高度

height(value)函数设置所有匹配元素的高度。其语法如下：

```
$(selector).height(value)
```

例如将元素的高度设为 200px：

```
$("#id100").height("200px");
```

2）宽度

width(value)函数设置所有匹配元素的宽度。其语法如下：

```
$(selector).width(value)
```

例如将元素的宽度设为 300px：

```
$("#id200").width("300px");
```

23.4 Ajax 函数

jQuery 提供了用于 Ajax 开发的丰富函数。其中，jQuery 的 load()函数是一个简单但功能很强大的 Ajax 函数。其语法如下：

```
$(selector).load(url,data,callback)
```

其中，selector 定义要加载某一页面进行显示的元素，url 参数指定加载页面的 Web 地址。例如在 id="feeds"的元素里面显示 feeds.html 页面内容：

```
$("#feeds").load("feeds.html");
```

23.5 叮叮书店“试读”页面的建立

叮叮书店“试读”页面用 jQuery 实现了可折叠的菜单，用 jQuery Ajax 实现了框架结构。

启动 WebStorm，打开叮叮书店项目及外部样式表文件 style.css（在第 14.3 节建立）。

选择【文件】|【新建】命令，打开【新建】列表框，在【新建】列表框中单击 bookstore 模板，出现【新建 bookstore】对话框，在【文件名称】文本框中输入“accordion”，单击【确定】按钮，进入 accordion.html 编辑区。

将光标定位到“<title>”后面，选中“叮叮书店”4 个字，替换为“试读”，再将光标移动到“<a href="index.html">首页</a> >>”后面，插入“试读”文本，然后将光标移动到“>>试读</section>”后面，按回车键，输入下面的代码。

```
<section class="Ajaxcontent">
    <h3>前 言</h3>
    <p>本教程阐述了 Web 的基本技术，主要围绕网站前端设计所必须知道的知识进行展开，包括
    Web 体系、超文本与标记语言和浏览器，重点介绍了 HTML5、CSS3 和 JavaScript 等 Web
```

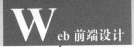

```
    前端应用的基础知识和关键技术，在阐述必不可少的理论知识之外，着重通过实际操作的案例
    来为读者提供了一个确实掌握 Web 基本技术的指南。</p>
</section>
```

用下面的源代码替换原<aside></aside>里的内容。

```
<div class="bar">
    <h2>《Web 前端设计基础—HTML5、CSS3、JavaScript》</h2>
    <h3>作者：张树明</h3>
    <a href="#" class="all-show">全部展开</a>  <a href="#"
    class="all-hide">全部折叠</a> </div>
<div class="list">
    <dl>
        <dt>第 1 章  Web 技术概述</dt>
        <dd><a href="#" class="m11">1.1  Internet 概述</a></dd>
        <dd><a href="#" class="m12">1.2  Web 概述</a></dd>
        <dd><a href="#">1.3  超文本与标记语言</a></dd>
        <dd><a href="#">1.4  Web 标准</a></dd>
        <dd><a href="#">1.5  浏览器</a></dd>
        <dd><a href="#">1.6  Web 开发工具</a></dd>
    </dl>
    <dl>
        <dt>第 2 章  HTML5 基础</dt>
        <dd><a href="#">2.1  HTML 基础</a></dd>
        <dd><a href="#">2.2  WebStorm 基础</a></dd>
        <dd><a href="#">2.3  文档结构元素</a></dd>
        <dd><a href="#">2.4  头部元素</a></dd>
    </dl>
</div>
```

在 head 里面定义如下内部样式。

```
<style>
    /*Accordion*/
    aside{border: 1px solid hsl(20,30%,50%);box-sizing: border-box;}
    h2{color:hsl(20,50%,30%);text-align: center;}
    h3{text-align: center;}
    .list, .bar{padding: 10px 10px;}
    .list dl{cursor:pointer;}
    .bar a,.list dl dt{font-size:1rem}
    .list a, .bar a{text-decoration:none;color:hsl(0,0%,0%);}
    .list a:hover, .bar a:hover{color:hsl(20,30%,50%);}
    .list dl dd{margin-left:10px;display:none;}
    .right-footer a{font-size:1rem;}
</style>
```

在 head 里面编写如下 jQuery 程序。

```
<script src="js/jquery-3.3.1.min.js"></script>
```

```
<script>
$(function(){
    $('.list dt').click(function(){
        $(this).nextAll().slideToggle();
        var sTc=$(this).css("color");
        if(sTc=="rgb(0, 0, 0)"){$(this).css({"color":"#734633"});}
        else{$(this).css({"color":"#000000"});}
    })
    $('.all-show').click(function(){
        $('.list dl dd').slideDown();
        $('.list dl dt').css({"color":"#734633"});
    })
    $('.all-hide').click(function(){
        $('.list dl dd').slideUp();
        $('.list dl dt').css({"color":"#000000"});
    })
    $('.m11').click(function(){
        $('.Ajaxcontent').load('m11.html');
        $('.list dl dd a').css({"color":"#000000"});
        $(this).css({"color":"#FF9900"});
    })
    $('.m12').click(function(){
        $('.Ajaxcontent').load('m12.html');
        $('.list dl dd a').css({"color":"#000000"});
        $(this).css({"color":"#FF9900"});
    })
});
</script>
```

其中，m11.html 和 m12.html 是独立的页面文件，页面内容是书的相应章节。“试读”页面的显示效果如图 23.1 所示。

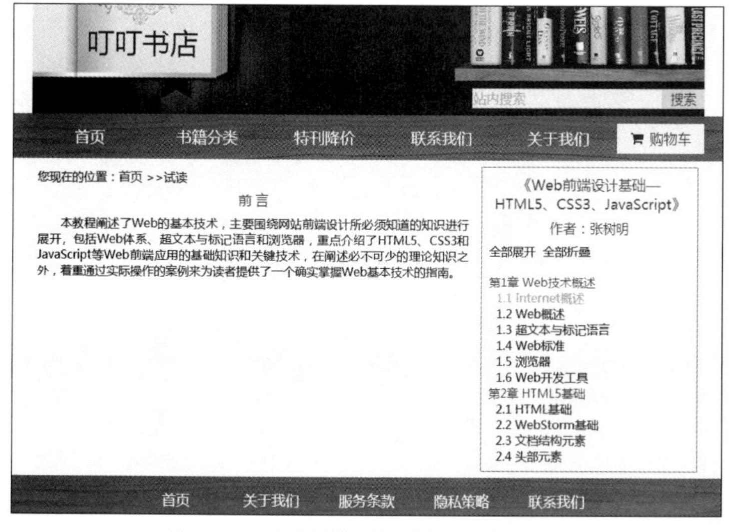

图 23.1 叮叮书店“试读”页面示意图

提示：Ajax 效果必须在 Web 服务器运行时才能显现。

23.6 小结

本章简要介绍了 jQuery 的基础知识、jQuery 特效和动画过程以及 jQuery 对 HTML 元素操作的方法。

23.7 习题

❶ 选择题

（1）下列不是 jQuery 选择器的是（　　）。

A．元素选择器　　B．属性选择器
C．CSS 选择器　　D．分组选择器

（2）（　　）函数用来切换元素的可见状态。

A．show()　　B．hide()　　C．toggle()　　D．slideToggle()

❷ 简答题

（1）jQuery 如何对 HTML 元素进行操作？

（2）jQuery 的 load()函数的主要作用是什么？

实 验

实验 1　HTML5 内容结构和文本

❶ 实验目的

（1）掌握 HTML5 结构标签。

（2）掌握 HTML5 基础标签和列表。

（3）能够用结构标签确定网页内容结构，在相应的结构区域内填充和文本相关的内容。

❷ 实验内容

（1）参照图 A.1 所示页面用 HTML5 结构标签完成页面的内容结构。其中页面最上面的带有“世界地球日”文字的是 logo 图像。

图 A.1　页面示意图

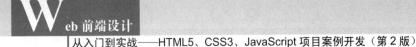

内容结构由页头、导航、内容和页脚 4 个部分构成，其中内容区又由内容和两个边栏 3 个部分构成。

（2）使用 HTML5 基础标签和列表标签将文本内容填加到对应的结构区域内。

完成后页面显示效果如图 A.2 所示。

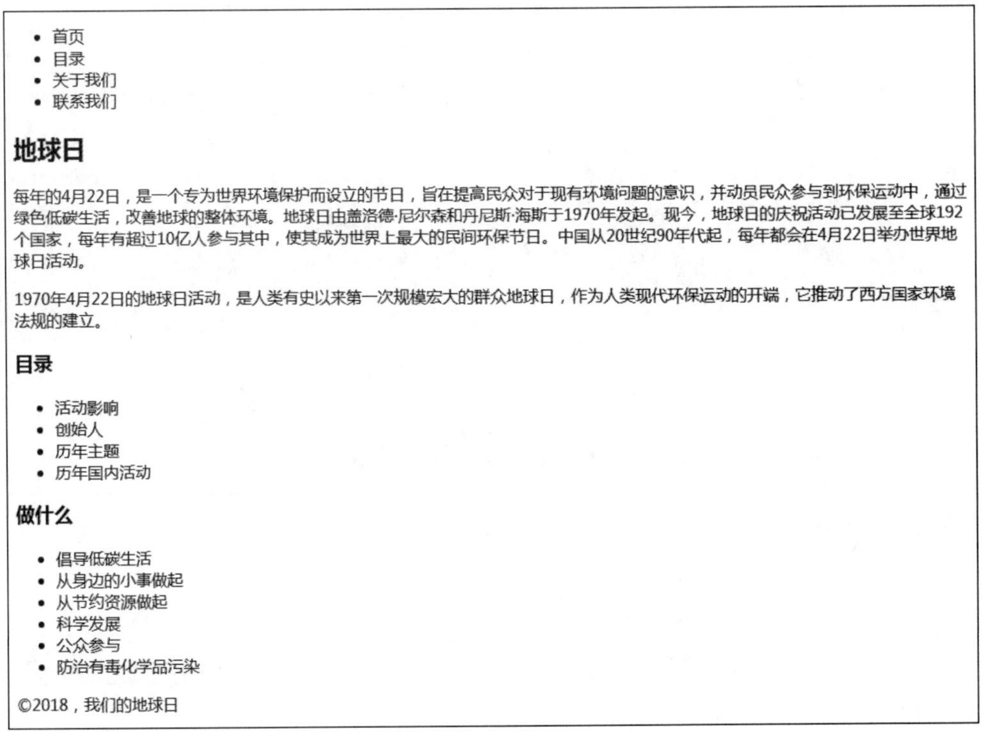

- 首页
- 目录
- 关于我们
- 联系我们

地球日

每年的4月22日，是一个专为世界环境保护而设立的节日，旨在提高民众对于现有环境问题的意识，并动员民众参与到环保运动中，通过绿色低碳生活，改善地球的整体环境。地球日由盖洛德·尼尔森和丹尼斯·海斯于1970年发起。现今，地球日的庆祝活动已发展至全球192个国家，每年有超过10亿人参与其中，使其成为世界上最大的民间环保节日。中国从20世纪90年代起，每年都会在4月22日举办世界地球日活动。

1970年4月22日的地球日活动，是人类有史以来第一次规模宏大的群众地球日，作为人类现代环保运动的开端，它推动了西方国家环境法规的建立。

目录

- 活动影响
- 创始人
- 历年主题
- 历年国内活动

做什么

- 倡导低碳生活
- 从身边的小事做起
- 从节约资源做起
- 科学发展
- 公众参与
- 防治有毒化学品污染

©2018，我们的地球日

图 A.2　页面显示效果图

实验 2　HTML5 超链接和多媒体

❶ 实验目的

（1）掌握 HTML5 超链接和图像标签。

（2）能够正确使用各种超链接的用法。

❷ 实验内容

参照图 A.1 所示页面，在实验 1 网页的基础上，进行下列操作：

（1）在页头区域添加 logo 图像，图像路径为 images/headerimg.jpg。在内容区介绍地球日文字的前面添加图像，图像路径为 images/greenery.png。

（2）将导航区 4 个列表项设为超链接，其中“首页”超链接地址为 index.html，“目录”超链接地址为 list.html，“关于我们”超链接地址为 about.html，“联系我们”超链接地址为 contact.html。内容区边栏一“目录”的列表项设为链接到页面开始位置。内容区边栏二“做什么”的列表项设为链接到当前位置。

完成后页面显示效果如图 A.3 所示。

世界地球日

- 首页
- 目录
- 关于我们
- 联系我们

地球日

每年的4月22日，是一个专为世界环境保护而设立的节日，旨在提高民众对于现有环境问题的意识，并动员民众参与到环保运动中，通过绿色低碳生活，改善地球的整体环境。地球日由盖洛德·尼尔森和丹尼斯·海斯于1970年发起。现今，地球日的庆祝活动已发展至全球192个国家，每年有超过10亿人参与其中，使其成为世界上最大的民间环保节日。中国从20世纪90年代起，每年都会在4月22日举办世界地球日活动。

1970年4月22日的地球日活动，是人类有史以来第一次规模宏大的群众地球日，作为人类现代环保运动的开端，它推动了西方国家环境法规的建立。

目录

- 活动影响
- 创始人
- 历年主题
- 历年国内活动

做什么

- 倡导低碳生活
- 从身边的小事做起
- 从节约资源做起
- 科学发展
- 公众参与
- 防治有毒化学品污染

©2018，我们的地球日

图 A.3　页面显示效果图

实验 3　HTML5 表格和表单

❶ 实验目的

（1）掌握 HTML5 常用表格标签。

（2）掌握 HTML5 常用表单标签。

❷ 实验内容

（1）参照图 A.4 所示完成新用户注册的表单页面。

（2）要求用表格为表单元素进行布局定位，即表单元素需要嵌套在单元格中。

完成后页面显示效果如图 A.4 所示。

新用户注册

提示：请勿设置与邮箱密码相同的账户登录密码，防止不法分子窃取您的账户信息！

手机号码 [请输入您的手机号码] 手机号可用于登录、找回密码、接收通知等服务

登录密码 [ ]

确认密码 [ ]

验证码 [请输入验证码]

☑我已阅读并同意《社区条款》

立即注册

图 A.4　页面显示效果图

实验 4　CSS3 布局与定位

❶ 实验目的

（1）掌握 CSS3 盒模型常用属性。

（2）掌握 CSS3 定位方式和浮动。

（3）掌握 CSS3 常用显示类型。

（4）重点掌握 CSS3 伸缩盒模型。

❷ 实验内容

参照图 A.1 所示页面，在实验 2 网页的基础上，进行下列操作：

（1）建立外部样式表文件 styles.css，用 link 标签建立和样式文件 styles.css 的连接。

（2）采用弹性伸缩盒，响应式 Web 设计思想布局。要求页头、导航、内容和页脚 4 个部分宽度为 80%，最大宽度 960px，最小宽度 260px。内容区 3 个部分显示区域比例为 2:1:1。

完成后，当浏览器宽度最大时，页面显示效果如图 A.5 所示；当浏览器宽度最小时，页面显示效果如图 A.6 所示。

图 A.5　页面显示效果图（一）

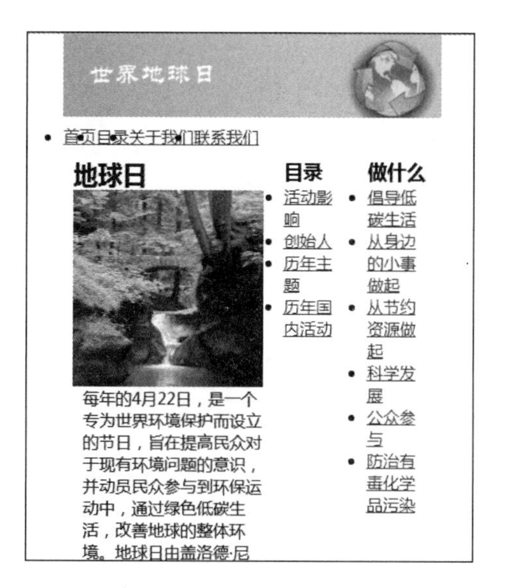

图 A.6　页面显示效果图（二）

实验 5　CSS3 元素外观样式设计

❶ 实验目的

（1）掌握 CSS3 背景、字体、文本修饰与效果、列表和尺寸等常用属性。

（2）掌握图文混排的一般方法。

（3）掌握常用菜单的样式设计方法。

（4）掌握 CSS3 的常用伪类。

❷ 实验内容

参照图 A.1 所示页面，在实验 4 网页的基础上，完成页面外观样式设计。

（1）整个页面的背景色为#EDF6F7，字体颜色为#060606，字体为微软雅黑，字体大小为 14px。

（2）导航和页脚区背景色为#384E80，标题字的颜色为#83B441，段落首行缩进两个字，边栏列表项标记图像为 images/arrow.gif。

（3）导航菜单字体颜色为#DCF4F4，当鼠标悬停时带有下画线修饰。当鼠标在边栏超链接悬停时，字体颜色变为#5F822F，带有下画线修饰。

（4）未具体说明的样式与图 A.1 相近。

实验 6　CSS3 动画

❶ 实验目的

掌握 CSS3 变换、过渡、动画的一般用法。

❷ 实验内容

用 CSS3 实现有 3 个图像的幻灯片切换效果。

打开页面后，首先显示第一个图像，约 3 秒后，第一个图像向下移动，第二个图像自上而下也跟着移动，占满整个区域后暂停；约 3 秒后，第二个图像向下移动，第三个图像自上而下也跟着移动，占满整个区域后暂停；约 3 秒后，整个过程重新开始。

页面显示效果如图 A.7 所示。

图 A.7　页面显示效果图

实验 7　行为与对象及 DOM

❶ 实验目的

（1）掌握 JavaScript 基本语法和语句。

（2）掌握行为的实现过程。

（3）掌握常用对象的属性和方法。

（4）能够通过 DOM 对页面的结点进行访问和控制。

❷ 实验内容

编写一个猜数字游戏，具体要求：游戏开始后，由系统随机产生一个 1～100 的整数，让玩家猜这个数是什么。每猜一次，系统提示玩家猜的数是大一些还是小一些，并记录玩家每次猜的数和次数，直到猜对为止。然后再重新开始游戏。

页面显示效果如图 A.8 所示。

数字猜谜游戏

我们选择了1到100之间的随机数，看看你能用几次猜出，我们会随时提示你猜测的数是太大还是太小。

还有9次机会！

输入一个你猜测的数：［　　］［提交］

先前猜测的数：50

猜的不对！

最后猜测的数太大了！

图 A.8　页面显示效果图

实验 8 HTML DOM 表单数据验证

❶ 实验目的

（1）掌握常用 HTML DOM 对象。

（2）掌握 HTML DOM 表单数据验证方法。

（3）能够正确使用正则表达式。

❷ 实验内容

在实验 3 新用户注册表单页面基础上，当用户提交表单时，对表单数据进行验证。满足下面 4 项后，表单才能真正提交：

（1）手机号码、登录密码、确认密码和验证码为必填项。

（2）登录密码、确认密码要求输入一样。

（3）验证码需要与已知的验证码进行比对验证，可自行设定已知验证码。

（4）必须阅读并同意《社区条款》。

实验 9 HTML5 DOM

❶ 实验目的

（1）掌握 HTML DOM 事件对象。

（2）掌握常用 HTML5 DOM 对象。

❷ 实验内容

在页面上显示一个田字格，用鼠标像画笔一样在田字格里写字，单击“清除”按钮，清除所有的笔画。

页面显示效果如图 A.9 所示。

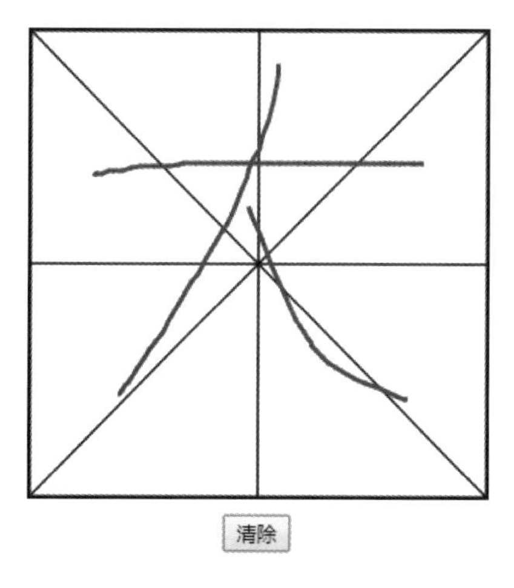

图 A.9 页面显示效果图

参 考 文 献

[1] w3school. [OL]. http://www.w3school.com.cn/.

[2] MDN Web docs. [OL]. https://developer.mozilla.org/zh-CN/.

[3] 麦克法兰. CSS 实战手册[M]. 俞黎敏，译. 2 版. 北京：电子工业出版社，2010.

[4] John Allsopp.Web 标准开发之道[M]. 雷钧钧，常可，等译. 北京：机械工业出版社，2011.

[5] 阮文江. JavaScript 程序设计基础教程[M]. 2 版. 北京：人民邮电出版社，2011.

[6] 叶表，孙亚南，孙泽军. 网页开发手记：HTML+CSS+JavaScript 实战详解[M]. 北京：电子工业出版社，2011.

[7] 陆凌牛. HTML5 与 CSS3 权威指南[M]. 北京：机械工业出版社，2011.

[8] 陶国荣. HTML5 实战[M]. 北京：机械工业出版社，2011.

[9] 明日科技. HTML5 从入门到精通[M]. 北京：清华大学出版社，2012.

[10] Adam Freeman.HTML5 权威指南[M]. 谢廷晟，牛化成，刘美英，译. 北京：人民邮电出版社，2014.

[11] 廖伟华. 图解 CSS3：核心技术与案例实战[M]. 北京：机械工业出版社，2014.

[12] Ben Frain. 响应式 Web 设计 HTML5 和 CSS3 实战[M]. 奇舞团，译. 2 版. 北京：人民邮电出版社，2017.

图书资源支持

感谢您一直以来对清华版图书的支持和爱护。为了配合本书的使用，本书提供配套的资源，有需求的读者请扫描下方的“书圈”微信公众号二维码，在图书专区下载，也可以拨打电话或发送电子邮件咨询。

如果您在使用本书的过程中遇到了什么问题，或者有相关图书出版计划，也请您发邮件告诉我们，以便我们更好地为您服务。